2021年版全国一级建造师执业资格考试用书

通信与广电工程管理与实务

全国一级建造师执业资格考试用书编写委员会　编写

中国建筑工业出版社

图书在版编目（CIP）数据

通信与广电工程管理与实务/全国一级建造师执业
资格考试用书编写委员会编写. —北京：中国建筑工业
出版社，2021.4
2021年版全国一级建造师执业资格考试用书
ISBN 978-7-112-25936-6

Ⅰ.①通… Ⅱ.①全… Ⅲ.①通信工程 – 工程管理 –
资格考试 – 自学参考资料②电视广播系统 – 工程管理 – 资
格考试 – 自学参考资料 Ⅳ.① TN91② TN94

中国版本图书馆CIP数据核字（2021）第036539号

责任编辑：蔡文胜
责任校对：党　蕾

2021年版全国一级建造师执业资格考试用书
通信与广电工程管理与实务
全国一级建造师执业资格考试用书编写委员会　编写
*
中国建筑工业出版社出版、发行（北京海淀三里河路9号）
各地新华书店、建筑书店经销
北京圣夫亚美印刷有限公司印刷
*
开本：787毫米×1092毫米　1/16　印张：25½　字数：633千字
2021年5月第一版　2021年5月第一次印刷
定价：**72.00**元（含增值服务）
ISBN 978-7-112-25936-6
（37137）
如有印装质量问题，可寄本社图书出版中心退换
（邮政编码100037）

全国一级建造师执业资格考试用书

审 定 委 员 会

（按姓氏笔画排序）

丁士昭　　马志刚　　毛志兵　　司毅军

任　虹　　刘建国　　李　强　　杨存成

张巧梅　　咸大庆　　贺　丰　　徐　亮

编 写 委 员 会

主　　编：丁士昭

委　　员：（按姓氏笔画排序）

王雪青　王清训　毛志兵　孔　恒

刘志强　李慧民　何孝贵　张鲁风

高金华　唐　涛　蒋　健　詹书林

滕小平

序

为了加强建设工程项目管理，提高工程项目总承包及施工管理专业技术人员素质，规范施工管理行为，保证工程质量和施工安全，根据《中华人民共和国建筑法》《建设工程质量管理条例》《建设工程安全生产管理条例》和国家有关执业资格考试制度的规定，2002年，原人事部和建设部联合颁发了《建造师执业资格制度暂行规定》（人发〔2002〕111号），对从事建设工程项目总承包及施工管理的专业技术人员实行建造师执业资格制度。

注册建造师是以专业技术为依托、以工程项目管理为主的注册执业人士。注册建造师可以担任建设工程总承包或施工管理的项目负责人，从事法律、行政法规或标准规范规定的相关业务。实行建造师执业资格制度后，我国大中型工程施工项目负责人由取得注册建造师资格的人士担任，以提高工程施工管理水平，保证工程质量和安全。建造师执业资格制度的建立，将为我国拓展国际建筑市场开辟广阔的道路。

按照原人事部和建设部印发的《建造师执业资格制度暂行规定》（人发〔2002〕111号）、《建造师执业资格考试实施办法》（国人部发〔2004〕16号）和《关于建造师资格考试相关科目专业类别调整有关问题的通知》（国人厅发〔2006〕213号）的规定，本编委会组织全国具有较高理论水平和丰富实践经验的专家、学者，编写了《2021年版全国一级建造师执业资格考试用书》（以下简称《考试用书》）。在编撰过程中，编写人员按照《一级建造师执业资格考试大纲》（2018年版）要求，遵循"以素质测试为基础、以工程实践内容为主导"的指导思想，坚持"与工程实践相结合，与考试命题工作相结合，与考生反馈意见相结合"的修订原则，力求在素质测试的基础上，进一步加强对考生实践能力的考核，切实选拔出具有较好理论水平和施工现场实际管理能力的人才。

本套《考试用书》共14册，书名分别为《建设工程经济》《建设工程项目管理》《建设工程法规及相关知识》《建筑工程管理与实务》《公路工程管理与实务》《铁路工程管理与实务》《民航机场工程管理与实务》《港口与航道工程管理与实务》《水利水电工程管理与实务》《矿业工程管理与实务》《机电工程管理与实务》《市政公用工程管理与实务》《通信与广电工程管理与实务》《建设工程法律法规选编》。本套《考试用书》既可作为全国一级建造师执业资格考试学习用书，也可供其他从事工程管理的人员使用和高等学校相关专业师生教学参考。

《考试用书》编撰者为高等学校、行政管理、行业协会和施工企业等方面的专家和学者。在此，谨向他们表示衷心感谢。

在《考试用书》编写过程中，虽经反复推敲核证，仍难免有不妥甚至疏漏之处，恳请广大读者提出宝贵意见。

全国一级建造师执业资格考试用书编写委员会

2021年2月

《通信与广电工程管理与实务》
编 写 组

组　　长：詹书林

副 组 长：王　莹

编写人员：冯　璞　　侯明生　　李书森　　董春光

　　　　　张　毅　　孙丽珍　　刘天明　　王开全

　　　　　齐玉亮　　朱运起　　孙柯林　　杨　萍

　　　　　郑仁柱　　叶　婉　　宁　凯

前　言

本书依据新修订的《一级建造师执业资格考试大纲（通信与广电工程）》（2018年版）编写而成，阐述了从事通信与广电工程项目管理所应具备的相关知识点，内容包括通信与广电工程技术、通信与广电工程项目施工管理、通信与广电工程项目施工相关法规与标准等。

本书突出了对通信与广电工程项目管理能力的要求，侧重对通信与广电工程施工技术的掌握和运用，从而体现了对通信与广电工程一级建造师实践和管理能力的考核要求。

为了便于应试人员的学习和查阅，本书章、节、目、条的编码与考试大纲保持完全一致。其内容主要是针对考试大纲的知识点逐条进行概要性的解释，以帮助考生理解考试大纲的要求。本书内容丰富，知识点明确，重点突出，是应试人员必备的考试学习用书，也可以作为从事工程管理专业人员实际工作中的参考用书。

本书的编写得到了工业和信息化部信息通信发展司领导的重视和具体指导；得到了中国通信建设集团有限公司、中国广播电视国际经济技术合作总公司等单位的大力支持和协助。在此表示衷心感谢。

本书虽经过较充分的准备、讨论与修改，仍难免有不足之处，殷切希望广大读者提出宝贵意见，以便进一步修改完善。

网上免费增值服务说明

为了给一级建造师考试人员提供更优质、持续的服务，我社为购买正版考试图书的读者免费提供网上增值服务，增值服务分为文档增值服务和全程精讲课程，具体内容如下：

☞ **文档增值服务：** 主要包括各科目的备考指导、学习规划、考试复习方法、重点难点内容解析、应试技巧、在线答疑，每本图书都会提供相应内容的增值服务。

☞ **全程精讲课程：** 由权威老师进行网络在线授课，对考试用书重点难点内容进行全面讲解，旨在帮助考生掌握重点内容，提高应试水平。精讲课程涵盖8个考试科目，包括《建设工程经济》《建设工程项目管理》《建设工程法规及相关知识》《建筑工程管理与实务》《公路工程管理与实务》《水利水电工程管理与实务》《机电工程管理与实务》《市政公用工程管理与实务》。

更多免费增值服务内容敬请关注"建工社微课程"微信服务号，网上免费增值服务使用方法如下：

1. 计算机用户

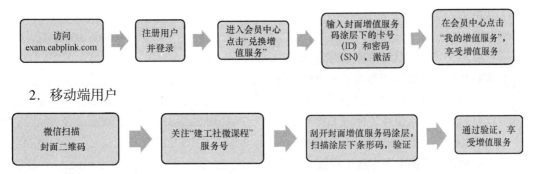

2. 移动端用户

注： 增值服务从本书发行之日起开始提供，至次年新版图书上市时结束，提供形式为在线阅读、观看。如果输入卡号和密码或扫码后无法通过验证，请及时与我社联系。

客服电话：4008-188-688（周一至周五9：00—17：00）

Email：jzs@cabp.com.cn

防盗版举报电话：010-58337026，举报查实重奖。

网上增值服务如有不完善之处，敬请广大读者谅解。欢迎提出宝贵意见和建议，谢谢！

读者如果对图书中的内容有疑问或问题，可关注微信公众号【建造师应试与执业】，与图书编辑团队直接交流。

建造师应试与执业

目　录

1L410000　通信与广电工程技术

1L411000　通信与广电工程专业技术

1L411010　通信网

1L411011　现代通信网及其发展趋势

一、现代通信网及其构成要素

（一）通信网的概念

通信网是由一定数量的节点（包括终端节点、交换节点）和连接这些节点的传输系统有机地组织在一起，按约定的信令或协议完成任意用户间信息交换的通信体系。用户使用它可以克服空间、时间等障碍来进行有效的信息交换。

通信网上任意两个用户间、设备间或一个用户和一个设备间均可进行信息的交换。交换的信息包括用户信息（如语音、数据、图像等）、控制信息（如信令信息、路由信息等）和网络管理信息三类。

（二）通信网的构成要素

实际的通信网是由软件和硬件按特定方式构成的一个通信系统，每一次通信都需要软硬件设施的协调配合来完成。从硬件构成来看，通信网由终端节点、交换节点、业务节点和传输系统构成，它们完成通信网的基本功能：接入、交换和传输。软件设施则包括信令、协议、控制、管理、计费等，它们主要完成通信网的控制、管理、运营和维护，实现通信网的智能化。

1. 终端节点

最常见的终端节点有电话机、传真机、计算机、视频终端、智能终端和用户小交换机。其主要功能有：

（1）用户信息的处理：主要包括用户信息的发送和接收，将用户信息转换成适合传输系统传输的信号以及相应的反变换。

（2）信令信息的处理：主要包括产生和识别连接建立、业务管理等所需的控制信息。

2. 交换节点

交换节点是通信网的核心设备，最常见的有电路交换机、分组交换机、路由器、转发器等。交换节点负责集中、转发终端节点产生的用户信息，但它自己并不产生和使用这些信息。其主要功能有：

（1）用户业务的集中和接入功能，通常由各类用户接口和中继接口组成。

（2）交换功能，通常由交换矩阵完成任意入线到出线的数据交换。

（3）信令功能，负责呼叫控制和连接的建立、监视、释放等。

（4）其他控制功能，路由信息的更新和维护、计费、话务统计、维护管理等。

3. 业务节点

最常见的业务节点有智能网中的业务控制节点（SCP）、智能外设、语音信箱系统，以及Internet上的各种信息服务器等。它们通常由连接到通信网络边缘的计算机系统、数据库系统组成。其主要功能是：

（1）实现独立于交换节点业务的执行和控制；

（2）实现对交换节点呼叫建立的控制；

（3）为用户提供智能化、个性化、有差异的服务。

4. 传输系统

传输系统为信息的传输提供传输信道，并将网络节点连接在一起。其硬件组成应包括：线路接口设备、传输媒介、交叉连接设备等。

传输系统一个主要的设计目标就是提高物理线路的使用效率，因此通常都采用了多路复用技术，如频分复用、时分复用、波分复用等。

二、现代通信网的功能和分类

（一）通信网的功能

日常工作和生活中，我们经常使用各种类型的通信网，例如电话网、办公室局域网、互联网等，虽然这些网络在传送信息的类型、传送的方式、所提供服务的种类等方面不尽相同，但它们在网络结构、基本功能和实现原理上是相似的，都实现了以下四个主要的功能：

1. 信息传送

信息传送是通信网的基本任务，传送的信息主要分为三类：用户信息、信令信息和管理信息。信息传送主要由交换节点和传输系统完成。

2. 信息处理

网络对信息的处理方式对最终用户是不可见的，主要目的是增强通信的有效性、可靠性和安全性，信息最终的语义解释一般由终端应用来完成。

3. 信令机制

信令机制是通信网上任意两个通信实体之间为实现某一通信任务，进行控制信息交换的机制，如电话网上的No.7信令、互联网上的各种路由信息协议和TCP连接建立协议等。

4. 网络管理

网络管理功能主要负责网络的运营管理、维护管理和资源管理，保证网络在正常和故障情况下的服务质量，是整个通信网中最具智能的部分。

（二）通信网的分类

现代通信网从各个不同的角度出发，有不同的分类，常见的有以下几种：

1. 按业务类型，可分为电话通信网（如PSTN、移动通信网等）、数据通信网（如X.25、Internet、帧中继网等）、广播电视网等；

2. 按空间距离和覆盖范围，可分为广域网、城域网和局域网；

3. 按信号传输方式，可分为模拟通信网和数字通信网；

4. 按运营方式和服务对象，可分为公用通信网和专用通信网（如防空通信网、军事指挥网、遥感遥测网等）；

5. 按通信的终端，可分为固定通信网和移动通信网。

三、现代通信网的发展趋势

现代通信网的发展已经脱离了纯技术驱动的模式，正在走向技术与业务结合和互动的新模式。未来10年，从市场应用和业务需求的角度看，语音业务向数据业务的战略性转变将深刻影响通信网的技术走向。一直以来，传统通信网的主要业务是语音业务，话务容量与网络容量高度一致，并且呈稳定低速增长。现在，通信网数据业务特别是IP数据业务呈爆炸式增长，业务容量每6~12个月翻一番，比CPU性能进展的摩尔定律（每18个月翻一番）还要快，网络的业务性质正在发生根本性变化。基于此，通信网的技术发展将呈现如下趋势：

1. 网络信道光纤化、容量宽带化

光纤具有带宽大、重量轻、成本低和易维护等一系列优点，从最初应用于长途网，之后是中继网和接入网，现在光纤到路边、到小区、到大楼进入普及阶段，并转向光纤入户（FTTH），最终实现全光网络。

数据业务特别是IP业务量的飞速增长以及更多高清、实时的业务需求，光纤传输、计算机和高速数字信号处理器件等关键技术的进展，二者相互作用，促使现代通信网的宽带化进程日益加速。

2. 网络传输分组化、IP化

随着互联网的大力普及，网络应用加速向IP汇聚，传输分组化的趋势越来越明显，话音、视频等实时业务均转移到了IP网上，出现了Everything On IP的局面。传输网经过SDH、MSTP、OTN、PTN等发展阶段后，会继续秉承光传输系统的传统优势，逐步实现网络传输分组化、IP化的有序演进。

3. 接入宽带化、IP化、无线化

从业务发展趋势的角度看，云计算、电视互联网和4K视频业务不断推动超宽带入户，接入网的宽带化、IP化的趋势不断深化；随着移动通信系统的带宽和能力的增加，无线网络速度也飞速提升，无线接入的基础日趋稳固，将促进接入无线化的进一步发展。

4. 三网融合

随着现代通信网的技术发展，为电话通信网、计算机通信网和有线电视网的融合发展铺平了道路，尽管三网各有特点，但技术特征正逐渐趋向一致，特别是向IP的汇聚成为发展的主导趋势，随着接口标准和规范方面的进一步协调，三网终将平滑过渡到一个统一的网络层面上。

5. 下一代网络

下一代网络（NGN）泛指一个以IP为中心，支持语音、数据和多媒体业务的融合或部分融合的全业务网络。ITU-T将NGN的主要特征归纳为：基于分组传送；控制功能与承载能力、呼叫/会晤、应用/服务分离；业务提供与网络分离，并提供开放接口；支持广泛的业务，包括实时/流/非实时和多媒体业务；具有端到端透明传递的宽带能力；与现有传统网络互通；具有移动性，即允许用户作为单个人始终如一地使用和管理其业务而不管采用何种接入技术；提供用户自由选择业务提供商的功能等。

分组化的、分层的、开放的结构是下一代网络的显著特征。NGN不是现有通信网IP化的简单延伸，而是在继承现有网络优势后的平滑演进，在这个过程中，NGN将不断吸收基于SDN、NFV和云计算等的新技术，实现更灵活、智能、高效和开放的新型网络。

SDN（基于软件定义网络）技术实现了控制功能和转发功能的分离，通过软件的方式可以使得网络的控制功能很容易地进行抽离和聚合，有利于通过网络控制平台从全局视角来感知和调度网络资源，实现网络连接的可编程。因为做了软硬件解耦，所有SDN可以采用通用硬件来代替专有网络硬件板卡，结合云计算技术实现硬件资源按需分配和动态伸缩，以达到最优的资源利用率。

NFV（网络功能虚拟化）技术通过组件化的网络功能模块实现控制功能的可重构，可以灵活地派生出丰富的网络功能；SDN是NFV的基础，SDN将网络功能模块化、组件化；网络功能将可以按需编排，根据不同场景和业务特征要求，灵活组合功能模块，按需定制网络资源和业务逻辑，增强网络弹性和自适应性。网络切片是NFV最核心的内容，它利用虚拟化将网络物理基础设施资源虚拟化为多个相互独立平行的虚拟网络切片。一个网络切片可以视为一个实体化的网络，在每个网络切片内，可以进一步对虚拟网络切片进行灵活的分割，按需创建子网络。

1L411012　传送网、业务网和支撑网

从实现功能的角度看，一个完整的现代通信网可分为相互依存的三部分：业务网、传送网和支撑网，如图1L411012所示。

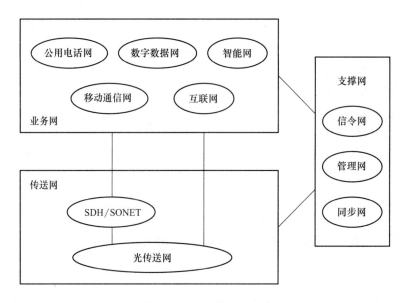

图1L411012　现代通信网的功能结构

一、业务网

业务网负责向用户提供各种通信业务，如语音、传真、数据、多媒体、租用线、VPN等，是现代通信网的主体。在传送节点上安装不同类型的节点设备，就形成了不同类型的业务网。业务节点设备主要包括各种交换机（电路交换、X.25、以太网、ATM等）、路由器和数字交叉连接设备等，其中交换节点设备是构成业务网的核心要素。构成一个业务网的主要技术要素包括网络拓扑结构、交换节点设备、编号计划、信令技术、路由选择、业

务类型、计费方式、服务性能保证机制等。

采用不同交换技术的交换节点设备通过传送网互连在一起就形成了不同类型的业务网。目前现代通信网提供的业务网主要有公用电话网、数字数据通信网、移动通信网、智能网、互联网等。

二、传送网

传送网独立于具体业务网，负责按需为交换节点/业务节点之间的互连分配电路，为节点之间信息传递提供透明传输通道，它还具有电路调度、网络性能监视、故障切换等相应的管理功能。构成传送网的主要技术要素有传输路由、复用技术、传送网节点技术等，其中传送网节点主要有分插复用设备（ADM）和交叉连接设备（DXC）两种类型，是构成传送网的核心要素。传送网也称为基础网，由传输介质和传输设备组成。

（一）传输介质

传输介质是指信号传输的物理通道，传输介质分为有线介质和无线介质两大类。在有线介质中，电磁波信号会沿着有形的固体介质传输，常用的有线介质包括双绞线、同轴电缆和光纤等；在无线介质中，电磁波信号通过地球外部的大气或外层空间进行传输，大气或外层空间并不对信号本身进行制导，因此可认为是在自由空间传输，常见的无线传输方式有无线电、微波、红外线等。

任何信息在实际传输时都会被转换成电信号或光信号的形式，信息能否成功传输则依赖于两个因素：传输信号本身的质量和传输介质的特性。

（二）复用技术

按信号在传输介质上的复用方式的不同，常用的复用技术有基带传输技术、频分复用（FDM）技术、时分复用（TDM）技术和波分复用（WDM）技术。

1. 基带传输是在短距离内直接在传输介质传输模拟基带信号。在传统电话用户线上采用该方式。基带传输的优点是线路设备简单，在局域网中广泛使用；缺点是传输媒介的带宽利用率不高，不适于在长途线路上使用。

2. 频分复用（FDM）是将多路信号经过高频载波信号调制后在同一介质上传输的复用技术。每路信号要调制到不同的载波频段上，且各频段保持一定的间隔，这样各路信号通过占用同一介质不同的频带实现了复用。频分复用（FDM）的主要缺点是：传输的是模拟信号，需要模拟的调制解调设备，成本高且体积大；由于难以集成，故工作的稳定度不高；由于计算机难以直接处理模拟信号，导致在传输链路和节点之间有过多的模数转换，从而影响传输质量。目前FDM技术主要用于微波链路和铜线介质上。

3. 时分复用（TDM）是将模拟信号经过调制后变为数字信号，然后对数字信号进行时分多路复用的技术。TDM中多路信号以时分的方式共享一条传输介质，每路信号在属于自己的时间片段中占用传输介质的全部带宽。相对于频分复用技术，时分复用技术具有差错率低、安全性好、数字电路高度集成以及更高的带宽利用率等优点。

4. 波分复用（WDM）本质上是光域上的频分复用技术。WDM将光纤的低损耗窗口划分成若干个信道，每一信道占用不同的光波频率（或波长），在发送端采用波分复用器（合波器）将不同波长的光载波信号合并起来送入一根光纤进行传输。在接收端，再由波分解复用器（分波器）将这些由不同波长光载波信号组成的光信号分离开来。由于不同波长的光载波信号可以看成是互相独立的（不考虑光纤非线性时），在一根光纤中可实现多路光信号的复用传输。一个WDM系统可以承载多种格式的"业务"信号，如ATM、IP、TDM或者将来有可能出现的信号。WDM系统完成的是透明传输，对于业务层信号来说，WDM的每个波长与一条物理光纤没有分别，WDM是网络扩容的理想手段。

（三）传送网节点技术

1．SDH传送网是一种以同步时分复用和光纤技术为核心的传送网，它由分插复用、交叉连接、信号再生放大等网元设备组成，具有容量大、对承载信号语义透明以及在通道层上实现保护和路由的功能。SDH是一个独立于各类业务网的公共传送平台，有如下优点：强大的网络管理功能；灵活的复用映射结构；标准统一的光接口和网络节点接口，使得不同厂商设备间信号的互通、信号的复用、交叉链接和交换过程得到简化。

2．基于SDH的多业务传送平台（MSTP）是基于SDH平台同时实现TDM、ATM和以太网等业务的接入处理和传送，并提供统一网管的多业务节点，是SDH与以太网初步融合的产物。MSTP可以更有效地支持分组数据业务，有助于实现从电路交换网向分组交换网的过渡，适用于已经部署大量SDH网的运营商。

3．光传送网（OTN）是在光层组织网络的传送网，它结合了SDH和WDM的优势，解决了MSTP刚性管道运作效率低等问题。OTN在WDM的基础上引入了SDH强大的操作、维护、管理能力，同时弥补SDH在面向传输层时的功能缺乏和维护管理开销的不足，大大提升了WDM设备的可维护性和组网的灵活性。

4．分组传送网（PTN）伴随着传送网分组化的应用而产生，在IP业务和底层光传输媒介之间设置了一个层面。PTN针对分组业务流量的突发性和统计复用传送的要求而设计，以分组业务为核心并支持多业务提供，具有更低的总体使用成本，同时秉承光传输的传统优势，包括高可用性和可靠性、高效的带宽管理机制和流量工程、便捷的网管、可扩展性、较高的安全性等。PTN主要是为了解决SDH/MSTP对数据业务深度扩展能力方面的限制，以及传统以太网技术在支撑多业务运营及电信级性能方面存在的缺陷，实现TDM到IP的有序演进。

三、支撑网

一个完整的通信网除有以传递通信业务为主的业务网之外，还需有若干个用来保障业务网正常运行、增强网路功能、提高网路服务质量的支撑网路。支撑网是现代通信网运行的支撑系统。支撑网中传递相应的监测和控制信号，包括公共信道信令网、同步网、管理网。

（一）信令网

信令网是公共信道信令系统传送信令的专用数据支撑网，一般由信令点（SP）、信令转接点（STP）和信令链路组成。信令网可分为不含STP的无级网和含有STP的分级网。无级信令网信令点间都采用直连方式工作，又称直连信令网。分级信令网信令点间可采用准直连方式工作，又称非直连信令网。

（二）同步网

同步网是现代通信网运行的支持系统之一，处于通信网的最底层，负责实现网络节点设备之间和节点设备与传输设备之间信号的时钟同步、帧同步以及全网的网同步，保证地理位置分散的物理设备之间的数字信号的正确接收和发送。

我国数字同步网采用由单个基准时钟控制的分区式主从同步网结构，分为四个等级。

1.第一级是基准时钟（PRC），由3个铯原子钟组成，它是我国数字网中精度最高的时钟，是其他所有时钟的基准。

2.第二级是长途交换中心时钟，设置在长途交换中心，构成高精度区域基准时钟（LPR），该时钟分为A类和B类。设置于一级（C1）和二级（C2）长途交换中心的时钟属于A类时钟，它通过同步链路直接与基准时钟同步。设置于三级（C3）和四级（C4）长途交换中心的时钟属于B类时钟，它通过同步链路受A类时钟控制，间接地与基准时钟同步。

3.第三级是有保持功能的高稳定度晶体时钟，其频率偏移率可低于二级时钟。通过同步链路与二级时钟或同等级时钟同步。设置在汇接局（Tm）和端局（C5）。

4.第四级是一般晶体时钟，通过同步链路与第三级时钟同步，设置于远端模块、数字终端设备和数字用户交换设备。

（三）管理网

管理网是为保持通信网正常运行和服务，对其进行有效的管理所建立的软、硬件系统和组织体系的总称，是现代通信网运行的支撑系统之一，是一个综合的、智能的、标准化的通信管理系统。一方面对某一类网络进行综合管理，包括数据的采集，性能监视、分析、故障报告、定位，以及对网络的控制和保护；另一方面对各类通信网实施综合性的管理，即首先对各种类型的网络建立专门的网络管理，然后通过综合管理系统对各专门的网络管理系统进行管理。

1.管理网的主要功能是：根据各局间的业务流向、流量统计数据有效地组织网络流量分配；根据网络状态，经过分析判断进行调度电路、组织迂回和流量控制等，以避免网络过负荷和阻塞扩散；在出现故障时根据告警信号和异常数据采取封闭、启动、倒换和更换故障部件等，尽可能使通信及相关设备恢复和保持良好运行状态。

2.管理网主要包括网络管理系统、维护监控系统等，由操作系统、工作站、数据通信网、网元组成，其中网元是指网络中的设备，可以是交换设备、传输设备、交叉连接设备、信令设备。

1L411013　核心网

核心网是指通信交换网络，担负着建立信源和信宿之间信息连接的桥梁作用，交换技术是核心网的核心技术。现代通信网的核心网主要包括固定核心网的电路交换和软交换系统、移动核心网的电路域交换和分组域交换系统、互联网数据中心（IDC）以及其他业务平台。

一、交换技术

（一）电路交换

电路交换是在通信网中任意两个或多个用户终端之间建立电路暂时连接的交换方式，暂时连接独占一条电路并保持到连接释放为止。利用电路交换进行数据通信或电话通信必须经历建立电路、传送数据或语音和拆除电路三个阶段，因此电路交换属于电路资源预分配系统。

1.工作方式

电路交换系统有空分交换和时分交换两种交换方式：

（1）空分交换，是入线在空间位置上选择出线并建立连接的交换。最直观的例子就是人工交换机话务员将塞绳的一端连接到入线塞孔，并根据主叫的要求把塞绳的另一端连接到被叫的出线塞孔上。空分交换基本原理可归纳为以n条入线通过以$n \times m$接点矩阵选择到m条出线或某一指定出线，但接点在同一时间只能为一次呼叫利用，直到通信结束才释放。早期的步进制和纵横制交换机采用这种交换方式。

（2）时分交换，是把时间划分为若干互不重叠的时隙，由不同的时隙建立不同的子信道，通过时隙交换网络完成语音的时隙搬移，从而实现入线和出线间信息交换的一种交换方式。时分交换方式是时分多路复用（TDM）技术在交换网络中的具体应用，程控数字交换机采用这种交换方式。

2. 电路交换的特点

电路交换的特点是可提供一次性无间断信道。当电路接通以后，用户终端面对的是类似于专线电路，交换机的控制电路不再干预信息的传输，也就是给用户提供了完全"透明"的信号通路。

（1）通信用户间必须建立专用的物理连接通路，呼叫建立时间长，并且存在呼损；

（2）对通信信息不做任何处理，原封不动地传送（信令除外），对传送的信息不进行差错控制；

（3）实时性较好，但线路利用率低。

（二）分组交换

分组交换的思想是从报文交换而来的，它采用了报文交换的"存储—转发"技术。不同之处在于：分组交换是将用户要传送的信息分割为若干个分组，每个分组中有一个分组头，含有可供选路的信息和其他控制信息。分组交换节点对所收到的各个分组分别处理，按其中的选路信息选择去向，以发送到能到达目的地的下一个交换节点。为适应不同业务的要求，分组交换可提供虚电路方式与数据报方式两种服务方式。

1. 虚电路方式的特点

虚电路方式是面向连接的方式，即在用户数据传送前，先通过发送呼叫请求分组建立端到端的虚电路；一旦虚电路建立后，属于同一呼叫的数据分组均沿着这一虚电路传送，最后通过呼叫清除分组来拆除虚电路。虚电路的连接方式有以下特点：

（1）虚电路不同于电路交换中的物理连接，而是逻辑连接。虚电路并不独占线路，在一条物理线路上可以同时建立多个虚电路，以达到资源共享。

（2）虚电路方式的每个分组头中含有对应于所建立的逻辑信道标识，不需进行复杂的选路；传送时，属于同一呼叫的各分组在同一条虚电路上传送，按原有的顺序到达终点，不会产生失序现象。

（3）虚电路方式适用于较连续的数据流传送，如文件传送、传真业务等。

2. 数据报方式的特点

（1）数据报不需要预先建立逻辑连接，称为无连接方式。

（2）数据报方式的每个分组头中含有详细的目的地址，各个分组独立地进行选路；传送时，属于同一呼叫的各分组可从不同的路由转送，会引起失序。由于各个分组可选择不同的路由，对故障的防卫能力较强，从而可靠性较高。

（3）数据报方式适用于面向事物的询问/响应型数据业务。

3．分组交换的主要优点

（1）信息的传输时延较小，而且变化不大，能较好地满足交互型通信的实时性要求。

（2）易于实现链路的统计，时分多路复用提高了链路的利用率。

（3）容易建立灵活的通信环境，便于在传输速率、信息格式、编码类型、同步方式以及通信规程等方面都不相同的数据终端之间实现互通。

（4）可靠性高。分组作为独立的传输实体，便于实现差错控制，从而大大地降低了数据信息在分组交换网中的传输误码率，一般可达10^{-10}以下。

（5）经济性好。信息以"分组"为单位在交换机中进行存储和处理，节省了交换机的存储容量，提高了利用率，降低了通信的费用。

（三）ATM交换

ATM（异步传输模式）是以分组模式为基础融合了电路模式高速化的优点发展而成的，继承了电路交换较好的时间透明性和分组交换较好的语义透明性。ATM 克服了电路模式不能适应任意速率业务，难以导入未知新业务的缺点，简化了分组模式中的协议，并由硬件对简化的协议进行处理，交换节点不再对信息进行流量控制和差错控制，极大提高了网络的处理能力。

ATM技术是ITU-T确定用于宽带综合业务数字网（B-ISDN）的复用、传输和交换的模式。ATM交换可以实现高速、高吞吐量和高服务质量的信息交换，提供灵活的带宽分配，适应很低速率到很高速率的宽带业务的交换要求。

1．采用固定长度的数据包，信元由53个字节组成，开头5个为信头，其余48个为信息域，或称净荷。很短的信元可以减少交换节点内部的缓冲器容量以及排队时延和时延抖动；长度固定的信元则有利于简化交换控制和缓冲器管理；简单的信头减少了交换节点的处理开销，提高了交换的速度。

2．采用面向连接的工作方式，通过建立虚电路来进行数据传输，同时也支持无连接业务。

（四）软交换

软交换是一种提供呼叫控制功能的软件实体，是在电路交换向分组交换演进的过程中逐步完善的，是分组交换网络与传统PSTN网络融合的解决方案。软交换支持所有现有的电话功能及新型会话式多媒体业务，采用标准协议，如SIP、H.323、MGCP、MEGACO/H.248、SIGTRAN等，提供了不同厂商设备间的互操作能力，与一种或多种组件配套使用，如媒体网关、信令网关、特性服务器、应用服务器、媒体服务器、收费/计费接口等。

软交换的核心思想是业务提供与呼叫控制分离、呼叫控制与承载分离，具体特点体现在以下几个方面：

1．实现了业务提供与呼叫控制分离、呼叫控制与承载分离，有利于以最快的速度、最有效的方式引入各类新业务。

2．采用了标准协议，软交换各网络部件既能独立发展，又能有机地组合成一个整体，实现互联互通。

3．契合了网络融合趋势，使异构网络的互通方便灵活。模拟、数字、移动、ADSL、ISDN、窄带IP、宽带IP等各种用户都可以通过软交换提供业务。

（五）IP交换和MPLS交换

IP交换由IP技术和ATM技术融合而来，集成了IP路由技术的灵活性和ATM交换技术的高速性，主要有重叠模型和集成模型两大类。在集成模型中，将IP封装在ATM信元中，IP分组以ATM信元的形式在信道中传输和交换，从而使IP分组的转发速度提高到交换的速度。

传统的IP分组转发采用面向无连接方式逐条转发，选路基于软件查表，采用地址前缀最长匹配算法，速度慢；集成模型的IP交换为面向连接方式，使用短的标记代替长的IP地址，基于标记进行数据分组转发，速度快。

多协议标记交换（MPLS）是基于集成模型的IP交换技术的典型应用，特点如下：

1. MPLS在网络中的分组转发是基于定长标记，简化了转发机制。

2. MPLS采用原有的IP路由，在此基础上加以改进，保证了网络路由的灵活性。

3. MPLS采用ATM的高效交换方式，抛弃了复杂的ATM信令，无缝地将IP技术的优点融合到ATM的高效转发中。

4. MPLS网络的数据传输和路由计算分开，是一种面向连接的技术，同时支持X.25、帧中继、ATM、PPP、SDH、DWDM等，将各种不同的网络传输技术统一在一个平台上。

二、移动核心网的发展

回顾移动通信系统的发展，从GSM开始，数字移动通信已经经历四代，很快将进入5G的应用，移动核心网也随之不断发展完善。下面以GSM/GPRS和UMTS（通用移动通信系统）为主线，通过图1L411013，说明移动核心网各个阶段的发展变化和主要特点。

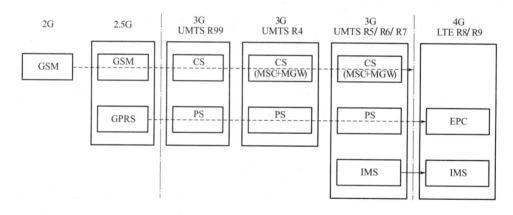

图1L411013 GSM/GPRS/UMTS/LTE核心网发展

1. 2G GSM阶段，核心网采用电路交换技术，主要支持语音业务，数据业务速率仅为9.6kbps。这个阶段的移动核心网只有电路域。

2. 2.5G GPRS阶段，核心网引入GPRS（通用分组无线业务）技术。GPRS采用新的信道编码方式，一个信道的最大速率可以达到21.4kbps，并且可以把GSM系统中分配给8个用户的无线资源分配给一个用户使用，这样，理论上单个用户的最高速率可以达到171.2 kbps。GPRS采用包交换技术，可以充分利用GSM系统闲时的空闲资源，提高了无线资源利用率，降低了用户成本。这个阶段的移动核心网出现了分组域。

3. 3G UMTS R99引入了全新的无线空口WCDMA，并且采用分组化传输，实现了高速移动数据业务，可支持384 kbps的传输速率；由于系统采用CDMA技术，使得频率利用率大大提高，同时改善调制技术（QPSK），增强了抗干扰能力。2.5G GSM/GPRS可以平滑过渡到3G UMTS R99，增强了无线部分，核心网部分基本不变。

4. 3G UMTS R4在核心网电路域有很大的改进，主要体现在呼叫控制与承载的分离、语音和信令实现分组化。3G UTMS R4完成了移动核心网的电路域由电路交换到软交换的演进，核心网分组域基本没变。

5. 3G UMTS R5/R6/R7阶段，核心网电路域基本保持不变，主要的发展变化是以IMS（IP多媒体子系统）为核心在分组域展开的。IMS的引入，实现了呼叫控制和媒体网关控制的进一步分离，以分组域作为承载传输，更好地实施了对多媒体业务的控制。这个阶段的移动核心网由电路域、分组域和IP多媒体子系统组成。

6. 4G LTE R8/R9阶段，在空中接口方面用频分多址替代了码分多址，并且大量采用多输入输出技术和自适应技术，提高了数据速率和系统性能。这个阶段的移动核心网不再具有电路域部分，只有分组域EPC，只提供分组业务，通过IMS的VoIP实现语音业务。

1L411014　接入网

接入网是指业务节点接口和相关用户的网络接口之间的一系列传送实体（如线路设施和设备），为了传送通信业务提供所需传送承载能力的实施系统，它可以由管理网Q3接口进行管理和配置，如图1L411014-1所示。接入网所覆盖的范围由三个接口来定界，即网络侧经业务节点接口（SNI）与业务节点（SN）相连；用户侧经用户网络接口（UNI）与用户相连；管理方面则经Q3接口与电信管理网（TMN）相连。其中SN是提供业务的实体，是一种可以接入各种变换型和/或永久连接型通信业务的网络单元。

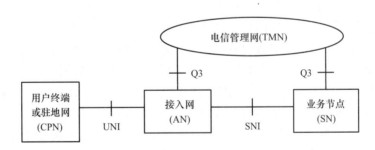

图1L411014-1　接入网界定示意图

为了便于网络设计与管理，接入网按垂直方向分解为电路层、传输通道层和传输媒质层三个独立的层次，其中每一层为其相邻的高阶层传送服务，同时又使用相邻的低阶层所提供的传送服务。接入网的主要功能可分解为用户口功能（UPF）、业务口功能（SPF）、核心功能（CF）、传送功能（TF）和系统管理功能（AN-SMF）。

现代通信网的接入网，接入技术分为有线接入和无线接入两种。有线接入技术包括光接入技术和铜线（电话线）数字用户线（DSL）技术以及有线电视网采用的混合光纤同轴电缆（HFC）接入技术，目前，主流的宽带光接入网普遍采用无源光网络（PON）技术。

一、有线接入网

有线接入网是用铜缆、光缆、同轴电缆等作为传输媒介的接入网。目前主要有铜线接入网、光纤接入网、混合光纤/同轴电缆接入网三类。

（一）铜线接入网

多年来，通信网主要采用铜线用户线向用户提供电话业务，用户铜线网络分布广泛且普及。为了进一步提高铜线传输速率，在接入网中使用了数字用户线（DSL）技术，以解决高速率数字信号在铜缆用户线上的传输问题。常用的DSL技术有高速率数字用户线（HDSL）和不对称数字用户线（ADSL）技术。

1. 高速率数字用户线（HDSL）技术采用了回波抵消和自适应均衡技术，延长基群信号传输距离。系统具有较强的抗干扰能力，对用户线路的质量差异有较强的适应性。

2. 不对称数字用户线（ADSL）技术可以在一对普通电话线上传送电话业务的同时，向用户单向提供1.5~6Mbit/s速率的业务，并带有反向低速数字控制信道，而且，ADSL的不对称结构避免了HDSL方式的近端串音，从而延长了用户线的通信距离。

（二）光纤接入网

1. 光纤接入网采用光纤作为主要的传输媒介来取代传统的铜线。由于光纤上传送的是光信号，因而需要在交换局将电信号进行电/光转换变成光信号后再在光纤上进行传输。在用户端则要利用光网络单元（ONU）进行光/电转换，恢复成电信号后送至用户终端设备。

2. 根据承载的业务带宽不同，光纤接入网可以划分为窄带和宽带两种。

3. 根据网络单元位置的不同，光纤接入网可以划分为光纤到路边（FTTC）、光纤到户（FTTH）、光纤到办公室（FTTO）、光纤到分配点（FTTDp）。

4. 根据是否有电源，光纤接入网可以划分为有源光网络（AON，Active Optical Network）和无源光网络（PON，Passive Optical Network）。无源光网络可分为窄带PON和宽带PON。

（三）混合光纤/同轴电缆（HFC）接入网

1. 混合光纤/同轴电缆接入网是一种综合应用模拟和数字传输技术、同轴电缆和光缆技术、射频技术的高度分布式智能型接入网络，是通信网和有线电视网相结合的产物。

HFC接入网可传输多种业务，具有较为广阔的应用领域，尤其是目前，绝大多数用户终端均为模拟设备（如电视机），与HFC的传输方式能够较好地兼容。HFC接入网具有传输频带较宽、与目前的用户设备兼容、支持宽带业务、成本较低等特点。

2. 混合光纤/同轴电缆（HFC）接入网可以简单归纳为窄带无源光网络（PON）+HFC混合接入、数字环路载波（DLC）+单向HFC混合接入和有线+无线混合接入三种方式。

二、无线接入网

无线接入网是一种部分或全部采用无线电波作为传输媒质来连接用户与交换中心的接入方式。它除了能向用户提供固定接入外，还能向用户提供移动接入。与有线接入网相比，无线接入网具有更大的使用灵活性和更强的抗灾变能力。按接入用户终端移动与否，可分为固定无线接入和移动无线接入两类。

（一）固定无线接入

固定无线接入是一种用户终端固定的无线接入方式。其典型应用就是取代现有有线电话用户环路的无线本地环路系统。这种用无线通信（地面、卫星）等效取代有线电话用户线的接入方式，因为它的方便性和经济性，将从特殊用户应用（边远、岛屿、高山等）过渡到一般应用。需说明的是，无绳电话虽是通信终端（电话机）的一种无线延伸装置，并使话机由固定变为移动，但它仍属于固定接入网，而且当前基本是有线接入。

固定无线接入的主要技术有LMDS、3.5GHz无线接入、MMDS、固定卫星接入技术、不可见光无线系统等。

（二）移动无线接入

用户终端移动的无线接入有蜂窝移动通信系统、卫星通信系统、集群调度系统、无线市话（PAS）以及用于短距离无线连接的蓝牙技术等。其中，蜂窝移动通信系统已经广泛使用的公共地面移动通信网络，将其应用到接入网中，是首当其冲的最佳选择；移动卫星通信系统应用在广域网或国际通信网中。

蜂窝移动通信系统作为典型的无线接入应用，其技术发展经历了数次迭代，本书中有专门章节详细描述。

三、无源光网络（PON）

无源光网络（PON）是指在OLT和ONU之间的光分配网络（ODN），其中没有任何有源电子设备，即传输设施在ODN中全部采用无源器件。PON是一种纯介质网络，避免了外部设备的电磁干扰和雷电影响，减少了线路和外部设备的故障率，提高了系统可靠性，同时节省了建造和维护成本。PON的优点体现在以下几个方面：

1. 较好的经济性：PON设备简单、体积小，安装维护费用低，投资较小。

2. 组网灵活：可支持树形、星型、总线型、混合型、冗余型等网络拓扑结构。

3. 安装维护方便：PON设备有室内型和室外型，其中室外型设备可直接挂在墙壁上或放置于H型电杆上，无需租用或建造机房；相对应有源系统的设备复杂和机房、供电等环境要求，PON的日常维护工作量大幅减少。

4. 抗干扰能力强：PON是纯介质网络，彻底避免了外部设备的电磁干扰和雷电影响，非常适合在自然条件恶劣的地区使用。

随着"宽带中国"战略的实施，运营商启动了大规模的光纤接入（FTTx）建设，PON成为实施"宽带提速"和"光进铜退"工程的技术基础。"宽带中国"战略要求，到2020年，光纤覆盖城市家庭，城市和农村家庭宽带接入能力分别达到50Mbps和12Mbps，50%的城市家庭用户达到100Mbps，发达城市的部分家庭用户达到10Gbps。

现有宽带接入网络将较为复杂的业务处理、各种应用和IP协议等功能分散地部署在用户侧的家庭网关（企业网关）上，运营商部分的网络负责以太网传送和汇聚功能。现有宽带接入网络的功能位置如图1L411014-2所示。

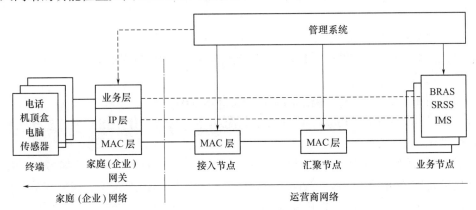

图1L411014-2　现有宽带接入网络的功能位置示意图

从PON技术发展的角度看，随着用户对带宽需求的增长，提供1G到2G共享总带宽的EPON（以太网无源光网络）和GPON（吉比特无源光网络）技术将很快出现带宽瓶颈，运营商已经开始部署单波长速率10Gbit/s的单波长10G PON。单波长速率终将面临技术和成本的双重挑战，于是在PON系统中引入WDM技术的NG-PON将成为未来PON技术的演进方向。

1L411015 互联网及其应用

互联网（Internet），又称因特网、英特网，是计算机网络互相连接在一起的庞大网络，这些网络以一组通用的协议相连，形成逻辑上的单一且巨大的全球化网络，在这个网络中有交换机、路由器等网络设备、各种不同的连接链路、种类繁多的服务器和数不尽的计算机、终端。

一、计算机网络

（一）计算机网络的功能

计算机网络的主要目的是共享资源，它的功能随应用环境和现实条件的不同大体如下。

1. 可实现资源共享

资源共享是计算机网最有吸引力的功能，指的是网上用户能部分或全部地享受这些资源。通过资源共享，消除了用户使用计算机资源受地理位置的限制，也避免了资源的重复设置所造成的浪费。

2. 提高了系统的可靠性

一般来说，计算机网络中的资源是重复设置的，它们被分布在不同的位置上。这样，即使发生少量资源失效的现象，用户仍可以通过网络中的不同路由访问到所需的同类资源，不会引起系统的瘫痪现象，提高了系统的可靠性。

3. 有利于均衡负荷

通过合理的网络管理，将某时刻计算机上处于超负荷的任务分送给别的轻负荷的计算机去处理，达到均衡负荷的目的。这对地域跨度大的远程网络来说，充分利用时差因素来达到均衡负荷尤为重要。

4. 提供了非常灵活的工作环境

用户可在任何有条件的地点将终端与计算机网络连通，及时处理各种信息，作出决策。

（二）计算机网络的分类

计算机网络可分为局域网、城域网和广域网三大类。互联网属于广域网，是一个全球性的计算机通信网。

1. 局域网的覆盖面小，传输距离常在数百米左右，限于一幢楼房或一个单位内。主机或工作站用10~1000Mbit/s的高速通信线路相连。网络拓扑多用简单的总线或环形结构，也可采用星形结构。

2. 城域网的作用范围是一个城市，距离常在10~150km之间。由于城域网采用了具有有源交换元件的局域网技术，故网中时延较小，通信距离也加大了。城域网是一种扩展了覆盖面的宽带局域网，其数据传输速率较高，在2Mbit/s以上，乃至数百兆比特每秒。网络拓扑多为树形结构。

3. 广域网其主要特点是进行远距离（几十到几千公里）通信，又称远程网。广域网传输时延大（尤其是国际卫星分组交换网），信道容量较低，数据传输速率在 2Mbit/s ~ 10Gbit/s 之间。网络拓扑设计主要考虑其可靠性和安全性。

（三）计算机网络的拓扑结构

计算机网络的拓扑结构有：星形、环形、网形、树形和总线型结构。

1. 星形结构比较简单，容易建网，便于管理。但由于通信线路总长度较长，成本较高。同时对中心节点的可靠性要求高，中心节点出故障将会引起整个网络瘫痪。

2. 环形结构没有路径选择问题，网络管理软件实现简单。但信息在传输过程中要经过环路上的许多节点，容易因某个节点发生故障而破坏整个网络的通信。另外网络的吞吐能力较差，适用于信息传输量不大的情况，一般用于局域网。

3. 网形结构可靠性高，但所需通信线路总长度长，投资成本高，路径选择技术较复杂，网络管理软件也比较复杂。一般在局域网中较少采用。

4. 树形结构是一个在分级管理基础上集中式的网络，适合于各种统计管理系统。但任一节点的故障均会影响它所在支路网络的正常工作，故可靠性要求较高，而且越高层次的节点，其可靠性要求越高。

5. 总线型结构网络中，任何一节点的故障都不会使整个网络发生故障，相对而言，这种网络比较容易扩展。

二、TCP/IP协议

TCP/IP协议即传输控制协议/互联网协议（也称网络通信协议），是互联网的基础，由网络层的IP协议和传输层的TCP协议组成。TCP/IP 协议定义了设备如何接入互联网以及数据如何在它们之间传输的标准。

首先由TCP协议把数据分成若干数据包，给每个数据包写上序号，以便接收端把数据还原成原来的格式。IP协议给每个数据包写上发送主机和接收主机的地址，一旦写上源地址和目的地址，数据包就可以在物理网上传送数据了。IP协议还具有利用路由算法进行路由选择的功能。这些数据包可以通过不同的传输途径进行传输，由于路径不同，加上其他的原因，可能出现顺序颠倒、数据丢失、数据失真甚至重复的现象。这些问题都由TCP协议来处理，它具有检查和处理错误的功能，必要时还可以请求发送端重发。

（一）IPv4的局限

IPv4是互联网协议（Internet Protocol，IP）的第四版，也是第一个被广泛使用、构成现今互联网技术的基础协议。随着智能终端和创新应用（移动互联网、物联网等）的快速发展，不仅对IP地址资源产生巨大需求，也对IP服务性能提出了更高的要求。

1. IPv4中IP地址的长度为32位，理论上可编址1600万个网络、40亿台主机。采用A、B、C三类编址方式后，可用的网络地址和主机地址的数目大打折扣，虽然用动态IP及NAT地址转换等技术实现了一些缓冲，但IP地址资源枯竭已经成为不争的事实。

2. IPv4为了解决地址不够的问题，使用子网划分、地址块切碎等技术来延长寿命，这也使得IPv4形成了数量庞大的路由表，对CPU和内存提出了更高的要求，也增加了系统时延。

3. IPv4的报头类型较多、长度不固定，需要用软件来控制，造成数据包转发速度减慢，而且服务质量也得不到保证。

4．IPv4是基于电话宽带以及以太网的特性而制定的，其分包原则与检验占用了数据包很大的一部分比例，降低了传输效率。

（二）IPv6的优势

IPv6是互联网协议（Internet Protocol，IP）的第六版。IPv6是IETF（互联网工程任务组）设计的用于替代现行IPv4的下一代协议。与IPv4相比，IPv6具有以下几个优势：

1．IPv6具有充足的地址空间。IPv6中IP地址的长度为128位，理论上可提供的地址数目比IPv4多2^{96}倍。

2．IPv6使用更小的路由表。IPv6的地址分配一开始就遵循聚类（Aggregation）的原则，这使得路由器能在路由表中用一条记录（Entry）表示一片子网，大大减小了路由器中路由表的长度，提高了路由器转发数据包的速度。

3．IPv6增加了增强的组播（Multicast）支持以及对流的控制（Flow Control），这使得网络上的多媒体应用有了长足发展的机会，为服务质量（QoS，Quality of Service）控制提供了良好的网络平台。

4．IPv6加入了对自动配置（Auto Configuration）的支持。这是对DHCP协议的改进和扩展，使得网络（尤其是局域网）的管理更加方便和快捷。

5．IPv6具有更高的安全性。在使用IPv6网络中用户可以对网络层的数据进行加密并对IP报文进行校验，极大地增强了网络的安全性。

三、互联网的应用

（一）基本应用

近几年，互联网的应用呈现爆炸式增长，主要得益于众多的使用者和不断降低的使用成本，互联网的基本应用模式可根据人们的不同需求做如下划分：

1．信息需求方面，包括网络新闻模式、搜索引擎模式、信息分类模式、信息聚合模式、知识分享模式等。

2．交易需求方面，主要是各种电子商务应用模式，包括B2B、B2C、C2C、O2O等。

3．交流需求方面，包括即时通信模式、个人空间模式、社交网络模式、网络论坛模式等。

4．娱乐需求方面，包括网络游戏模式、网络文学模式、网络视频模式等。

5．办公需求方面，包括各种电子政务应用模式和企业信息化应用模式。

（二）扩展应用

随着通信、信息和互联网领域各种新技术的蓬勃发展，全球ICT产业正在经历着前所未有的深刻变化，物联网、车联网、大数据、云计算、移动互联网、智能化家庭、融合通信等新应用不断涌现，终将创造一个全面互联、充满活力的网络世界。

1．融合通信

移动宽带的不断升级将把整个社会的信息化基础提升至新的历史高点，"移动智能终端+宽带+云"所打造的平台终将沉淀为网络社会的基础设施，与其他的能源和公用事业一样，成为整个社会和各个行业运转的基础平台。

2．物联网（IoT）

物联网是一个基于现代通信网及互联网的技术发展，让所有能够被独立寻址的普通物理对象实现互联互通的网络。物联网通过二维码识读设备、射频识别（RFID）装置、红外感应器、全球定位系统、激光扫描器等信息传感设备，按约定的协议，把任何物品与互联网连接起来，进行信息交换和通信，以实现智能化的识别、定位、跟踪、监控和管理。物联网已被广泛应用于智慧城市、智能交通、智能电网、智能医疗、智能工业、智能农业、智能环保、智能建筑、空间及海洋探索、军事等领域。

3．互联网+

"互联网+"是指传统产业互联网条件下的"在线化"和"数据化"。在线化是指商品、人和交易转移到网上的行为，数据化是指这些行为变成数据并且用来分享和利用。

"互联网+"就是"互联网+各个传统行业"，但这并不是简单的两者相加，而是利用信息通信技术以及互联网平台，让互联网与传统行业进行深度融合，创造新的发展生态。"互联网+"的深层意义是通过传统产业的互联网化完成产业升级。互联网通过将开放、平等、互动等网络特性在传统产业的运用，通过大数据的分析与整合，理清供求关系，改造传统产业的生产方式和产业结构。

1L411020　光传输系统

1L411021　光纤通信系统的构成

光通信系统通常指光纤传输通信系统，是目前通信系统中最常用的传输系统。掌握光纤传输系统的基本原理是了解光通信的窗口。

一、光纤通信系统

1．光纤通信是以光波作为载频、以光导纤维（简称光纤）作为传输媒介、遵循相应的技术体制的一种通信方式。最基本的光纤通信系统由光发射机、光纤线路（包括光缆和光中继器）和光接收机组成。图1L411021-1是光纤通信系统组成框图。

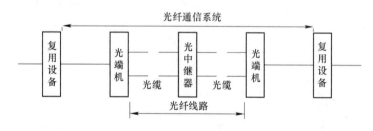

图1L411021-1　光纤通信系统组成框图

2．光纤通信系统通常采用数字编码、强度调制、直接检波等技术。所谓编码，就是用一组二进制码组来表示每一个有固定电平的量化值。强度调制就是在光端机发送端，通过调制器用电信号控制光源的发光强度，使光强度随信号电流线性变化（这里的光强度是指单位面积上的光功率）。直接检波是指在光端机接收端，用光电检测器直接检测光的有无，再转化为电信号。光纤作为传输媒介，以最小的衰减和波形畸变将光信号从发送端传输到接收端。为了保证通信质量，光信号经过光纤一定距离的衰减后，进入光中继器，由光中继器对已衰落的光信号脉冲进行补偿和再生。

二、光传输媒质

1. 光纤是光通信系统最普遍和最重要的传输媒质，它由单根玻璃纤芯、紧靠纤芯的包层、一次涂覆层以及套塑保护层组成。纤芯和包层由两种光学性能不同的介质构成，内部的介质对光的折射率比环绕它的介质的折射率高，因此当光从折射率高的一侧射入折射率低的一侧时，只要入射角度大于一个临界值，就会发生光全反射现象，能量将不受损失。这时包在外围的覆盖层就像不透明的物质一样，防止了光线在穿插过程中从表面逸出。

2. 光在光纤中传播，会产生信号的衰减和畸变，其主要原因是光纤中存在损耗和色散。损耗和色散是光纤最重要的两个传输特性，它们直接影响光传输的性能。

（1）光纤传输损耗：损耗是影响系统传输距离的重要因素之一，光纤自身的损耗主要有吸收损耗和散射损耗。吸收损耗是因为光波在传输中有部分光能转化为热能；散射损耗是因为材料的折射率不均匀或有缺陷、光纤表面畸变或粗糙造成的，主要包含端利散射损耗、非线性散射损耗和波导效应散射损耗。当然，在光纤通信系统中还存在非光纤自身原因的一些损耗，包括连接损耗、弯曲损耗和微弯损耗等。这些损耗的大小将直接影响光纤传输距离的长短和中继距离的选择。

（2）光纤传输色散：色散是光脉冲信号在光纤中传输，到达输出端时发生的时间上的展宽。产生的原因是光脉冲信号的不同频率成分、不同模式，在传输时因速度不同，到达终点所用的时间不同而引起的波形畸变。这种畸变使得通信质量下降，从而限制了通信容量和传输距离。降低光纤的色散，对增加光纤通信容量，延长通信距离，发展高速40Gb/s光纤通信和其他新型光纤通信技术都是至关重要的。

三、光传输设备

光传输设备主要包括：光发送机、光接收机、光中继器。

1. 光发送机：光发送机的作用是将数字设备的电信号进行电/光转换，调节并处理成为满足一定条件的光信号后送入光纤中传输。光源是光发送机的关键器件，它产生光纤通信系统所需要的载波；输入接口在电/光之间解决阻抗、功率及电位的匹配问题；线路编码包括码型转换和编码；调制电路将电信号转变为调制电流，以便实现对光源输出功率的调节。图1L411021-2是光发送机组成框图。

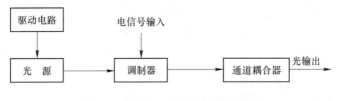

图1L411021-2 光发送机组成框图

2. 光接收机：光接收机的作用是把经过光纤传输后，脉冲幅度被衰减、宽度被展宽的弱光信号转变为电信号，并放大、再生恢复出原来的信号。图1L411021-3是光接收机组成框图。

3. 光中继器：光中继器的作用是将通信线路中传输一定距离后衰弱、变形的光信号恢复再生，以便继续传输。再生光中继器有两种类型：一种是光-电-光中继器；另一种

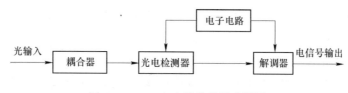

图1L411021-3　光接收机组成框图

是光-光中继器。

　　传统的光中继器采用的是光电光（OEO）的模式，光电检测器先将光纤传送来的非常微弱的且可能失真了的光信号转换成电信号，再通过放大、整形、再定时，还原成与原来的信号一样的电脉冲信号。然后用这一电脉冲信号驱动激光器发光，又将电信号变换成光信号，向下一段光纤发送出光脉冲信号。这种方式过程繁琐，很不利于光纤的高速传输。自从掺铒光纤放大器问世以后，光中继实现了全光中继。

四、光通信系统传输网技术体制

　　在数字通信发展的初期，世界上采用的数字传输系统都是准同步数字体系（PDH），这种体制适应了当时点对点通信的应用。随着数字交换的引入，光通信技术的发展，基于点对点传输的准同步（PDH）体系存在的一些弱点都暴露出来，阻碍了电信网向高度灵活和智能化方向发展。同步数字体系（SDH）使PDH应用中存在的问题得以解决，SDH传输网络应用进入一个新的阶段，同步数字体系成为举世公认的新一代光通信传输网体制。

　　（一）准同步数字体系（PDH）的弱点

　　1. 只有地区性的数字信号速率和帧结构标准，没有世界性标准。北美、日本、欧洲三个标准互不兼容，造成国际互通的困难。

　　2. 没有世界性的标准光接口规范，各厂家自行开发的光接口无法在光路上互通，限制了联网应用的灵活性。

　　3. 复用结构复杂，缺乏灵活性，上下业务费用高，数字交叉连接功能的实现十分复杂。

　　4. 网络运行、管理和维护（OAM）主要靠人工的数字信号交叉连接和停业务测试，复用信号帧结构中辅助比特严重缺乏，阻碍网络OAM能力的进一步改进。

　　5. 由于复用结构缺乏灵活性，使得数字通道设备的利用率很低，非最短的通道路由占了业务流量的大部分，无法提供最佳的路由选择。

　　（二）同步数字体系（SDH）的特点

　　1. 使三个地区性标准在STM-1等级以上获得统一，实现了数字传输体制上的世界性标准。

　　2. 采用了同步复用方式和灵活的复用映射结构，使网络结构得以简化，上下业务十分容易，也使数字交叉连接的实现大大简化。

　　3. SDH帧结构中安排了丰富的开销比特，使网络的OAM能力大大加强。

　　4. 有标准光接口信号和通信协议，光接口成为开放型接口满足多厂家产品环境要求，降低了联网成本。

　　5. 与现有网络能完全兼容，还能容纳各种新的业务信号，即具有完全的后向兼容性和前向兼容性。

　　6. 频带利用率较PDH有所降低。

7. 宜选用可靠性较高的网络拓扑结构，降低网络层上的人为错误、软件故障乃至计算机病毒给网络带来的风险。

五、光波分复用（WDM）

1. 光波分复用是将不同规定波长的信号光载波在发送端通过光复用器（合波器）合并起来送入一根光纤进行传播，在接收端再由一个光解复用器（分波器）将这些不同波长承载不同信号的光载波分开。这些不同波长的光信号所承载的数字信号可以是相同速率、相同数据格式，也可以是不同速率、不同数据格式。

2. 采用WDM技术可以充分利用单模光纤的巨大带宽资源（低损耗波段），在大容量长途传输时可以节约大量光纤。另外，波分复用通道对数据格式是透明的，即与信号速率及电调制方式无关，在网络发展中，是理想的扩容手段，也是引入宽带新业务的方便手段。

3. 根据需要，WDM 技术可以有多种网络应用形式，如长途干线网、广播式分配网络、多路多址局域网络等。可利用WDM技术选路，实现网络交换和恢复，从而实现透明、灵活、经济且具有高度生存性的光网络。

4. 依据通道间隔和应用的不同，光波分复用有稀疏波分复用（CWDM）和密集波分复用（DWDM）之分。一般CWDM的信道间隔为20nm，而DWDM的信道间隔从0.2nm到1.2nm。

1L411022   SDH系统的构成及功能

SDH传输网是由一些基本的SDH网络单元（NE）和网络节点接口（NNI）组成，通过光纤线路或微波设备等连接，进行同步信息接收/传送、复用、分插和交叉连接的网络。它具有全世界统一的网络节点接口，从而简化了信号的互通以及信号的传输、复用、交叉连接和交换的过程；有一套标准化的信息结构等级，称为同步传送模块STM—N（N=1，4，16，64…），并具有一种块状帧结构，允许安排丰富的开销比特（即网络节点接口比特流中扣除净负荷后的剩余字节）用于网络的OAM。

一、SDH的基本网络单元

构成SDH系统的基本网元主要有同步光缆线路系统、终端复用器（TM）、分插复用器（ADM）、再生中继器（REG）和同步数字交叉连接设备（SDXC）。其中TM、ADM、REG、SDXC主要功能如图1L411022-1所示。

1. 终端复用器（TM）：TM是SDH基本网络单元中最重要的网络单元之一，它的主要功能是将若干个PDH低速率支路信号复用成STM-1帧结构电（或光）信号输出，或将若干个STM-n信号复用成STM-N（n<N）光信号输出，并完成解复用的过程。例如，在STM-1终端复用器发送端：可将63个2Mbit/s信号复用成为一个STM-1信号输出，而在STM-1终端复用器接收端：可将一个STM-1信号解复用为63个2Mbit/s信号输出。

2. 分插复用器（ADM）：ADM是SDH传输系统中最具特色、应用最广泛的基本网络单元。ADM将同步复用和数字交叉连接功能集于一体，能够灵活地分插任意群路、支路和系统各时隙的信号，使得网络设计有很大的灵活性。ADM除了能完成与TM一样的信号复用和解复用功能外，它还能利用其内部时隙交换实现带宽管理，允许两个STM-N信号之间的不同VC实现互联，且能在无需解复用和完全终接的情况下接入多种STM-N和PDH

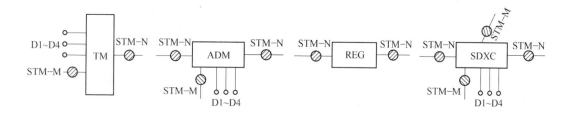

TM：终端复用器　　　　　　　　ADM：分插复用器　　　　　　REG：再生中继器
SDXC：同步数字交叉连接设备　　D1~D4：准同步支路信号　　　STM-N/M：同步传送模块

图1L411022-1　SDH网络单元功能示意图

支路信号。更重要的是在SDH保护环网结构中，ADM是系统中必不可少的网元节点，利用它的时隙保护功能，可以使得电路的安全可靠性大为提高，在1200km的SDH保护环中，任意一个数字段由于光缆或中继系统原因，电路损伤业务时间不会大于50ms。

3. 再生中继器（REG）：再生中继器的功能是将经过光纤长距离传输后，受到较大衰减和色散畸变的光脉冲信号，转换成电信号后，进行放大、整形、再定时、再生成为规范的电脉冲信号，经过调制光源变换成光脉冲信号，送入光纤继续传输，以延长通信距离。

4. 同步数字交叉连接设备（SDXC）：SDXC是SDH网的重要网元，是进行传送网有效管理，实现可靠的网络保护/恢复，以及自动化配线和监控的重要手段。其主要功能是实现SDH设备内支路间、群路间、支路与群路间、群路与群路间的交叉连接，还兼有复用、解复用、配线、光电互转、保护恢复、监控和电路资料管理等多种功能。实际的SDH保护环网系统中，常常把数字交叉连接的功能内置在ADM中，或者说ADM设备具有数字交叉连接功能，其核心部分是具有强大交叉能力的交叉矩阵。除此之外，SDXC设备与其附属的接口设备也可以单独组网，将各条没有构成SDH保护环的链状电路接入SDXC网，建成一个SDXC独立保护网，利用接入的一部分冗余电路，经过SDXC网络的自动运算，找出最合适、最经济的路由，使得接入的重要业务，能够得到如SDH保护环网中电路一样的保护。

二、SDH网络节点接口

所谓网络节点接口（NNI）表示网络节点之间的接口。规范一个统一的NNI标准，基本出发点在于，使其不受限于特定的传输媒质，不受限于网络节点所完成的功能，同时对局间通信或局内通信的应用场合也不加以限定。SDH网络节点接口正是基于这一出发点而建立起来的，它不仅可以使北美、日本和欧洲3种地区性PDH序列在SDH网中实现统一，而且在建设SDH网和开发应用新设备产品时可使网络节点设备功能模块化、系列化、并能根据电信网络中心规模大小和功能要求灵活地进行网络配置，从而使SDH网络结构更加简单、高效和灵活，并在将来需要扩展时具有很强的适应能力。图1L411022-2给出了网络节点接口在SDH网络中的位置的一个示意图。

三、基本网络单元的连接

（一）网络拓扑结构

根据网络节点在网络中的几何安排，网络主要有以下几种基本的拓扑结构：

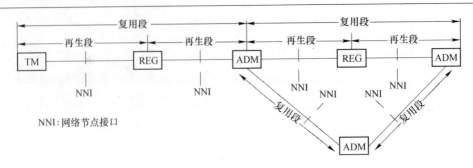

图1L411022–2   网络单元和网络节点接口在SDH网络中位置示意图

1. 线形：把涉及通信的每个节点串联起来，而首尾节点开放，通常也称链形网络结构。

2. 星形：涉及通信的所有节点中有一个特殊的点与其余的所有节点直接相连，而其余节点之间互不相连，该特殊点具有连接和路由调度功能。

3. 环形：把涉及通信的所有节点串联起来，而且首尾相连，没有任何节点开放。

4. 树形：把点到点拓扑单元的末端点连接到几个特殊点，这样即构成树形拓扑，它可以看成是线形拓扑和星形拓扑的结合。这种结构存在瓶颈问题，因此不适合提供双向通信业务。

5. 网孔形：把涉及通信的许多点直接互连，即构成网孔形拓扑。如果将所有节点都直接互连，则构成理想的网孔形。在网孔形拓扑结构中，由于各节点之间具有高度的互连性，有多条路由的选择，可靠性极高，但结构复杂，成本高。在SDH网中，网孔结构中各节点主要采用DXC，一般用于业务量很大的一级长途干线。

（二）网络组网实例及网络分层

图1L411022–2给出了网络单元组网的一个实例。按照SDH网络分层的概念，图中示意标出了实际系统中的再生段、复用段和数字段。

1. 再生段：再生中继器（REG）与终端复用器（TM）之间、再生中继器与分插复用器（ADM）或再生中继器与再生中继器之间，这部分段落称再生段。再生段两端的REG、TM和ADM称为再生段终端（RST）。

2. 复用段：终端复用器与分插复用器之间以及分插复用器与分插复用器之间称为复用段。复用段两端的TM及ADM称为复用段终端（MST）。

3. 数字段：两个相邻数字配线架（或其等效设备）之间用于传送一种规定速率的数字信号的全部装置构成一个数字段。

这里还涉及另一个概念，即数字通道。与交换机或终端设备相连的两个数字配线架（或其等效设备）间用来传送一种规定速率的数字信号的全部装置便构成一个数字通道，它通常包含一个或多个数字段。

1L411023 DWDM系统的构成及功能

随着科学技术的迅猛发展，通信领域的信息传送量以一种爆炸性的速度在膨胀。信息时代要求越来越大容量的传输网络，当承载长途传输使用的光纤出现了所谓"光纤耗尽"现象时，便产生了DWDM系统。

一、DWDM工作方式

（一）按传输方向的不同可分为双纤单向传输系统、单纤双向传输系统

1. 双纤单向传输系统：如图1L411023-1所示，在双纤单向传输系统中，单向DWDM是指所有光通道同时在一根光纤上沿同一方向传送，在发送端将载有各种信息的具有不同波长的已调光信号 λ_1，λ_2，…，λ_N 通过光合波器耦合在一起，并在一根光纤中单向传输，由于各信号是通过不同的光波长携带的，所以彼此之间不会混淆。在接收端通过光分波器将不同光波长信号分开，完成多路光信号传输的任务。反向光信号的传输由另一根光纤来完成，同一波长在两个方向上可以重复利用。这种DWDM系统在长途传输网中应用十分灵活，可根据实际业务量需要逐步增加波长来实现扩容。

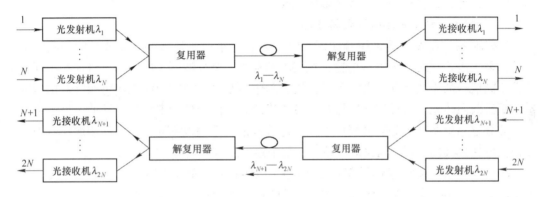

图1L411023-1 双纤单向DWDM传输系统

2. 单纤双向传输系统：如图1L411023-2所示，单纤双向DWDM是指光通路在同一根光纤上同时向两个方向传输，所用波长相互分开，以实现彼此双方全双向有通信联络。与单向传输相比通常可节约一半光纤器件。另外，由于两个方向传输的信号不交互产生四波混频（FWM），因此其总的FWM产物比双纤单向传输少得多。但其缺点是，该系统需要采用特殊的措施来对付光反射，且当需要进行光信号放大时，必须采用双向光纤放大器。

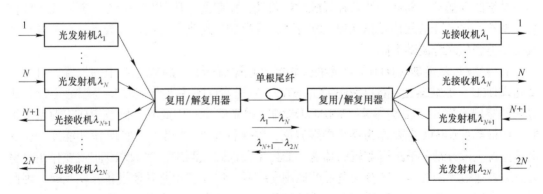

图1L411023-2 单纤双向DWDM传输系统

（二）从系统的兼容性方面考虑可分为集成式系统、开放式系统

1. 集成式DWDM系统：集成式系统是指被承载的SDH业务终端必须具有标准的光波

长和满足长距离传输的光源，只有满足这些要求的SDH业务才能在DWDM系统上传送。因此集成式DWDM系统各通道的传输信号的兼容性差，系统扩容时也比较麻烦，因此，实际工程较少采用。

2. 开放式DWDM系统：对于开放式波分复用系统来说，在发送端和接收端设有光波长转换器（OTU），它的作用是在不改变光信号数据格式的情况下（如SDH帧结构），把光波长按照一定的要求重新转换，以满足DWDM系统的波长要求。现在DWDM系统绝大多数采用的是开放式系统。

这里所谓的"开放式"是指在同一个DWDM系统中，可以承载不同厂商的SDH系统，OTU对输入端的信号波长没有特殊的要求，可以兼容任意厂家的SDH信号，而OTU输出端提供满足标准的光波长和长距离传输的光接口。

二、DWDM系统主要网元及其功能

DWDM系统在发送端采用合波器（OMU），将窄谱光信号的不同波长的光载波信号合并起来，送入一根光纤进行传输；在接收端利用一个分波器（ODU），将这些不同波长承载不同信号的光波分开。各波信号传输过程中相互独立。DWDM系统可双纤双向传输，也可单纤双向传输。单纤双向传输时，只要将两个方向的信号安排在不同的波道上传输即可。波分复用设备合（分）波器的不同，传输的最大波道也不同，目前商用的DWDM系统波道数可达160波，若传输10Gbit/s系统，整个系统总容量就有1.6Tbit/s。

DWDM系统主要网络单元有：光合波器（OMU）、光分波器（ODU）、光波长转换器（OTU）、光纤放大器（OA）、光分插复用器（OADM）、光交叉连接器（OXC）。各网元主要功能如下：

1. 光合波器（OMU）：光合波器在高速大容量波分复用系统中起着关键作用，其性能的优劣对系统的传输质量有决定性影响。其功能是将不同波长的光信号耦合在一起，传送到一根光纤里进行传输。这就要求合波器插入损耗及其偏差要小，信道间串扰小，偏振相关性低。合波器主要类型有介质薄膜干涉型、布拉格光栅型、星形耦合器、光照射光栅和阵列波导光栅（AWG）等。

2. 光分波器（ODU）：光分波器在系统中所处的位置与光合波器相互对立，光合波器在系统的发送端，而光分波器在系统的接收端，所起的作用是将耦合在一起的光载波信号按波长，将各波道的信号相互独立地分开，并分别发送到相应的低端设备。对其要求和其主要类型与光合波器类同。

3. 光波长转换器（OTU）：光波长转换器根据其所在DWDM系统中的位置，可分为发送端OTU、中继器使用OTU和接收端OTU。发送端OTU主要作用是将终端通道设备送过来的宽谱光信号，转换为满足WDM要求的窄谱光信号，因此其不同波道OTU的型号不同。中继器使用OTU主要作为再生中继器用，除执行光/电/光转换、实现3R功能外，还有对某些再生段开销字节进行监视的功能，如再生段误码监测B1。接收端OTU主要作用是将光分波器送过来的光信号转换为宽谱的通用光信号，以便实现与其他设备互联互通。因此一般情况下，接收端不同波道OTU是可以互换的（收发合一型的不可互换）。

根据波长转换过程中信号是否经过光/电域的变换，又可将光波长转换器分为两大类：光-电-光波长转换器和全光波长转换器。

4. 光纤放大器（OA）：光纤放大器是一种不需要经过光/电/光变换而直接对光信号

进行放大的有源器件。它能高效补偿光功率在光纤传输中的损耗，延长通信系统的传输距离，扩大用户分配网覆盖范围。

光纤放大器在WDM系统中的应用主要有三种形式。在发送端光纤放大器可以用在光发送端机的后面作为系统的功率放大器（BA），用于提高系统的发送光功率。在接收端光纤放大器可以用在光接收端机的前面作为系统的预放大器（PA），用于提高信号的接收灵敏度。光纤放大器作为线路放大器时可用在无源光纤段之间以抵消光纤的损耗、延长中继长度，称之为光线路放大器LA。

5．光分插复用器（OADM）：其功能类似于SDH系统中的ADM设备，将需要上下业务的波道采用分插复用技术终端至附属的OTU设备，直通的波道不需要过多的附属OTU设备，便于节省工程投资和网络资源的维护管理。工程中的主要技术要求是通道串扰和插入损耗。

6．光交叉连接器（OXC）：光交叉连接器是实现全光网络的核心器件，其功能类似于SDH系统中的SDXC，差别在于OXC是在光域上实现信号的交叉连接功能，它可以把输入端任一光纤（或其各波长信号）可控地连接到输出端的任一光纤（或其各波长信号）中去。通过使用光交叉连接器，可以有效地解决现有的DXC的电子瓶颈问题。

三、DWDM设备在传送网中的位置

同SDH设备一样，DWDM设备也是构成传送网的一部分，就目前的技术和应用状况来看，在传送网中SDH和DWDM之间是客户层与服务层的关系。相对于DWDM技术而言，SDH、ATM和IP信号都只是DWDM系统所承载的业务信号；而从层次上看，DWDM系统更接近于物理媒质层——光纤，并在SDH通道层下构成光通道层网络。

从WDM系统目前的发展方向来看，由于WDM波长存在可管理性差、不能实现高效和灵活的组网等缺陷，它逐渐向OTN和ASON转变和升级。相应的，传送网在拓扑结构上分为光、电两个层面，而WDM只是光网络层的核心网元。

1L411024 PTN系统的特点及应用

PTN即分组传送网（Packet Transport Network），从广义的角度讲，只要是基于分组交换技术，并能够满足传送网对于运行维护管理（OAM）、保护和网管等方面的要求，就可以称为PTN。分组传送网是保持了传统技术的优点，具有良好的可扩展性，丰富的操作维护，快速的保护倒换，同时又增加适应分组业务统计复用的特性，采用面向连接的标签交换，分组的QoS机制以及灵活动态的控制的新一代传送网技术。前期，通信业界一般理解的PTN技术主要包括T-MPLS和PBB-TE，由于PBB-TE技术仅支持点到点和点到多点的面向连接传送和线性保护，不支持面向连接的多点到多点之间业务和环网保护，采用PBB-TE技术的厂商和运营商越来越少，目前中国已经基本上将PTN和T-MPLS/MPLS-TP画上了等号。

（一）分组传送网（PTN）的技术特点

PTN是面向分组的、支持传送平台基础特性的下一代传送平台，其最重要的两个特性是分组和传送。PTN以IP为内核，通过以太网为外部表现形式的业务层和WDM等光传输媒质设置一个层面，为用户提供以太网帧、MPLS（IP）、ATM VP和VC、PDH、FR等符合IP流量特征的各类业务。其不仅保留了传统SDH传送网的一些基本特征，同时也引入了分组业务的基本特征，主要特点如下：

1. 可扩展性：通过分层和分域提供了良好的网络可扩展性；

2. 高性能OAM机制：快速的故障定位、故障管理和性能管理等丰富的OAM能力；

3. 可靠性：可靠的网络生存性，支持多种类型网络快速的保护倒换；

4. 灵活的网络管理：不仅可以利用网管系统配置业务，还可以通过智能控制面灵活地提供业务；

5. 统计复用：满足分组业务突发性要求必备的高效统计复用功能；

6. 完善的QoS机制：提供面向分组业务的QoS机制，同时利用面向连接的网络提供可靠的QoS保障；

7. 多业务承载：支持运营级以太网业务，通过电路仿真机制支持TDM、ATM等传统业务；

8. 高精度的同步定时：通过分组网络的同步技术提供频率同步和时间同步方式。

（二）分组传送网（PTN）的分层结构

PTN网络结构分为通道层、通路层和传输媒介层三层结构，网络分层结构如图1L411024所示，其通过GFP架构在OTN、SDH和PDH等物理媒质上。三个子层各自具有不同的功能，分述如下：

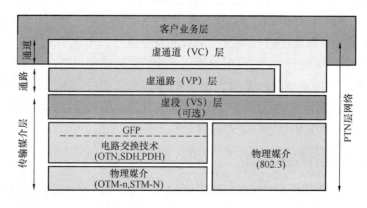

图1L411024　PTN分层结构

1. 分组传送通道层：其封装客户信号进入虚通道（VC），并传送VC，实现提供客户信号点到点、点到多点和多点到多点的传送网络业务，包括端到端OAM、端到端性能监控和端到端的保护。在T-MPLS协议中该层被称作TMC层。

2. 分组传送通路层：其封装和复用虚电路及虚通道进入虚通路（VP），并传送和交换VP，提供多个虚电路业务的汇聚和可扩展性（分域、保护、恢复、OAM等），通过配置点到点和点到多点虚通路（VP）链路来支持VC层网络。在T-MPLS协议中该层被称作TMP层。

3. 传送网络传输媒介层：包括分组传送段层（PTS）和物理媒介。段层提供了虚拟段信号的OAM功能。在T-MPLS协议中该层被称作TMS层。

（三）PTN的功能平面

PTN的功能分为传送平面、管理平面和控制平面三层。具体功能分述如下：

1. 传送平面：提供点到点（包括点到多点和多点到多点）双向或单向的用户信息传送，也同时提供控制和网络管理信息的传送，并提供信息传送过程中的OAM和保护恢复功能，即传送平面完成分组信号的传输、复用、配置保护倒换和交叉连接等功能，并确保所传信号的可靠性。

2. 管理平面：采用图形化网管进行业务配置和性能告警管理，业务配置和性能告警管理同SDH网管使用方法类似。管理平面执行传送平面、控制平面以及整个系统的管理功能，同时提供这些平面之间的协同操作。管理平面执行的功能包括：性能管理、故障管理、配置管理、计费管理和安全管理。

3. 控制平面：PTN控制平面由提供路由和信令等特定功能的一组控制单元组成，并由一个信令网络支撑。控制平面单元之间的互操作性和单元之间通信需要的信息流可通过接口获得。控制平面的主要功能包括：通过信令支持建立、拆除和维护端到端连接的能力，通过选路为连接选择合适的路由；网络发生故障时，执行保护和恢复功能；自动发现邻接关系和链路信息，发布链路状态（如：可用容量和故障等）信息以支持连接建立、拆除和恢复。

（四）PTN的关键技术

PTN独有的统一、开放结构，可以帮助运营商的网络从电路向分组传送演进，具体体现在以下几个关键技术。

1. 通用分组交叉技术：为适应融合业务的新需求，PTN引入一项名为"通用交换"的新技术。通用交换结构用到了一种被称为"量子交换"的理论，在此交换结构中，业务流被分割成"信息量子"（一种比特块），借助成熟的专用集成电路技术并基于特定网络的实现技术，信息量子可以从一个源实体交换到另一个或多个目的实体。该技术能够使传送设备实现各种类型的交换功能，从真正的交叉连接到各种QoS级别的统计复用，从尽力而为到可保证的服务。它彻底解决了传统MSTP设备数据吞吐量不足、纯以太网交换设备不能有效地传送高QoS业务的缺陷。

PTN通过统一的传送平台来简化网络，通用的交换平台将业务处理和业务交换相互分离，将与技术相关的各种业务处理功能放置在不同的线卡上，而与技术无关的业务交换功能置于交换板卡上。采用通用交换板的概念，运营商可以根据不同的业务需求灵活配置不同业务的容量（如仅通过更换不同的线卡就可以实现）。"全业务交换传送平台"能够满足所有传送需求，融合了数据、电路和光层传送功能，具备完全的业务扩展能力，符合网络转型的趋势。

2. 可扩展性技术：分组传送网通过分层和分域来提供可扩展性。

通过分层提供不同层次信号的灵活交换和传送，同时其可以架构在不同的传送技术上（比如：SDH、OTN或以太网）。这种分层的模型摒弃了传统面向传输的网络概念，适于以业务为中心的网络概念。分层模型不仅使分组传送网成为独立于业务和应用的、灵活可靠的、低成本的传送平台，可以适应各式各样的业务和应用需求，而且有利于传送网本身逐渐演进为盈利的业务网。

网络分层后，每一层网络依然比较复杂，地理上可以覆盖很大范围，在分层的基础上，从地域上PTN可以划分为若干个分离部分，即分域。一个世界范围的分组传送网络可以分成多个小的子网，整个网络还可以按照运营商来分域，大的域可以又有多个小的子域。

3. 运营管理和维护技术：PTN建立面向分组的多层管道，将面向无连接的数据网改造成面向连接的网络。该管道可以通过网络管理系统或智能的控制面建立，该分组的传送通道具有良好的操作维护性和保护恢复能力。

PTN定义特殊的OAM帧来完成OAM功能，这些功能包括与故障相关、与性能相关和保护方面相关的功能。故障相关方面提供基于硬件处理的OAM功能、性能和告警管理，提供类似SDH的告警实现机制（如LOS、AIS、RDI、Eth-SD等）；性能相关方面提供传送层面端到端的性能监视，基于流、VLAN、端口等的帧丢失率、帧时延、帧时延抖动等性能；保护特性上典型要求是50ms的保护倒换时间，端到端的通道保护以及群路线路保护和节点保护。

4. 多种业务承载和接入：PTN最内层的电路层所承载的业务包括ATM、FR、IP/MPLS、Ethernet和TDM，外层的通道层可以提供伪线和隧道等传送管道类业务。PTN可以独立或与IP网络相互配合均可以组成端到端的多业务伪线，使PTN具有各种业务接入能力。PTN使用PWE3提供TDM、ATM/IMA、ETH的统一承载，可以实现对运营商前期已建网络投资的保护和网络运营成本的节约。

PTN具有内嵌电缆、光纤和微波等各种接入技术，可以灵活地实现快速部署，有很强的环境适应能力。电缆接口包括TDM E1、IMA E1、xDSL、FE和GE等；光纤接口包括FE、GE、10GE和STM-n等；微波接口包括Packet Microwave。

5. 网络级生存性技术：PTN利用传送平面的OAM机制，为选定的工作实体预留了保护路由和带宽，不需要控制平面的参与就可以提供小于50ms的保护，主要包括线性保护和环网保护。

线性保护倒换包括1+1、1：1和1：N方式，支持单向、双向、返回和非返回倒换模式。环网保护支持的转向和环回机制，类似于SDH复用段共享保护环，在环上建立保护和工作路径。

6. QoS保证技术：PTN采用差分服务机制实现业务区别对待，将用户的数据流按照QoS要求来划分等级，任何用户的数据流都可以自由进入网络，当网络出现拥塞时，级别高的数据流在排队和占用资源时比级别低的数据流有更高的优先权。传统的差异服务QoS策略是在网络的每个节点都根据业务QoS信息进行调度处理，由于缺乏资源预留，因此在超出带宽要求时就丢弃报文；而PTN是针对整个网络来进行，采用端到端的QoS策略，在网络中根据业务流预先分配合理带宽，在网络的转发节点上根据隧道优先级进行调度处理，实现端到端的QoS。

7. 频率和时间同步技术：目前，PTN系统普遍采用的时钟同步方案，有基于物理层的同步以太网技术、基于分组包的TOP技术和IEEE1588v2精确时间协议技术三种方案。前两种技术都只能支持频率信号的传送，不支持时间信号的传送；IEEE1588v2技术采用主从时钟方案，对时间进行编码传送，时戳的产生由靠近物理层的协议层完成，利用网络链路的对称性和时延测量技术，实现主从时钟的频率、相位和时间的同步。利用这些技术，PTN可以实现高质量的网络同步，以解决3G基站回传中的时间同步问题，利用PTN提供的地面链路传送高精度时间信息，将大大降低基站对卫星的依赖程度，减少用于同步系统的天馈系统建设投资。

1L411030　微波和卫星传输系统

1L411031　SDH数字微波系统的构成

一、微波通信的基本概念

微波通信（Microwave Communication），是使用波长在1mm～1m（或频率在300MHz～300GHz）之间的电磁波——微波进行空间传输的一种通信方式。目前微波通信所用的频段主要有L波段（1.0～2.0GHz）、S波段（2.0～4.0GHz）、C波段（4.0～8.0GHz）、X波段（8.0～12.4GHz）、Ku波段（12.4～18GHz）以及K波段（18～26.5GHz）。

由于微波的频率极高，波长又很短，因此只能在大气对流层中像光波一样作直线传播，即所谓的视距传播，其绕射能力弱，传播中遇到不均匀的介质时，将产生折射或反射现象。

一般来说，由于地球曲面的影响以及空间传输的损耗，每隔50km左右，就需要设置中继站，将电波放大转发而延伸。这种通信方式，也称为微波中继通信。长距离微波通信干线可以经过几十次中继而传至数千公里，仍可保持很高的通信质量。

二、SDH数字微波中继通信系统的组成

一条SDH数字微波通信系统由端站、枢纽站、分路站及中继站组成。一条SDH数字微波通信系统的波道配置一般由一个或一个以上的主用波道和一个备用波道组成，简称N+1。

1. 终端站处于微波传输链路两端或分支传输链路终点。终端站的基本任务是：在发信时，将复用设备送来的基带信号，通过调制器变为中频信号送往发信机进行上变频，使之成为微波信号，然后再通过天线发射给对方站；在收信时，由天线接收到的对方站微波信号，送往微波接收机，进行下变频后的中频信号传给解调器，通过解调器还原的基带信号送到复用设备。这种站可上、下全部话路，具有波道倒换功能，可作为数字微波网管的中心站或次中心站。

2. 分路站处在微波传输链路中间。分路站的任务是：接收或发送该站相邻两个站的微波信号，通过微波收、发信机进行下变频或上变频，经调制解调器送往复用设备。复用设备将两个方向送来的信号分出或插入一部分话路，而另一部分进行交叉连接转发。总之，分路站既要完成信号转发任务，又要分出或插入一部分话路功能。分路站可以上、下话路，具有波道倒换功能，可以作为数字微波网管的中心站，也可用作受控站。

3. 枢纽站是指位于微波传输链路中部，具有两个以上方向数字微波电路汇接点，可上、下话路，具有波道倒换功能的微波站点，可作为数字微波网管中心站或次中心站。

4. 中继站处在微波传输链路中部。中继站的任务是：对收到的已调信号解调、判决、再生，转发至下一方向的调制器。经过它可以去掉传输中引入的噪声、干扰和失真，这体现出数字通信的优越性。中继站可分为基带转接站、中频转接站、射频有源转接站和射频无源转接站。这种站不上、下话路，不具备波道倒换功能，具有站间公务联络和无人值守功能。

三、数字微波站的基本组成

一个完整的微波站由天线、馈线及分路系统、收发信机设备、调制解调设备、复用设

备、基础电源及其自动控制设备等组成。

（一）天馈线和分路系统

一般情况下，在微波站内采用收发共用天线和多波道共用天线，这就要求微波天馈线系统除了含有用来接收或发射微波信号的天线及传输微波信号的馈线外，还必须有极化分离器、波道的分路系统等。常用的天线类型为卡塞格林天线，从天线至分路系统之间的连接部分称为馈线系统。

1. 微波天线的基本参数为天线增益、半功率角、极化去耦、驻波比。由于微波天线大部分采用抛物面式天线，所以天线还应采取一定的抗风强度和防冰雪的措施。

2. 馈线有同轴电缆型和波导型两种形式。一般在分米波段（2GHz），采用同轴电缆馈线，在厘米波段（4GHz以上频段）因同轴电缆损耗较大，故采用波导馈线。波导馈线系统又分为圆波导馈线系统、椭圆软波导馈线系统和矩形波导馈线系统。馈线系统中还配有密封节、杂波滤除器、极化补偿器、极化旋转器、阻抗变换器、极化分离器等波导器件。

3. 收、发信波道分路系统在馈线和收信机射频输入及发信机射频输出接口之间，其作用是将不同波道的信号分开。分路系统由环形器、分路滤波器、终端负荷及连接用波导节、波道同轴转换等组成。

（二）微波收发信机

微波收发信机是数字微波通信设备的重要组成部分。其中发信机是将已调中频信号变为微波信号，并以一定的功率送往天馈线系统，一般由功率放大器、上变频器、发信本振等主要单元组成，其主要指标有输出功率、频率稳定度、自动发信功率控制范围（ATPC）。收信机的主要功能是将接收到的微波信号经过低噪声放大、混频、中放、滤波和均衡后变为符合性能标准的中频信号，其主要指标有本振频率稳定度、噪声系数、收信机最大增益、自动增益控制范围（AGC）。

（三）调制解调器

在SDH数字微波通信系统中，其调制常用脉冲形式的基带序列对中频70MHz或140MHz的信号进行调制，然后再变换为微波信号进行传输，多采用多进制编码的64QAM、128QAM、256QAM和512QAM的调制方式。

（四）复用设备

复用设备完成不同接口速率数据流的复用和交叉连接，然后通过传输线送至中频调制解调器（IF Modem），通过调制解调器再到微波收发信机。

（五）基础电源

基础电源为浮充制式蓄电池直流供电，标称电压为-48V，正极接地。蓄电池应是密封防爆式的。当蓄电池开始放电时，会发出远端告警信号。

柴油发电机组和开关电源具备自动启动和倒换性能，并具有远端遥测、遥信和遥控功能。

1L411032　微波信号的衰落及克服方法

一、电磁波衰落的分类

在微波通信的传播路径中，电磁波经常会受到大气中对流、平流、湍流以及雨雾等现象的影响。大气中的对流、平流、湍流和雨雾等现象，都是由对流层中一些特殊的大气环境造成的，并且是随机产生的。同时，地面反射对电磁波传播的影响，会使得发信端到收信端之间的电磁波被散射、折射、吸收或被地面反射。在同一瞬间，可能只有一种现象发生，也可能几种现象同时发生，其发生次数和影响程度都带有随机性。这些影响就使得收信电平随时间而变化。这种收信电平随时间起伏变化的现象，称为电波传播的衰落现象。

视距传播衰落的主要原因是由上述大气和地面效应引起的，从衰落发生的物理原因来看，可分为以下几类：

（一）大气吸收衰落

众所周知，任何物质的分子都是由带电的粒子组成，这些粒子都有固有的电磁谐振频率，当通过这些物质的微波频率接近他们的谐振频率时，这些物质对微波就产生共振吸收。大气中的氧分子具有磁偶极子，它们都能从电磁波中吸收能量，使微波信号产生衰落。

一般来说，水蒸气最大吸收峰值在波长为13mm处，氧分子的最大吸收峰值在波长为5mm处，对于频率较低的电磁波站距在50km以上，大气的衰耗和自由空间衰耗相比较可以忽略不计。

（二）雨雾引起的散射衰落

由于雨雾中的大小水滴会使电磁波产生散射，从而造成电磁波能量损失，产生散射衰落。衰落程度主要与电磁波的频率和降雨强度有关：频率越高及降雨量越大，衰落就越大。一般来说，频率在10GHz以下，雨雾造成的衰落不太严重，通常50km站距的衰耗只有几个分贝，10GHz以上频段，中继站之间的距离主要受到降雨衰耗的限制。

（三）闪烁衰落

对流层中的大气常常产生体积大小不等、无规则的涡旋运动，称之为大气湍流。大气湍流形成一些不均匀小块或层状物使电解常数ε与周围不同，并能使电磁波向周围辐射，这就是对流层反射。在接收端天线可收到多径传来的这种散射波，它们之间具有任意振幅和随机相位，可使收信点场强发生衰落，这种衰落属于快衰落。其特点是持续时间短，电平变化小，一般不足以造成通信中断。

（四）K型衰落

K型衰落又叫多径衰落。这是由于直射波与地面反射波（或在某种情况下的绕射波）到达收信端时，因相位不同发生相互干涉而造成的微波衰落。其相位干涉的程度与行程差有关，而在对流气层中，行程差Δr又随大气折射率的K（大气折射的重要参数）因子而变化，因此称为K型衰落。这种衰落尤其是微波线路经过海面、湖泊或平滑地面时显得特别严重，甚至会造成通信中断。因地面影响产生的反射衰落以及因大气折射产生的绕射衰落，当其衰落深度随时间变化时均属于K型衰落。

（五）波导型衰落

由于种种气象条件的影响，如夜间地面的冷却、早晨地面被太阳晒热以及平静的海面和高气压地区都会形成大气层中不均匀结构，会在某个大气层中出现$K<0$的情况，当电磁波通过对流层中这些不均匀大气层时将产生超折射现象，这种现象称为大气波导。只要微波射线通过大气波导，而收、发信天线在波导层下面，则接收点的场强除了直射波和地面反射波外，还可能收到波导层边界的反射波，形成严重的干涉型衰落。这种衰落发生时，

往往会造成通信中断。

二、电磁波衰落对微波传输的影响

电磁波衰落对微波传输的影响主要表现在使得接收端收信电平出现随机性的波动，这种波动有如下两种情况：

1. 在信号的有用频带内，信号电平各频率分量的衰落深度相同，这种衰落被称为平衰落，发生平衰落时，当收信电平低于收信机门限时，造成电路质量严重恶化甚至中断。

2. 信号电平各频率分量的衰落深度不同，这种衰落称为频率选择型衰落，产生这种衰落时，接收的信号电平不一定小，但其中一些频率分量幅度过小，使信号波形失真。大容量数字微波对这种衰落反应敏感，由波形失真形成码间串扰，使误码率增加。严重时造成电路中断。

三、克服电磁波衰落的一般方法

1. 利用地形地物削弱反射波的影响。我们可以选择适当的地形或其他附加物来阻挡反射波进入接收端，从而减小反射波的影响。

2. 将反射点设在反射系数较小的地面。适当地选取天线的高度，常常可以将反射点移动到反射系数较小的区域。例如反射点从水面移至森林或凹凸不平的地面，以减小反射系数，从而减小进入接收端的反射波。

3. 利用天线的方向性。有时收发天线均很高，而反射点又处于途径中间的开阔地或水面上，这种情况很难用上面两种方法来减小反射波的影响，可以调整其天线角度，减小反射波进入接收端的成分，用损失部分接收电平的方法来减小衰落及反射的影响。

4. 用无源反射板克服绕射衰落。当路由中存在较高障碍物时，为了克服在大气折射时产生绕射衰落，可以改变天线方向。使用无源反射板或背对背天线可使电波绕过障碍物。

5. 分集接收。采用不同的接收方法接收同一信号，以便在接收端使衰落影响减小。一般常用的分集接收方法有两种：频率分集和空间分集。以往采用的波道备用的方法就是频率分集接收。目前采用最多的是空间分集。利用不同高度的两副或多副天线，接收同一频率的信号，以达到克服衰落的目的。此时，到达不同高度天线上的反射波行程差不同，因此当某副天线发生衰落时，另一副天线不一定同时产生衰落。采用适当的信号合成方法可以克服衰落的影响。

分集接收并不能解决所有的衰落，如对雨雾吸收性衰落等只有增加发射功率，缩短站距，适当改变天线设计才能克服。高性能的微波信道还要把空间分集和自适应均衡技术配合使用，以便最大限度地降低中断时间。实践表明，多种措施同时采用可以达到最佳的抗多径衰落效果。

1L411033 卫星通信系统的结构及工作特点

一、卫星通信系统

卫星通信系统是将通信卫星作为空中中继站，将地球上某一地面站发射来的无线电信号转发到另一个地面站，从而实现两个或多个地域之间的通信。卫星通信系统由通信卫星、地球站、跟踪遥测指令系统和监控管理系统四部分组成。卫星通信线路是由发端地球站、上行传播路径、卫星转发器、下行传播路径和收端地球站组成。通信卫星是一个设在空中的微波中继站，卫星中的通信系统称为卫星转发器，其功能是：收到地面发送来的信号（称为上行信号），进行变频、放大、转换、均衡等处理后再发回地面（这时的信号称为下行信号）。在卫星通信中，上行信号和下行信号的频率是不同的，这是为了避免在卫星通信天线中产生同频率干扰。

（一）卫星通信系统的分类方法

卫星通信系统的分类方法很多，按距离地面的高度可分为静止轨道卫星、中地球轨道卫星和低地球轨道卫星。

（1）静止轨道卫星（GEO）距离地面35786km，卫星运行周期24h，相对于地面位置是静止的。

（2）中地球轨道卫星（MEO）距离地面5000～20000km，卫星运行周期4～12h，相对于地面位置是移动的。

（3）低地球轨道卫星（LEO）距离地面500～1500km，卫星运行周期2～4h，相对于地面位置是移动的。

（二）卫星通信的特点

1. 卫星通信作为现代通信的重要手段之一，与其他通信方式相比有其独特的优点：

（1）通信距离远，建站成本与距离无关，除地球两极外均可建站通信。

（2）组网灵活，便于多址连接。只要在卫星天线波束的覆盖区域内，所有地面站都可以利用卫星作为中继站进行相互通信。

（3）机动性好。卫星通信不仅能作为大型地面站之间的远距离通信，而且还可以为车载、船载、地面小型机动终端以及个人终端提供通信，迅速组网，能在短时间内将通信延伸至新的区域。

（4）通信线路质量稳定可靠。卫星通信的电磁波主要在大气层以外的宇宙传播，而宇宙空间可以看作均匀介质，电磁波传播比较稳定，且不受地形和地物（如沙漠、丛林、沼泽）等自然条件影响，传输信号稳定可靠。

（5）通信频带宽，传输容量大，适合多种业务传输。卫星通信使用微波频段（300MHz～300GHz），所用的带宽传输容量比其他频段大得多。目前卫星通信带宽可达500～1000MHz，一个卫星的容量可达上万条话路，并可以传输高分辨率的图像信息。

（6）可以自发自收进行监测。当收、发端地球站处于同一个覆盖区域时，本站同样可以收到自己发出的信号，从而可以监视判断本站传输是否正常。

2. 卫星通信也存在以下缺点：

（1）保密性差。卫星具有广播特性，一般容易被窃听。因此，不公开的信息应注意采取保密措施。

（2）电波的传播时延较大，存在回波干扰。利用静止卫星通信时，信号由发端地面站经卫星转发到收端地球站，单程传输时延约为0.27s，会产生回波干扰，给人感觉又听到自己反馈回来的声音，因此必须采取回波抵消技术。

（3）存在日凌中断和星蚀现象。在每年春分和秋分前后数日，太阳、卫星和地球在同一直线上，卫星位于太阳和地球中间，地球站天线对准卫星的同时，也对准了太阳，太阳的强大噪声干扰，每天会造成几分钟通信中断，这种现象称为日凌中断。另外，当卫星进入地球的阴影区，会造成卫星的日食，在卫星通信上，称之为星蚀。

（三）卫星通信网络的结构

每个卫星通信系统，都有一定的网络结构，使各地球站通过卫星按一定形式进行联系。由多个地球站构成的通信网络，可以是星形、网格形、混合形。在星形网中（图1L411033-1），各边远站只能通过中心站进行相互通信，各边远站之间不能通过卫星直接相互通信，即各边远站必须通过中心站转接才能联系。在网格形网络中，各站彼此可经卫星直接沟通。除此之外，卫星通信网络也可以是上述两种网络的混合形式。

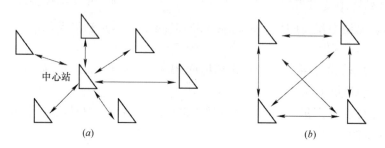

图1L411033-1　卫星通信网络结构
（a）星形；（b）网格形

（四）卫星系统的工作过程

1. 在一个卫星通信系统中，各地球站中各个已调载波的发射或接收通路，经过卫星转发器可以组成很多条单跳或双跳的双工或单工卫星线路。卫星系统的全部通信任务，就是分别利用这些线路来实现的。单工即单方向工作；双工线路就是两条共用一个卫星但方向相反的单工线路的组合。在静止卫星通信系统中，大多是单跳工作，但也有双跳工作的，即发送的信号要经过两次卫星转发后才被对方接收，如图1L411033-2所示。

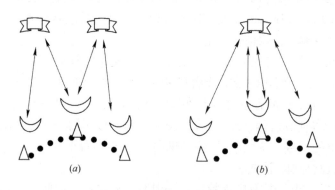

图1L411033-2　卫星通信双跳工作示意

2. 卫星通信系统的最大特点是多址工作方式。常用的多址方式有频分多址、时分多址、空分多址和码分多址，各种多址方式各具特征。

（1）频分多址方式（FDMA）：把卫星转发器的可用射频频带分割成若干互不重叠的部分，分别分配给各地球站所要发送的各载波使用。

（2）时分多址方式（TDMA）：把卫星转发器的工作时间分割成周期性的互不重叠的时隙，分配给各站使用。

（3）空分多址方式（SDMA）：卫星天线有多个窄波束（又称电波束），它们分别指向不同的区域地球站，利用波束在空间指向的差异来区分不同地球站。

（4）码分多址方式（CDMA）：各站所发的信号在结构上各不相同，并且相互具有准正交性，以区别地址，而在频率、时间、空间上都可能重叠。

二、VSAT卫星通信网

VSAT是英文"Very Small Aperture Terminal"（甚小口径终端）的缩写，简称小站。VSAT卫星通信是指利用大量小口径天线的小型地球站与一个大型地球站协同工作组成的卫星通信网。通常，可以通过它进行单向或双向数据、语音、图像及其他业务通信，它在卫星通信领域占有重要地位。VSAT系统可工作于C波段或Ku波段，终端天线口径小于2.5m，由主站对网络进行监测和控制。VSAT网络组网灵活、独立性强，网络结构、网络管理、技术性能、设备特点等可以根据用户要求进行设计和调整。

（一）VSAT网络的主要特点

1. 设备简单，体积小，耗电少，造价低，安装、维护和操作简单，集成化程度高，智能化（包括操作智能化、接口智能化、支持业务智能化、信道管理智能化等）功能强，可无人操作。

2. 组网灵活，接续方便，独立性强，一般作为专用网，用户享有对网络的控制权。网络结构模块化，易于扩展和调整网络结构。可以适应用户业务量的增长以及用户使用要求的变化。

3. 通信效率高，性能质量好，可靠性高，通信容量可以自适应，适用于多种数据率和多种业务类型，即能够传输综合业务，便于向ISDN过渡。

4. 可以建立直接面对用户的直达电路，它可以与用户终端直接接口，避免了一般卫星通信系统信息落地后还需要地面线路引接的问题。

5. VSAT站很多，但各站的业务量较小。

6. 有一个较强的网管系统，互操作性好，可使用不同标准的用户跨越不同地面网而在同一个VSAT网内进行通信。

（二）VSAT网络结构

VSAT网络主要由通信卫星、网络控制中心、主站和分布在各地的用户VSAT小站组成。

1. 通信卫星可以是专用卫星，但大多数都是租用INTELSAT或卫星转发器。

2. 网络控制中心是主站用来管理、监控VSAT专用长途卫星通信网的重要设备，主要由工作站、外置硬盘、磁带机等设备构成。

3. 主站主要由本地操作控制台（LOC）、TDMA终端、接口单元、射频设备、馈源及天线等构成。主要任务是：对VSAT卫星通信网各VSAT小站设备的运行情况进行实时监控；对全网各VSAT小站的软件进行升级；对全网的各种业务电路进行分配与管理；完成各VSAT小站与局域网之间的数据传输交换。

4. VSAT小站是用户终端设备，主要由天线、射频单元、调制解调器、基带处理单元、网络控制单元、接口单元等组成，其可直接与电话机、交换机、计算机等各种用户终端连接。在VSAT网络中的主要结构有：星形网络、网形网络、混合网络。

（1）星形网络，各VSAT仅与主站卫星直接联系，VSAT之间不能通过卫星相互通信。主站是星形网络的中心，便于实施对网络的控制和管理，即是一种高度集中的网络结构。

（2）网形网络，网络中的各VSAT彼此之间可以通过卫星直接沟通，它是无中心的、分散的网络结构。网络中各VSAT均具有双向传输功能。

（3）混合网络，它在传输实时要求高的业务时，采用网形结构，而在传输实时性要求不高的业务时，采用星形结构；当进行点对点通信时采用网形结构，当进行点对多点通信时采用星形结构。

1L411040　蜂窝移动通信系统

1L411041　移动通信系统组网技术及发展

一、移动通信的主要特点

移动通信是指通信双方或至少一方在移动中进行信息交换的通信方式。移动通信是有线通信网的延伸，它由无线和有线两部分组成，无线部分提供用户终端的接入，利用有限的频率资源在空中可靠地传送语音和数据；有线部分完成网络功能，包括交换、用户管理、漫游、鉴权等。

1. 无线电波传播复杂

移动通信必须利用无线电磁波进行信息传输，电波传播条件恶劣，移动台往来于建筑群和障碍物之间，其接收到的信号是由多条不同路径的信号叠加而成的。

2. 移动台在强干扰条件下工作

移动通信是在复杂的干扰环境下进行的，要求移动台必须具有很强的适应能力。除了外部干扰，移动台在工作时还会受到互调干扰、邻道干扰和同频干扰，其中，同频干扰是移动通信所特有的。

3. 容量有限

移动通信可以利用的频谱资源非常有限，而移动通信业务量的需求却与日俱增，所以必须做好规划、合理分配频率。

4. 系统复杂

与固定网络相比，移动通信系统还要具有网络搜索、位置登记、越区切换、自动漫游等功能，整个系统很复杂。

二、移动通信的发展历程

移动通信系统从20世纪80年代发展至今，已经走过30多个年头，每10年就经历标志性的一代技术革新。根据其发展历程和发展方向，可以划分为以下几个阶段：

1. 第一代移动通信系统是模拟制式的蜂窝语音移动通信系统，在多址技术上采用频分多址（FDMA）技术，语音信号为模拟调制，在一定时期内解决了人们的移动通信需求。第一代移动通信系统的弊端非常明显，主要表现在：频谱利用率低；业务种类少，不能提供数据业务；保密性差，易被窃听和盗号；系统容量小；设备成本高，体积、重量大等。典型代表是美国的AMPS系统及其改进型系统TACS。

2. 第二代移动通信系统是数字蜂窝语音移动通信系统，有两种体制，一种基于TDMA技术，典型代表是欧洲的GSM系统；另一种基于CDMA技术，典型代表是美国的IS-95系统。

第二代移动通信系统的语音质量和保密性能得到了很大的提高，提高了频谱利用率，可自动漫游，但系统带宽有限，限制了数据业务的发展，也无法提供移动的多媒体业务。为了解决中速数据的传输问题，后来出现了基于GSM系统的无线分组交换技术GPRS和CDMA系统的数据增强版IS-95B，称为2.5代。

3. 第三代移动通信系统是窄带数据多媒体移动通信系统，也称为IMT-2000系统，该系统工作在2000MHz频段、最高业务速率2000kbps、商用时间在2000年前后。第三代移动通信系统主要有WCDMA、CDMA2000和TD-SCDMA三种制式，其中欧洲的WCDMA和美国的CDMA2000分别是在GSM系统和CDMA系统的基础上发展起来的，TD-SCDMA是中国标准。TD-SCDMA标准主要侧重于无线接入网和终端部分，其核心网与WCDMA基本共享一致。

4. 第四代移动通信系统是宽带数据移动互联网通信系统，是基于第三代移动通信系统的长期演进（LTE），它以正交频分复用（ODFM）和多入多出（MIMO）为核心，大大增强了空中接口技术。主要特点是在20MHz频谱带宽下能够提供下行100Mbps、上行50Mbps的峰值速率，提高了小区容量、降低了网络延迟。

LTE定义了时分双工（TD-LTE或LTE-TDD）和频分双工（LTE-FDD）两种方式，二者的关键技术基本一致，主要区别在于无线接入部分的空中接口标准不同。

5. 第五代移动通信系统面向2020年及未来，与移动互联网和物联网互为驱动，将解决多样化应用场景下差异化性能指标带来的挑战。从移动互联网和物联网主要应用场景、业务需求及挑战出发，可归纳为连续广域覆盖、热点高容量、低功耗大连接和低时延高可靠四个技术场景。

第五代移动通信系统的技术创新主要来源于无线技术和网络技术两个方面。无线技术领域的创新包括大规模天线阵列、超密集组网、新型多址和全频谱接入等；网络技术领域的创新包括基于软件定义网络（SDN）和网络功能虚拟化（NFV）的新型网络架构。

三、数字移动通信的组网技术

（一）小区制覆盖方式

早期的移动通信系统采用大区制工作方式，虽然服务半径可以大到几十公里，但容量有限，通常只有几百个用户。为了解决有限的频率资源和大量用户之间的矛盾，就采用小区制的覆盖方式。服务区域呈线状的采用带状网，其他服务区域采用六边形的蜂窝网。

1. 带状网

带状网主要用于覆盖公路、铁路、河流、海岸等，这种区域的无线小区横向排列覆盖整个服务区域。若基站天线采用全向天线，则覆盖区域的形状是圆形的。一般情况下，带状网宜采用定向天线，使每个无线小区呈椭圆形。为防止同频干扰，相邻小区不能使用同一频率，可采用二频组、三频组或四频组的频率配置。

2. 蜂窝网

将所覆盖的区域划分为若干个小区，每个小区的半径可根据用户的密度在1～10km左右，在每个小区设置一个基站为本小区范围内的用户服务。

（1）小区的形状

在服务面积一定的情况下，正六边形小区形状最接近理想的圆形，用它覆盖整个服务区域所需的基站数量最少、最经济。正六边形构成的网络形同蜂窝，因此将现代移动通信网络形象地称为蜂窝网。

（2）区群的组成

相邻的小区不能使用相同的信道。为了保证同信道小区之间相隔足够的距离，附近若干小区都不能使用相同的信道，这些不同信道小区组成一个区群，小区数量则称为区群小区数。

（3）同频小区的距离

对于正六边形小区，设小区的辐射半径为r，区群小区数为N，则同频小区的距离D计算如下：

$$D = \sqrt{3N}\, r$$

区群小区数越多，同频小区的距离就越远，则抗同频干扰的性能也就越好。

（4）中心激励与顶点激励

基站设置在小区的中央，采用全向天线形成圆形的覆盖区域，称为中心激励方式；基站设置在每个小区六边形的三个顶点上，每个基站采用三幅120度扇形辐射的定向天线，分别覆盖三个相邻小区的三分之一区域，每个小区由三幅120度扇形天线共同覆盖，称为顶点激励方式。

（5）小区分裂

当用户密度不均匀或用户密度变化时，设定小区面积和小区数量的方法，称为小区分裂。分裂后的每个小区分别设置基站，并相应降低天线高度和减小发射机功率。

（二）越区切换和位置更新

1. 越区切换

越区切换是指将当前正在进行的移动台与基站之间的通信链路从当前基站转移到另一个基站并且保持通信连续性的过程。越区切换必须是完全自动的，并且切换时间要在100毫秒以内，使人完全感觉不到。

（1）硬切换

硬切换是指移动台在小区之间移动时，用户先与原基站断开通信链路，再和新基站建立新的通信链路，是一个"先断后连"的过程。硬切换多用于TDMA和FDMA系统。

（2）软切换

软切换是指移动台在小区之间移动时，用户与原基站和新基站都保持通信链路，只有当移动台在新基站建立稳定通信后，才断开与原基站的联系，是一个"先连后断"的过程。软切换过程中，通信是没有任何中断的。软切换是CDMA系统独有的切换方式，可有效提高切换的可靠性。

（3）接力切换

接力切换是一种基于智能天线的切换技术，在对移动台的距离和方位精准定位的基础上，判断移动台是否移动到可以进行切换的相邻基站区域，并通知该基站做好切换准备，从而实现快速、可靠和高效的切换。接力切换是介于硬切换和软切换之间的一种切换方法，是TD-SCDMA的核心技术之一。

2. 位置更新

当移动台由一个位置区移动到另一个位置区时，必须在新的位置区进行登记，通知网络更改它的位置信息，这个过程就是位置更新。

（1）正常的位置更新

当移动台来到一个新的位置区，发现小区广播的LAI与自身不一致，从而触发位置更新。系统若要对移动台进行寻呼，就要知道它的当前位置，所以这个过程是必须的。

（2）周期性位置更新

系统要求移动台周期性的上报自己的位置，逾期未报的，则认为它已经关机或不在服务区，不再对它进行寻呼。这样可有效处理移动台进入信号盲区或突然掉电的情况。

（3）用户开关机

用户开关机时，都会给系统发送相应指令，告诉系统移动台是否可以被寻呼以及当前的位置信息。

1L411042　第二代蜂窝移动通信网络

一、网络构成

2G移动通信网络主要由移动交换子系统（NSS）、基站子系统（BSS）和移动台（MS）、操作维护子系统（OSS）四大部分组成，如图1L411042所示。

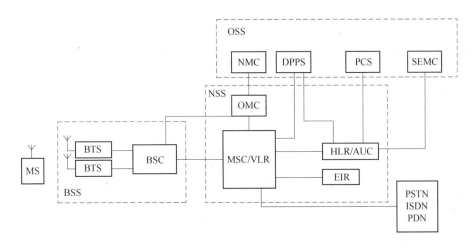

图1L411042　2G移动通信网络框图

（一）移动交换子系统（NSS）

移动交换子系统主要完成话务的交换功能，还具有用户数据和移动管理所需的数据库。移动交换子系统主要由移动交换中心（MSC）、访问位置寄存器（VLR）、归属位置寄存器（HLR）、鉴权中心（AUC）、移动设备识别寄存器（EIR）等组成。

1. 移动交换中心（MSC）

MSC是NSS的核心部件，负责完成呼叫处理和交换控制，实现用户的寻呼接入、信道分配、呼叫接续、话务量控制、计费和基站管理等功能，还可以完成BSS和MSC之间的切换和辅助性的无线资源管理等，并提供连接其他MSC和其他公用通信网络的链路接口功能。MSC与其他网络部件协同工作，实现移动用户位置登记、越区切换、自动漫游、用户鉴权和服务类型控制等功能。

2. 访问位置寄存器（VLR）

VLR是一种用来存储来访用户信息的数据库，一个VLR通常为一个MSC控制区服务。VLR是一个动态的数据库，存储的信息有移动台状态（遇忙/空闲/无应答等）、位置区域识别码（LAI）、临时移动用户识别码（TMSI）和移动台漫游码（MSRN）。

3. 归属位置寄存器（HLR）

HLR是一种用来存储本地用户信息的数据库，一个HLR能够控制若干个移动交换区域。HLR存储两类数据，一是永久性用户信息，包括MSISDN、IMSI、用户类别、Ki和补充业务等参数；二是暂时性用户信息，包括当前用户的MSC/VLR、用户状态、移动用户的漫游号码。

4. 鉴权中心（AUC）

AUC的作用是可靠地识别用户的身份，只允许有权用户接入网络并获得服务。由于要求AUC必须连续访问和更新系统用户记录，因此，AUC一般与HLR处于同一位置。

（二）基站子系统（BSS）

BSS子系统可以分为通过无线接口与移动台相连的基站收发信台（BTS）以及与移动交换中心相连的基站控制器（BSC）两个部分。BTS负责无线传输，BSC负责控制与管理。一个BSS系统由一个BSC与一个或多个BTS组成，一个BSC可以根据话务量需要控制多个BTS。

1. 基站控制器（BSC）可以控制单个或多个BTS，对所控制的BTS下的MS执行切换控制，传递BTS和MSC之间的话务和信令，连接地面链路和控制接口信道。

2. 基站收发信台（BTS）包含射频部件，这些射频部件为特定小区提供空中接口，可支持一个或多个小区。BTS提供移动台的空中接口链路，能够对移动台和基站进行功率控制。

（三）操作维护子系统（OSS）

OSS提供远程管理和维护网络的功能，一般由网络管理中心（NMC）和操作维护中心（OMC）两部分组成。NMC提供全局性的网络管理功能，用于长期性规划管理；OMC提供区域性的网络管理功能，用于日常维护操作，包括事件/告警管理、故障管理、性能管理、配置管理和安全管理。

（四）移动台（MS）

MS用户终止无线信道的设备，通过无线空中接口给用户提供接入网络业务的能力。MS由两个功能部分组成，移动设备（ME）和用户识别模块（SIM），ME完成语音、数据和控制信号在空中的发送和接收，SIM用于识别用户，SIM卡是识别用户的唯一标识，存有认证客户身份所需的信息，只有插入SIM卡后移动终端才能入网使用。

二、GSM系统

（一）工作频段及频道间隔

我国GSM通信系统采用900MHz和1800MHz两个频段。对于900MHz频段，上行（移动台发、基站收）的频带为890～915MHz，下行（基站发、移动台收）的频带为935～960MHz，双工间隔为45MHz，工作带宽为25MHz；对于1800MHz频段，上行（移动台发、基站收）的频带为1710～1785MHz，下行（基站发、移动台收）的频带为1805～1880MHz，双工间隔为95MHz，工作带宽为75MHz。

相邻两频道间隔为200kHz。每个频道采用时分多址接入（TDMA）方式，分为8个时隙，即8个信道（全速率）。每个用户使用一个频道中的一个时隙传送信息。

（二）频率复用

GSM频率复用是指在不同间隔区域内，使用相同的频率进行覆盖。GSM无线网络规划基本上采用4×3频率复用方式，即每4个基站为一群，每个基站分成6个三叶草形60°扇区或3个120°扇区，共需12组频率。

（三）多址技术

2G的GSM通信系统采用的多址技术是时分多址（TDMA），它是在一个宽带的无线载波上，按时隙划分为若干时分信道，每一用户占用一个时隙，只在这一指定的时隙内收（或发）信号。

（四）切换

处于通话状态的移动用户从一个BSS移动到另一个BSS时，切换功能保持移动用户已经建立的链路不被中断。切换包括BSS内部切换、BSS间的切换和NSS间的切换。其中BSS间的切换和NSS间的切换都需要由MSC来控制完成，而BSS内部切换由BSC控制完成。

三、CDMA系统

（一）工作频段

CDMA是用编码区分不同用户，可以用同一频率、相同带宽同时为用户提供收发双向的通信服务。不同的移动用户传输信息所用的信号用各自不同的编码序列来区分。

我国CDMA通信系统采用800MHz频段：825～835MHz（移动台发、基站收）；870～880MHz（基站发、移动台收）。双工间隔为45MHz，工作带宽为10MHz，载频带宽为1.25MHz。

（二）多址方式

1. CDMA给每一用户分配一个唯一的码序列（扩频码），并用它来对承载信息的信号进行编码。知道该码序列用户的接收机对收到的信号进行解码，并恢复出原始数据。由于码序列的带宽远大于所承载信息的信号的带宽，编码过程扩展了信号的频谱，从而也称为扩频调制。CDMA通常也用扩频多址来表征。

2. CDMA按照其采用的扩频调制方式的不同，可以分为直接序列扩频（DS）、跳频扩频（FH）、跳时扩频（TH）和复合式扩频等几种扩频方式。扩频通信系统具有抗干扰能力强、保密性好、可以实现码分多址、抗多址干扰、能精确地定时和测距等特点。

（三）切换

与GSM的硬切换相比，CDMA移动台在通信时可能发生同频软切换、同频同扇区间的更软切换以及不同载频间的硬切换。

所谓软切换是指移动台开始与一个新的基站联系时，并不立即中断与原基站间的通信，当与新的基站取得可靠通话后，再中断与原基站的通信。这使得CDMA相对GSM在切换成功率方面大大提高。

（四）CDMA系统的优点

1. 系统容量大。在CDMA系统中所有用户共用一个无线信道，当用户不讲话时，该信道内的所有其他用户会由于干扰减小而得益。因此利用人类语音特点的CDMA系统可大幅降低相互干扰，增大其实际容量近3倍。CDMA数字移动通信网的系统容量，理论上比GSM大4～5倍。

2. 系统通信质量更佳。软切换技术（先连接再断开）可以克服硬切换容易掉话的缺点。CDMA系统工作在相同的频率和带宽上，比TDMA系统更容易实现软切换技术，从而提高通信质量，CDMA系统采用确定声码器速率的自适应阈值技术，强有力的误码纠错，软切换技术和分离分多径分集接收机，可提供TDMA系统不能比拟的极高的数据质量。

3. 频率规划灵活。用户按不同的序列码区分，不同CDMA载波可以在相邻的小区内使用，因此CDMA网络的频率规划灵活，扩展简单。

4. 频带利用率高。CDMA是一种扩频通信技术，尽管扩频通信系统抗干扰性能的提高是以占用频带带宽为代价的，但是CDMA允许单一频率在整个系统区域内可重复使用，使许多用户共用这一频带同时进行通话，大大提高了频带利用率。

1L411043   第三代蜂窝移动通信网络

一、基本特征

3G是工作在2GHz频段、最高速率2Mbit/s的移动宽带多媒体系统，其基本特征如下：

1. 使用共同的频段、符合统一的标准，可实现全球范围内的使用和无缝漫游。

2. 支持话音、分组数据和多媒体业务，三种环境下能提供的传输速率分别为：行车或快速移动环境下最高144kbit/s，室外或步行环境下最高384kbit/s，室内环境下2Mbit/s。

3. 由2G逐步灵活演进而成，并与固定网兼容。

4. 高频谱效率。

5. 高服务质量。

6. 高保密性。

二、网络构成

3G移动通信网络主要由用户设备（UE）、无线接入网（UTRAN）和核心网（CORE Network）三部分组成。核心网兼容2G系统接入。典型的WCDMA网络构成如图1L411043所示。

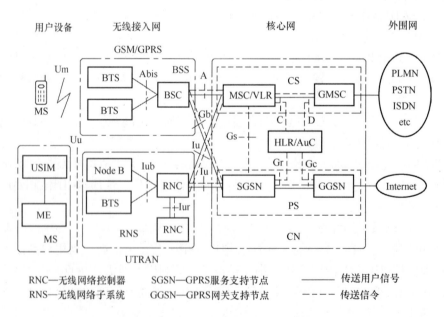

图1L411043   典型的WCDMA网络框图

（一）用户设备（UE）

UE是用户端终止无线信道的设备，通过无线空中接口Uu接入业务网络，为用户提供电路域和分组域内的各种业务功能，包括普通语音、数据通信、移动多媒体、Internet应用等。UE由移动设备ME和用户服务识别模块USIM两部分组成。

（二）无线接入网（UTRAN）

UTRAN从功能和位置上类似于2G系统中的BSS。一个UTRAN由几个无线网络系统（RNS）组成，每个RNS由一个无线网络控制器（RNC）和它下面所带的多个Node B组成。

1．Node B

Node B相当于GSM网络中的基站收发信台（BTS），它可采用FDD、TDD模式或双模式工作，每个Node B服务于一个无线小区，提供无线资源的接入功能。

2．RNC

RNC用来控制和管理它下面所带的Node B，主要完成连接建立、断开、切换、宏分集合并以及无线资源管理控制等功能，其位置类似于GSM网络中的基站控制器（BSC）。

（三）核心网（CORE Network）

核心网的功能有：呼叫（语音和数据）的处理和控制，信道的管理和分配，越区切换和漫游控制，用户位置信息的登记和处理，用户号码和移动设备号码的登记和管理，对用户实施鉴权，互联和计费功能。从逻辑上可将核心网分成三个部分：电路域（CS），分组域（PS），电路域和分组域共有部分。

1．核心网电路域（CS）

CS用于向用户提供电路型业务的连接，包括MSC/VLR和GMSC等交换实体以及用于与其他网络互通的IWF等实体。CS支持多速率AMR语音视频业务。

2．核心网分组域（PS）

PS用于向用户提供分组型业务的连接，包括SGSN、GGSN以及与其他网络互联的BG等网络实体。PS支持FTP、WWW、VOD、NetTV、Netmeeting等业务。

SGSN用于移动数据库的管理、用户数据库的访问及接入控制、提供IP数据包的传输通路和协议变换、支持数据业务和电路业务的协同工作和短信收发等功能。GGSN负责与外部数据网的连接，提供传输通路，起到路由器的作用。

3．电路域和分组域共有部分

共有部分主要是HLR/AUC，还包括短信中心（SMS SC）和智能网业务控制点（SCP）等。

三、工作模式

3G移动通信系统主要有两种工作模式，即频分数字双工（FDD）模式和时分数字双工（TDD）模式。

（1）FDD是上行（发送）和下行（接收）的传输分别使用分离的两个对称频带的双工模式，需要成对的频率，通过频率来区分上、下行。对于对称业务（如语音）能充分利用上下行的频谱，但对于非对称的分组交换数据业务（如互联网），由于上行负载低，频谱利用率则大大降低。

WCDMA和CDMA2000采用FDD方式，需要成对的频率规划。WCDMA即宽带CDMA技术，其扩频码速率为3.84Mchip/s，载波带宽为5MHz，而CDMA2000的扩频码速率为1.2288Mchip/s，载波带宽为1.25MHz。另外，WCDMA的基站间同步是可选的，而CDMA2000的基站间同步是必需的，因此需要全球定位系统（GPS）。以上两点是WCDMA和CDMA2000最主要的区别。除此以外，在其他关键技术方面，例如功率控制、软切换、扩频码以及所采用的分集技术等都是基本相同的，只有很小的差别。

（2）TDD是上行和下行的传输使用同一频带的双工模式，根据时间来区分上、下行并进行切换，物理层的时隙被分为上、下行两部分，不需要成对的频率，上下行链路业务共享同一信道，可以不平均分配，特别适用于非对称的分组交换数据业务（如互联网）。

TD-SCDMA采用TDD、TDMA/CDMA多址方式工作，扩频码速率为1.28Mchip/s，载波带宽为1.6MHz，其基站间必须同步，适合非对称数据业务。

四、三种制式的主要技术特点

（一）CDMA2000

1. 自适应调制编码技术。根据前向射频链路的传输质量，移动终端可以要求九种数据速率，最低为38.4kbps，最高为2457.6kbps。在1.25MHz的载波上能传输如此高速的数据，其原因是采用了高阶调制解调并结合了纠错编码技术。

2. CDMA2000采用前向链路快速功率控制技术，合理分配前向业务信道功率，在保证通信质量的前提下，使其对相邻基站、扇区产生的干扰最小。

3. CDMA2000提供了简单IP和移动IP两种分组业务接入方式。

4. CDMA2000充分利用了数据通信业务的不对称性和数据业务对实时性要求不高的特征，前向链路设计为时分复用（TDM）CDMA信道。对于前向链路，在给定的某一瞬间，某一用户将得到载波的全部功率，不管是传输控制信息还是传输业务信息，载波总是以全功率发射。

5. CDMA2000采用了速率控制机制，速率随着前向射频链路质量而变化。基站不决定前向链路的速率，而是由移动终端根据测得的C/I值请求最佳的数据速率。

6. CDMA2000采用功率控制和反向电路的门控发射机制等技术，延长了手机电池续航能力。

7. CDMA系统采用软切换技术"先连接再断开"，这样完全克服了硬切换容易掉话的缺点。

（二）TD-SCDMA

1. TD-SCDMA采用TDD双工方式，单载频的带宽仅需要1.6MHz，频率安排灵活、不需要成对频率、可以使用零碎频段，同时，TD-SCDMA集CDMA、FDMA、TDMA三种多址方式于一体，使得无线资源可以在时间、频率、码字这三个维度进行灵活分配。

2. TD-SCDMA的同步技术包括网络同步、初始化同步、节点同步、传输信道同步、无线接口同步、Iu接口时间校准、上行同步等。

3. 功率控制是TD-SCDMA有效控制系统内部的干扰电平、降低小区内与小区间干扰的不可缺少的手段。TD-SCDMA的功率控制可以分为开环功率控制和闭环功率控制，闭环功率控制又可以分为内环功率控制和外环功率控制。

4. TD-SCDMA采用智能天线技术作为系统的关键技术，相比于WCDMA，TD-SCDMA带宽较窄，扩频增益较小，单载频容量较小，智能天线是保证TD-SCDMA能够获得满码道容量的重要条件。

5. TD-SCDMA具有接力切换能力，提高了切换成功率。与软切换相比，接力切换可以克服切换时对邻近基站信道资源的占用，增加系统容量。

6. TD-SCDMA具有动态信道分配功能。动态信道分配能够较好地避免干扰，使信道重用距离最小化，从而高效率地利用无线资源，提高系统容量；能够灵活地分配时隙资源，更好地支持对称及非对称的业务。

（三）WCDMA

1. 支持异步和同步的基站运行方式，组网方便、灵活，减少了通信网络对于GPS系统的依赖。

2. 上行为BPSK调制方式，下行为QPSK调制方式，采用导频辅助的相干解调，码资源产生方法容易、抗干扰性好且提供的码资源充足。

3. WCDMA采用发射分集技术，支持TSTD、STTD、SSDT等多种发射分集方式，有效提高无线链路性能，提高了下行的覆盖和容量。

4. WCDMA适应多种速率的传输，可灵活地提供多种业务，并根据不同的业务质量和业务速率分配不同的资源，同时对多速率、多媒体的业务可通过改变扩频比和多码并行传送的方式来实现。

5. WCDMA利用成熟GSM网络的覆盖优势，核心网络基于GSM/GPRS网络的演进，WCDMA与GSM系统有很好的兼容性。

6. WCDMA支持开环、内环、外环等多种功率控制技术，降低了多址干扰、克服远近效应以及衰落的影响，从而保证了上下行链路的质量。

7. WCDMA采用基于网络性能的语音AMR可变速率控制技术，可以在系统负载轻时提供优质的语音质量，在网络负荷较重时通过降低一点语音质量来提高系统容量，提升忙时的系统容量。

8. WCDMA采用更软的切换技术，在切换上优化了软切换门限方案，改进了软切换性能，实现无缝切换，提高了网络的可靠性和稳定性。

1L411044　第四代蜂窝移动通信网络

一、主要特征

1. 提供更高的传输速率，三种环境下能提供的速率分别为：行车或快速移动环境下数十Mbit/s，室外或步行环境下数十至数百Mbit/s，室内环境下100Mbit/s～1Gbit/s。

2. 支持更高的终端移动速度（250km/h）。

3. 全IP网络架构、承载与控制分离。

4. 提供无处不在的服务、异构网络协同。

5. 提供更高质量的多媒体业务。

二、网络结构

4G移动通信网络主要由用户设备（UE）、增强无线接入网（E-UTRAN）和增强分组核心网（EPC）三部分组成，还包括外围的IP多媒体系统（IMS）和中心数据库设备（HSS）等。如图1L411044所示。

相比3G网络，4G网络有如下特点：

1. 4G E-UTRAN 由多个eNodeB（增强型NodeB）组成，不再具有3G中的RNC网元，RNC的功能分别由eNodeB和接入网关（MME、SGW）实现。eNodeB间使用X2接口，采用网站（Mesh）的工作方式，X2的主要作用是尽可能减少由于用户移动导致的分组丢失。

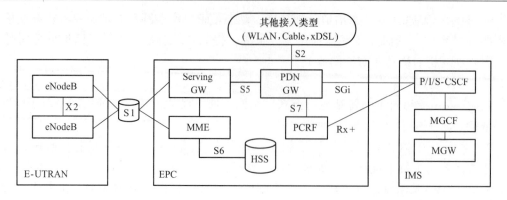

图1L411044 4G网络框图

4G接入网取消了RNC节点，不需要对接入节点进行汇集，网络更加扁平，部署更简单、维护更容易；4G接入网取消了RNC的集中控制，有利于避免单点故障，提高了网络的稳定性；4G网络中eNodeB直接连接NME和SGW，有助于降低整体系统时延、改善用户体验、开展更多业务。

2. 4G EPC由MME、SGW、PGW、PCRF组成，EPC和E-UTRAN之间使用S1接口。其中，MME负责处理与UE相关的信令消息，SGW是一个终止于E-UTRAN接口的网关，PGW是连接外部数据网的网关，PCRF是策略计费控制单元。

4G EPC实现了控制面和用户面分离，MME实现控制面功能，SGW实现用户面功能。4G EPC中，MME和SGW一起实现SGSN功能，PGW实现GGSN功能。

4G核心网采用全IP的分组网络，只具有提供分组业务的分组域，不再具有3G核心网的电路域部分，网络结构更扁平化，网络协议更简化，降低了业务时延。对于语音业务的实现，可以通过IMS系统实现VoIP业务。

3. IMS是叠加在分组交换域上的用于支持多媒体业务的子系统，旨在建立一个与接入无关、基于开放的SIP/IP协议及支持多种多媒体业务类型的平台。IMS将移动通信网络技术、传统固定网络技术和互联网技术有机结合起来，为未来的基于全IP网络多媒体应用提供一个通用的业务智能平台，是解决移动与固网融合，引入语音、数据、视频三重融合等差异化业务的重要方式。

三、工作模式

4G LTE定义了频分双工（FDD）和时分双工（TDD）两种方式，二者的关键技术基本一致，主要区别在于无线接入部分的空中接口标准不同。LTE FDD和TD-LTE的优缺点比较如下：

1. LTE FDD能够灵活配置频率、方便使用零散频段，同时，TD-LTE的上下行链路对称分配，需要占用更多的带宽资源。

2. LTE FDD在支持对称业务时，能充分利用上下行的频谱资源，但在支持非对称业务时，频谱利用率大大降低。

3. TD-LTE可根据业务不同，调整上下行链路间转换点的位置，同时也增加了时间开销，降低了频谱效率。

4. TD-LTE具有上下行信道一致性，基站的接收和发送可以共用部分射频单元，可以降低设备成本；同时，TD-LTE也要应对同频干扰的挑战，基站之间、上下行切换都需要严格的时间同步，增加了网络的建设成本。

5. TD-LTE上下行工作于同一频率，便于利用智能天线、功率控制等技术，同时也减少了信道测量，能有效降低移动终端的处理复杂性。

四、4G关键技术

1. 正交频分复用

正交频分复用（OFDM）技术是一种无线环境下的高速传输技术，其主要思想就是在频域内将给定信道分成许多正交子信道，在每个子信道上使用一个4G子载波进行调制，各子载波并行传输。尽管总的信道是非平坦的，即具有频率选择性，但是每个子信道是相对平坦的，在每个子信道上进行的是窄带传输，信号带宽小于信道的相应带宽。OFDM技术的优点是可以消除或减小信号波形间的干扰，对多径衰落和多普勒频移不敏感，提高了频谱利用率，可实现低成本的单波段接收机。

2. 多输入输出

多输入输出（MIMO）技术是指利用多发射、多接收天线进行空间分集的技术，它采用的是分立式多天线，能够有效地将通信链路分解成为许多并行的子信道，从而大大提高容量。信息论已经证明，当不同的接收天线和不同的发射天线之间互不相关时，MIMO系统能够很好地提高系统的抗衰落和噪声性能，从而获得巨大的容量。例如：当接收天线和发送天线数目都为8根，且平均信噪比为20dB时，链路容量可以高达42bps/Hz，这是单天线系统所能达到容量的40多倍。因此，在功率带宽受限的无线信道中，MIMO技术是实现高数据速率、提高系统容量、提高传输质量的空间分集技术。

3. 智能天线

智能天线具有抑制信号干扰、自动跟踪以及数字波束调节等智能功能，被认为是未来移动通信的关键技术。智能天线应用数字信号处理技术，产生空间定向波束，使天线主波束对准用户信号到达方向，旁瓣或零陷对准干扰信号到达方向，达到充分利用移动用户信号并消除或抑制干扰信号的目的。这种技术既能改善信号质量又能增加传输容量。

4. 软件无线电

软件无线电是将标准化、模块化的硬件功能单元经过一个通用硬件平台，利用软件加载方式来实现各种类型的无线电通信系统的一种具有开放式结构的新技术。软件无线电的核心思想是在尽可能靠近天线的地方使用宽带A/D和D/A变换器，并尽可能多地用软件来定义无线功能，各种功能和信号处理都尽可能用软件实现。

5. 基于IP的核心网

4G核心网是一个基于全IP的网络，可以实现不同网络间的无缝互联。4G核心网独立于各种具体的无线接入方案，能提供端到端的IP业务，同已有的核心网和PSTN兼容。4G核心网具有开放的结构，允许各种空中接口接入核心网，同时把业务、控制和传输等分开。IP与多种无线接入协议相兼容，因此在设计核心网络时具有很大的灵活性，不需要考虑无线接入究竟采用何种方式和协议。

1L411045　第五代蜂窝移动通信网络

前几代移动通信网络的发展，都是以典型的技术特征为代表，同时诞生出新的业务和应用场景。5G将不同于前几代移动通信，它不仅是更高速率、更大带宽、更强能力的空口技术，更是面向业务应用和用户体验的智能网络；5G不再由某项业务能力或者某个典型技术特征所定义，它将是一个多业务多技术融合的网络，通过技术演进和创新，满足未来包含广泛数据和连接的各种业务的快速发展需要，提升用户体验。

一、5G的业务需求

5G面向的业务形态已经发生了巨大的变化：传统的语音、短信业务逐步被移动互联网业务取代；云计算的发展，使得业务的核心放在云端，终端和网络之间主要传送控制信息；机器与机器通信（M2M）和物联网（IoT）带来的海量数据连接，超低时延业务，超高清、虚拟现实业务等，这些都是现有4G技术无法满足的，期待5G来解决。

1. 云业务的需求

目前云计算已经成为一种基础的信息架构，不同于传统的业务模式，云计算业务部署在云端，终端和云端之间大量采用信令交互，信令的时延、海量的信令数据等，要求5G端到端时延小于5ms，数据速率大于1Gbps。

2. 虚拟现实的需求

虚拟现实（VR）是利用计算机模拟合成三维视觉、听觉、嗅觉等感觉的技术，产生一个三维空间的虚拟世界，相应的视频分辨率要达到人眼的分辨率，要求网络速度必须达到300Mbps以上，端到端时延小于5ms，移动小区吞吐量大于10Gbps。

3. 高清视频的需求

现在高清视频已经成为人们的基本需求，4K视频将成为5G的标配业务。要保证用户在任何地方可以欣赏到高清视频，就要保证移动用户随时随地获得超高速的、端到端的通信速率。

4. 物联网的需求

M2M/IoT带来的海量数据连接，要求5G具备充足的支撑能力。M2M业务定位于高可靠、低时延，例如远程医疗、自动驾驶等远程精确控制类应用的成功关键，要求网络时延缩短到1ms。

二、5G的技术需求

一般来说，5G的技术包含七个方面的指标，分别是峰值速率、时延、同时连接数、移动性、小区频谱效率、小区边缘吞吐量、Bit成本效率。

1. 峰值速率比4G提升20～50倍，达到20～50Gbps。

2. 要保证用户在任何地方都具备1Gbps的用户体验速率。

3. 5G的时延缩减到4G时延的1/10，即端到端时延减少到5ms，空口时延减少到1ms。

4. 相比于4G，5G需要提升10倍以上的同时连接数，最终到达同时支持包括M2M/IoT在内的120亿个连接的能力。

5. 相比于4G，5G需要提升50倍以上的Bit成本效率，每Bit成本大大降低，从而促使网络的CAPEX和OPEX下降。

三、中国的5G

中国于2013年成立IMT-2020（5G）推进组，开展5G策略、需求、技术、频谱、标准、知识产权等研究及国际合作，取得了阶段性进展。先后发布了《5G愿景与需求》

《5G概念》《5G无线技术架构》和《5G网络技术架构》白皮书。

（一）关键指标

5G系统的能力指标包括用户体验速率、连接数密度、端到端时延、峰值速率、移动性等关键技术指标和频谱效率、能效、成本效率等性能指标。

具体情况如下：设备密集度达到600万个/km^2；流量密度在20Tbs/km^{2}以上；移动性达到500km/h，实现高铁运行环境的良好用户体验；用户体验速率为Gbps量级，传输速率在4G的基础上提高10~100倍；端到端时延降低到4G的1/10或1/5，达到毫秒级水平；实现百倍能效增加、十倍频谱效率增加、百倍成本效率增加。

（二）主要场景

5G的主要技术场景有四个：连续广域覆盖、热点高容量、低功耗大连接和低时延高可靠。

连续广域覆盖场景面向大范围覆盖及移动环境下用户的基本业务需求；热点高容量场景主要面向热点区域的超高速率、超高流量密度的业务需求；低功耗大连接场景面向低成本、低功耗、海量连接的M2M/IoT业务需求；低时延高可靠场景主要满足车联网、工业控制等对时延和可靠性要求高的业务需求。

（三）核心技术

在核心技术方面，5G不再以单一的多址技术作为主要技术特征，而是由一组关键技术来共同定义，包括大规模天线阵列、超密集组网、全频谱接入、新型多址技术以及新型网络架构。

大规模天线阵列可以大幅提升系统频谱效率；超密集组网通过增加基站部署密度，可实现百倍量级的容量提升；新型多址技术通过发送信号的叠加传输来提升系统的接入能力，可有效支撑5G网络的千亿级设备连接需求；全频谱接入技术通过有效利用各类频谱资源，有效缓解5G网络频谱资源的巨大需求；新型网络结构，采用SDN、NFV和云计算等技术实现更灵活、智能、高效和开放的5G新型网络。

（四）空口技术

5G将沿着5G新空口（含低频和高频）及4G演进两条技术路线发展，其中5G新空口是主要的演进方向，4G空口演进是有效补充。

5G新空口将采用新型多址、大规模天线、新波形（FBMC、SCMA、PDMA、MUSA）、超密集组网和全频谱接入等核心技术，在帧结构、信令流程、双工方式上进行改进，形成面向连续广域覆盖、热点高容量、低功耗大连接和低时延高可靠等场景的空口技术方案。同时，为实现对现有4G网络的兼容，将通过双连接（同时使用5G和4G演进空口）等方式共同为用户提供服务。

（五）新网络架构

5G网络架构需要满足不同部署场景的要求、具有增强的分布式移动性管理能力、保证稳定的用户体验速率和毫秒级的网络传输时延能力、支持动态灵活的连接和路由机制以及具备更高的服务质量和可靠性。

5G网络架构将引入全新的网络技术，SDN、NFV将成为5G网络的重要特征。

1L411050   通信电源系统

1L411051   通信电源系统的要求及供电方式

一、通信电源系统的要求

通信电源是通信设备的心脏，在通信系统中，具有举足轻重的地位。通信设备对电源系统的要求是：可靠、稳定、小型、高效。通信局（站）电源系统应有完善的接地与防雷设施，具备可靠的过压和雷击防护功能，电源设备的金属壳体应有可靠的保护接地；通信电源设备及电源线应具有良好的电气绝缘层，绝缘层包括有足够大的绝缘电阻和绝缘强度；通信电源设备应具有保护与告警性能。除此之外，对通信电源系统还有其他要求：

1. 由于微电子技术和计算机技术在通信设备中的大量应用，通信电源瞬时中断除了会造成整个通信电路的中断，还会丢失大量的信息。为了确保通信设备正常运行，必须提高电源系统的可靠性。由交流电源供电时，交流电源设备一般都采用交流不间断电源（UPS）。在直流供电系统中，一般采用整流设备与电池并联浮充供电方式。同时，为了确保供电的可靠，还采用由两台以上的整流设备并联运行的方式，当其中一台发生故障时，另一台可以自动承担为全部负载供电的任务。

2. 各种通信设备要求电源电压稳定，不能超过允许变化范围。电源电压过高，会损坏通信设备中的元器件；电压过低，设备不能正常工作。

交流电源的电压和频率是标志其电能质量的重要指标。由380/220V、50Hz的交流电源供电时，通信设备电源端子输入电压允许变动范围为额定值的-10% ~ +5%，频率允许变动范围为额定值的-4% ~ +4%，电压波型畸变率应小于5%。

直流电源的电压和杂音是标志其电能质量的重要指标。由直流电源供电时，通信设备电源端子输入电压允许变动范围为-57 ~ -40V，直流电源杂音应小于2mV，高频开关整流器的输出电压应自动稳定，其稳定精度应≤0.6%。

3. 设备或系统在电磁环境中应正常工作，且应不对该环境中任何事物构成不能承受的电磁干扰。这有两方面的含义，一方面任何设备不应干扰别的设备正常工作，另一方面对外来的干扰有抵御能力，即电磁兼容性包含电磁干扰和对电磁干扰的抗扰度两个方面。

4. 为了适应通信的发展，电源装置必须小型化、集成化，能适应通信电源的发展和扩容。各种移动通信设备和航空、航天装置更要求体积小、重量轻、便于移动的电源装置。

5. 随着通信技术的发展，通信设备容量的日益增加，电源负荷不断增大。为了节约电能，提高效益，必须提高电源设备的效率，并在有条件的情况下采用太阳能电源和风力发电系统。

二、通信电源系统的供电方式

目前通信局站采用的供电方式主要有集中供电、分散供电、混合供电和一体化供电四种方式。

1. 集中供电方式：由交流供电系统、直流供电系统、接地系统和集中监控系统组成。采用集中供电方式时，通信局（站）一般分别由两条供电线路组成的交流供电系统和一套直流供电系统为局内所有负载供电。交流供电系统属于一级供电。

2．分散供电方式：在大容量的通信枢纽楼，由于所需的供电电流过大，集中供电方式难以满足通信设备的要求，因此，采用分散供电方式为负载供电。直流供电系统可分楼层设置，也可以按各通信系统设置多个直流供电系统。但交流供电系统仍采用集中供电方式。

3．混合供电方式：在无人值守的光缆中继站、微波中继站、移动通信基站，通常采用交、直流与太阳能电源、风力电源组成的混合供电方式。采用混合供电的电源系统由市电、柴油发电机组、整流设备、蓄电池组、太阳电池、风力发电机等部分组成。

4．一体化供电方式：通信设备与电源设备装在同一机架内，由外部交流电源直接供电。如小型用户交换机，一般采用这种供电方式。

1L411052　通信电源系统的组成及功能

为各种通信设备及有关通信建筑负荷供电的电源设备组成的系统，称为通信电源系统。该系统由交流供电系统、直流供电系统、接地系统和集中监控系统组成。

一、交流供电系统

交流供电系统包括交流供电线路、燃油发电机组、低压交流配电屏、逆变器、交流不间断电源（UPS）等部分。

1．市电应由两条供电线路引入，经高压柜、变压器把高压电源（一般为10kV）变为低压电源（三相380V）后，送到低压交流配电屏。

2．燃油发电机组是保证不间断供电时必不可少的设备，一般为两套。在市电中断后，燃油发电机自动启动，供给整流设备和照明设备的交流用电。

3．低压交流配电屏可完成市电和油机发电机的自动或人工转换，将低压交流电分别送到整流器、照明设备和空调装置等用电设施，并可监测交流电压和电流的变化。当市电中断或电压发生较大变化时，能够自动发出声、光告警信号。

4．在市电正常时，市电经整流设备整流后为逆变器内的蓄电池浮充充电。当市电中断时，蓄电池通过逆变器（DC/AC变换器）自动转换，输出交流电，为需要交流电源的通信设备供电。在市电恢复正常时，逆变器又自动转换由市电供电。

5．交流不间断电源（UPS）无论在市电正常或中断时，都可提供交流电源供电。工作原理同逆变器。逆变器实际上是交流不间断电源的一部分。

二、直流供电系统

直流供电系统由直流配电屏、整流设备、蓄电池、直流变换器（DC/DC）等部分组成。

1．直流配电屏：可接入两组蓄电池，其中一组供电不正常时，可自动接入另一组工作。同时，它还可以监测电池组输出总电压、电池浮/均充电流和供电负载电流，可发出过压、欠压和熔断器熔断的声、光告警信号。

2．整流设备：输入端由交流配电屏引入交流电，其作用是将交流电转换成直流电，输出端通过直流配电屏与蓄电池和需供电的负载并联连接，并向它们提供直流电源。

3．蓄电池：处于整流器输出并联端。在市电正常时，由整流器浮/均充电，不断补充蓄电池容量，并使其保持在充足电量的状态。当市电中断时，蓄电池自动为负载提供直流电源，不需要任何切换。

4. 直流变换器（DC/DC）：可将基础直流电源的电压变换成通信设备所需要的各种直流电压，以满足负载对电源电压的不同要求。

三、接地系统

接地系统有交流工作接地、直流工作接地、保护接地和防雷接地等，现一般采取将这四者联合接地的方式。

1. 交流工作接地可保证相间电压稳定。

2. 直流工作接地可保证直流通信电源的电压为负值。

3. 保护接地可避免电源设备的金属外壳因绝缘受损而带电。

4. 防雷接地可防止因雷电瞬间过压而损坏设备。

联合接地是将交流工作接地、直流工作接地、保护接地和防雷接地共用一组地网，由接地体、接地引入线、接地汇集排、接地连接线及引出线等部分组成，如图1L411052所示。这个地网是一个闭合的网状网络，地网的每个点都是等电位的。

机房内接地线的布置方式有两种形式，在较大的机房为平面型，在小型机房为辐射式。

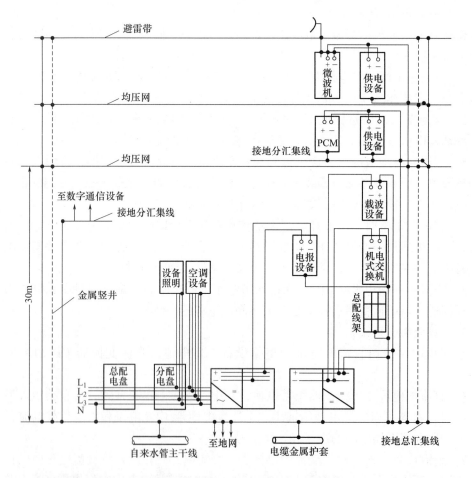

注：1. 当变压器装在楼内时，变压器的中性点与接地总汇集线之间宜采用双线连接；

2. 根据需要亦可从接地总汇集线引出一根或多根从底层至高层的主干接地线，各层分汇集线由它引出；

3. 接地端子的位置应与工艺设计中对接地的要求相对应。

图1L411052 机房联合接地系统的连接方式

四、集中监控系统

集中监控系统可以对通信局（站）实施集中监控管理，对分布的、独立的、无人值守的电源系统内各设备进行遥测、遥控、遥信，还可以监测电源系统设备的运行状态，记录、处理相关数据和检测故障，告知维护人员及时处理，以提高供电系统的可靠性和设备的安全性。

1L411053　通信用蓄电池的充放电特性

一、蓄电池的工作特点及主要指标

蓄电池是将电能转换成化学能储存起来，需要时将化学能转变成为电能的一种储能装置。蓄电池由正负极板、隔板（膜）、电池槽（外壳）、排气阀或安全阀以及电解液（硫酸）五个主要部分组成。

目前，通信行业已广泛使用阀控式密封铅酸蓄电池（免维护电池）。虽然固定型铅酸蓄电池在安装阶段需要现场配置电解液，维护阶段需要周期性测试电解液浓度和随时配比硫酸浓度，维护成本偏高，但电池组容量可按实际需求设计，电池内部电解液处于液体流动状态，有利于电解液和极板充分化学反应，在集中供电的核心机房，电池组容量很大时仍有采用。

1. 阀控式密封铅酸蓄电池由正负极板、隔板、电解液、安全阀、外壳等部分组成。正负极板均采用涂浆式极板，具有很强的耐酸性、很好的导电性和较长的寿命，自放电速率也较小。隔板采用超细玻璃纤维制成，全部电解液注入极板和隔板中，电池内没有流动的电解液，顶盖上还备有内装陶瓷过滤器的气阀，它可以防止酸雾从蓄电池中逸出。正负极接线端子用铅合金制成，顶盖用沥青封口，具有全封闭结构。

在这种阴极吸收式阀控密封铅酸蓄电池中，负极板活性物质总量比正极多15%，当电池充电时，正极已充足，负极尚未到容量的90%，因此，在正常情况下，正极会产生氧气，而负极不会产生难以复合的氢气。蓄电池隔板为超细玻璃纤维隔膜，留有气体通道，解决了氧气的传送和复合问题。在实际充电过程中，氧气复合率不可能达100%。如果充电电压过高，电池内会产生大量的氧气和氢气，为了释放这些气体，当气压达到一定数值，电池顶盖的排气阀会自动打开，放出气体；当气体压力降到一定值后，气阀能自动关闭，阻止外部气体进入。

在该电池中，负极板上活性物质（海绵状铅）在潮湿条件下，活性很高，能够与正极板产生的氧气快速反应，生成水，同时又具有全封闭结构，因此在使用中一般不需要加水补充。

2. 蓄电池的主要指标包括电动势、内阻、终了电压、放电率、充电率、循环寿命。

（1）电池电动势（E）：蓄电池在没有负载的情况下测得的正、负极之间的端电压，也就是开路时的正负极端子电压。

（2）蓄电池的内阻（R）：在蓄电池接上负载后，测出端子电压（U）和流过负载的电流（I），这时蓄电池的内阻（R）为（$E-U$）$/I$。蓄电池的内阻应包括：蓄电池正负极板、隔板（膜）、电解液和连接物的电阻。电池的内阻越小，蓄电池的容量就越大。

（3）终了电压：是指放电至电池端电压急剧下降时的临界电压。如再放电就会损坏电池，此时电池端电压称为终了电压。不同的放电率有不同的放电终了电压，$U_终=$

1.66+0.0175h，式中h为放电小时率，若采用1小时放电率，$U_终$=1.66+0.0175×1= 1.68V，若用10小时率放电，$U_终$=1.66+0.0175×10=1.835V。

（4）放电率：蓄电池在一定条件下，放电至终了电压的快慢称之为放电率。放电电流的大小，用时间率和电流率来表示。通常以10小时率作为放电电流，即在10h内将蓄电池的容量放至终了电压。蓄电池容量的大小随放电率大小而变化，由于在大电流放电时，极板表面与周围硫酸迅速作用，生成颗粒较大的硫酸铅，阻挡了硫酸进入极板内部与活性物质的电化作用，所以电池电压下降快，放出容量小。在低放电率时，电解液可以充分渗透，电化作用深入极板内部，放出的容量相对较大。

（5）充电率：蓄电池在一定条件下，标称容量与充电电流的比称之为充电率。常用的充电率是10小时率，即放电终了后的电池组充电的时间至少需10h，才达到充电终期（电池充满）。当缩短充电时间时，充电电流必须加大，反之，充电电流可减少。具体充电所需时长与电池内剩余的电量有关。

（6）循环寿命：蓄电池经历一次充电和放电，称为一次循环。蓄电池所能承受的循环次数称为循环寿命。固定型铅酸蓄电池的循环寿命约为300～500次，阀控式密封铅酸蓄电池的循环寿命约为1000～1200次，使用寿命一般在10年以上。

二、蓄电池的充放电特性

1. 放电：用大电流放电，极板的表层与周围的硫酸迅速作用，生成的硫酸铅颗粒较大，使其硫酸浓度变淡，电解液的电阻增大。颗粒较大的硫酸铅又阻挡了硫酸进入极板内层与活性物质电化作用，所以电压下降快，放电将会超过额定容量很多，成为深度过量放电，造成极板的硫酸化，甚至造成极板的弯曲、断裂等。用小电流放电，硫酸铅在电解液中生成的晶体较细，不会遮挡中间隔板，硫酸渗透到极板比较顺利，电压下降较少，不会造成深度放电，有利于蓄电池的长期使用。

2. 充电：充电终期电流过大，不仅使大量电能消耗，而且由于冒气过甚，会使电池极板的活性物质受到冲击而脱落，因此在充电终期采用较小的电流值是有益的。充电的终了电压并不是固定不变的，它是充电电流的函数，蓄电池充电完成与否，不但要根据充电终了电压，还要根据蓄电池接受所需要的容量，以及电解液比重等来决定。

（1）初充电

就是电池生产或组装完毕的第一次充电。固定型铅酸蓄电池一般是电池组安装连接完毕，电解液按照设计要求灌装到位，按照设计要求的充电方式在现场进行；阀控式密封铅酸蓄电池一般是电池出厂前在工厂采用连接成电池组或单体状态进行。

（2）浮充充电

在电池组与开关电源设备构建成供电系统后，用整流设备和电池并联供电的工作方式，由整流设备浮充蓄电池供电，并补充蓄电池组已放出的容量及自放电的消耗。

（3）均衡充电

即过充电，因蓄电池在使用过程中，有时会产生比重、容量、电压等不均衡的情况，应进行均衡充电，使电池都达到均衡一致的良好状态。均衡充电一般要定期进行。如果出现放电过量造成终了电压过低、放电超过容量标准的10%、经常充电不足造成极板处于不良状态、电解液里有杂质、放电24h未及时补充电、市电中断后导致全浮充放出近一半的容量等情况时，都要随时进行均衡充电。

1L411054　通信用太阳能供电系统

一、太阳电池的特点

太阳具有巨大的能量。这种能量通过大气层到达地球表面，使地球表面吸收到大量的能量。长期以来，辐射到地球表面的太阳能一直没有得到充分利用，随着科学的发展，太阳能利用技术正在被逐步开发。

太阳电池是近年来发展起来的新型能源。这种能源没有污染，是一种光电转换的环保型绿色能源，特别适用于阳光充足、日照时间长、缺乏交流电的地方，如我国的西部地区以及部分偏僻地区。太阳电池为无人值守的光缆传输中继站、微波站、移动通信基站提供了可靠的能源。

1. 太阳能电源的优点

与其他能源系统相比较，太阳能电源具有取之不尽，用之不竭，清洁、静止、安全、可靠、无公害等优点。太阳能电源是利用太阳电池的光—电量子效应，将光能转换成电能的电源系统。它既无转动部分，又无噪声，也无放射性，更不会爆炸，维护简单，不需要经常维护，容易实现自动控制和无人值守。太阳电池安装地点可以自由选择，搬迁方便，而不像其他发电系统，安装地点必须经过选择，而且也不易搬迁。同时，太阳能电源系统与其他电源系统相比，可以随意扩大规模，达到增容目的。

2. 太阳能电源的缺点

太阳能电源的能量与日照量有关，因此输出功率将随昼夜、季节而变化。太阳电池输出能量的密度较低，因此，占地面积较大。

3. 太阳电池种类

目前，因材料、工艺等问题，实际生产并应用的只有硅太阳电池、砷化镓太阳电池、硫（碲）化镉太阳电池三种。

（1）单晶硅太阳电池是目前在通信系统应用最广泛的一种硅太阳电池，其效率可达18%，但价格较高。为了降低价格，现已大量采用多晶硅或非晶硅作太阳电池。多晶硅太阳电池效率可达14%，非晶硅太阳电池效率可达6.3%。

（2）砷化镓太阳电池抗辐射能力很强，目前主要用于宇航及通信卫星等空间领域。由于砷化镓太阳电池工作温度较高，可采用聚光照射技术，以获得最大输出功率。

（3）硫化镉太阳电池有两种结构，一种是将硫化镉粉末压制成片状电池，另一种是将硫化镉粉末通过蒸发或喷涂制成薄膜电池，具有可绕性，携带、包装方便，工艺简单，成本低等特点，最高效率可达9%。但是由于其稳定性差，寿命短，同时又会污染环境，所以发展较慢。

二、硅太阳电池的工作原理

硅太阳电池的工作原理是：太阳光照射到晶体硅板上时，光子将能量提供给电子。当光照射到硅板的P—N结上时，就会产生电子—空穴对。由于受内部电场的作用，电子流入N区，P区多出空穴，结果使P区带正电，N区带负电，在P区与N区之间产生电动势，使得太阳能转换成了电能。

太阳电池是一种光电转换器，只能在有一定光强度的条件下，才会产生电。因此，在通信机房只配备太阳电池是不够的，还必须配有储能设备即蓄电池，才能完成供电任务。

三、太阳电池供电系统的组成

太阳电池供电系统的基本结构可分为直流、交流和直流—交流混合供电系统。

1. 太阳电池直流供电系统由直流配电盘、整流设备、蓄电池和太阳电池方阵等组成。在正常情况下，由太阳电池向通信设备供电并向蓄电池浮/均充电。在晚间和阴雨天，由蓄电池向通信设备供电。

2. 太阳电池交流供电系统由交流配电盘、逆变设备、UPS交流不间断电源、发电机组等组成。当长期阴雨季节，太阳电池和蓄电池容量都不足时，应由发电机组发电通过接在交流配电盘输出端的整流设备向通信设备供直流电并同时向蓄电池浮/均充电。

3. 太阳电池的直流和交流供电系统都可以与市电联网供电，组成直流—交流混合供电系统。

1L411060 光（电）缆特点及应用

1L411061 光纤的特点及应用

一、光纤结构和类型

（一）光纤的结构

光纤是光导纤维的简称，是光传输系统的重要组成元素。光纤呈圆柱形，由纤芯、包层和涂覆层三部分组成。

1. 纤芯位于光纤的中心部位，直径在4～50μm，单模光纤的纤芯直径为4～10μm，多模光纤的纤芯直径为50μm。纤芯的成分是高纯度二氧化硅（目前石英系光纤、多组分玻璃光纤、全塑料光纤、氟化物光纤也得到广泛应用），此外，还掺有极少量的掺杂剂（如二氧化锗，五氧化二磷），其作用是适当提高纤芯对光的折射率，用于传输光信号。

2. 包层位于纤芯的周围，直径为125μm，其成分也是含有极少量掺杂剂的高纯度二氧化硅。在这里，掺杂剂（如三氧化二硼）的作用是适当降低包层对光的折射率，使之略低于纤芯的折射率，即纤芯的折射率大于包层的折射率（这是光纤结构的关键），它使得光信号封闭在纤芯中传输。

3. 光纤的最外层为涂覆层，包括一次涂覆层、缓冲层和二次涂覆层。一次涂覆层一般使用丙烯酸酯、有机硅或硅橡胶材料；缓冲层一般为性能良好的填充油膏；二次涂覆层一般多用聚丙烯或尼龙等高聚物。涂覆层的作用是保护光纤不受水汽侵蚀和机械擦伤，同时增加光纤的机械强度与可弯曲性，起着延长光纤寿命的作用。涂覆后的光纤外径约为2.5mm。

（二）光纤的折射率分布

光纤的折射率分布有两种典型的情况，一种是纤芯和包层折射率沿光纤半径方向均匀分布，而在纤芯和包层交界面上的折射率呈阶梯形突变，称为阶跃折射率。另一种是纤芯的折射率沿光纤半径方向不均匀分布，随纤芯半径方向坐标增加而逐渐减少，一直渐变到等于包层折射率值，称为渐变折射率。它们的共同特点是纤芯的折射率大于包层的折射率，这也是光信号在光纤中传输的必要条件。

（三）光在光纤中的传播

对于阶跃折射率光纤，由于纤芯和包层的折射率分布有明显的分界，光波在纤芯和包层的交界面形成全反射，并且形成锯齿形传输途径，引导光波沿纤芯向前传播。

对于渐变折射率光纤，由于在其界面上折射率是连续变化的，轴中心的折射率最大，沿纤芯半径方向的折射率按抛物线规律减小，在纤芯边缘的折射率最小，因此光波在纤芯中产生连续折射，形成穿过光纤轴线的类似于正弦波的光折射线，引导光波沿纤芯向前传播。

二、光纤通信的工作窗口

光纤损耗系数随着波长而变化。为获得低损耗特性，光纤通信选用的波长范围在800～1800nm，并称800～900nm为短波长波段，主要有850nm一个窗口；1300～1600nm为长波长波段，主要有1310nm和1550nm两个窗口。实用的低损耗波长是：第一代系统，波长为850nm，最低损耗为2.5dB/km，采用石英多模光纤；第二代系统，波长为1310nm，最低损耗为0.27dB/km，采用石英单模最低色散光纤；第三代系统，波长为1550nm，最低损耗为0.16dB/km，采用石英单模最低损耗与适当色散光纤。上述三个波长称为三个工作窗口。图1L411061给出了光纤的衰减随波长变化示意图。

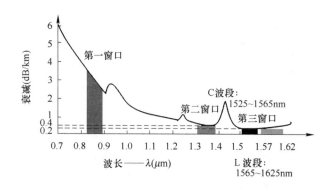

图1L411061　光纤的衰减随波长变化示意图

三、光纤分类

光纤的分类方法很多，若按制造光纤所用材料分类可分为石英系光纤、多组分玻璃光纤、塑料包层石英芯光纤、全塑料光纤、氟化物光纤；若按传输模数分类可分为多模光纤、单模光纤；若按光纤的工作波长分类可分为短波长光纤、长波长光纤、超长波长光纤；若按套塑结构分类可分为紧套光纤和松套光纤；若按最佳传输频率窗口分类可分为常规型单模光纤和色散位移型单模光纤；若按折射率分布情况分类可分为阶跃型和渐变型光纤。

四、多模光纤

当光纤的几何尺寸远大于光波波长时（约1μm），光纤传输的过程中会存在着几十种乃至上百种传输模式，这样的光纤称为多模光纤。由于不同的传播模式具有不同的传播速度与相位，因此，经过长距离传输会产生模式色散（经过长距离传输后，会产生时延差，导致光脉冲变宽）。模式色散会使多模光纤的带宽变窄，降低传输容量，因此，多模光纤只适用于低速率、短距离的光纤通信，目前数据通信局域网大量采用多模光纤。表1L411061-1为多模光纤型号特性表。

多模光纤型号特性表　　　　　　　　　　　表1L411061-1

分类代号	特　性	纤芯直径(μm)	包层直径(μm)	材　料
A1a.1	渐变折射率	50	125	二氧化硅
A1a.2	渐变折射率	50	125	二氧化硅
A1a.3	渐变折射率	50	125	二氧化硅
A1b	渐变折射率	62.5	125	二氧化硅
A1d	渐变折射率	100	140	二氧化硅
A2a	突变折射率	100	140	二氧化硅
A2b	突变折射率	200	240	二氧化硅
A2c	突变折射率	200	280	二氧化硅
A3a	突变折射率	200	300	二氧化硅芯塑料包层
A3b	突变折射率	200	380	二氧化硅芯塑料包层
A3c	突变折射率	200	230	二氧化硅芯塑料包层
A4a	突变折射率	965~985	1000	塑料
A4b	突变折射率	715~735	750	塑料
A4c	突变折射率	465~485	500	塑料
A4d	突变折射率	965~985	1000	塑料
A4e	渐变或多阶折射率	≥500	750	塑料
A4f	渐变折射率	200	490	塑料
A4g	渐变折射率	120	490	塑料
A4h	渐变折射率	62.5	245	塑料

五、单模光纤

当光纤的几何尺寸较小，与光波的波长在同一数量级，如芯径在4~10μm范围，光纤只允许一种模式（基模）在其中传播，其余的高次模全部截止，这样的光纤称为单模光纤。单模光纤避免了模式色散，适用于大容量、长距离传输。

（一）单模光纤分类

按ITU-T建议分类，单模光纤目前可以分为G.652、G.653、G.654、G.655、G.656、G.657六种，另外，还可按IEC标准分类。我国标准（GB/T）对光纤类别型号的命名等采用了IEC的规定，二者是一样的。单模光纤型号见表1L411061-2。目前，G.656单模光纤还处于研发阶段，尚未投入商用。

（二）几种单模光纤的特点和应用

单模光纤型号表　　　　　　　　　　　表1L411061-2

IEC分类	名　称	ITU分类
B1.1	非色散位移光纤	G.652.A,B
B1.2	截止波长位移光纤	G.654
B1.3	波长段扩展的非色散位移光纤	G.652.C,D
B2	色散位移光纤	G.653
B4a	非零色散位移光纤	G.655.A
B4b		G.655.B
B4c		G.655.C
B4d		G.655.D
B4e		G.655.E

IEC分类	名　　称	ITU分类
B5	宽波长段光传输用非零色散光纤	G.656
B6a1		G.657.A1
B6a2	接入网用弯曲损耗不敏感光纤	G.657.A2
B6b2		G.657.B2
B6b3		G.657.B3

1. G.652标准单模光纤的特点及应用

G.652单模光纤目前的产品种类有G.652A、G.652B、G.652C和G.652D四类。不同的产品，其各项指标也不一样。最新的产品是G.652D单模光纤。各种光纤的性能指标如表1L411061-3所示。

各种G.652光纤的参数指标　　　　　　　　表1L411061-3

参数	G.652A	G.652B	G.652C	G.652D
截止波长	$\lambda_c \leqslant 1260nm$	$\lambda_c \leqslant 1260nm$	$\lambda_c \leqslant 1260nm$	$\lambda_c \leqslant 1260nm$
模场直径	在1310nm处为8.6～9.5$\mu m \pm 0.7\mu m$	在1310nm处为8.6～9.5$\mu m \pm 0.7\mu m$	在1310nm处为8.6～9.5$\mu m \pm 0.7\mu m$	在1310nm处为8.6～9.5$\mu m \pm 0.7\mu m$
衰减	在1310nm处≤0.5dB/km；在1550nm处≤0.4dB/km	在1310nm处≤0.4dB/km；在1550nm处≤0.35dB/km；在1625nm处≤0.4dB/km	在1310～1625nm处≤0.4dB/km；在1383±3nm处≤0.4dB/km；在1550nm处≤0.3dB/km	在1310～1625nm处≤0.4dB/km；在1383±3nm处≤0.4dB/km；在1550nm处≤0.3dB/km
色散	零色散波长范围是1300～1324nm，色散值0.093ps/（$nm^2 \cdot km$）	零色散波长范围是1300～1324nm，色散值0.093ps/（$nm^2 \cdot km$）	零色散波长范围是1300～1324nm，色散值0.093ps/（$nm^2 \cdot km$）	零色散波长范围是1300～1324nm，色散值0.093ps/（$nm^2 \cdot km$）
光缆的偏振模色散	在M为20段光缆，$Q=0.01\%$时，$PMD_Q \leqslant$ 0.50ps/（km）$^{1/2}$	在M为20段光缆，$Q=0.01\%$时，$PMD_Q \leqslant$ 0.20ps/（km）$^{1/2}$	在M为20段光缆，$Q=0.01\%$时，$PMD_Q \leqslant$ 0.50ps/（km）$^{1/2}$	在M为20段光缆，$Q=0.01\%$时，$PMD_Q \leqslant$ 0.20ps/（km）$^{1/2}$

G.652D单模光纤是一种新型光纤，它采用了新的工艺技术，将1383nm波长附近的吸收损耗衰减降低到0.32dB/km的水平，增加光纤使用带宽近100nm，从而实现了1260～1625nm波段的全波通信。同时，对光纤的特性也进行了优化，使光纤具有衰减低、色散小、性能稳定等特点，并且具有优越的"偏振模色散系数"。由于该光纤将普通光纤（G.652B单模光纤）1383nm处的水峰衰减降低到0.32dB/km的水平，增加光纤使用带宽近100nm，满足了CWDM技术的需要，可以不需要激光器制冷、波长锁定和精确镀膜等复杂技术，大大降低了运营设备成本，更加适合城域网建设的需要。

2. G.653色散位移光纤的特点及应用

该种色散位移光纤在1550nm的色散为零，不利于多信道的WDM传输。用的信道数较多时，信道间距较小，这时就会发生四波混频（FWM）导致信道间发生串扰。如果光纤线路的色散为零，FWM的干扰就会十分严重；如果有微量色散，FWM干扰反而还会减小。

（1）光纤截止波长$\lambda_c \leqslant 1250nm$。

（2）模场直径：1550nm处的模场直径是（7.8～8.5）±0.8μm。

（3）衰减：衰减系数最大值在1310nm窗口，A级为0.40dB/km，B级为0.45dB/km，C级为0.55dB/km。

（4）偏振模色散（PMD）系数最大值为0.3ps/（km）$^{1/2}$。

此种光纤除了在日本等国家干线网上有应用外，在我国干线网上几乎没有应用。

3．G.654截止波长位移光纤的特点及应用

G.654截止波长位移光纤也叫衰减最小光纤，该种光纤在1550nm处的衰减最小。

（1）零色散波长在1310nm附近，截止波长移动到了较长的波长，所以该光纤被称为截止波长位移单模光纤。

（2）工作波长为1550nm，在该波长附近的衰减最小。

（3）零色散点在1300nm附近，但在1550nm窗口色散较大，约为17～20ps/（nm·km）。

（4）光纤截止波长：1350nm$<\lambda_c<$1600nm。

（5）模场直径：1550nm处的模场直径是（9.5～10.5）±0.7μm。

（6）衰减：衰减系数最大值在1550nm窗口，A级为0.19dB/km，B级为0.22dB/km。

（7）色散：1550nm色散系数最大值为20ps/（nm·km）；1550nm 零色散斜率最大值为0.07ps/（nm^2·km）。

（8）偏振模色散（PMD）系数最大值为0.3ps/（km）$^{1/2}$。

该种光纤主要应用于长距离数字传输系统，如海底光缆。

4．G.655非零色散位移光纤的特点及应用

G.655单模光纤目前的产品种类有G.655A、G.655B和G.655C三类。不同的产品，其各项指标也不一样。最新的产品是G.655C单模光纤。各种光纤的性能指标如表1L411061-4所示。

各种G.655光纤的参数指标   表1L411061-4

参数	G.655A	G.655B	G.655C
截止波长	$\lambda_c\leqslant$1450nm	$\lambda_c\leqslant$1450nm	$\lambda_c\leqslant$1450nm
模场直径	在1310nm处为（8.6～9.5）±0.7μm	在1310nm处为（8.6～9.5）±0.7μm	在1310nm处为（8.6～9.5）±0.7μm
衰减	在1550nm处≤0.35dB/km	在1550nm处≤0.35dB/km	在1550nm处≤0.35dB/km
色散	零色散波长范围是1530～1565nm，0.1ps/（nm^2·km）≤D≤0.5ps/（nm^2·km）	零色散波长范围是1530～1565nm，0.1ps/（nm^2·km）≤D≤10.0ps/（nm^2·km）	零色散波长范围是1530～1565nm，0.1ps/（nm^2·km）≤D≤10.0ps/（nm^2·km）
光缆的偏振模色散	M为20段光缆，Q=0.01%时，$PMD_Q\leqslant$0.50ps/（km）$^{1/2}$	M为20段光缆，Q=0.01%时，$PMD_Q\leqslant$0.50ps/（km）$^{1/2}$	M为20段光缆，Q=0.01%时，$PMD_Q\leqslant$0.20ps/（km）$^{1/2}$

G.655光纤是为适于DWDM的应用而开发的。目前的G.655A、B两类光纤的各项指标要求都比以前提高了。也就是说，新的G.655A光纤不仅能支持200GHz及其以上间隔的DWDM系统在C波段的应用，同时也已经可以支持以10Gbit/s为基础的DWDM系统。新的G.655B光纤可以支持以10Gbit/s为基础的100GHz及其以下间隔的DWDM系统在C和L波段的应用。G.655C型光纤既能满足100GHz及其以下间隔DWDM系统在C、L波段的应用，又能支持N×10Gbit/s系统传送3000km以上距离，或支持N×40Gbit/s系统传送80km以上距离。

5．G.657接入网使用的弯曲损耗不敏感的单模光纤的特点及应用

G.657光纤分为A和B两大类。其中A类光纤与G.652D光纤能完全兼容，B类则不要求与G.652D光纤兼容。为了能与目前馈线光缆和配线光缆中广泛使用的G.652D光纤相兼容，我国入户光纤（FTTH，Fiber To The Home）均以G.657A光纤为主。G.657A光纤的属性如下：

（1）光纤截止波长$\lambda_c \leqslant 1260$nm。

（2）模场直径：1310处的模场直径为（8.6～9.5）±0.4μm。

（3）衰减：在1550nm处的衰减值为0.3dB/km。

（4）色散系数：1300～1324nm波长范围，色散系数为0.092ps/（nm·km）。

（5）偏振模色散（PMD）系数最大值为0.2ps/（km）$^{1/2}$。

此种光纤最大的特点是对弯曲损耗不敏感。对于A类光纤，在以15mm半径缠绕10圈时，1550nm的微弯损耗最大值为0.25dB；在以10mm半径缠绕1圈时，1550nm的微弯损耗最大值为0.75dB。B类光纤的微弯损耗值比这个还低些。

1L411062 光缆的分类及特点

一、光缆的种类

光缆，是以一根或多根光纤或光纤束制成符合光学、机械和环境特性的结构，由缆芯、护层和加强芯组成。

光缆的种类较多，分类方法也多种多样。按结构分类可分为层绞式光缆、中心束管式光缆、骨架式光缆和蝶形光缆；按敷设方式分类可分为架空光缆、管道光缆、直埋光缆、隧道光缆和水底光缆；按光纤的套塑方法分类可分紧套光缆、松套光缆、束管式光缆、带状多芯单元光缆；按使用环境分类可分为室外光缆、室内光缆和特种光缆——海底光缆、全介质自承式光缆（ADSS）、光纤复合地线光缆（OPGW）、缠绕光缆、防鼠光缆等；按网络层次分类可分为长途光缆、市话光缆和接入光缆；按加强件配置方法分类可分为中心加强构件光缆（如层绞式光缆、骨架式光缆等）、分散加强构件光缆（如束管两侧加强光缆、扁平光缆等）、护层加强构件光缆（如束管钢丝铠装光缆和PE细钢丝综合外护层光缆）、钢管结构的微缆；按光纤种类分类可分为多模光纤光缆、单模光纤光缆；按光纤芯数多少分类可分为单芯光缆、多芯光缆；按护层材料性质分类可分为普通光缆、阻燃光缆、尼龙防蚁防鼠光缆等。

目前工程中常用的光缆有：室（野）外光缆——用于室外直埋、管道、架空及水底敷设的光缆；室（局）内光缆——用于室内布放的光缆；软光缆——具有优良的曲绕性能的可移动光缆；设备内光缆——用于设备类布放的光缆；海底光缆——用于跨海洋敷设的光缆。

二、光缆的特点

光缆的特点由光缆结构决定，下面叙述几种常用结构光缆的特点。

（一）层绞式结构光缆

层绞式光缆是由多根二次被覆光纤松套管或紧套管绕中心金属加强构件绞合成圆形的缆芯，缆芯外先纵包复合铝带并挤上聚乙烯内护套，再纵包阻水带和双面覆膜皱纹钢（铝）带加上一层聚乙烯外护层组成。埋式光缆还增加铠装层。层绞式光缆中容纳的光纤数量多，光缆中光纤余长易控制；光缆的机械、环境性能好，适用于直埋、管道和架空。层绞式光缆结构的缺点是光缆结构、工艺设备较复杂，生产工艺环节繁琐，材料消耗多。

（二）束管式结构光缆

中心束管式光缆是由一根二次光纤松套管或螺旋形光纤松套管，无绞合直接放在缆的中心位置，纵包阻水带和双面涂塑钢（铝）带，两根平行加强圆磷化碳钢丝或玻璃钢圆棒位于聚乙烯护层中组成的。按照松套管中放入的是分离光纤、光纤束还是光纤带，中心束管式光缆分为分离光纤的中心束管式光缆、光纤带中心束管式光缆等。

中心束管式光缆结构简单、制造工艺简捷；对光纤的保护优于其他结构的光缆，耐侧压，因而提高了网络传输的稳定性；光缆截面小，重量轻，特别适宜架空敷设；在束管中，光纤数量灵活。缺点是光缆中的光纤数量不宜过多（分离光纤为12芯、光纤束为36芯、光纤带为216芯），光缆中光纤余长不易控制，成品光缆中松套管会出现后缩等。

（三）骨架式结构光缆

骨架式光缆在我国仅限于干式光纤带光缆，即将光纤带以矩阵形式置于U形螺旋骨架槽中，阻水带以绕包方式缠绕在骨架上，阻水带外再纵包双面覆塑钢带，钢带外再挤上聚乙烯外护层。

骨架式光缆对光纤具有良好的保护性能，侧压强度好；结构紧凑、缆径小，适用于管道布放；光纤密度大，可上千芯至数千芯；施工接续中无需清除阻水油膏，接续效率高。缺点是制造设备复杂、工艺环节多、生产技术难度大。

（四）接入网用蝶形引入光缆

蝶形引入光缆又称作皮线光缆、皮纤，光缆中的光纤数一般为1芯、2芯或4芯，也可以是用户要求的其他芯数。常用的光纤类别有以下3种：

1．B1.1—非色散位移单模光纤；

2．B1.3—波长段扩展的非色散位移单模光纤；

3．B6—弯曲损耗不敏感单模光纤。

在光缆中对称放置两根相同的加强构件作为加强芯。加强构件可以是金属材料，也可以是非金属材料。护套材料一般采用低烟无卤阻燃聚烯烃材料或聚氯乙烯材料。光缆的标准制造长度一般为500m、1000m及2000m，订货长度可协商确定。

蝶形引入光缆主要用于光缆线路的入户引入段，即光纤到户（FTTH，Fiber To The Home）、光纤到办公室（FTTO，Fiber To The Office）和光纤到楼宇（FTTB，Fiber To The Building）等。住宅用户接入蝶形引入光缆宜选用单芯缆；商务用户接入蝶形引入光缆可按2～4芯缆设计。

三、光缆的型号

光缆的种类较多，作为产品，它有具体的型号和规格。在《光缆型号命名方法》YD/T 908—2011中规定，光缆型号由型式、规格和特殊性能标识组成。

（一）光缆型号组成格式

光缆型号由型式代号、规格代号和特殊性能标识组成，特殊性能标识可缺省，三部分之间空一个格，如图1L411062-1所示。

（二）光缆型号的组成内容、代号及意义

1．光缆的型式

型式由5个部分构成，各部分均用代号表示，如图1L411062-2所示。其中结构特征指缆芯结构和光缆派生结构。光缆型式代号的含义见表1L411062-1。

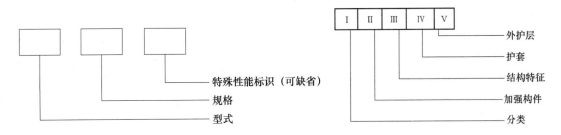

图1L411062-1　光缆型号　　　　　　　　　图1L411062-2　光缆型式的构成

光缆型式代号　　　　　　　　　　　　　　**表1L411062-1**

分类	加强构件	结构特征	护套	外护层
室外型: 　GY—通信用室（野）外光缆 　GYW—通信用微型室外光缆 　GYC—通信用气吹布放微型室外光缆 　GYL—通信用室外路面微槽敷设光缆 　GYP—通信用室外防鼠啮排水管道光缆 **室内型:** 　GJ—通信用室（局）内光缆 　GJC—通信用气吹布放微型室内光缆 　GJX—通信用室内蝶形引入光缆 **室内外型:** 　GJY—通信用室内外光缆 　GJYX—通信用室内外蝶形引入光缆 **其他类型:** 　GH—通信用海底光缆 　GM—通信用移动式光缆 　GS—通信用设备光缆 　GT—通信用特殊光缆	（无符号）—金属加强构件 F—非金属加强构件	**缆芯光纤结构:** 　（无符号）—分立式光纤结构 　D—光纤带结构 **二次被覆结构:** 　（无符号）—光纤松套被覆结构或无被覆结构 　J—光纤紧套被覆结构 　S—光纤束结构 **松套管材料:** 　（无符号）—塑料松套管或无松套管 　M—金属松套管 **缆芯结构:** 　（无符号）—层绞结构 　G—骨架结构 　X—中心管结构 **阻水结构特征:** 　（无符号）—全干式或半干式 　T—填充式 **承载结构:** 　（无符号）—非自承式结构 　C—自承式结构 **吊线材料:** 　（无符号）—金属加强吊线或无吊线 　F—非金属加强吊线 **截面形状:** 　（无符号）—圆形 　8—"8"字形状 　B—扁平形状 　E—椭圆形状	**护套阻燃代号:** 　（无符号）—非阻燃材料护套 　Z—阻燃材料护套 **护套材料和结构代号:** 　Y—聚乙烯护套 　V—聚氯乙烯护套 　U—聚氨酯护套 　H—低烟无卤护套 　A—铝—聚乙烯粘接护套（简称A护套） 　S—钢—聚乙烯粘接护套（简称S护套） 　F—非金属纤维增强—聚乙烯粘接护套（简称F护套） 　W—夹带平行钢丝的钢—聚乙烯粘接护套（简称W护套） 　L—铝护套 　G—钢护套 注: V、U和H护套具有阻燃特性，不必在前面加Z	见表1L411062-2和表1L411062-3

2. 外护层的代号

当有外护层时，它可包括垫层、铠装层和外被层的某些部分和全部，其代号用两组数字表示（垫层不需要表示）：第一组表示铠装层，它可以是一位或两位数字，见表

1L411062-2；第二组表示外被层，它应是一位数字，见表1L411062-3。

铠装层   表1L411062-2

代号	含义	代号	含义
0或（无符号）	无铠装层	4	单粗圆钢丝
1	钢管	44	双粗圆钢丝
2	绕包双钢带	5	皱纹钢带
3	单细圆钢丝	6	非金属丝
33	双细圆钢丝	7	非金属丝

外被层   表1L411062-3

代号	含义	代号	含义
0	无外被层	4	聚乙烯套加覆尼龙套
1	纤维外被	5	聚乙烯保护管
2	聚氯乙烯套	6	阻燃聚乙烯套
3	聚乙烯套	7	尼龙套加覆聚乙烯套

3. 规格

光缆的规格是由光纤、通信线、馈电线的有关规格组成的，通信线和馈电线可以全部或部分缺省。规格组成的格式见图1L411062-3。

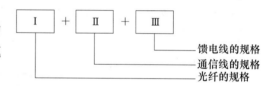

图1L411062-3 光缆规格的构成

光纤规格由光纤数和光纤类别组成。如果同一根光缆中含有两种和两种以上规格（光纤数和类别）的光纤时，中间应用"+"号联结。

通信线的规格构成应符合《铜芯聚烯烃绝缘铝塑综合护套市内通信电缆》YD/T322—2013中表3的规定。

示例：2×2×0.4，表示2对标称直径为0.4mm的通信线对。

馈电线的规格构成应符合《通信电源用阻燃耐火软电缆》YD/T1173—2016中表3的规定。

示例：2×1.5，表示2根标称截面积为1.5mm²的馈电线。

（1）光纤数的代号

光纤数的代号用光缆中同类别光纤的实际有效数目的数字表示。

（2）光纤类别的代号

光纤类别采用光纤产品的分类代号表示，按IEC等标准规定，用大写A表示多模光纤，用大写B表示单模光纤，再以数字和小写字母表示不同种类型光纤。多模光纤代号见表1L411061-1，单模光纤代号见表1L411061-2。

（三）光缆型号实例

例1：非金属加强构件、松套层绞填充式、铝—聚乙烯粘接护套、皱纹钢带铠装、聚乙烯护套通信用室外光缆，包含12根B1.3类单模光纤、2对标称直径为0.4mm的通信线和4根标称截面积为1.5mm²的馈电线。

其型号应表示为：GYFTA53 12B1.3+2×2×0.4+4×1.5。

例2：非金属加强构件、光纤带骨架全干式、聚乙烯护套、非金属丝铠装、聚乙烯套通信用室外光缆，包含144根B1.3类单模光纤。

其型号应表示为：GYFDGY63 144B1.3。

例3：金属加强构件、松套层绞填充式、铝—聚乙烯粘接护套通信用室外光缆，包含12根B1.3类单模光纤和6根B4类单模光纤。

其型号应表示为：GYTA 12B1.3+6B4。

1L411063　通信电缆的分类及特点

一、通信电缆的种类

通信电缆可按敷设和运行条件、传输的频谱、电缆芯线结构、绝缘结构以及护层类型等几个方面来分类。按敷设方式和运行条件可分为架空电缆、直埋电缆、管道电缆和水底电缆；按传输频谱可分为低频电缆、高频电缆；按电缆芯线结构可分为对称电缆和不对称电缆；按电缆的绝缘材料和绝缘结构可分为实心聚乙烯电缆、泡沫聚乙烯电缆、泡沫实心皮聚乙烯绝缘电缆、聚乙烯垫片绝缘电缆；按电缆护层的种类可分为塑套电缆、钢丝钢带铠装电缆、组合护套电缆。

二、全色谱全塑电缆的型号及规格

（一）市话全塑电缆的型号及规格

1. 全塑电缆型号

为了区别不同电缆的结构和用途，通常按电缆用途、芯线结构、导线材料、绝缘材料，护套材料以及外护层材料等的不同，分别以不同的汉语拼音字母及数字表示，称为电缆的型号。一般常用的全塑电缆型号中排列的位置如图1L411063-1所示，各字母及数字所代表的意义如表1L411063-1所示。

图1L411063-1　电缆型号组成格式

电缆型号中各代号的意义　　表1L411063-1

分类代号	导体代号	绝缘层代号	内护层	特征	外护层	派生
H（市话电缆） HP（配线电缆） HJ（局用电缆）	T（铜，一般省略） L（铝）	Y（实心聚烯烃绝缘） YF（泡沫聚烯烃绝缘） YP（泡沫/实心聚烯烃绝缘）	A（涂塑铝带粘结屏蔽聚乙烯护套） S（铝、钢双层金属带屏蔽聚乙烯护套） V（聚氯乙烯护套）	T（石油填充） G（高频隔离） C（自承式）	23（双层防腐钢带绕包铠装聚乙烯外被层） 33（单层细钢丝铠装聚乙烯外被层） 43（单层粗钢丝铠装聚乙烯外被层） 53（单层钢带皱纹纵包铠装聚乙烯外被层） 553（双层钢带皱纹纵包铠装聚乙烯外被层）	

2. 常用全塑电缆规格代号的意义

一般常用全塑电缆规格代号排在电缆型号的后面，常用数字表示。

对于星绞式电缆，其排列顺序为：星绞组数×每组心线数×导线直径（mm），如50×4×0.5—100对电缆。

对于对绞式电缆，其排列顺序为：心线对数×每对心线数×导线直径（mm），如100×2×0.5—100对电缆。

3. 电缆型号实例

例1：广泛用于架空、管道、墙壁的典型型号为HYA、HYFA、HYPA三大类。

如HYFA—400×2×0.5型号的电缆的读法是400对线径为0.5mm的铜芯线，泡沫聚烯烃绝缘涂塑铝带粘结屏蔽聚乙烯护套市话电缆。

例2：在本地网中大多使用石油膏填充的全塑电缆，主要用于无需进行充气维护或对防水性能要求较高的场合。主要型号为：HYAT、HYFAT、HYPAT、HYAGT以及与以上相匹配的铠装电缆。

如HYAGT—600×2×0.4电缆的读法是：600对线径为0.4mm的铜芯线，实心聚烯烃绝缘涂塑铝带粘结屏蔽聚乙烯护套石油填充高频隔离市话电缆。

（二）全色谱全塑双绞通信电缆的结构

凡是电缆的芯线绝缘层、缆心包带层和护套，均采用高分子聚合物塑料制成的，就称为全塑电缆。全塑市话电缆属于宽频对称电缆，广泛用于传送语音、电报和数据等业务电信号。

1. 全色谱双绞通信电缆的芯线由纯电解铜制成，一般为软铜线。其部颁标称线径有：0.32mm、0.4mm、0.5mm、0.6mm、0.8mm五种。此外，曾出现过0.63mm、0.65mm、0.7mm、0.9mm的线径，现已逐步减少。

2. 芯线的绝缘材料有高密度聚乙烯、聚丙烯、乙烯—丙烯共聚物等高分子聚合物塑料（聚烯烃塑料），芯线的绝缘形式分为：实心绝缘、泡沫绝缘、泡沫/实心皮绝缘。

3. 绝缘后的芯线采用对绞形式进行扭绞，即由a、b两线构成一对。线组内绝缘芯线的色谱分为普通色谱和全色谱两种。普通色谱：标志线对为蓝/白，其他线对为红/白，这种电缆现在已使用不多。全色谱：由十种颜色两两组合成25个组合（即一个基本单元U），a线颜色为白、红、黑、黄、紫；b线颜色为蓝、橙、绿、棕、灰。在一个基本单元U中，全色谱线对编号见表1L411063-2。

全色谱线对编号与色谱　　　　表1L411063-2

线对序号	颜色		线对序号	颜色		线对序号	颜色		线对序号	颜色		线对序号	颜色	
	a	b		a	b		a	b		a	b		a	b
1	白	蓝	6	红	蓝	11	黑	蓝	16	黄	蓝	21	紫	蓝
2		橙	7		橙	12		橙	17		橙	22		橙
3		绿	8		绿	13		绿	18		绿	23		绿
4		棕	9		棕	14		棕	19		棕	24		棕
5		灰	10		灰	15		灰	20		灰	25		灰

4. 全塑电缆由线对按缆芯形成原则组合而成。缆芯有同心式缆芯和单位式缆芯。当

缆芯的层数较多时，同芯式缆芯的成缆不方便，故同芯式缆芯只用于部分小对数（50对以下）的全塑电缆。大于100对的电缆的缆芯都采用单位式缆芯，即以25对为基本单元，超过25对的电缆基本单元按一定的原则组合成S单元（超单元1是指50对为一个S单元）或SD单元（超单元2是指100对为一个SD单元）。基本单元、S单元、SD单元都用规定颜色的扎带捆扎，然后按缆芯的成缆原则成缆。100对以上的电缆加有预备线对（用SP表示），预备线对的数量一般为标称对数的1%，但最多不超6对。预备线对的序号与色谱见表1L411063-3。

全色谱单位式市话电缆预备线对序号与色谱　　表1L411063-3

预备线对序号	颜色		预备线对序号	颜色	
	a线	b线		a线	b线
SP1	白	红	SP4	白	紫
SP2	白	黑	SP5	红	黄
SP3	白	黄	SP6	红	黑

5．在全塑电缆的缆芯之外，重叠包覆非吸湿性的电介质材料带（如聚乙烯或聚酯薄膜带等），以保证缆芯结构的稳定和改善电气、机械、物理等性能。

6．屏蔽层的主要作用是防止外界电磁场的干扰。全塑电缆的金属屏蔽层介于塑料护套和缆芯包带之间。其结构有纵包和绕包两种。屏蔽层类型有裸铝带、双面涂塑铝带、铜带（较少使用）、钢包不锈钢带、高强度硬性钢带、裸铝—裸钢双层金属带、双面涂塑铝—裸钢双层金属带七种。其中裸铝带、双面涂塑铝带两种是本地网中用得最多的屏蔽层类型，其他类型均用于一些特殊场合。

全塑电缆的护套在屏蔽层外面。护套有单层护套、双层护套、综合护套、粘接护套（层）、特殊护套（层）五大类型。

（三）自承式电缆的结构

自承式全塑电缆（HYAC、HYPAC）有同心式结构和葫芦形结构两种，常用的HYAC型自承式全塑电缆为葫芦形结构。HYAGC型自承式全塑电缆，是专为高频隔离用的PCM电缆。

1．导线是退火裸铜线，直径分别为0.32mm、0.4mm、0.5mm、0.6mm、0.7mm、0.8mm、0.9mm；按照全色谱标准标明绝缘线的颜色，并把单根绝缘线按不同节距扭绞成对，以最大限度地减少串音，同时还采用规定的色谱组合，以便识别线对。

2．缆芯结构以25对为基本位，超过25对的电缆按单元组合，每个单元用规定色谱的单元扎带包扎，以便识别不同单元。100对以上的电缆加有1%的预备线对。

3．屏蔽层采用轧纹金属带纵包于缆芯包带的外面并两边搭接牢固。屏蔽层的金属带表面涂敷塑料薄膜，便于与护套粘接，以防止屏蔽层受到腐蚀。

4．护套为黑色低密度聚乙烯，可根据需要采用双护套。

5．吊线为7股钢绞线，标称直径为6.3mm和4.75mm两种，其抗张强度应符合《镀锌钢绞线》YB/T 5004—2012的规定，吊线用热塑材料涂敷，以防钢丝锈蚀。

三、双屏蔽数字同轴电缆

（一）双屏蔽数字同轴电缆型号示例

双屏蔽数字同轴电缆SZYV-75-x-2的型号示意如图1L411063-2所示。

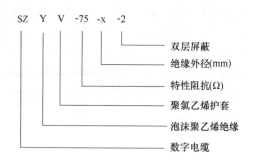

图1L411063-2　双屏蔽数字同轴
电缆型号组成图

（二）技术要求：

电缆的安装敷设温度为-5～+50℃，储存和工作温度为-30～+70℃。电缆安装与运行的最小弯曲半径为电缆最大外径的7.5倍。

在同轴电缆的中心部位有一铜导体，塑料层提供中心导体和网状金属屏蔽之间的绝缘。金属屏蔽帮助阻挡来自荧光灯、电机和其他计算机的任何外部干扰。尽管同轴电缆安装比较困难，但它具有很高的抗信号干扰能力，它所支持的网络设备之间的电缆长度比双绞线电缆长。

四、双绞电缆的结构、分类和特性

在通信传输工程、核心网工程、IDC工程、综合布线工程中经常采用双绞电缆作为数据传送介质，双绞电缆在信息通信工程中已被广泛使用。不同的传输速率，要求使用不同型号的双绞电缆。

双绞电缆的内部由多对22～26号的绝缘铜导线按一定的扭绞长度扭绞在一起，线径一般在0.50～0.59mm之间，通信工程中常用的双绞电缆主要是由4对双绞线组成，双绞电缆线对编号及色谱如表1L411063-4所示，不同的线对具有不同的扭绞长度，扭绞长度一般在38.1～140mm以内，扭绞长度越短，抗干扰能力越强。两根芯线紧密扭绞在一起，除了可以降低外界信号对线路的干扰以及自身信号的对外干扰以外，还可以提高芯线之间的抗干扰能力，增加线缆的柔韧性。在通信信号的传输距离、信道宽度和数据传输速度等方面，双绞电缆的使用受到一定的限制。

双绞电缆4对双绞线线对编号及色谱　　　　　　　　　　　　表1L411063-4

线对序号	色谱	线对序号	色谱
1	白/蓝//蓝	3	白/绿//绿
2	白/橙//橙	4	白/棕//棕

双绞电缆的特性阻抗有100Ω、120Ω和150Ω等几类。双绞电缆的标注方式为CAT X，改进型双绞电缆的标注方式为CAT Xe，如五类双绞电缆的标注方式为CAT 5，超五类双绞电缆的标注方式为CAT 5e。目前常用的双绞电缆主要有五类/e级、六类/A级，根据工程需要，已新研发出了七类双绞电缆，并已投入使用。

根据是否有屏蔽层，双绞电缆可以分为屏蔽双绞电缆和非屏蔽双绞电缆两种，如CAT 5、CAT 5e、CAT 6分为屏蔽双绞线电缆和非屏蔽双绞线电缆两类，CAT 7只有屏蔽双绞线电缆一种。双绞电缆的屏蔽层是在电缆的外层外包铝层，可减少辐射，防止信息被窃听，还可以阻止外部电磁干扰的进入，使屏蔽双绞线比同类的非屏蔽双绞线具有更高的传输速率。要使屏蔽层具备这些功能，就需要做好屏蔽层的接地工作。虽然如此，非屏蔽双绞线电缆也有其自身的一些优点，如：

（1）缆的直径小，节省所占用的空间，成本低；

（2）重量轻，易弯曲，易安装；

（3）可以将串扰减至最小或加以消除。

五类、六类、七类双绞电缆的结构特点、传输特性和用途等如下：

（一）五类双绞电缆（CAT 5）

CAT 5电缆分为屏蔽双绞电缆和非屏蔽双绞电缆两种。该类电缆通常采用24号（线径为0.511mm）的实心裸铜导体，外套一种高质量的绝缘材质（氟化乙烯），增加了绕线密度，线缆的最高频率带宽为100MHz，最高传输速率为100Mbps，用于语音传输和最高传输速率为100Mbps的数据传输，主要用于100BASE-T和1000BASE-T网络，最大网段长度为100m。

CAT 5电缆的最大衰减值（dB/100m）随传输信号频率的增高而增大，近端串音衰减值（dB）随传输信号频率的增高而减小。

（二）超五类双绞电缆（CAT 5e）

CAT 5e电缆也有屏蔽双绞电缆和非屏蔽双绞电缆两种。CAT 5e电缆可以提供100MHz的带宽，目前常用于快速以太网及千兆（1Gbit/s）以太网中。

CAT 5e电缆与CAT 5电缆相比，它的近端串音、衰减串扰比和回波损耗等指标都有很大的提高。该种电缆能够满足大多数应用的要求，并且满足低综合近端串扰的要求，有足够的性能余量，给安装和测试带来方便。在100MHz的频率下运行时，为应用系统提供8dB近端串扰的余量，应用系统设备受到的干扰只有CAT 5电缆的1/4，使应用系统具有更强的独立性和可靠性。

（三）六类双绞电缆（CAT 6）

CAT 6电缆中间有绝缘的十字骨架，电缆中的四对双绞线分别置于十字骨架的四个凹槽内；CAT 6电缆中，每对线的绞合程度要高于五类线，线径一般在0.55~0.58mm。CAT 6电缆与CAT 5电缆一样，也分为屏蔽双绞电缆和非屏蔽双绞电缆两种。

CAT 6电缆的传输频率为1~250MHz，在200MHz时综合衰减串扰比（PS-ACR）有较大的余量，它提供2倍于CAT 5e电缆的带宽。CAT 6电缆的传输性能远远高于超五类标准，最适用于传输速率高于1Gbps的应用。

CAT 6电缆与CAT 5e电缆的一个重要的不同点在于：改善了在串扰以及回波损耗方面的性能，对于新一代全双工的高速网络应用而言，优良的回波损耗性能是极重要的。六类标准中取消了基本链路模型，布线标准采用星形的拓扑结构，要求的布线距离为：永久链路的长度不能超过90m，信道长度不能超过100m。CAT 6电缆主要应用于百兆位快速以太网和千兆位以太网中，被广泛应用于服务器机房布线，以及保留升级至千兆以太网能力的水平布线中。

（四）超六类双绞电缆（CAT 6A）

目前使用较多的超六类双绞电缆主要是CAT 6A电缆，其传输带宽介于六类和七类之间，传输频率为500MHz，传输速度为10Gbps，标准外径为6mm。CAT 6A电缆在串扰、衰减和信噪比等方面有较大的改善。

（五）七类双绞线电缆（CAT 7）

CAT 7电缆是一种独立屏蔽层双绞线电缆，每一对线都有一个铝箔屏蔽层，四对带有屏蔽层的双绞线组合在一起，外面再套有一个公共的金属编织的屏蔽层。这种双绞线电缆的屏蔽方式称作独立屏蔽双绞线，其缆径较粗，布线难度较高，价格要比CAT 5电缆和CAT 5e电缆贵很多。

CAT 7电缆可以提供至少500MHz的综合衰减串扰比和600MHz的整体带宽，是CAT 6电缆的2倍以上，传输速度可达10Gbps，支持10GBASE-T以太网，适用于高速网络应用，可以提供高度保密的传输，支持未来的新型应用。

1L411070　广播电视系统

1L411071　广播电视技术基础

一、广播电视的基本概念

广播有两层含义，一层是泛指通过无线和有线方式向覆盖区内数量不受限制的听众或观众传送声音或电视节目的过程，如声音广播、电视广播和数据广播等，另一层是特指电视节目广播和声音节目广播，本书所提的"广播"均指声音节目广播。

广播电视是一种大众传播媒介，利用广播电视地面传输系统、广播电视卫星传输系统和有线广播电视传输系统等不同方式，提供声音、图像和数据的广播服务或交互式服务，具有形象化、及时性、广泛性及交互性的特点。

二、声音广播基础知识

声音广播首先对声音进行声—电转换与处理，再将音频信号调制后以地面、卫星和有线广播方式传送给听众接收。

模拟地面声音广播方式是将音频信号传送到广播发射机，通过调频或调幅方式将音频信号承载在电信号上，放大后经天馈线送到发射天线，向外发射无线电波。

数字音频地面广播是将传送的模拟声音信号经过脉冲编码调制（PCM）转换成二进制数代表的数字信号，然后进行音频信号的处理、压缩、传输、调制、放大、发射，以数字技术为手段，传送高质量的声音节目。所涉及的处理包括信源编码、信道编码、传输、调制和发射，以及接收的相反处理过程。其数字处理的系统，包括数字音频压缩编码、信道纠错编码、数字多路复用和传输的调制解调，如图1L411071所示。

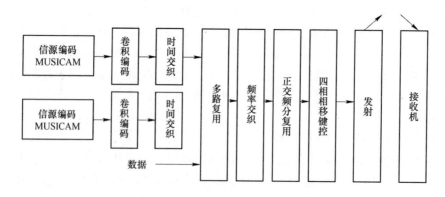

图1L411071　数字音频广播系统框图

三、电视广播基础知识

（一）电视基础知识

电视的基本工作原理是：在发送端，用电视摄像机拍摄外界景物，经过摄像器件的光电转换作用，将景物内容的亮度和色度信息按一定规律变换成相应的电信号，做适当处理后通过无线电波、卫星或有线信道传输出去；在接收端，用电视接收机接收电视信号，经相反处理通过显示装置的电光转换后，将电视信号按对应的空间关系转换成相应的景物画面，在屏幕上重现原始景物的彩色画面。

彩色三要素指的是彩色光的亮度、色调和饱和度，亮度是指彩色光作用于人眼而引起的视觉上的明亮程度，色调是指彩色的颜色类别，饱和度是指彩色的深浅和浓淡程度。

电视三基色指的是电视系统中实际应用的红、绿、蓝基色光，电视显示装置中采用的红、绿、蓝三色光源或发光材料，可称为显像三基色。

彩色电视的传输就是在摄像端将彩色光学图像进行分解并转换成三基色电信号，三基色电信号按特定的方式编码成一路彩色全电视信号，经传输通道传送到接收端，接收机将彩色全电视信号解码恢复成三基色电信号，并利用混色法在显示屏上重现出原始的光学彩色图像。光电转换（摄像）是利用摄像管或CCD器件，电光转换（显像）是利用CRT（阴极射线管）、LCD（液晶显示器）和PDP（等离子显示板）等器件。

（二）模拟电视基础

模拟电视图像传输普遍采用隔行扫描方式，即把一帧图像分成两场：第1场传送奇数行，称奇数场；第2场传送偶数行，在接收端再将两场组合起来。我国电视采用PAL制，图像帧扫描频率25Hz，场扫描频率为50Hz，行扫描频率为15625Hz，扫描光栅的宽高比为4：3。目前世界上存在的兼容制彩色电视制式有NTSC制、PAL制（逐行倒相制）和SECAM制三种。

（三）数字电视基础

1. 数字电视基本概念

数字电视是继黑白电视、彩色电视之后的第三代电视。是从电视画面和伴音的摄录开始，经过剪辑、合成、存储等制作环节，再经过传输，直到接收显示的全过程，全部实现数字化和数字处理的电视系统，即将模拟信号图像和伴音信号转变为数字信号并进行数字处理、存储、控制、传输和接收的系统。

2. 数字电视标准

数字电视标准体系包括系统类标准（演播室、信源编码和信道传输）、设备与接口类标准（发射机、接收机）、业务与应用类标准（业务信息、电子节目指南、数据广播等）以及其他标准（频率规划、监测），涵盖节目制作到发射播出的各个环节。信道传输标准是数字电视重要基础标准。信道传输标准主要包括卫星、有线和地面三种。目前有四种不同的地面数字电视传输国际标准，分别是美国的先进电视制式委员会ATSC标准、欧洲的数字视频广播DVB标准、日本的综合业务数字广播ISDB标准和我国的地面数字电视DTMB标准。

3. 数字电视分类

数字电视分为标准清晰度电视（SDTV）和高清晰度电视（HDTV）。我国的标准清晰度电视是指每秒25帧隔行扫描、每帧有效像素为720×576，宽高比为4：3的数字电视系统，图像质量与模拟电视系统相同。高清晰度电视指每秒25帧隔行扫描、每帧有效像素为1920×1080，宽高比为16：9的数字电视系统，图像质量接近35mm胶片的影像质量。

4. 数字电视优点

与模拟电视相比，数字电视具有以下优点：

（1）信号电平稳定可靠、抗干扰能力强、传输距离远、质量高。

（2）频谱利用率高。

（3）数字化设备相对于模拟设备而言体积小、重量轻、能耗低和工作可靠。

（4）易于实现条件接收，并能提供灵活多样的业务模式。

（5）灵活友好的人机界面，使设备操作、调试、维护更为简单，易于实现智能化。

1L411072　广播电视系统组成

一、广播电视系统基本组成

广播电视系统的基本组成如图1L411072-1所示。

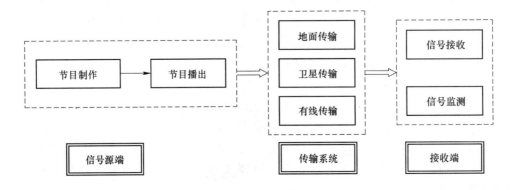

图1L411072-1　广播电视系统组成

广播电视技术系统由节目制作、节目播出、节目传输、节目信号发射和节目信号监测与接收五个环节构成。节目制作是广播电视技术系统的第一个环节，通过采访和录制，获取声音和图像素材，再通过编辑和合成成为可供播出的广播电视节目。节目播出是广播电视技术系统的第二个环节，是传播广播电视节目通道的起点，播出方式有录播、直播和转播三种。将节目信号经过主控设备，根据需要将一套或几套节目组合在一起，通过音频电缆、视频电缆光缆和微波设备等，送往广播电视发射台、卫星地面接收站和微波干线上的中继站、枢纽站和终端站。节目传输是广播电视技术系统的第三个环节，有地面无线、电缆光缆有线和卫星三种传输方式。节目信号发射是广播电视技术系统的第四个环节，把广播电视节目信号调制在广播电视发射机的载波上，通过馈线送往天线向空中辐射出去。节目信号监测与接收是广播电视技术系统的第五个环节，信号监测部门利用广播电视接收设备和测试设备，监听、监视和监测广播电视信号的质量，信号接收是用户终端用不同的接收设备显示传送的广播电视节目，有集体接收和个体接收。

二、广播电视系统的分类

按广播电视系统的组成和功能进行分类，广播电视系统可分为广播电视中心、广播电视发射系统、广播电视有线传输系统、广播电视卫星传输系统和广播电视监测系统五大类。

广播电视中心：广播电视中心主要包括节目制作和节目播出，是整个广播电视系统的信号源部分，主要作用是利用必要的广播电视设备及技术手段，制作出符合标准的电视节目信号，并按一定的时间顺序（节目表）将其播出。

广播电视发射系统：利用架设在发射塔上的天线将不同波段的广播电视信号辐射到四面八方，用户利用接收天线收看广播电视节目。

广播电视有线传输系统：利用同轴电缆、光纤或混合光纤同轴电缆（HFC）以闭路传输方式把数字电视信号传送给千家万户。

广播电视卫星传输系统：利用地球同步卫星上的转发器，将地球上行站发射的数字电视信号转发回地球。下行传输是指从同步卫星向地面接收端传输，上行传输是指从地球站向同步卫星传输。

广播电视监测系统：可以核查广播电视覆盖情况，了解各类播出系统是否按批准的技术参数播出，监测空中无线电波秩序，通过客观测量和主观评价，如实反映广播电视节目播出质量和效果。

三、模拟广播电视系统

一个全模拟信号的广播电视系统，可归纳由信源、变换器、信道、反变换器和接收终端组成。信源是产生和输出广播电视信号（如声音和图像）的设备，信号的最后归宿是接收终端或信宿，如收音机和电视接收机；变换器是把信源发出的信号进行加工处理，变成适合在信道上传输的信号，广播电视发射机和天线、卫星转发器、有线电视系统的调制器等均属于变换器；反变换器是把信道送来的广播电视信号按相反过程变换恢复成原始信号，供终端接收。

在模拟广播电视系统中，传送的声音和图像信号都是在幅度和时间上连续变化的模拟信号，通过信道时，基本组成和结构不变，信道利用率低，抗干扰能力差，混入的噪声干扰不可消除，不易实现大规模集成。

四、数字广播电视系统

（一）系统基本模式

全数字信号的广播电视系统基本模式如图1L411072-2所示，主要由信源、编码器、调制器、信道、解调器、解码器、同步单元和接收终端组成。

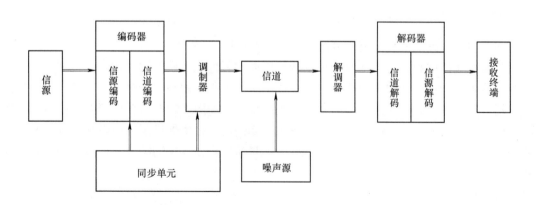

图1L411072-2　数字广播电视系统基本模式

信源、信道和接收终端与模拟系统的功能基本相同，编码器和调制器（有时含多路复用）组合在一起与模拟系统的变换器类同，解码器和解调器（有时含解复用）组合与反变换类同，但变换原理和对象完全不同。

编码器的作用是将信源发出的模拟信号转换成有规律的、适应信道传输的数字信号，解码器的功能与之相反，是把代表一定节目信息的数字信号还原为原始的模拟信号，它们都包括两部分：信源编码、信道编码和信道解码、信源解码。信道编码是一种代码变换，主要解决数字信号传输的可靠性问题，又称抗干扰编码。调制器的作用是把二进制脉冲变换或调制成适合在信道上传输的波形，解调是调制的逆过程，从已调制信号中恢复出原数字信号送解码器进行解码。同步单元是使数字系统的收、发两端有统一的时间标准。噪声源是一个等效概念，研究信号在传输中的衰减和畸变。最终如何在受干扰的信号中恢复原信号。

（二）数字电视系统组成

图1L411072-3是数字电视系统组成图。

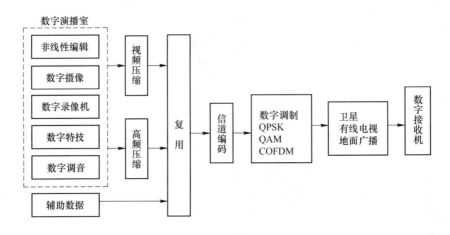

图1L411072-3 数字电视系统组成

数字演播室将信号进行信源编码和视音频压缩，经过复用后形成一个单一的数据流，利用数据流信号调制发射信号，再经过卫星、有线或地面的传输，最后到终端显示设备。

1L411073 广播电视技术发展趋势

一、数字音频广播和高清晰度电视

数字音频广播和高清晰度电视是继调频广播和彩色电视后的第三代广播电视，是广播电视发展史上的一个新的里程碑。特别是数字压缩编码技术与视音频技术的结合，一方面是广播电视以崭新的面貌出现，从根本上提高了声音和图像的质量，使消费者获得全新的视听感受，另一方面，广播电视的本质正在改变，数字技术促进了广播电视、通信和计算机网络技术的汇聚和融合，促进了视音频产品与通信和计算机的结合，形成了一系列交互式的多媒体产品。

1. 数字音频广播

数字广播包含数字音频广播、数字多媒体广播、数字调幅广播、卫星数字声音广播等方面。从技术角度出发，目前国际上的数字广播主流应用已有三种标准：DAB（数字音频广播）、HD Radio 和DRM。如果将模拟调幅和模拟调频广播看成是第一代和第二代广播技术，那么数字音频广播可看作是第三代广播技术。不仅如此，DAB还适合利用7英寸以下屏幕的手持终端收看的视频节目，以及包括多种实时信息在内的文字、图像数据传输。数字音频技术在广播电视工程中的应用包括：数字调音台；音频嵌入技术；云端存储。数字音频广播有以下优点：

（1）高质量的声音信号，可达到CD质量的水平。

（2）对多径传输抗干扰能力强，可保证高速移动状态下的接收质量。

（3）发射功率小，覆盖面积大，频谱利用率高，降低频带带宽。

（4）可附加传送数据业务。

2. 高清晰度电视

国际电联（ITU-R）定义高清晰度电视（HDTV）为：观看者在距图像显示屏高度的三倍距离处所看到的图像质量，应达到或接近观看原始场景的感觉，亦即高清晰度电视的图像质量应相当于35mm胶片的质量。高清晰度电视有以下特点：

（1）图像清晰度高，垂直分解力增加一倍，每帧扫描行数1000行以上。

（2）音频质量高，可支持4.1声道或5.1声道的数字环绕节目源。

（3）抗干扰能力强，不受干扰、增益、相位错误和串音的影响。

（4）传输码率高，10bit量化时，未压缩的HDTV信号码率为1485Mbps。

（5）信号监视和分析的设备复杂。

3. 超高清晰度电视

UHDTV是（UltraHigh Definition Television）的简写，代表"超高清电视"，是HDTV的下一代技术。2014年5月，国际电信联盟（ITU）发布了"超高清电视UHDTV"（或"Ultra HDTV"）标准的建议，将屏幕的物理分辨率达到3840×2160（4K×2K）及以上的电视称之为超高清电视。根据国际电联的定义，超高清晰度电视（UHDTV）是一种超过HDTV，从水平和垂直方向提供更大视野，为观众提供更好视觉体验的电视图像系统。超高清晰度电视有以下技术特征：

（1）高分辨率，支持3840×2160（4K）和7680×4320（8K）两种分辨率，具有更好的大屏幕体验。

（2）高动态范围和宽色域，支持更宽的亮度明暗范围和更广的显示色域，可带来更艳丽完美的展现。

（3）高帧率，采用逐行扫描，帧率最高可达到100P或120P，提供更好的动感呈现。

（4）高量化深度，10bit量化和12bit量化，可让画面更加细腻。

（5）高质量音频，支持基于声道、基于对象和基于场景编码的多声道音频系统。

二、广播电视的数字化

（一）广播电视中心的数字化

广播电视中心的数字化，是指以数字系统为基础建立制作和播出系统，将图像、声音和相关信息全部作为数据进行处理，如数字演播室、数字摄录编辑设备、虚拟演播室、电脑动画、数字切换台、非线性编辑网、视频服务器、音频工作站、硬盘播出新闻节目制播网和媒体资产管理系统等，逐步应用到节目制作和播出领域，使得广播电视节目的制作和播出产生根本性的变化。广播电视台在基本实现数字化后，节目制播向高清化推进，4K超高清电视节目制播也将进入试验阶段。

（二）传输系统的数字化

从数字卫星和数字有线电视切入，实现有线电视网络向数字化的全面整体转换。发射具有抗干扰能力的直播卫星，解决边远地区节目收看问题。开展地面数字广播电视传输，如地面数字电视和数字声音广播。

广播电视媒体的形态正在从传统的模拟形式向全面数字化转化，目前数字声音广播标准、地面数字电视传输标准、移动多媒体广播标准、卫星电视传输标准和有线电视传输标准均已确定，广播电视传输覆盖正向数字化、网络化全面推进，有线广播电视网络数字化、网络化成效显著，无线广播电视覆盖进入数字化推进期，直播卫星户户通快速发展，形成了有线、无线、卫星互为补充的广播电视传输覆盖网络。

三、广播电视的网络化

（一）广播电视中心的网络化

广播电视中心的网络化，是指以现代信息技术和数字电视技术为基础，以计算机网络为核心，实现广播电视节目的采集、编辑、存储、播出交换及相关管理等功能。我国广播电视台网络化发展迅速，省级以上广播电视台已实现网络化制作播出，显著提升了节目制播质量和效率。

随着云计算、大数据等新一代信息技术的快速发展和广泛应用，广播电视中心进入广播电视媒体与新媒体融合发展阶段，面向多种业务形态、服务平台、传输网络和用户终端等需求，创新广播电视融合媒体"采、编、播、存、用"制播流程，推进广播电视制播系统的IP化、云化，构建统一指挥调度、协同采编制作、共享存储管理、智能搜索分析等的融合媒体制播云平台及基于用户互动的制播大数据系统，推动各广播电视台制播云平台间的互联互通，构建全国性融合媒体制播云，融合媒体制播创新发展能力全面提升。

（二）传输系统的网络化

广播电视网可称广播电视传输覆盖网，包括中波短波广播、调频广播和地面电视广播的无线覆盖网，有线电视和有线广播组成的有线覆盖网，地球站、广播电视卫星、接收站组成的卫星覆盖网，随着网络和数字技术的发展，广播电视覆盖网正在成为具有大容量、宽频带、双向性和智能化特点的新兴网络体系。

全面实现全国有线电视网络的互联互通，加快光纤接入和同轴电缆接入的网络基础设施建设，提升有线网络的业务承载能力。逐步关闭地面模拟电视、地面数字电视向全数字化发展，数字音频广播技术进一步推进。直播卫星网络更加完善，业务承载能力进一步增强。推动有线、无线卫星融合一体化与互联网的融合发展，构建天地一体、互联互通、宽带交互、智能协同、可管可控的广电融合传输覆盖网。

四、发射设备的固态化和自动化

随着数字技术、计算机技术和新材料、新元器件的发展，广播电视发射机也适应于数字声音广播和数字电视的发展方向，不断更新换代，向着一大（大功率）、三高（高效率、高质量、高稳定）和三化（固态化、数字化、自动化）的方向发展，尤其发射机的固态化使得设备的效率和可靠性明显提高，还兼具经济、节能等优点，同时有利于推进发射台播出控制的自动化和智能化。

五、建立广播电视监测监管体系

广播电视监测监管是指依照有关法律、法规、政策和标准，经广播影视行政部门授权开展的广播电视技术监测、节目监管、视听新媒体监管、安全播出管理和信息安全管理等活动。建立以中央级、省级、地市级三级分工明确、智能协同的监测监管体系，建设涵盖无线监测、有线监测、卫星监测、视听新媒体监管、节目监管、安全播出和信息安全等多业务内容的技术监测监管系统，实现对广播电视技术质量、视听新媒体业务、广播电视播出机构和节目内容、广播电视安全播出等进行全方位监测监管。

六、广播电视新媒体

媒体融合是信息传输通道的多元化下的新作业模式，是把报纸、电视台、电台等传统媒体，与互联网、手机、手持智能终端等新兴媒体传播通道有效结合起来，资源共享，集中处理，衍生出不同形式的信息产品，然后通过不同的平台传播给受众。媒体融合是信息时代背景下一种媒介发展的理念，是在互联网的迅猛发展的基础上的传统媒体的有机整合，这种整合体现在两个方面：技术的融合和经营方式的融合。

1L411080　广播电视中心关键技术

1L411081　广播中心技术

一、技术用房声学指标

在闭合的空间里，当声源停止振动后，残余的声音会在室内来回反射，每次都会有一部分声音被吸收。当声能衰减到原值的百万分之一（即声能衰减60dB）所需的时间，称为混响时间。它的大小与房间容积、墙壁、地板和顶棚等材料的吸声系数有关。演播室或录音室的混响时间过长，会使声音含糊不清，但若混响时间太短，又会使人感到声音干涩沉闷，甚至使人感到说话费劲。因此，混响时间必须适中。

演播室或录音室的噪声包括室外噪声和室内噪声。室外噪声一般是通过固体或空气传入室内的，主要包括空气声和撞击声两种：空气声是指经过空气传播的噪声，如门缝、穿线孔和通风管道等透过的声音；撞击声是指在物体上撞击而引起的噪声，传播渠道主要是墙壁、楼板、门窗的振动等，脚步声是最常听到的撞击声。室内噪声主要是摄像机和人员移动，以及空调等设备所产生的噪声。

二、技术用房的声学要求

演播室和录音室是节目制作的重要场所，为满足不同节目的录制要求，必须进行特殊的声学处理：一是应有适当的混响时间，并且房间中的声音扩散均匀；二是应能隔绝外面的噪声。演播室或录音室的混响采用自然的长混响和强吸收的短混响。前者用于供大型交响乐团演奏的录音室，在制作节目时不需要另外加入工延时和混响，混响时间约1.5s以上；后者用于一般录音室，混响时间约0.2~0.8s，由于混响时间短，声音显得非常"干"，必须加入人工的混响，以获得较好的音色和不同的艺术效果。

控制室是利用调音控制台对演播室或录音室送来的节目信号进行放大、音量调整、平衡、音质修饰、混合、分路和特殊音频加工并监听，然后进行录音或送往主控制室播出的房间，通常演播室或录音室与相邻的控制室之间设有玻璃窗，以便工作人员彼此观察联系，控制室主要有调音台、录音设备、监听扬声器和音质处理设备等。控制室也要求有一定的空间和一定的混响时间，以便工作人员监听节目的音质。

三、技术用房的声学处理

改变墙壁、顶棚的吸声材料以及铺设地毯，可以调整演播室或录音室的混响时间。使用吸声材料时，要注意各个频段的吸声要均匀，颜色也以灰暗色无反光为宜，并要考虑材料的机械强度和防潮、防火等性能。

为降低演播室的噪声，在设计演播室时，尽量不在演播室房顶上设置设备人员出入频繁的房间，以避免脚步声、桌椅拖动声及墙壁、顶棚等受撞击或振动而将噪声传入室内。当达不到上述要求时，可在上层楼板上铺减振、吸声材料，如地毯加以解决。演播室或录音室也采取一定的隔声措施，一般应设在振动和噪声小的位置，墙壁、门、窗应做隔声处理，如墙体采用厚墙或双层墙，采用密封式的双层窗，录音室与控制室之间的观察窗应由不平行的三层玻璃制成，录音室入口采用特制的双层门，并留出$3m^2$以上的空间，即"声闸"。录音室顶棚与上一层楼板的地面之间，以及录音室地面与下一层楼板的顶棚之间，需要用弹性材料隔开，与其他房间的地基间不应有硬性连接，采取浮筑式结构，形成"房中房"，隔绝噪声和振动。同时，对录音室的通风、采暖和制冷也要采取措施，消除发出的噪声。

1L411082 电视中心技术

一、广播电视中心系统组成

广播电视中心由节目制作、节目资源管理、节目播出控制和信号发送子系统组成。如图1L411082-1所示。

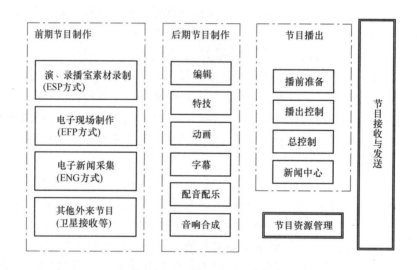

图1L411082-1 广播电视中心系统

广播电视中心承担广播电视节目的录制、编辑、调度、播出和传送等功能，包括节目制作和节目播控两大部分，前者是产生节目的发源地，是中心的主体，后者是节目交换、发送的总调度。中心的规模根据节目套数、节目性质、节目制作量和节目播出量而确定。主要由节目前期制作区、节目后期编辑加工区、新闻制作中心区、节目播出区、媒体资产管理系统和其他辅助用房等组成。

二、广播中心工艺

（一）广播中心概述

广播中心主要设录音室、控制室、复制室、效果配音室、审听室、播出控制室、播出机房和节目资料库等。

广播节目的制作可分为语言节目、文艺节目、多声道录音节目和现场实况转播节目等，需要通过前期素材采集、录音和后期的剪辑、编辑、复制等加工处理，最终形成完整的成品节目。

广播节目的播出是根据广播节目表的安排，按顺序进行编排，以直播、录播和转播等形式，按时播出各种节目，同时将节目信号通过电缆、光缆或微波传送到广播发射台，也可以通过卫星远距离传送到广播发射台。

（二）数字音频工作站

数字音频工作站是一个由计算机中央处理器、数字音频处理器、软件功能模块、音频外设和存储器等部分所构成的用于音频领域的工作系统，它将众多操作繁琐的音频制作过程集成在多媒体电脑上完成，与传统的数字音频制作相比，省去了大量的周边设备和设备之间的连接、安装与调试，降低成本，简化操作。根据功能，数字音频工作站可分为节目录音制作工作站、节目编排工作站和自动化播出工作站。

（三）广播中心的网络化

广播中心的网络化是把不同功能的数字音频工作站通过网络系统将广播节目的录制和播出连成一个整体的系统，分为网络化节目制播系统、新闻业务系统和办公自动化系统。网络化制播系统覆盖了节目录制、节目编排、节目播出和广告管理等环节，由数字音频工作站、计算机网络、服务器和大容量音频资料库等构成，可实现音频节目共享、无带传输、网上调用和自动播出。

三、电视中心工艺

（一）电视节目制作

电视节目制作是根据节目内容即节目要求，采用有效的技术手段和制作方法，制作出具有声音、图像和艺术效果的电视节目，可分为节目前期拍摄和后期制作两个阶段，前期拍摄主要为收集节目所需素材，例如，用摄像机进行现场采访（ENG方式）、用转播车录制大型歌舞及比赛（EFP方式）和在演播室录制节目（ESP方式）。后期制作是将所得到的各种素材进行加工处理，例如，对素材进行编辑、加字幕、特技处理和配音等，最后制作成可以播出的符合要求的成品节目。

1. 电视演播室

电视演播室是利用光和声进行空间艺术创作的场所，一般分为大型（400m²以上）演播室、中型（200m²左右）演播室和小型（100m²以下）演播室。演播室在设计和建造时就预先考虑到了彩色电视节目制作时的技术要求，具有良好的音响效果、完备的灯光照明系统及布景等，配备必要的节目制作设备，演播室节目制作是一种理想的电视节目制作方式，可制作出质量较高的电视节目。

演播室内摄像机、传声器拾取的图像和声音信号和录像、录音设备上的节目素材，经过各种特技加工处理和编辑制作，形成完整的成品节目。演播室系统包括视频、音频、同步、编辑、告示和通话系统。如图1L411082-2所示。

2. 虚拟演播室

虚拟演播室是由计算机系统、电视摄像机、摄像机跟踪系统、虚拟场景生成系统和视频合成系统构成的电视节目制作系统，其实质是将计算机产生的虚拟三维场景与摄像机现场拍摄的演员（或节目主持人）表演的活动图像进行数字化的实时合成，使演员（节目主持人）的表演（前景）与虚拟场景（背景）达到同步的变换，从而实现前景与背景的完美结合。

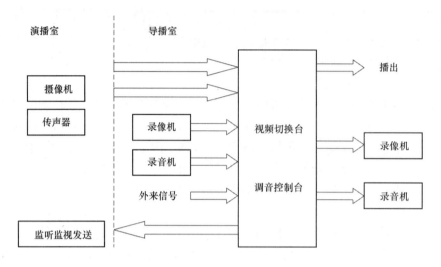

图1L411082-2   演播室制作系统基本功能

3．电视节目编辑系统

编辑是电视节目后期制作的核心，节目编辑分线性编辑系统和非线性编辑系统两大类，线性编辑系统的构成要件主要有磁带、编辑录像机和编辑控制器，非线性编辑系统是指使用盘基媒体进行存储和编辑的数字化视音频后期制作系统。基本系统组成如图1L411082-3所示。非线性编辑系统是一台配有专业视频处理卡的高性能计算机，可以实现录像机、切换台、特技机、图文制作系统、调音台、编辑控制器等多种传统设备的功能。

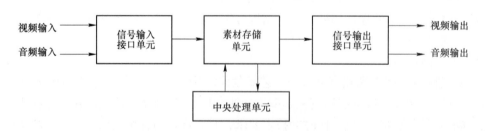

图1L411082-3   非线性编辑系统的基本组成

随着网络技术的发展，非线性编辑系统以单机制作过渡到网络制作阶段，可以更好地实现资源共享和内容资源的高效管理。从功能上分类，非线性编辑网络可以分为新闻节目非线性编辑制作网络和综合节目非线性编辑制作网络。

4．特技和图文动画创作系统

（1）视频特技

模拟特技是对模拟电视信号进行混合、扫换、键控、切换等画面过渡和画面合成的技术处理，产生预期的视频特技效果。模拟特技的屏幕效果主要是两路或两路以上信号的各种幅度比例的混合，以不同形状、不同大小和不同位置的分界线进行屏幕分割，组接画面的特技效果还不够丰富，局限性很大。

（2）数字特技

数字特技是把模拟视频信号变成数字信号后，存储在帧存储器中，通过对这些数字信号进行各种读写处理来得到各种数字效果。它能对图像本身进行尺寸、形状和亮度变化的处理，因而可对图像进行各种几何变换，如扩大、缩小、旋转、多画面、随意轨迹移动和多重冻结等，可对采集到的节目素材进行更充分的艺术再创作，制作出气氛活跃、风格新颖、艺术完美、寓意深刻的作品。

（二）电视节目播出

1. 电视节目播出系统的组成

电视节目制作完成后，需要进行播出，即按照预先编排好的节目时间顺序，在播出机房用切换方式将电视节目的图像和伴音送往传输与覆盖地点。播出分为直播、录播和转播三种方式。

数字播出系统主要由总控系统、播控系统、播控上载矩阵系统和硬盘系统等组成。采用以视频服务器为主的自动播出系统，主要由播出切换台、台标和时钟、字幕机、技术监测和应急开关等组成。

总控系统负责对播控中心所有信号进行处理、检测和监视，对各类共用信号进行调度、分配和收录发，向播控系统提供外源信号，向各演播室提供返送信号和外源信号，实现多个演播室之间的现场直播和异地联播，向各技术区提供同步信号和标准时钟信号。

播控中心担负着各个频道电视节目播出控制任务，每一个频道都用一个播出切换台进行播出节目切换，将播出节目信号按节目表安排的时间顺序传送给总控制室，由总控制室再送给发射台或卫星地球站等处。

2. 电视节目的播出方式

电视自动播出主要采用传统自动播出系统和硬盘播出系统两种。传统自动播出系统是以数字切换台为中心，自动播控软件也以它为主控对象，数字录像机作为节目源，用自动播出系统控制数字录像机与播出切换台协调动作，实现自动播出。数字播出系统是以视音频服务器为核心，利用数据库技术进行管理，通过计算机网络传输控制和管理信息，并对设备进行监控，通过高速视频网络传输节目素材，自动播出系统通过视音频服务器控制视音频服务器与切换台协调动作，实现数字播出。在播出系统中，可以选择硬盘播出、硬盘和磁带混合以及磁带播出三种方式的控制系统。

（三）广播电视制播专网

广播电视制播专网是集电文接收、卫星自动收录系统、新闻快速上载、新闻后期制作、节目后期非线性编辑和文稿编辑为一体的高速专用网络。制播专网按功能划分主要可分为广播电视综合节目制作、新闻制作、广播电视播出和媒体资产管理。媒体资产管理系统以大容量磁盘阵列、自动化数据流磁带库以及自动化光盘库构成了广播电视中心的数字媒体存储核心，其他系统通过光纤网络与之进行高速通信，存储或读出视音频节目素材或成品，进行传统磁带节目的上下载。广播电视播出部分包括硬盘播出和自动播出控制系统，多通道硬盘播出服务器放置在总控机房，可以完成各个频道的播出任务；自动播控工作站根据节目播出单自动控制录像机、播出视频服务器等节目源设备和播出切换台。广播电视综合节目制作系统和新闻制作系统根据自身的工艺特点分别组成两个物理子网,通过光纤网络与媒体资产管理系统建立高速数据联系。六类非屏蔽双绞线电缆和室内多模光缆并行,双绞线电缆用于以太网数据的传送,光缆用于在视频工作站与FC磁盘阵列、自动化数据流磁带库等存储设备间建立起高速直接的光纤数据通道。

（四）媒体资产管理系统

媒体资产管理系统是一个以管理为核心的信息系统,通过对节目资料的数字化处理形成不同格式的数据化文件,再对其进行索引、分类和集中保存。用户通过授权,可以随时随地获取他们想要的节目资料,进行播放、制作、交换、出售、传输、网上发布和宽带服务,可以最大限度发挥"媒体资产"的价值,降低节目的制作成本,缩短节目的制作周期,提高节目的利用率。

系统组成如图1L411082-4所示,主要包括数字化上载、编目信息标引、节目对象检索和媒体数据存储管理等子系统。系统有一套完整的媒体数据归档保存工作流程,当外部系统需要对库存数据进行再利用时,可利用系统的迁移策略和相关设备对目标数据进行回迁操作,并将迁出的数据重新导回外部应用网络中等待用户的调用。

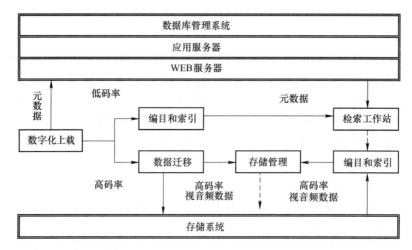

图1L411082-4　媒体资产管理系统构成

1L411083　广播声学技术

一、声音广播的相关声学知识

1. 声音的基础知识

声音是由物体机械振动或气流扰动引起弹性媒质发生波动产生的,必须通过空气或其他的媒质进行传播,形成声波,才能使人听到,人耳能听到的声音频率为20~20000Hz。

声源具有方向性、反射和折射、衍射和散射等传播特性。声音的特性是由响度、音调和音色三个要素来描述的。

响度:人耳对声音强弱的感觉,同一声压级但不同频率的声音听起来响度不同。

音调:听觉分辨声音高低的一种属性,纯音的音调和它的频率有关,也与它的强度有关。

音色:不同发声体的材料和结构不同,即使它们发出相同音调和相同响度的声音,人耳也能辨别其差别,即它们的音色不同。相同音调的声音,它们的基频是相同的,但其谐波次数和幅度会有差异，频谱结构也就不同，构成音色的差异。

人耳对3000～5000Hz的声音感觉最灵敏。声音的声压级越高，人耳的听觉响应越趋平直。当改变放音系统的音量时，声音信号中各频率的响度也会改变，听起来觉得音色也起了变化。同一个放音系统，在低声级时会感觉音域变窄，单薄无力，在高声级放音时会感到频带变宽，声音柔和丰满。

2. 立体声原理

（1）双耳定位

人的双耳除了对声音具有响度、音调和音色三种主观感觉外，还有对声源的定位能力，即空间印象感觉，称为对声源的方位感或声学的透视特性。人的双耳能辨别声源的远近，对声音有纵深感，在室内主要是由于直达声与连续反射声之比不同引起的。

用双耳收听可以判断声源的方向和远近，称为双耳定位。相比之下，确定方向相当准确，特别是声源位于听者前方的时候，而确定远近的准确程度就差得多。双耳定位的重要依据是声音到达两耳的时间差。在一般做设计时，把头看作平均直径为150mm的圆球，两耳位于直径的两端，这样算出的时间差和实际接近。对于1500Hz以下的定位可能依赖相位差，实际就是时间差。在高频定位时，可能依赖头部产生声影作用而引起的两耳强度差。如果头部左右摆动，定位的准确程度就要高得多。在室内的混响空间，定位只依赖最先到达两耳声音的时间差，以后继续到达的声音基本不起定位作用，这就是立体声节目的制作依据。

（2）立体声的拾声

双声道立体声采用两个传声器拾取声音，全部信号由这两个传声器共同拾取，然后产生左、右两个声道的信号。

多声道拾声法是在一个混响时间很短的大型录音室中进行的，并将大型录音室用隔声屏隔成若干个小房间，将乐队按照乐器的种类分成若干组，使每个乐器组在一个小房间中演奏，并由各自的传声器拾声，分别经调音台的控制放大后，送往多声道录音机，分别记录在各条磁迹上。在后期加工时，音乐导演可以对各条磁迹的声音分别进行必要的延时，也可以用人工混响法加入适当的混响或者对某些频率进行补偿，在最后合成双声道立体声时，将每一条磁迹上的乐器信号通过调音台上的声像移动器按不同比例分配到左、右声道中，这样就可以将各种乐器人为地定位，整个乐曲经双声道放音时便能获得层次分明、立体感强的立体声。

（3）立体声的听声

在双声道立体声放音条件下，左右两只音箱应该对称地放置于听音室中线的两侧，间距3～4.5m，与听音人的水平夹角在60°～90°之间，最佳听音角度是60°～70°。

重放立体声时的最佳听声位置，是在以左、右扬声器连线为底边的等边三角形的顶点处。立体声听音房间的混响时间不应太长，也不应当有过多的声音发射，否则会干扰立体声声像的正确形成。控制混响时间可以在房间内安装窗帘或幕布等方法。在扬声器对面的墙上应挂上幕布，以减少反射。扬声器可以靠墙安放，但不要放在地面上或墙角处，以免由于反射而使低音过重，使高音的传播由于音箱过低而受到损失。通常，高音扬声器的高度应该和听声者的耳朵在同一水平面上，否则，高音会受到衰减。人耳对垂直面内声源的方位判断能力很差，所以在立体声放音时监听音箱应当置于人耳高度（约1.2m）附近，而不应当过分提高。听音室或立体声控制室的混响时间在0.3s左右，背景噪声满足噪声评价曲线NR-15。

二、5.1声道环绕立体声

多声道环绕立体声是在双声道基础上演变来的，人们努力尝试在工作空间内创造三维的声像，利用摇移、混响、回声、重复和镶边等效果形成空间深度感。

按照ITU-R BS.775-1建议书的规定，5.1声道环绕立体声的配置：在听音者前方设置L、C、R三只音箱，在侧后方设置SL与SR两只音箱，组成左、中、右和左环、右环5个声道，再加一个重低音声道LFE，组成5.1声道环绕立体声还音系统。在这种控制室或听音室内，以中置音箱C与最佳听音位为轴线，L和R分置两侧，与轴线的夹角均为30°，SL与SR与轴线的夹角为110°，音箱声中心高度距地1.2m，5只音箱与最佳听音位距离相等。超低音没有方向性，位置没有严格的规定，但不要放在C位。

5.1声道还音系统在声道隔离、动态范围、环绕声的立体化和全频带化等性能方面都给人以更强的"临场感"。

在HDTV节目中，前方三只音箱可以在宽广的视听音域内保持声像和图像之间位置和方向上的一致性。中置音箱使前方区域的声像更稳定，并展宽了最佳听音位置。

关于5.1声道环绕立体声的控制室的声学要求，与双声道立体声没有太大差异，混响时间仍可取0.3s或更短一些，前方不要有强反射声，后方尽量做成扩散声场。背景噪声满足NR-15曲线。

1L411084 演播室灯光技术

一、电视照明的电光源

1. 电视照明电光源的要求

（1）色温均匀稳定，显色性良好，调光改变工作电压，色温和显色指数也能稳定。

（2）发光亮度高，且光通量稳定，效率高，热耗散低。

（3）电光源电路简单，能瞬间重新点亮。

2. 电视照明电光源的性能指标

（1）额定电压和电流：指电光源按预定要求进行工作时所需要的电压和电流。

（2）额定功率：指电光源在额定电压和电流下工作时所消耗的电功率。

（3）光通量和发光效率：指单位时间内发出的光。

（4）色温：表征光源所发出的可见光的颜色成分，即频谱特性的一个参量。电视演播室照明光源的色温为3200K。

（5）显色性：描述待测试光源的光照射到景物上所产生的视觉效果与标准光源照明时的视觉效果相似性的一个概念，用显色指数R_a值表示。当R_a=100时，表示事物在灯光下显示出来的颜色与在标准光源下一致，显色性最好。

（6）全寿命和有效寿命：从开始点亮到其不能工作时的全部累计点亮时间为全寿命，从开始点亮到其光通量下降到一定数值时的全部累计点亮时间为有效寿命。

3. 电视照明灯具的分类：分为热辐射光源、气体放电光源和激光等类型。

二、演播室灯具

灯具是指固定电光源并通过特定的光学结构对其出射光线的方向和性质进行初步控制

的器具，其作用一是支撑光源，二是对光源的出射光线进行控制，实现光通量的再分配、光束范围和光线软硬性质等的控制。一般分为聚光型灯具和散光型灯具两大类。

聚光型灯具是一种硬光型灯具，主要在内景照明中使用，如摄影棚和演播室等，可以模拟无云彩遮挡的阳光直射大地的日光效果，聚光型灯具的投射光斑集中、亮度高、边缘轮廓清晰、大小可以调节，光线的方向性强，易于控制，能使被摄物产生明显的阴影，照明时常用作主光、逆光、造型光和效果光。常见的聚光型灯具有菲涅耳聚光灯、回光灯、光束灯、追光灯、远射程聚光灯和投影聚光灯。

散光型灯具是一种柔光型灯具，效果类似于阴天的天空散射光，散光型灯具投射的光斑发散，亮度低，边缘成像模糊，散射面积大，光线没有特定方向，可以用来减弱硬光型灯具所造成的阴影，掩饰物体表面的起伏和缺陷。照明时常用作辅助光、基础光和背景光。常见的散光型灯具有新闻灯、天幕灯、地排灯和三基色荧光灯。

三、电气调光设备

灯光控制器材是指对灯具发出的灯光的投射方向与范围、光线软硬和色温等性质进行二次控制的器材。常用的有挡光板、反光器材、柔光器材、色温滤色纸和专用的调光器材。

1. 电气调光设备的概念

电气调光设备主要是通过控制电光源的工作电流的方式，而实现对灯光强度的控制，其作用和功能如下：

（1）满足不同场景对照度变化的要求。

（2）进行场次预选，提高演播室利用效率。

（3）延长电光源的使用寿命。

2. 可控硅调光设备

可控硅调光设备是通过调整与电光源串联的可控硅的选通脉冲的定时，改变流过电光源的工作电流，从而实现调光。可控硅是一种功率半导体器件，可分为单向可控硅、双向可控硅，具有输出功率大、控制特性好、寿命长和体积小等优点，是目前演播室照明调光控制的主流元器件。

3. 调光控制系统

电视演播室几十甚至几百路灯光，集中到调光台进行调光控制，要求调光控制系统必须具备较好的集中控制功能，主要包括调光器和调光控制台，基本构成如图1L411084所示。

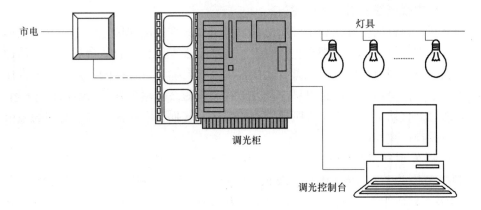

图1L411084　调光控制系统基本构成图

电脑数字调光设备一般由电脑调光台、数字智能调光立柜及二者之间的信号连接线组成。现在的电脑调光台大多是通过控制调光立柜使其各个光路的输出电压在0~220V内变化，从而达到控制灯光亮度的目的。数字灯光控制系统具有数字化、智能化、网络化的特点。

4.演播室灯光的技术要求

针对电视图像的清晰度和彩色再现的特性，要求光源满足摄像机照度和色温条件，并具有良好的显色性。

（1）对照度的要求

通常摄像管式彩色摄像机的最佳照明条件是：镜头光圈在F4位置，照度2000lx，目前CCD（电荷耦合器件）彩色摄像机降低了对照度的要求，镜头光圈在F5.5位置，照度2000lx，电视演播室灯光配置应保持在摄像机的最佳照度，取1000~1500lx比较合适。

（2）对色温和显色性的要求

演播室光源色温应符合彩色摄像机的色温特性3200K，或在通过滤色镜调整到接近彩色摄像机所要求的色温范围。光源显色指数R_a应达到85以上，以获得良好的色再现效果。目前，多选用色温3200K、显色指数R_a达97~99的卤钨灯作为演播室照明光源，但演播室内一定要避免混用不同色温的光源。

（3）数字电视演播室对灯光的要求

数字电视对照明提出了更高的要求，因为数字16：9电视画面所包含的内容更多，因此，在传统画面上体现不出或看不清楚的物体或光影，特别是演播室表演区的侧光、侧地流光和侧面的景物光，在高清的画面上都会清晰地被表现出来，给照明增加了很大的难度。新的智能化自动灯具电脑灯为数字化照明提供了很好的解决方案。数字高清摄像机的灵敏度大大提高，基本照度要求相比以前大大降低，同时新型的电脑灯采用了更大的光源功率和发光效率高的新的气体放电光源、新型的光学透镜和反光镜，这使得电脑灯的光输出得到极大的提高，可以满足现代电视灯光的各种要求。

1L411090　广播电视传输和监测系统

1L411091　广播电视无线发射技术与系统

一、广播电视无线发射技术概述

广播电视发射台的任务是利用广播电视发射机完成广播电视信号发射，发射机通过天线发射无线电波，供地面听众观众收听收视。广播电视发射台有直播台和转播台两种，将播控中心的广播电视节目用电缆或微波直接送到发射台播出，这样的发射台称为直播台。将播控中心的广播电视节目通过卫星、微波干线、中短波传输到发射台播出，这样的发射台称为转播台。直播台在播控中心所在城市的郊区，转播台不在播控中心所在的城市，有些转播台建设在边疆地区。

中波广播发射机频率范围为526.5~1606.5kHz，波长为570~187m，短波广播发射机频率范围为3.2~26.1MHz，波长为9.38~11.5m。调频广播发射机频率范围为87~108MHz。VHF的Ⅰ、Ⅲ波段电视发射机频率范围为48.5~72.5MHz和167~223MHz，UHF的Ⅳ、Ⅴ波段电视发射机频率范围为470~566MHz和606~798MHz。

二、中短波广播发射技术

（一）中短波广播发射台基本结构

中短波广播发射台基本结构如图1L411091-1所示，主要设备是广播发射机和天馈线系统，节目传送设备包括卫星地面接收站、微波机房、收转机房和光缆电缆信号解调机房。电源设备包括变电站和配电间（主备两套），冷却设备包括水冷系统和风冷系统，还有监测监听设备。

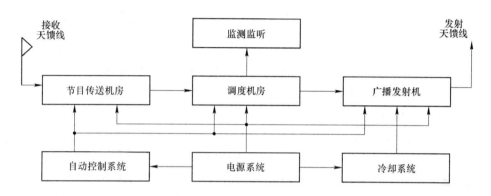

图1L411091-1　中短波广播发射台基本结构

（二）中短波广播发射的特点

中波526.5～1606.5kHz，共划分120个频道，在此频段无线电波传播的特点是沿地面传播的地波衰减较小，可在几十公里至百余公里的范围内形成一个不稳定的地波服务区。在两个服务区之间，由于天波与地波相互干涉，形成一个严重的衰落区。由于地波传播稳定，场强高，抗干扰能力强，接收质量好，发射机功率要大、中、小相结合，以中小功率为主。

短波3.2～26.1MHz，在此频段内地波不能形成有效服务区，而电波不能完全穿透电离层，被大约距地面130km以上的电离层所反射，在离短波发射机几百公里至几千公里以外的地方形成服务区，因此短波频段适用于远距离的国际广播。

中短波广播发射机测试项目中三大电声指标：非线性失真、音频频率响应和信噪比。其他技术指标：谐波失真、载波跌落、载波输出功率变化、频率容限、调幅度、整机效率、杂散发射和稳定性与可靠性等。

三、模拟电视发射技术

（一）电视发射机基本组成

电视发射机普遍采用低电平中频调制方式，通过变频器上变频到某一特定频道的射频信号，然后进行功率放大到额定的功率，再馈送到天线发射出去。由于在进行功率放大时，图像和声音的射频信号可以通过两个信道分别放大，也可以通过一个通道共同放大，电视发射机在系统组成上分为分别放大式（双通道）电视发射机和共同放大式（单通道）电视发射机。

（二）电视发射机的主要特点

电视发射机采用残留边带幅度调制，有固定黑色电平，工作在超短波波段，信号有正极性调制和负极性调制，发射机功率用峰值功率和平均功率来描述，声音信号采用调频方式，声音载频和图像载频的差值是一个定值，可用整机的幅频特性来分析其传输特性。

（三）电视发射机测试项目

双通道或分放式发射机可按图像发射机指标和伴音发射机指标来分，单通道或合放式发射机可按一般特性和传输特性指标来分。

1. 一般特性

包括输入特性和输出特性，输入特性包括视频和音频输入端的电平和阻抗，输出特性包括输出功率、影声功率比、工作频段、载波稳定度、调制制式、输出负载阻抗、无用发射及已调信号波形的稳定性（输出功率变化和消隐电平变化）等。

2. 传输特性

包括图像通道传输特性和伴音通道传输特性，图像通道的传输特性包括线性失真、非线性失真和无用调制等，伴音通道的传输特性包括音频振幅—频率特性、音频谐波失真、调频杂音、内载波杂音、调幅杂音和交叉调制等。

四、数字电视发射技术

（一）地面数字电视发射机基本组成

地面数字电视发射机完成从输入数据码流到射频信号发射的转换。输入数据码流经过扰码器（随机化）、前向纠错编码（FEC），然后进行比特流到星座符号流的星座映射，再进行交织后形成基本数据块，基本数据块与系统信息组合（复用）后经过帧体数据处理形成帧体，帧体与相应的帧头（PN序列）复接为信号帧（组帧），经过基带后处理转换为基带信号。该信号经过正交上变频再转换为UHF或VHF频段范围内的射频信号。地面数字发射机基本组成原理如图1L411091-2所示。

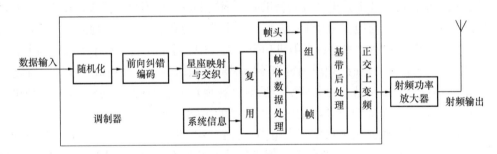

图1L411091-2 地面数字发射机基本组成原理

调制器主要用于音、视频编码和数字预校正，它是电视发射机的核心部分。发射机的绝大部分技术指标由调制器决定。对于数字电视发射机来说，性能优良的中频非线性预校正电路将极大地改善采用AB类功放的发射机性能，目前大多采用前馈校正、折线校正、自适应校正技术。

射频功率放大器内包括输入电平监测、前置级、推动级和放大输出级。末级放大器中主要采用感应输出管IOT、四极管包括双向四极管的单电子管以及全固态功率放大器。

（二）数字电视发射机测试项目

1. 性能要求

包括工作频率、单频网模式频率调节步长、频率稳定度（3个月）、频率准确度、本振相位噪声、射频输出功率稳定度、输出负载的反射损耗、带肩、带内频谱不平坦度、带外频谱特性、调制误差率、邻频道内无用发射功率和邻频道外无用发射功率等。

2．功能要求

包括工作模式、遥控器测功能和组网方式。

五、调频广播发射技术

（一）概述

调频广播发射机的类型较少，过去有单声道调频发射机，现在主要是立体声调频发射机，调制方式包括单声道调制式、立体声调制式和多节目调制式，它将单声音频信号、立体声复合信号或双节目基带信号调制到发射机的载频，经功率放大后反射出去，实现调频的方法有直接调频和间接调频。立体声调频发射机方框图如图1L411091-3所示。

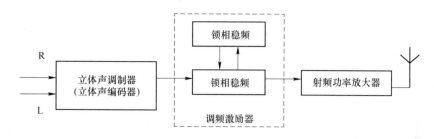

图1L411091-3　立体声调频发射机

（二）调频广播的特点

线性失真小、没有串信现象、信噪比好、能进行高保真度广播、效率高、容易实现多工广播、覆盖范围有限和"门限"效应及寄生调频干扰。

六、天馈线系统

发射天线是一种将高频已调波电流的能量变为电磁波的能量，并将电磁波辐射到预定方向的装置，天线输入阻抗为一复数阻抗，不等于馈线的特性阻抗，馈线终端需与阻值等于馈线特性阻抗的负载相接，馈线才是行波状态，传输效率最高。因此，在馈线与天线之间加匹配网络，以便将天线的复数阻抗经匹配网络转换为馈线的特性阻抗。

广播中波天线主要有垂直接地天线和定向天线，广播短波发射天线主要有水平对称振子天线、笼形天线和同相水平天线，接收天线主要有菱形天线和鱼骨天线，主要特性参数有天线方向性系数、天线效率、天线增益系数、天线仰角和天线工作频率范围。

调频发射天线，由于其工作频段介于电视VHF的Ⅰ、Ⅲ波段之间，因此，电视VHF波段的电视发射天线可以直接在调频波段使用。不同的是，对于调频天线，允许电波采用水平、垂直和圆极化方式，而通常电视发射天线采用的是水平极化一种方式。常用的天线形式有蝙蝠翼天线、偶极子天线、双环、四环、六环天线和圆极化天线。

馈线的主要指标是反射系数和行波系数，天线的主要特性参数有：天线方向性系数、天线效率、天线增益系数、天线仰角和天线工作频率范围。

七、辅助设备

（一）冷却系统

发射机工作时，电子管散发的热量和一些大型射频元件散发的热量，需要用强制冷却的方式排出，常用的冷却方式有强制风冷、水冷和蒸发冷却。电子管在发射机中是一种能量转换器，在能量转换过程中，输入能量除大部分转换成输出能量外，剩余部分作为损耗，以热的形式释放，为此，要求电子管在正常运行中必须保持一定程度的热平衡，保持热平衡的方式称为冷却方式。

（二）假负载

当发射机需要调整和功率计需要校正时，假负载为发射机提供一个标准的负载电阻，并能承受发射机送来的全部功率。

（三）调试监测和控制系统

分为有人值守和无人值守两类，主要作用是测试发送设备技术指标，切换被传送的信号到发射机的输入端，对发射机进行开、关机等主要操作和对发射机主要工作状态和播出质量进行监测。

（四）配电系统

为了不间断地向各种设备供电，防止因断电造成停播，发射台一般有两路电源，用一备一，一般设有UPS系统和柴油发电装置。

1L411092　广播电视有线传输技术与系统

一、有线电视系统的技术要求

（一）有线电视系统组成

有线电视CATV（Cable Television）是指用射频电缆、光缆、多路微波或组合来传输、分配和交换声音、图像、数据信号的电视系统。按频道利用情况可分为邻频传输系统和非邻频传输系统，邻频传输系统又分为300MHz、450MHz、550MHz、750MHz和1000MHz系统，非邻频传输系统又分为VHF、UHF和全频道系统。

有线电视传输是利用有线电视网络进行传输，基本系统构成如图1L411092-1所示。

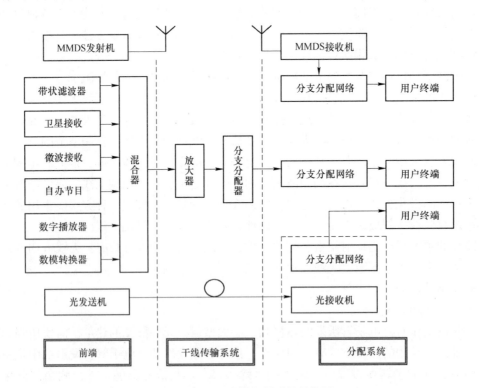

图1L411092-1　有线电视系统结构图

1. 前端机房

有线电视传输节目的总源头，其任务有两个，一是接收各种需要传输的信号，如卫星发射的信号、上级台站传输的光缆或微波信号、远地电视发射台的无线信号、当地电视台的射频或视频信号和有线台的自办节目信号等，二是将接收的各路信号进行滤波、变频、放大、调制和混合等一系列加工，使其适合在干线中传输。

2. 干线传输系统

介于前端机房和用户分配系统之间，其任务是把前端输出的高频电视信号和数据信号高质量地传输给用户分配系统，同时把系统末端的回传信号传输给前端。

3. 用户分配系统

有线电视系统的最末端，其任务是把从前端传来的信号比较均匀地分配给千家万户。

（二）数字有线电视的优点

1. 收视节目多，内容更丰富。
2. 图像和伴音质量更好，伴音更为悦耳动听。
3. 频谱资源的利用率更为充分。
4. 开展双向与多功能业务成为可能。
5. 电视信号的有条件接收变得更为容易。

二、数字有线电视的传输模式

1. 主要的传输方式有同轴电缆传输、光缆传输和光纤同轴电缆混合网（HFC）传输三种模式，其中HFC模式是我国最为普遍的结构形式，即干线部分为光缆，分配网部分为同轴电缆，二者结合点称为光结点。

2. 数字光纤同轴电缆混合网（HFC）传输网络的组成

（1）数字HFC前端一般由数字卫星接收机、视频服务器、编解码器、复用器、QAM调制器、各种管理服务器（如供用户点播节目用的视频点播服务器、供数据广播用的广播服务器、用户上网用的因特网代理服务器等）以及控制网络传输的设备组成，如图1L411092-2所示。

（2）各部分的作用

① 信号输入部分

信号输入部分的作用是接收来自不同传输系统的电视信号，并将它们转换为统一的格式送入信号处理部分。主要信号源有：卫星电视信号、来自数字式传输网络的数据流、来自本地电视节目源的一路或多路A/V信号和开路模拟电视信号。

② 信号处理部分

信号处理部分的作用是对所有节目传输码流进行检查或监视、解扰、截取、复用以及对业务信息进行适时处理等，服务信息应随时更新，以保证正确引导机顶盒的正常工作，并且所有的应用数据均能正常地插入。

③ 信号输出部分

信号输出部分的作用是将信号处理部分输出的码流变成传输网络所需的信号格式。

④ 系统管理部分

系统管理部分的作用是对包括计费在内的用户信息进行管理，影视材料的管理和播出信息的安全保密管理等。

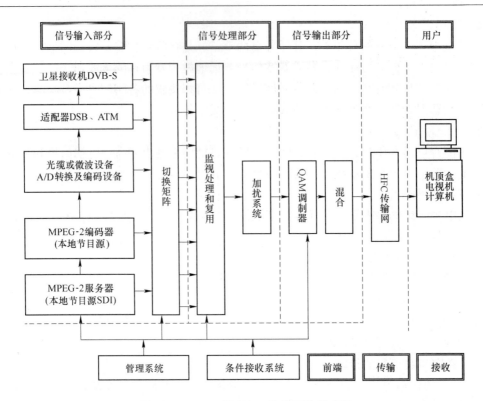

图1L411092-2　数字HFC传输网络组成图

1L411093　广播电视卫星传输技术与系统

一、传输系统的组成

广播电视卫星传输就是利用地球同步卫星进行节目传输，一颗大容量的卫星可以转播100～500套数字电视节目，系统组成如图1L411093-1所示。

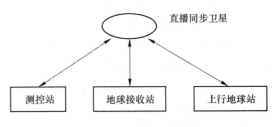

图1L411093-1　卫星电视系统构成方框图

（一）系统的技术要求

广播卫星必须是对地静止的，以便观众使用简单的、无需跟踪卫星而且定向性又强的接收天线，要求使用赤道同步卫星，要求卫星能精确地保持它在轨道上的位置和姿态。广播卫星必须有足够的有效辐射功率，以简化地面接收设备。广播卫星必须有足够长的使用寿命和可靠度，降低停播率，避免经常更换卫星所带来的停播。广播卫星的重量在保证工作需要的条件下尽量减轻，节约发射费用。

（二）组成部分的作用

1. 同步卫星和转发器：同步卫星相当于一座超高电视塔（约36000km），上面安装若干个工作在C波段或Ku波段的转发器和天线。转发器接收上行地球站发来的电视信号，经过处理后再向地球上的覆盖区转发。

2. 测控站：卫星测控站的任务是测量、控制卫星的运行轨道和姿态，使卫星不仅相对于地球静止，而且使卫星天线的波束对准地球表面的覆盖区，保证其覆盖区域图不变。

3. 地球接收站：地球接收站又称卫星接收系统，其作用是接收电视广播卫星转发下来的电视信号，并为集体接收、个体接收和有线电视网提供视音频信号或VHF/UHF射频信号，主要由接收天线和接收设备组成。

4．上行地球站：卫星电视上行地球站把节目制作中心送来的信号加以处理，经过调制、上变频和高功率放大，通过抛物面定向天线向同步卫星发射上行C波段或Ku波段信号，同时也接收该同步卫星下行转发的微弱电视信号，以监测卫星转播节目的质量。

二、卫星广播电视的特点

利用同步卫星进行通信和电视广播信号的覆盖，具有以下优点：覆盖面积大，同步卫星距地球35786km，安装电视转发器和天线后，覆盖面积相当大。转播质量高，由于覆盖面积大，远距离传送时可大大减少中间环节，图像和伴音的质量及稳定性容易得到保证。另外，同步卫星与地面接收站和发射站的相对位置固定不变，地面站省去结构复杂的跟踪设备，克服了电波由于传送距离变动而产生的多普勒效应，转播质量进一步提高。投资少、建设快、节约能源。

三、频段划分和传输标准

世界各国卫星电视广播普遍采用C频段3.7～4.2GHz和Ku频段11.7～12.75GHz，其中C频段的上行信号频率是6GHz左右，下行信号频率是4GHz左右，Ku频段的上行信号频率是14GHz，下行信号频率是12GHz左右。

我国中央和地方所有上星电视节目传输采用的信道编码和调制传输标准是《卫星数字电视广播信道编码和调制标准》GB/T 17700—1997（DVB-S）。"村村通""户户通"广播电视节目传输采用的传输规范是《先进卫星广播系统　卫星传输系统帧结构、信道编码与调制：安全模式》GD/JN 01—2009（ABS-S）。以DVB-S为例，卫星传输系统对MPEG-2数据流的处理包括：传输复用适配和用于能量扩散的随机化处理、外码编码、卷积交织、内码编码、调制前的基带成型处理和调制方式。

四、直播卫星广播电视系统组成

（一）卫星广播电视工作过程

直播卫星电视工作过程如图1L411093-2所示。

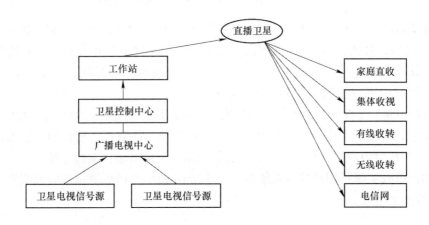

图1L411093-2　直播卫星电视工作过程示意图

地球同步轨道上的直播卫星及其地面卫星控制中心、工作站完成对卫星运行的测控和管理。卫星电视信号源包括摄像机、磁带、光盘、服务器和综合业务信息源。广播电视中心通过一个或多个上行站，将卫星电视信号送上直播卫星。直播卫星上的有效载荷包括通信、转发器和天线等部分，用于直接接收、变换和发射，直播卫星的服务舱用于装载有效载荷并为有效载荷提供电源、温度环境控制和轨道、姿态的指向控制，确保卫星及其天线波束相对地面系统正确位置的稳定性，确保有效载荷长期地在轨运行。地面上可以采取家庭直接收视、集体收视、有线收转和无线收转等接收方式，并通过电信网或Internet与用户管理中心联系。

（二）DVB-S直播数字卫星电视系统

DVB-S直播数字卫星电视系统组成如图1L411093-3所示。

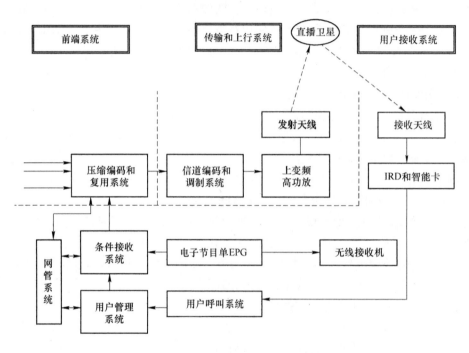

图1L411093-3　DVB-S直播数字卫星电视系统图

1. 前端系统：按MPEG-2标准对需要传送的视音频信号进行压缩编码，然后将多套节目用动态统计复用技术合成一个串行码流，在有限的卫星转发器频带上传送更多的节目。

2. 传输和上行系统：传输和上行系统的任务是进行信道编码、调制、上变频与功放，利用抛物面天线将信号传输到直播卫星上。

3. 直播卫星：为保证直播卫星覆盖区内有足够的信号场强，采用大功率的直播卫星。

4. 用户管理系统：用户管理系统负责登记和管理用户资料、购买和包装节目、制定节目计费标准及对用户进行收费、市场预测和营销、管理有条件接收系统。

5. 用户接收系统：用户接收系统由一个小于1m的小型蝶形卫星接收天线和综合接收解码器及智能卡组成。

1L411094　广播电视监测系统

一、概述

广播电视监测是指通过客观测量和主观评价，如实反映广播电视节目播出质量和效果的过程。

广播电视作为现代化的大众媒体，其根本任务是把广播电视节目传送给广大的听众和观众。实现这一目标的技术物质基础就是广播电视技术覆盖网。广播电视监测系统可以准确及时地反映广播电视节目播出质量和传输效果，可以核查广播电视覆盖情况，可以了解各类播出系统是否按批准的技术参数播出，可以监测空中无线电波秩序，提供不断提高和改善广播电视播出质量和有效覆盖的科学数据，建立广播电视技术质量自我监督机制。

广播电视监测工作的任务：

1. 监测广播电视覆盖效果。
2. 监测广播电视节目传输及播出技术质量。
3. 监测广播电视信号接收效果。
4. 监测广播电视频段无线电波秩序和网络频道秩序。
5. 监测境外电台对我国广播的播出动态等。
6. 监测频谱负荷。
7. 与有关国家或地区交换监测资料。
8. 监测电波传播情况。

二、广播电视监测系统的组成

1. 无线广播电视监测网

无线广播电视监测网对我国对内、对外的无线广播、地面电视传输和覆盖网进行监测，主要由数据分析处理中心、监测台、遥控站（点）组成。

2. 卫星电视广播监测系统

卫星电视广播监测系统对中央和地方所有上星电视节目进行监测，监测的内容主要包括：卫星电视节目的内容、质量，卫星电视播出系统运行状况，上行发射特性等。主要功能是监测、显示、控制、测量、存储记忆、数据分析处理、查询（本地和远程）和异态报警等功能。主要由接收天线、接收解码机、显示器、存储系统、测量系统、网络传输系统、控制系统、软件模块和报警系统等组成。

3. 有线电视监测系统

有线广播电视监测的主要任务是：安全监测、质量监测、内容监测。有线电视监测系统由全国监测中心、省级（省、计划单列市）监测分中心和地方监测终端组成。

4. 省级监测分中心的作用

省级监测分中心与国家广电总局监测中心之间，通过国家干线网进行数据的交换。有线电视前端机房的监测数据，通过省级广电SDH骨干网通道，实时发送到省级监测分中心。中央监测中心的控制指令和监测列表，通过省级监测分中心下达到对应的前端监测机。前端监测终端的监测数据和图像，按照规定的时间间隔及监测任务列表，实时发送到省级监测分中心和中央监测中心。省级监测分中心存储所辖范围内的监测数据，中央监测中心的数据库中储存所有全国监测点的关键数据和各类分析报表数据。省级监测分中心主要负责监控数据的汇集、本地存储、本地预处理、本地报警获取和事故处理、数据上报、数据通信与加密以及接收中央的指令等功能。中央监测中心负责接收全国各分中心经过过滤的数据、分析报表，管理省级分监测中心，向省级监测分中心下达指令，接收故障报警、集中监测全国监测终端运行情况等。

三、广播电视监测系统工程内容

（一）无线广播电视监测系统工程内容

1. 广播电视监测数据处理中心

通过与各直属监测台联网（DDN、PSTN等方式）实现数据交换，并具备遥控各监测站（点）的能力，成为整个监测网的管理核心。

2. 直属监测台

直属监测台除完成日常广播监测工作外，对所辖的遥控站和数据采集点进行远程管理。

3. 遥控监测站

无人值守，通过与各直属监测台联网（DDN或PSTN等方式）实现数据交换，完成对当地广播效果的监测。

4. 中波数据采集点

无人值守，通过与各直属监测台联网（PSTN等方式）实现数据交换，完成对单机发射功率1kW以上中波台的"三满（满功率、满时间、满调幅）"的监测。

（二）有线广播电视监测系统工程内容

有线电视监测网具有安全监测、质量监测和内容监测三大功能。是一个集成化较高的自动监测系统工程，系统技术涵盖了数据处理、数据采集、GIS显示、流媒体采集压缩、安全监控，工程人员必须熟悉了解系统监测功能的需求、系统软件结构的划分、系统硬件的选型及功能配置，同时还要进行监测机房的建设、监测前端的设备生产与安装。

（三）卫星广播电视监测系统工程内容

卫星广播电视监测系统工程内容主要包括：卫星广播电视接收系统、信号解调系统、卫星电视监测系统、集中显示系统、信号采集编码系统、音视频信号切换系统、现场音响系统、集中存储系统、网络系统、监测数据处理与管理维护系统、通信系统、综合布线系统、机房、供电、环境的温湿度、接地和防雷装置等。

1L412000   通信与广电工程施工技术

1L412010   机房设备及天馈线安装

1L412011   机房设备安装

一、铁件安装

铁件安装前，应检查材料质量。不得使用生锈、污渍、破损的材料。铁件安装或加固的位置应满足设计平面图要求。安装的立柱应垂直，垂直度偏差应不大于1‰；铁架上梁、连固铁应平直无明显弯曲；电缆支架应端正，间距均匀；列间撑铁应在一条直线上，铁件对墙加固处应满足设计图要求；吊挂安装应牢固、垂直，膨胀螺栓孔宜避开机房主承重梁，无法避开时，孔位应选在距主承重梁下沿120mm以上的侧面位置。一列有多个吊挂时，吊挂应在一条直线上。

二、电缆走道及槽道安装

电缆主走道及槽道的安装位置应符合施工图设计的规定，平面位置偏差不得超过

50mm。水平走道应与列架保持平行或直角相交，水平度每米偏差不超过2mm。垂直走道应与地面保持垂直并无倾斜现象，垂直度偏差不大于1‰。走道吊架的安装应整齐牢固，保持垂直，无歪斜现象。走线架应保证电气连通，就近连接至室内保护接地排，接地线宜采用35mm²黄绿色多股铜芯电缆。

三、机架设备安装

（一）机架安装

机架安装前，应根据设计图纸尺寸，画线定位，安装位置应满足施工图设计要求。需加固底座或机帽时，其规格、型号和尺寸应与机架相符，总体高度应与机房整体机架高度一致，漆色同机架颜色基本一致。按照机架底角孔洞数量安装底脚螺栓，机架底面为600mm×300mm及其以上时应使用4只，机架底面在600mm×300mm以下时，可使用2只。机架的垂直度偏差应不大于1‰，调整机架垂直度时，可在机架底角处放置金属片，最多只能垫机架的三个底角。一列有多个机架时，应先安装列头首架，然后依次安装其余各机架，整列机架前后每米允许偏差为±3mm，机架之间的缝隙上下应均匀一致。机门安装位置应正确，开启灵活。机架、列架标志应正确、清晰、齐全。

（二）子架安装

子架安装位置应满足设计要求。子架与机架的加固应牢固、端正，满足设备装配要求，不得影响机架的整体形状和机架门的顺畅开合。子架上的饰件、零配件应装配齐全，接地线应与机架接地端子可靠连接。子架内机盘槽位应满足设计要求，插接件接触良好，空槽位宜安装空机盘或假面板。

（三）机盘安装

安装前应核对机盘的型号是否与现场要求的机盘型号、性能相符。安插时应依据设计中的面板排列图进行，各种机盘要准确无误地插入子架中相应的位置。插盘前必须戴好防静电手环，有手汗者要戴手套。

（四）零附件安装

光、电、中继器设备机架，DDF、ODF架等所配置的各种零附件应按厂家提供的装配图正确牢固安装。ODF上活接头的安装数量和方向应满足设计及工艺要求。DDF的端子板、同轴插座应牢固，不松动。

（五）分路系统、馈管安装

安装前，应核对环行器的工作频段及环行方向是否满足设计要求。安装螺钉穿行方向应对准天线所在方向，螺钉应安装齐全，波导口应加固紧密，与外接波导口连接应自然、顺直、不受力。安装馈管时必须使用专用力矩扳手，防止用力过大使馈管变形。

（六）波导充气机和外围控制箱安装

波导充气机和外围控制箱采用壁挂式安装时，设备底部应距室内地面1.5m，原则上尽可能靠近走线架安装，以便于布线。烟雾、火情探头应装在机房棚顶上；门开关告警应装在门框内侧，压接点松紧位置应合适。

（七）总配线架及各种配线架安装

总配线架底座位置应与成端电缆上线槽或上线孔洞相对应。跳线环安装位置应平滑、垂直、整齐。总配线架滑梯安装应牢固可靠，滑轨端头应安装挡头，防止滑梯滑出滑道。滑轨拼接应平正，滑梯滑动应平稳，手闸应灵敏。

四、缆线及电源线的布放

（一）电缆布放

1. 电缆的规格、路由走向应符合施工图设计的规定，电缆应排列整齐，外皮应无损伤。

2. 电源缆线、信号电缆、用户电缆与中继电缆应分离布放。电源线、地线及信号线也应分开布放、绑扎，绑扎时应使用同色扎带。

3. 电缆转弯应均匀圆滑，转弯的曲率半径应大于电缆直径的10倍。

4. 线缆在走线架上应横平竖直，不得交叉。从走线架下线时应垂直于所接机柜。

5. 布放走道电缆可用浸蜡麻线（或扎带）绑扎。绑扎后的电缆应互相紧密靠拢，外观平直整齐，线扣间距均匀，松紧适度。布放槽道电缆可以不绑扎，槽内电缆应顺直，尽量不交叉。在电缆进出槽道部位和电缆转弯处可用塑料皮衬垫，防止割破缆皮，出口处应绑扎或用塑料卡捆扎固定。

6. 同一机柜不同线缆的垂直部分在绑扎时，扎带应尽量保持在同一水平面上。

7. 使用扎带绑扎时，扎带扣应朝向操作侧背面，扎带扣修剪平齐。

（二）光纤布放

1. 光纤布放路由应符合设计要求，收信、发信排列方式应符合维护习惯。

2. 不同类型纤芯的光纤外皮颜色应满足设计要求。

3. 光纤宜布放在光纤护槽内，应保持光纤顺直，无明显扭绞。无光纤护槽时，光纤应加穿光纤保护管，保护管应顺直绑扎在电缆槽道内或走线架上，并与电缆分开放置。

4. 光纤从护槽引出宜采用螺纹光纤保护管保护。

5. 不可用电缆扎带直接捆绑无套管保护的光纤，宜用扎线绑扎或自粘式绷带缠扎，绑扎松紧适度。

6. 光纤活接头处应留一定的富余，余长应依据接头位置情况确定，一般不宜超过2m。光纤连接线余长部分应整齐盘放，曲率半径应不小于30mm。

7. 光纤必须整条布放，严禁在布放路由中间做接头。

8. 光纤两端应粘贴标签，标签应粘贴整齐一致，标识应清晰、准确、文字规范。

（三）电源线敷设

1. 电源线必须采用整段线料，中间不得有接头。

2. 馈电采用铜（铝）排敷设时，铜（铝）排应平直，看不出有明显不平或锤痕。

3. 铜（铝）排馈电线正极应为红色油漆标志，负极应为蓝色标志，保护地应为黄色标志，涂漆应光滑均匀，无漏涂和流痕。

4. $10mm^2$及以下的单股电力线宜采用打接头圈方式连接，打圈绕向与螺丝固紧方向一致，铜芯电力线接头圈应镀锡，螺丝和接头圈间应安装平垫圈和弹簧垫圈。

5. $10mm^2$以上的电力电缆应采用铜（铝）鼻子连接，鼻子的材料应与电缆相吻合。

6. 铜鼻子的规格必须与铜芯电源线规格一致，剥露的铜线长度适当，并保证铜缆芯完整接入铜鼻子压接管内，严禁损伤和剪切铜缆芯线。

7. 安装在铜排上的铜鼻子应牢靠端正，采用合适的螺栓连接，并安装齐备的平垫圈和弹簧垫圈。

8. 铜鼻子压接管外侧应采用绝缘材料保护，正极用红色、负极用蓝色、保护地用黄色。

9. 电源线连接时应保持熔丝或空气开关断开，电缆接线端子（或端头）采用绝缘材料包裹严实，依次连接保护地、工作地和工作电源，先连接供电侧端子，后连接受电侧端子。

（四）电缆成端

1. 电缆成端处应留有适当富余量，成束缆线留长应保持一致。

2. 电缆开剥尺寸应与缆线插头（座）的对应部分相适合，成端完毕的插头（座）尾端不应露铜。

3. 配线架侧制作缆线端头时应确保设备端与设备物理断开，芯线焊接应端正、牢固、焊锡适量，焊点光滑、圆满、不成瘤形。

4. 双绞线电缆应按照设计规定或使用需要采用直通连接或交叉连接方式制作RJ-45插头（水晶头），并注意把芯线插入到插头线槽的根部，用线钳将插头压实，用仪表测试合格后才可以使用。

5. 屏蔽网剥头长度应一致，并保证与连接插头的接线端子外导体接触良好。

6. 组装好的电缆线插头（座）应配件齐全、位置正确、装配牢固。

7. 当信号线采用绕接方式终端时，应使用绕线枪，绕线应紧密不叠绕，线径为0.4~0.5mm时绕6~8圈，0.6~1.0mm时绕4~6圈。

8. 当信号线采用卡接方式终端时，卡线钳应与接线端子保持垂直，压下时发出回弹响声说明卡接完成，同时多余线头应自动剪断。

五、设备的通电检查

（一）通电前检查

1. 卸下架内保险和分保险，检查架内电源线连接是否正确、牢固、松动。

2. 在机架电源输入端应检查电源电压、极性、相序。

3. 机架和机框内部应清洁，清除焊锡（渣）、芯线头、脱落的紧固件或其他异物。

4. 架内无断线混线，开关、旋钮、继电器、印刷电路板齐全，插接牢固。

5. 开关预置位置应符合说明书规定。

6. 各接线器、连接电缆插头连接应正确、牢固、可靠。

7. 接线端子插接应正确无误。

（二）通电检查

1. 接通列保险，检查信号系统是否正常，有无告警。

2. 接通机架告警保险，观察告警信息是否正常。

3. 接通机架总保险，观察有无异样情况。

4. 开启主电源开关，逐级接通分保险，通过鼻闻、眼看、耳听注意有无异味、冒烟、打火和不正常的声音等现象。

5. 电源开启后预热，无任何异常现象后，开启高压电源，加上高压电源应保持不跳闸。

上述机架加电过程中，应随时检查各种信号灯、电表指示是否符合规定，如有异常，应关机检查。安装机盘时，如发现个别单盘有问题，应换盘试验，确认故障原因。加电检查时，应戴防静电手环，手环与机架接地点应接触良好。

六、设备的割接、拆旧、搬迁、换装

（一）设备的割接

1. 新安装的设备应进行测试，保证其满足入网要求。

2. 布放好新旧设备之间的连接线。

3. 编写割接报告，报建设单位批准。

4. 由建设单位负责组织，施工单位协助，按计划割接。

5. 新设备割接入网后，及时做好测试工作。

（二）拆除旧设备

1. 拆除旧设备时，不得影响在用设备的正常运行。

2. 拆除过程应遵循的原则为：先拆除备用电路，后拆除主用电路；先拆除支路，后拆除群路；先拆除线缆，后拆除设备；先拆除设备，后拆除走线架；先拆除电源线，后拆除信号线。

3. 拆除时应使用缠有绝缘胶布的扳手（或绝缘扳手），并将拆下的缆线端头作绝缘处理，防止短路。

4. 拆除线缆时应注意对非拆除线缆的保护。线缆翻越电缆槽时应在下方垫衬保护垫，避免划伤线缆外皮。

5. 拆除的线缆两端应做好绝缘防护和标记，应按规格、型号、长度分类依次盘好，整齐摆放到指定地点。

6. 拆除光纤时，不得影响其他光纤的正常运行。

（三）设备的搬迁、换装

1. 在用设备搬迁、换装前应制定详细的搬迁、换装计划，报建设单位审批，申请停电路时间，提前做好新机房的天馈线系统、电源系统、走线架及线缆的布放准备工作。

2. 设备的搬迁、换装工作由建设单位负责组织，施工单位协助进行，并做好各项准备工作。

3. 迁装旧设备在搬迁前应进行单机、通道等主要指标测试，并做好原始记录。迁装后应能达到原水平。

1L412012　机房设备抗震和防雷接地

一、通信设备的抗震措施

1. 机架应按设计要求采取上梁、立柱、连固铁、列间撑铁、旁侧撑铁等连接件牢固连接，使之成为一个整体，并应与建筑物地面、承重墙、楼顶板及房柱加固，构件之间应按设计图要求连接牢固。

2. 通信设备顶部应与列架上梁可靠加固，设备下部应与地面加固，整列机架间应使用连接板连为一体。列架与机房侧房柱（或承重墙）每档应加固一次。

3. 机房的承重房柱应采用"包柱子"方式与机房加固件连为一体。

4. 列柜（头、尾柜）、支撑架或立柱应与地面加固。未装机的空列应在两端和中间设临时立柱支撑，中间立柱间距应为2000~2500mm。

5. 列间撑铁间距应在2500mm左右，靠墙的列架应与墙壁加固。

6. 地震多发地区的列架还应考虑与房顶加固。

7. 铺设有活动地板的机房，机架不得加固在活动地板上，应加工与机架截面相符并与地板高度一致的底座，若多个机架并排，底座可做成与机架排列长度相同的尺寸。

8. 抗震支架要求横平竖直，连接牢固。

9. 墙终端一侧，如是玻璃窗户无法加固时，应使用长槽钢跨过窗户进行加固。

10. 加固材料可用50mm×50mm×5mm角钢，也可用5号槽钢或铝型材，加工机架底座可采用50mm×75mm×6mm角钢，其他特殊用途应根据设计图纸要求加固。

二、通信设备的防雷措施

（一）天馈线避雷

1. 通信局（站）的天线必须安装避雷针，避雷针必须高于天线最高点的金属部分1m以上，避雷针与避雷引下线必须良好焊接，引下线应直接与地网线连接。

2. 天线应该安装在45°避雷区域内，如图1L412012所示。

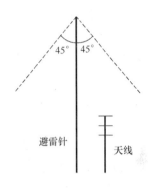

图1L412012　天线防雷保护示意图

3. 天线馈线金属护套应在顶端及进入机房入口处的外侧作保护接地。

4. 出入站的电缆金属护套，在入站处作保护接地，电缆内芯线在进站处应加装保安器。

5. 在架空避雷线的支柱上严禁悬挂电话线、广播线、电视接收天线及架空低压电力线等。

6. 通信局（站）建筑物上的航空障碍信号灯、彩灯及其他用电设备的电源线，应采用具有金属护套的电力电缆，或将电源线穿入金属管内布放，其电缆金属护套或金属管道应每隔10m就近接地一次。电源芯线在机房入口处应就近对地加装保安器。

（二）供电系统避雷

1. 交流变压器避雷

（1）交流供电系统应采用三相五线制供电方式为负载供电。当电力变压器设在站外时，宜在上方架设良导体避雷线。

（2）电力变压器高、低压侧均应各装一组避雷器，避雷器应尽量靠近变压器装设。

2. 电力电缆避雷

（1）当电力变压器设在站内时，其高压电力线应采用地埋电力电缆进入通信局（站），电力电缆应选用具有金属铠装层的电力电缆或其他护套电缆穿钢管埋地引入通信局（站）。

（2）电力电缆金属护套两端应就近接地。在架空电力线路与地埋电力电缆连接处应装设避雷器，避雷器的接地端子、电力电缆金属护层、铁脚等应连在一起就近接地。

（3）地埋电力电缆与地埋通信电缆平行或交叉跨越的间距应符合设计要求。严禁采用架空交、直流电力线引出通信局（站）。

（4）通信局（站）内的工频低压配电线，宜采用金属暗管穿线的布设方式，其竖直部分应尽可能靠近墙，金属暗管两端及中间应就近接地。

3. 电力设备避雷

（1）通信局（站）内交直流配电设备及电源自动倒换控制架，应选用机内有分级防雷措施的产品，即交流屏输入端、自动稳压稳流的控制电路，均应有防雷措施。

（2）在市电油机转换屏（或交流稳压器）的输入端、交流配电屏输入端的三根相线及零线应分别对地加装避雷器，在整流器输入端、不间断电源设备输入端、通信用空调输入端均应按上述要求增装避雷器。

（3）在直流配电屏输出端应加浪涌吸收装置。

（三）太阳电池、风力发电机组、市电混合供电系统防雷措施

1. 装有太阳电池的机房顶平台，其女儿墙应设避雷带，太阳电池的金属支架应与避雷带至少在两个方向上可靠连通，太阳电池和机房应在避雷针的保护范围内。

2. 太阳电池的输出地线应采用具有金属护套的电缆线，其金属护套在进入机房入口处应就近与房顶上的避雷带焊接连通，芯线应在机房入口处对地就近安装相应电压等级的避雷器。

3. 安装风力发电机组的无人站应安装独立的避雷针，且风力发电机和机房均应处于避雷针的保护范围内。避雷针的引下接地线、风力发电机的竖杆及拉线接地线应焊接在同一联合接地网上。

4. 风力发电机的引下电线应从金属竖杆里面引下，并在机房入口处安装避雷器，防止感应雷进入机房。

5. 通信局（站）的接地方式，应按联合接地的原理设计，即通信设备的工作接地、保护接地、建筑物防雷接地共同合用一组接地体的联合接地方式。

（四）接地系统的检查

1. 接地系统包括室内部分、室外部分及建筑物的地下接地网。

2. 接地系统室外部分包括建筑物接地、天线铁塔接地以及天馈线的接地，其作用是迅速泄放雷电引起的强电流，接地电阻必须符合相关规定。接地线应尽可能直线走线，室外接地排应为镀锡铜排。

3. 为保证接地系统有效，不允许在接地系统中的连接通路设置开关、熔丝类等可断开器件。

4. 埋设于建筑物地基周围和地下的接地网是各种接地的源头，其露出地面的部分称作接地桩，各种接地铜排都要通过接地引入线连至接地桩。

5. 接地引入线长度不应超过30m。当采用热镀锌扁钢材料，截面积应不小于40mm×4mm；当采用铜芯电缆时，铜导线截面积不小于90mm^2。

6. 室外接地点应采用刷漆、涂抹沥青等防护措施防止腐蚀。

三、通信设备的环境要求

（一）机房温度要求

1. 不同用途的机房，温度要求各不相同。

2. 在正常情况下，机房温度是指在地板上2.0m和设备前方0.4m处测得的数值。

3. 一类通信机房的温度一般应保持在10~26℃之间；二类通信机房的温度一般应保持在10~28℃之间；三类通信机房的温度一般应保持在10~30℃之间。

（二）机房湿度要求

1. 机房湿度是指在地板上2.0m和设备前方0.4m处测得的数值，此位置应避开出、回风口。

2．一类机房的相对湿度一般应保持在40%～70%之间；二类机房的相对湿度一般应保持在20%～80%之间（温度≤28℃，不得凝露）；三类机房的相对湿度一般应保持在20%～85%之间（温度≤30℃，不得凝露）。

（三）机房防尘要求

1．对于互联网数据中心（IDC机房），直径大于0.5μm的灰尘粒子浓度应≤350粒/L；直径大于5μm的灰尘粒子浓度应≤3.0粒/L。

2．对于一类、二类机房，直径大于0.5μm的灰尘粒子浓度应≤3500粒/L；直径大于5μm的灰尘粒子浓度应≤3.0粒/L。

3．对于三类机房和蓄电池室、变配电机房，直径大于0.5μm的灰尘粒子浓度应≤18000粒/L；直径大于5μm的灰尘粒子浓度应≤300粒/L。

（四）机房抗干扰要求

1．机房内无线电干扰场强，在频率范围0.15～1000MHz时，应≤126dB。

2．机房内磁场干扰场强应≤800A/m（相当于10Oe）。

3．应远离11万伏以上超高压变电站、电气化铁道等强电干扰。

4．应远离工业、科研、医用射频设备干扰。

5．机房地面可使用防静电地漆布或防静电地板。

（五）机房照明要求

1．机房应以电气照明为主，应避免阳光直射入机房内和设备表面上。

2．机房照明一般要求有正常照明、保证照明和事故照明三种。正常照明是指由市电供电的照明系统；保证照明是指由机房内备用电源（油机发电机）供电的照明系统；事故照明是指在正常照明电源中断而备用电源尚未供电时，暂时由蓄电池供电的照明系统。

3．一类、二类机房及IDC机房照明水平面照度最低应满足500照度标准值（lx），水平面照度指距地面0.75m处的测定值；三类机房照明水平面照度最低应满足300照度标准值（lx），水平面照度指距地面0.75m处的测定值；蓄电池室照明水平面照度最低应满足200照度标准值（lx），水平面照度指地面的测定值；发电机机房和风机、空调机房照明水平面照度最低应满足200照度标准值（lx），水平面照度指地面的测定值。

（六）机房荷载要求

1．设备安装机房地面荷载大于6kN/m²（600kg/m²）。

2．总配线架低架（每直列800线以下）不小于8kN/m²，高架（每直列1000线以上）不小于10kN/m²。

1L412013　天馈线系统安装

一、天馈线系统安装前的准备

天馈线系统是移动、微波、卫星等无线传输系统中非常重要的部分，其安装质量的好坏直接影响到通信系统的传输质量，有时甚至会造成重大的通信故障。

1．所安装的天线、馈线运送到安装现场，应首先检查天线有无损伤，配件是否齐全，然后选择合适的组装地点进行组装。在组装过程中，应禁止天线面着地受力，避免损伤天线表面。馈源的安装应轻拿轻放，不能受力，使馈源变形。

2．检查吊装设备。卷扬机、手推绞盘、手搬葫芦等所使用的安装工具必须安全完好，无故障隐患；钢丝绳、棕绳、麻绳等没有锈蚀、磨损、断股等不安全因素。

3. 依据设计核对天线的安装位置、方位角度，确定安装方案，布置安装天线后放尾绳，制定安全措施，划定安装区域，设立警示标志。

4. 检查抱杆和铁塔连接支架的所有螺栓，进行安装前紧固，以防止抱杆不牢固，造成安装测试后引起天线偏离固定位置，造成传输故障。同样，对于移动天线支架、卫星天线支架在安装前，也应仔细检查所有的连接螺栓是否齐全、完好。

5. 风力达到5级以上时，禁止进行高空作业；风力达到4级时，禁止在铁塔上吊装天线。雷雨天气禁止上塔作业。

二、天线安装要求

（一）基站天线

1. 基站天线的安装位置及加固方式应符合工程设计要求，安装应稳定、牢固、可靠。

2. 天线方位角和俯仰角应符合工程设计要求。

3. 天线的防雷保护接地系统应良好，接地电阻阻值应符合工程设计要求。

4. 天线应处于避雷针下45°角的保护范围内。

5. 天线安装间距（含与非本系统天线的间距）应符合工程设计要求，全向天线收、发水平间距应不小于3m。在屋顶安装时，全向天线与避雷器之间的水平间距不小于2.5m，智能天线水平隔离距离应大于2m。

6. 全向天线离塔体间距应不小于1.5m。

（二）微波天线、馈源

1. 安装方位角及俯仰角应符合工程设计规定，垂直方向和水平方位应留有调整余量。

2. 安装加固方式应符合设备出厂说明书的技术要求，加固应稳定、牢固，天线与座架（或挂架）间不应有相对摆动。水平支撑杆安装角度应符合工程设计规定，水平面与中心轴线的夹角应小于或等于25°；垂直面与中心轴线的夹角应小于或等于5°，加固螺栓必须由上往下穿。

3. 组装式天线主反射面各分瓣应按设备出厂说明书相应顺序拼装，并使天线主反射面接缝平齐、均匀、光滑。

4. 主反射器口面的保护罩应按设备出厂说明书技术要求正确安装，各加固点应受力均匀。

5. 天线馈源加固应符合设备出厂说明书的技术要求。馈源极化方向和波导接口应符合工程设计及馈线走向的要求，加固应合理，不受外加应力的影响。与馈线连接的接口面应清洁干净，电接触良好。

6. 天线调测要认真细心，严格按照要求操作。当站距在45km以内时，接收场强的实测值与计算值之差允许在1.5dB之内；当站距大于45km时，实测值与计算值之差允许在2dB之内。

（三）卫星地球站天线、馈源

1. 天线构件外覆层如有脱落应及时修补。

2. 天线防雷接地体及接地线的电阻值应符合施工图设计要求。

3. 各种含有转动关节的构件应转动灵活、平滑且无异常声音。

4. 天线驱动电机应在安装前进行绝缘电阻测试和通电转动试验，确认正常后再行安装。

5. 馈源安装

（1）馈源安装必须在干燥充气机和充气管路安装完毕，并可以连续供气的条件下才能进行。

（2）馈源安装后应及时密封并充气。充气机的气压和启动间隔要求应符合馈源及充气机说明书规定的条件，以免损坏馈源窗口密封片。充气后应作气闭试验，应无泄漏。

6. 极化分离器及合路器的安装

（1）安装前检查连接极化器的直波导应无变形，内壁应洁净，无锈斑。

（2）在施工中，严禁任意调整极化分离器及合路器。安装时，应整体与馈源及其他波导器件连接。如限于结构特点必须拆开安装时，应在拆卸前做好标记，重新安装时准确按原标记恢复。

（3）安装过程中严防异物掉进馈源系统，严禁用手扶摸馈源内壁。

（四）GPS天线

1. GPS天线应安装在较空旷位置，上方90°范围内（至少南向45°）应无建筑物遮挡。GPS天线离周围尺寸大于200mm的金属物体的水平距离不宜小于1500mm，如图1L412013-1所示。

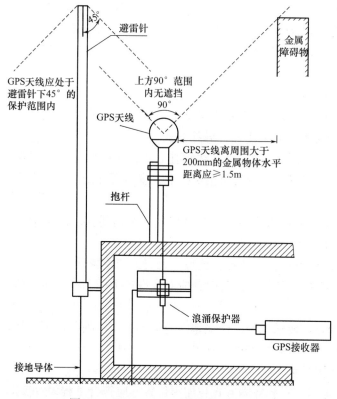

图1L412013-1　GPS天线安装示意图

2. GPS天线与通信发射天线在水平及垂直方向上的距离应满足工程设计要求。

3. GPS天线应垂直安装，垂直度各向偏差应不超过1°。

4. 当安装两套GPS天馈系统时，应保证两个GPS天线间距符合设计规定。

5. GPS天线应处在避雷针顶点下倾45°保护范围内。

三、馈线安装要求

（一）移动基站馈线系统和室外光缆

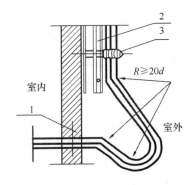

1. 馈线的规格、型号、路由走向、接地方式等应满足工程设计的要求。馈线进入机房前应有防水弯，防止雨水进入机房。馈线拐弯应圆滑均匀，弯曲半径应大于或等于馈线外径（d）的20倍（软馈线的弯曲半径应大于或等于其外径的10倍），防水弯最低处应低于馈线窗下沿，如图1L412013-2所示。

2. 馈线衰耗及电压驻波比应满足工程设计要求。

3. 馈线与天线连接处、与设备侧软跳线连接处应有

图1L412013-2 防水弯示意图
1—机房孔洞；2—走线架；3—固定卡子

防雷器；馈线在室外部分的外屏蔽层应接地，接地线一端用铜鼻子与室外走线架或接地排应可靠连接，另一端用接地卡子卡在开剥外皮的馈线外屏蔽层（或屏蔽网）上，应保持接触牢靠并做防水处理，电缆和接地线应保持夹角小于或等于15°；接地线的铜鼻子端应指向机房（或接地体入地）方向，并保持没有直角弯和回弯。馈线长度在10m以内时，需两点接地，两点分别在靠近天线处和靠近馈线窗处；馈线长度在10~60m时，需三点接地，三点分别在靠近天线处、馈线中部垂直转水平处和靠近馈线窗处；馈线长度超过60m，每增加20m（含不足），应增加一处接地。

4. 室外光缆布放应符合设计要求，冗余部分应整齐盘绕，并固定在抱杆（或靠近抱杆的走线架）上。

5. 室外光缆布放时，禁止用力拉拽和弯折，禁止打开光缆接头上的保护盖和触摸纤芯。

6. 室外光缆在室内设备上方垂直悬空部分应使用尼龙搭扣缠绕，尼龙搭扣间距宜为10~20cm；室内走线架上应采用扎带绑扎方式。

7. 室外光缆在室外部分应采用皮线绑扎方式，先松紧适度地沿光缆缠绕3~5圈，再将缠绕好的光缆固定在室外走线架每根横档上，皮线绑扎结扣应设置在走线架背面，结扣需修剪整齐。

8. 室外光缆从室外进入室内，可独立使用一个馈线孔，入室前应作防水弯。防水弯应与同期进入机房的馈线弯曲一致。

9. 室外光缆绑扎应顺直、整齐、美观，无交叉和跨越现象。

10. 光缆端头插接室外单元设备时，应对齐设备上的卡槽，再轻缓地将端头推入，并将光缆固定。

11. 光缆两端应安装标识牌，标识牌内容应统一、清晰、明了。标识牌应用扎带挂在正面容易看见的地方，应保持美观、一致。

（二）微波馈线系统

1. 馈线路由走向、安装加固方式和加固位置等应符合工程设计要求。

2. 馈线出入机房时，其洞口必须按工程设计要求加固和采取防雨措施；馈线与天线馈源、馈线与设备的连接接口应能自然吻合，馈线不应承受外力。

3. 馈线安装好后必须按工程设计要求接好地线，并做好防腐处理；馈线系统安装完后应做密封性试验，馈线保气时间应符合设计要求。

4. 安装的硬波导馈线应横平竖直、稳定、牢固、受力均匀，加固间距为2m左右，加

固点与软波导、分路系统的间距为0.2m左右。同一方向的两条及两条以上的硬波导馈线应互相平行。

5．安装的软波导馈线的弯曲半径和扭转角度必须符合产品技术标准要求。安装的椭圆软波导馈线两端椭矩变换处必须用矩形波导卡子加固，以便椭圆软馈线平直地与天线馈源、设备连接，达到自然吻合。椭圆软波导应用专用波导卡子加固，其水平走向的加固间距约为1m，垂直走向的加固间距约为1.5m，拐弯处应适当增加加固点。

（三）卫星地球站馈线系统

1．同轴电缆及波导馈线的走向、连接顺序及安装加固方式应符合施工图设计要求；馈线应留足余量，以适应天线的转动范围。

2．波导馈线连接前应先将其位置调好，使法兰盘自然吻合，先用销钉定位，装好密封橡皮圈，然后再用螺栓连接紧固。加固时，除可略向上托以消除因重力下垂以外，不允许波导馈线在其他方向受力（如向下压或向左右扳）。装好的波导馈线接头的橡皮圈不得扭绞或挤出槽外。当法兰盘不能自行吻合时，禁用螺栓强行拉紧合拢，以免波导管受附加应力而损伤。

3．同轴电缆馈线转弯的曲率半径应不小于电缆直径的12倍，LDF4-50同轴电缆转弯的曲率半径应不小于125mm；室外同轴电缆接头应有保护套，并用硅密封剂密封。

4．波导馈线和低损耗射频电缆外导体在天线附近和机房入口处应与接地体作良好的电气连接。

5．矩形波导馈线自身应平直，其走向应与设备边缘及走线架平行。

6．椭圆软波导转弯时，长、短轴方向的曲率半径均应符合馈线设计要求，扭转角不得大于馈线设计允许值。

四、塔放系统和室外单元

1．塔顶放大器和室外单元的安装位置和加固方式应符合工程设计要求。

2．塔顶放大器和室外单元的各种缆线宜分层排列，避免交叉，余留的缆线应整齐盘放并固定好。

3．塔顶放大器和室外单元与馈线、天线之间应匹配良好，做好可靠连接后，接头处应做防水、防雷处理。

4．连接到塔顶放大器和室外单元的室外光缆接头（航空头），必须按照接头上的卡槽固定好位置，并按要求做好防水处理。

5．电源线从室内防雷箱布放至天面室外防雷箱，路由应符合设计要求，并绑扎在走线架横档上。

6．室内部分用扎带扎固的，应采用下面平行上面交叉方式，扎带头朝向应一致，扎带松紧应适度。

7．室外部分可用皮线绑扎，先用皮线将电源线缠绕3~5圈（圈数保持一致），然后绑扎在室外走线架横档上，每档均应做绑扎。皮线结扣应留在走线架背面，结扣需修剪整齐。

8．电源线

（1）电源线必须整根布放，绑扎应整齐美观，无交叉和跨越现象。

（2）电源线在进入机房前应做防水弯，并与同期其他缆线弯曲一致。

（3）电源线室外部分应做防雷接地，接地方式和位置与馈线接地要求相同。

（4）电源线应绑扎标牌，标牌内容应统一、清晰、明了。

（5）制作电源线终端头时，开剥长度一致，且不应伤及芯线，连入接线端子处不得露铜。

1L412020   传输系统及核心网的测试

1L412021   传输系统的测试

传输系统测试包括传输设备（网元级）的性能测试和传输系统（系统级）的性能测试。传输系统测试是检验传输设备网络性能好坏的一个重要手段。

一、传输设备网元级测试

（一）SDH设备测试

1. 平均发送光功率：是指发送机耦合到光纤的伪随机数据序列的平均功率在S参考点上的测试值。测试所用仪表主要有图案发生器、光功率计，其中图案发生器不是必需仪表，仅当一些设备需要在输入口送信号，输出口才能发光时选用。

测试连接图及S参考点定义如图1L412021-1所示。

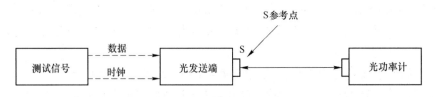

图1L412021-1   平均发送光功率测试连接图

2. 发送信号波形（眼图）：发送信号波形是以发送眼图模框的形式规定了发送机的光脉冲形状特征，包括上升、下降时间，脉冲过冲及振荡。测试所用仪表主要有通信信号分析仪（高速示波器），测试连接图如图1L412021-2所示。

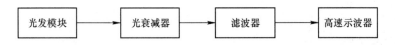

图1L412021-2   光发送信号眼图测试配置图

3. 光接收机灵敏度和最小过载光功率：指输入信号处在1550nm区，误码率达到10^{-12}时设备输入端口处的平均接收光功率的最小值和最大值。测试所用仪表有SDH传输分析仪（包括图案发生器、误码检测仪）、可变衰耗器及光功率计，测试连接如图1L412021-3所示。

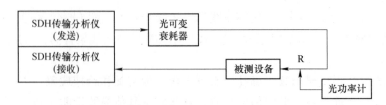

图1L412021-3   光接收机灵敏度和最小过载光功率测试连接图

4．抖动测试

抖动（定时抖动的简称）定义为数字信号的特定时刻（如最佳抽样时刻）相对其理想参考时间位置的短时间偏离。抖动测试主要仪表有SDH传输分析仪（含抖动模块），主要测试项目如下：

（1）输入抖动容限及频偏：是指SDH设备接口输出端在不产生误码的情况下，允许输入端信号携带抖动（或频率偏离）的最大极限值。

（2）输出抖动：也称固有抖动，是指SDH设备的支路和群路端口，在输入端正常无人为抖动和频偏输入的情况下，输出端所产生的最大抖动。

（3）SDH设备的映射抖动和结合抖动：映射抖动是指由于SDH设备解复用侧支路映射而在PDH支路输出口产生的抖动；结合抖动是指SDH设备解复用侧由于支路映射和指针调整结合作用而在PDH支路输出口产生的抖动。

（4）再生器抖动转移特性：指设备输出信号的抖动与所加输入信号的抖动之比随抖动频率变化的关系。一般用抖动传递函数来表示。

抖动测试连接图如图1L412021-4所示。

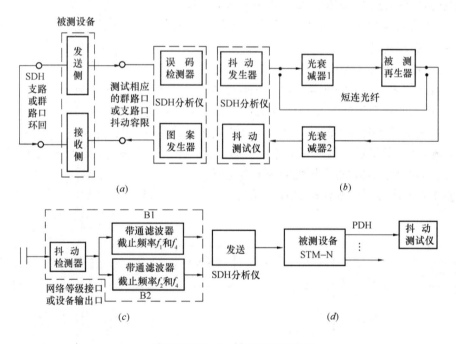

图1L412021-4　抖动测试连接图

(a)抖动容限测试连接图；(b)抖动转移特性测试连接图；

(c)网络接口输出抖动测试；(d)映射抖动和结合抖动测试连接图

注：工程测试中每个支路板只测试一个支路。

（二）波分复用设备测试

1．波长转换器（OTU）测试

波长转换器（OTU）测试项目中涉及与SDH设备测试项目基本一致的，在此不再叙述，仅列项目。

（1）平均发送光功率。

（2）发送信号波形（眼图）。

（3）光接收机灵敏度和最小过载光功率。

（4）输入抖动容限。

（5）抖动转移特性。

（6）中心频率与偏离：是指在参考点Sn，发射机发出的光信号的实际中心频率，该值应当符合设计规定。设备工作的实际中心频率与标称值的偏差称为中心频率偏离，一般该值不应超出系统选用信道间隔的±10%。测试主要仪表为多波长计或光谱分析仪，测试连接图如图1L412021-5所示。

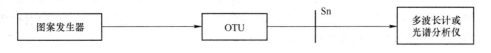

图1L412021-5　中心频率测试连接图

（7）最小边模抑制比：指在最坏的发射条件时，全调制下主纵模的平均光功率与最显著边模的光功率之比。测试主要仪表为光谱分析仪。

（8）最大-20dB带宽：指在相对最大峰值功率跌落20dB时的最大光谱宽度。测试主要仪表为光谱分析仪。

2. 合波器（OMU）测试

主要测试仪表有可调激光器光源、偏振控制器、光功率计，主要测试项目如下：

（1）插入损耗及偏差：是指穿过OMU器件的某一特定光通道所引起的功率损耗，插入损耗偏差则是插入损耗测试值与插入损耗平均值之差的绝对值。

（2）极化相关损耗：指的是对于所有的极化状态，在合波器的输入波长范围内，由于极化状态的改变造成的插入损耗的最大变化值。

合波器测试连接图如图1L412021-6所示。

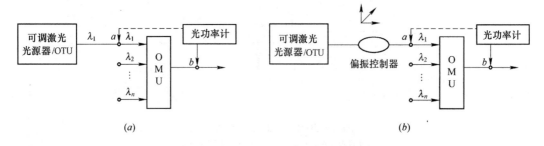

图1L412021-6　合波器测试连接图
(a)合波器插入损耗测试连接图；(b)极化相关损耗测试连接图

3. 分波器（ODU）测试

主要测试仪表有可调激光器光源、偏振控制器、光功率计和光谱分析仪，主要测试项目如下：

（1）插入损耗及偏差：插入损耗是指穿过ODU器件的某一特定光通道所引起的功率损耗，插入损耗偏差则是插入损耗测试值与插入损耗平均值之差的绝对值。测试连接与合波器测试类似，注意信号传递方向与合波器不同。

（2）极化相关损耗：指的是对于所有的极化状态，在分波器的输入波长范围内，由于极化状态的改变而造成的插入损耗的最大变化值。测试连接与合波器测试类似，注意信号传递方向与合波器不同。

（3）信道隔离度：分波器中，每个输出端口对应一个特定的标称波长λ_j（$j=1$，2，$\cdots$，n），从第i路输出端口测得的该路标称信号的功率$P_i(\lambda_i)$，与第j路输出端口测得的串扰信号$\lambda_i(j\neq i)$的功率$P_j(\lambda_i)$之间的比值，定义为第j路对第i路的隔离度，用dB表示为$10\lg(P_i/P_j)$。测试连接图如图1L412021-7所示。

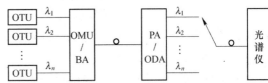

图1L412021-7　分波器隔离度测试连接图

4. 光纤放大器（OA）测试

主要测试仪表有光谱分析仪和光功率计，主要测试项目如下：

（1）输入光功率范围：是指当光纤放大器的输出信号光功率在规定的输入功率范围内，并使其性能能够保障时，光纤放大器输入信号的光功率范围，实测范围应大于指标标称范围。工程中只测试工作状态的输入光功率数值。

（2）输出光功率范围：是指当光纤放大器的输入信号光功率在规定的输出功率范围内，并使其性能能够保障时，光纤放大器输出信号的光功率范围，实测范围应小于指标标称范围。工程中只测试工作状态的输出光功率数值。

（3）噪声系数：是指光信号在进行放大的过程中，由于放大器的自发辐射（ASE）等原因引起的光信噪比的劣化值，用dB度量。计算公式为：

$$噪声系数=输入光信号的信噪比-输出光信号的信噪比 \qquad （1L412021）$$

5. 光监测信道（OSC）测试

DWDM系统在正常的业务信道之外增加一个波长信道专用于对系统的管理，这个信道就是所谓的光监控信道（OSC）。监控通路采用信号翻转码CMI为线路码型。主要测试项目如下：

（1）光监测信道光功率：测试仪表为光功率计。在光监测通道设备的发送端口测试其平均发送光功率。

（2）光监测信道工作波长及偏差：测试仪表为多波长计或光谱分析仪。在光监测通道设备的发送端口测试其波长值，实测值与其标称值之差的绝对值即为偏差。

（三）PTN设备测试

1. PDH、SDH接口性能测试

测试方法和内容与SDH设备测试项目和指标要求类似，不再赘述。

2. 以太网接口性能测试

测试方法与SDH、WDM相同的仅列出项目。

（1）平均发送光功率。

（2）接收灵敏度和最小过载光功率。

（3）吞吐量：是指设备可以转发的最大数据量，通常表示为每秒钟转发的数据量。测试仪表为以太网网络分析仪。

（4）时延：是设备对数据包接收和发送之间延迟的时间，单机测试的数据主要体现网络节点设备的性能。

（5）过载丢包率：是指设备在不同负荷下转发数据过程中丢弃数据包占应转发包的比例，不同负荷通常指在典型数据包长下从吞吐量测试到端口标称速率。

（6）背靠背：指端口工作在最大速率时，在不发生报文丢失前提下，被测设备可以接收的最大报文序列的长度，反映设备对于突发报文的容纳能力。

3. ATM接口性能测试

ATM的功能和性能主要测试端口环回功能、交换容量、信元传送优先级、信元丢弃优先级和最大流量测试。由于项目实际使用较少，不再赘述。

二、传输系统级测试

传输系统级测试一般应在传输设备单机（网元级）测试完成后进行，主要包括系统性能指标测试和系统功能验证两部分。对于波分复用传输系统，由于系统首先需进行各业务信道的信噪比优化，所以波分复用系统首先需进行信噪比测试；SDH和PTN传输系统，打通光路后就可以开始系统测试。具体测试项目如下：

1. DWDM系统光信噪比测试。主要测试仪表为光谱分析仪。

2. DWDM系统中心波长及偏差。主要测试仪表为光谱分析仪，需要进行高精度测试时，可使用多波长计代替光谱仪进行测量。

3. 系统输出抖动测试。包括OTU和SDH、PDH各速率接口的输出抖动（无输入抖动时的输出抖动）。测试连接图如图1L412021-8所示。

4. 系统误码测试。包括SDH、PDH各速率接口的数字通道误码测试，波分复用系统STM-N光通道误码测试。测试主要仪表有SDH分析仪（包括图案发生器、误码检测器）。测试连接图如图1L412021-9所示。

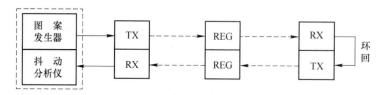

图1L412021-8 系统输出抖动性能测试

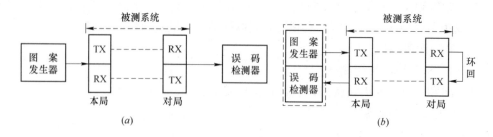

图1L412021-9 误码测试连接图
（a）单向测试；（b）环回测试

5. 以太网链路测试。DWDM和PTN系统以太网链路主要包括链路时延和长期丢包率测试，使用仪表为以太网测试仪。

6．ATM链路测试。PTN系统ATM链路测试项目包括信元丢失率和信元差错率测试。

7．系统保护倒换测试。包括DWDM、SDH、PTN系统复用段和通道保护倒换业务中断时间测试。STM-N和PDH链路测试仪表为数字传输分析仪，以太网链路测试仪表为以太网测试仪。

8．设备冗余保护功能验证。

9．交叉连接设备功能验证。是指交叉连接设备的功能、容量、交叉连接响应时间等功能项目的验证。

10．网管功能验证。按照设备采购合同中的条款，逐项检查网管系统对网元的管理能力和对整个系统的管理能力，故障处理和报告功能等。主要是通过网管提供的各项测试手段来进行验证。

1L412022　核心网设备的测试

现网运行的核心网主要包括支撑第三代移动通信技术的CDMA2000、WCDMA、TD-SCDMA核心网以及支撑第四代移动通信技术的LTE核心网。

一、LTE设备通电前检查

核心网设备安装完毕后，要进行通电前检查，确定正常后，方可进行通电测试。设备通电前主要检查以下项目：

1．设备、配线架应从接地汇集排引入保护接地。接地导线截面积应满足设计要求。

2．设备的标称工作电压应为-48V，设备通电前应在机房主电源端子上测量电源电压，机房电源电压应满足工程设计要求。

3．各种机架及线缆标识准确、清晰、完整、齐全。各种电路板数量、规格、接线及机架的安装位置与工程设计文件相符。设备内部的电源布线接线处牢固、正确。使用交流电源的设备和使用直流电源的设备不得安装在同一机架内。设备的供电电源线规格满足工程设计要求。

二、LTE系统检查测试

核心网设备加电后，主要进行以下系统检查项目：

1．系统应具备上电、重启、备份转存、数据库备份等功能。

2．设备板卡配置、软硬件版本应满足设计要求。

3．局数据配置应正确。

4．系统应具备日常维护、诊断测试、远程维护、日志等功能。

5．系统应具备声光告警、系统资源告警、设备连接告警、网络连接告警、外部告警等功能。

三、LTE工程初验测试项目

初验的内容应包括核心网功能测试、业务测试、性能测试、网管测试、系统安全测试及可靠性测试，测试结果应满足设计文件及工程技术规范书的要求。在初验时如果发现主要指标和性能达不到要求时，应由责任方负责及时处理，问题解决后再重新进行测试。

（一）功能测试

核心网功能测试应包含对移动性管理实体（MME）、服务网关（S-GW）、分组数据网关（P-GW）、归属签约用户服务器（HSS）、策略及计费规则功能（PCRF）、计费网关（CG）、域名服务器（DNS）和Diameter信令中继代理（DRA）等网元的测试。已建有CDMA2000网络的LTE核心网功能测试还应包含对3GPP AAA、HSGW网元的测试。已建有WCDMA或TD-SCDMA核心网时，应测试LTE核心网与已建有核心网的互操作功能。

1. 移动性管理实体（MME）功能。主要包括：接入控制、移动性管理、会话管理、网元选择、标识管理、MME POOL等功能的测试。

2. 服务网关（S-GW）功能。主要包括：会话管理、路由选择和数据转发、QoS、计费等功能的测试。

3. 分组数据网关（P-GW）功能。主要包括：会话管理、IP地址分配、路由选择和数据转发、接入外部数据网、DPI、QoS、计费等功能的测试。

4. 归属签约用户服务器（HSS）功能。主要包括：用户数据存储管理、用户鉴权和授权、移动性管理、Diameter路由选择等项目的测试。

5. 策略及计费规则功能（PCRF）。主要包括：策略控制、计费策略控制、Gx会话、Rx会话、Gxa会话等功能的测试。

6. 计费网关（CG）功能。主要包括：计费话单功能和与计费系统接口功能的测试。

7. 域名服务器（DNS）功能。主要包括：基本功能、查询功能和安全功能的测试。

8. Diameter信令中继代理（DRA）。主要指Diameter互通功能的测试。

9. 3GPP AAA功能。主要包括：用户数据存储和管理、用户鉴权和授权两方面的功能测试。

10. HSGW功能。主要包括：P-GW选择功能、承载管理与QoS控制、移动性管理、接入鉴权和授权、计费等功能的测试。

（二）业务测试

业务测试应在所有网元功能测试完成后进行。主要包括如下内容：

1. 语音业务。网络应支持CSFB、SVLTE、SRLTE或VoLTE等方式提供语音业务。

2. 数据承载业务。承载类业务包括但不限于浏览类业务、下载类业务、电子邮件类业务、流媒体业务、P2P类业务、VoIP类业务、即时消息类业务。

（三）性能测试

性能测试主要测试核心网设备的处理能力。主要包括如下内容：

1. 测试核心网设备网元间以及与其他相关网元的Diameter信令、S1接口协议、DNS协议处理能力负荷及网元间信令响应时延。

2. 测试核心网设备呼叫失败率。

3. 若现场测试不具备测试条件，可提供已认证的测试报告。

（四）网管测试

核心网网管测试包含对配置管理功能、告警管理功能、性能管理功能、拓扑管理功能、安全管理功能、信令跟踪管理功能、接口功能的测试及核心网网元相关网管统计数据功能测试。

1. 配置管理功能。测试网元设备动态和静态配置数据的集中管理、对配置信息的采集、存储、查询和处理等功能。

2. 告警管理功能。测试告警处理、告警呈现、告警查询统计等功能。

3. 性能管理功能。测试性能数据采集、性能数据汇总、性能指标管理、性能门限管理等功能。

4. 拓扑管理功能。测试拓扑监视、拓扑图操作等功能。

5. 安全管理功能。测试对系统中操作员管理权限的管理和控制功能。

6. 信令跟踪管理功能。测试对特定用户的端到端信令的跟踪功能。

7. 接口功能。测试北向接口功能。

8. 网元相关网管统计数据功能测试。

（五）系统安全测试

系统安全测试包括网管系统安全管理功能检查、分权分域管理安全验收测试、网络设备安全验收测试和数据库安全验收测试等部分内容。

1. 网管系统安全管理功能。检查用户权限、操作日志等内容是否满足相关要求。

2. 分权分域管理安全验收。检查局数据、计费数据、统计数据、告警信息的分权分域管理和账户的权限划分是否符合设计规定。

3. 网络设备安全验收。包含操作系统安全检查、防病毒检查、网络设备端口安全性检查等项目。

4. 数据库安全验收。包括账户、口令管理、访问日志、备份安全等测试内容。

（六）可靠性测试

可靠性测试结果应满足设计文件及工程技术规范书的要求。主要包括以下内容：

1. EPC核心网设备主备模块、主备服务器之间的主备倒换机制，系统倒换时延和业务服务指标。

2. EPC核心网设备负载分担设备的负载分担能力和效果、负载分担策略。

3. EPC核心网网络设备的路由接口冗余配置能力及冗余网络路由的备份、倒换功能。

4. 计费不准确率指标应小于十万分之一。

1L412030 蜂窝移动通信系统的测试和优化

1L412031 蜂窝移动通信系统的测试

在我国移动通信网络中，现网运行主要包括第二代移动通信技术的GSM和CDMA无线网，第三代移动通信技术的CDMA2000、WCDMA、TD-SCDMA无线网，以及第四代移动通信技术的TD-LTE和LTE FDD无线网。第二代和第三代无线网正在逐步被第四代移动网替代。TD-LTE和LTE FDD网络各有优势，但施工现场安装测试基本类似。

一、移动通信基站设备安装测试

1. 基站站点参数表

基站站点参数表主要是基站工程参数表，在基站本机测试时需要对基站的站点参数表进行采集及核对，保证各个参数的真实有效，以便后期对基站的正常工作及基站维护、网络优化提供基本保障。

基站工程参数表包含基站的工程参数信息，包括站名、站号、配置、基站经纬度、天线高度、天线增益、天线半功率角、天线方位角、俯仰角、基站类型等。这些参数大部分在网络设计、规划阶段已经确定，这时需要对这些数据核实检查，保证参数与实际情况相一致。对于一些由于特殊情况进行调整过的参数，应进行修改登记，确保基站工程参数表内容为当前实际最新参数。

2. 基站天馈线测试

基站天馈线测试包括天馈线电压驻波比（*VSWR*）测试。电压驻波比理论公式为：

$$VSWR=\frac{\sqrt{发射功率}+\sqrt{反射功率}}{\sqrt{发射功率}-\sqrt{反射功率}}$$ （1L412031）

在移动通信中，驻波比表示馈线与天线的阻抗匹配情况。在不匹配时，发射机发射的电波将有一部分反射回来，在馈线中产生反射波。反射波到达发射机最终变为热量消耗掉，接收时也会因为不匹配造成接收信号不好。驻波比太高时，除了将部分功率损耗为热能，减少效率，减少基站的覆盖范围，严重时还会对基站发射机及接收机造成严重影响。天馈线驻波比的测试应按照要求使用驻波比测试仪，要求驻波比小于等于1.5。

4G基站一般采用RRU+BBU工作方式，取代了传统的基站设备到天线间全程馈线的连接方式，因此在工程设备安装测试阶段，只需要对安装完跳线的天线各端口和GPS天馈线进行电压驻波比测试。

二、移动通信设备的网络测试

移动通信设备的网络测试主要是针对网络性能进行验证测试，测试内容包含网络功能和性能检验、呼叫质量测试和路测三项工作。网络测试可以为网络优化提供参考，可以及时发现和解决网络中存在的问题，提高网络质量和服务水平。

网络测试一般在基站设备安装完毕并割接入网后，经过联网测试和工程优化，检查测试全部合格后，建设单位组织的初步验收阶段进行。

（一）网络功能和性能检验

1. 基站子系统检验。检验设备软硬件安装正确，各单板指示灯显示正常；网元地址与编号、载频、PCI码资源等参数配置正确；邻区关系配置合理。

2. 操作维护中心（OMC-R）检验项目包括：

（1）用户接口。图形界面和命令行接口性能。

（2）安全管理。操作员权限限制和数据安全性能。

（3）维护管理。设备维护、状态查询、设备测试和传输层管理维护性能。

（4）配置管理。数据配置、配置查询、数据一致性、逻辑资源、软件管理性能。

（5）性能管理。系统测量和统计、服务质量指标项等功能。

（6）告警管理。告警收集、保存、查询、提示和处理等性能。

（7）报表管理。报表定制与模板管理、报表生成与发布等功能。

（8）操作日志。以日志的方式记录关键操作并提供条件过滤类型的操作日志查询功能。

（9）SON管理（选测）。PCI自配置和自优化、自动建立与维护邻区关系列表功能。

3. 无线网功能检验项目包括：

（1）系统消息广播。eNodeB应能完成网络侧对UE的寻呼并触发UE状态转换和读取系统信息更新。

（2）安全模式控制。应保证eNodeB与UE之间的数据和信令的机密性和完整性。

（3）移动性能控制。应具备寻呼和位置更新功能。

（4）无线资源管理。支持灵活的信道带宽分配；负载控制应包括接入控制、拥塞控制、负载监测、负载切换、潜在用户控制功能；资源分配应能实现用户面和控制面的资源调度；功率分配与功率控制应包括下行功率分配、上行闭环功率控制；应实现eNodeB逻辑操作维护；应实现RRC连接建立和释放；可根据无线信道和业务状况自适应确定天线下行传输模式。

（5）系统内切换。应支持基站内切换、X2切换、LTE系统内的S1切换。

（6）网络自配置（选测）。支持PCI自配置、自动建立与维护邻区关系列功能。

（7）定位功能（选测）。应支持基于CellID、A-GPS等定位方式。

（8）互操作性（选测）。应支持与2G/3G等不同制式网络，以及与TD-LTE等不同系统之间的漫游、切换、优先级设置等。

（9）故障恢复功能。当eNodeB重新启动后应能执行恢复程序。

4．无线网性能检验项目包括：

（1）覆盖性能。支持RSRP和RS-SINR。

（2）接入性能。应可以监视RRC连接建立成功率和连接建立时延。

（3）保持能力。支持掉线率检测。

（4）服务质量。可检测下载和上传平均速率。

（5）移动性能。可监视切换成功率、控制面切换时延和用户面切换时延。

（6）互操作性（选测）。可监视异系统重选成功率与重选时延、异系统切换成功率与时延。

通过对网络功能和性能的统计测量，可以更好地掌握目前的网络现状，建立切合网络现状的业务模型，可以有针对性地开展下一步的具体优化工作，对以后的网络扩容及网络规划有一定的指导性意义。

（二）呼叫质量测试（CQT）

呼叫质量测试（Call Quality Test）是在覆盖区域内选择多个测试点，在每个点进行一定数量的呼叫，通过呼叫接通情况及测试者对业务质量的评估，分析网络运行质量和存在的问题。CQT能够比较客观地反映网络的状况。

1．测试点选取

按照地理、业务流量、楼宇功能、客户投诉记录等综合因素考虑选择CQT测试点，突出重点区域。一般选择交通枢纽(机场、火车站、汽车站、码头等)、商业娱乐中心、宾馆等高业务密度地区。对于楼层高于11层的建筑测试，要求分顶楼、楼中部、底层三部分进行测试。

2．测试方式

每个测试点要求CQT测试人员进行满buffer下行FTP业务、上行FTP业务各10次，稳定后保持30s以上，业务间隔在10s左右。记录应用层吞吐量，调度的RB数量、频点、RS发射功率、UE类型、UE发射功率、RSRP、CQI、RS-SINR、MCS、MIMO方式等信息，并计算出测试要求的各项百分率。要求测试点RSRP平均值及RS-SINR平均值均不低于设计指标要求。

3．选点数量和分布

大型城市宜选50个测试点，中型城市宜选30个测试点，小型城市选20个测试点。测试点应按照地理、话务、楼宇功能等因素综合考虑，均匀分布。

4．测试时段

在工作日，选择当地移动通信数据流量忙时进行。

（三）路测（DT）

路测（Driver Test）是借助测试软件、测试手机、GPS、电子地图及测试车辆等工具沿特定路线进行无线网络参数和业务质量测定的测试形式。测试分为单站测试和区域测试。通过单站测试明确该站点的覆盖范围、QOS（服务质量）、与邻区的信号交叠情况以及切换和掉话原因。通过区域测试明确该区域的无线覆盖率、接通率、掉线率、切换成功率、FTP上传/下载平均速率等。

1. DT测试道路选取

单站测试，需测试基站第一层邻近站点，如果无邻近站点，需测试到基站覆盖边缘再折返。折返时做扇形覆盖测试，路线尽量遍历待测基站周围所有主要街道。

区域测试应尽可能遍历测试区域内的主干道，如商业区、住宅区、校园等区域的道路，机场路，环城路，沿江两岸，主要桥梁和隧道等。测试路线尽量均匀覆盖整个城区，并且做到尽量不重复。

2. 区域DT测试要求

（1）测试时间宜安排在工作日话务忙时进行。

（2）测试车速建议在城区保持正常行驶速度，车速应保持在40~60km/h；在城郊快速路车速应保持在60~80km/h。

（3）LTE FDD无线网测试中，FTP长呼数据测试不限时长，多线程下载大文件，文件下载完成后，自动重新下载，掉线后间隔10s重新尝试连接。FTP短呼测试每次呼叫时长100s，呼叫结束后断开，10s后重新尝试接入；期间如果发生掉线或连接失败，间隔15s后重新尝试接入。

（4）TD-LTE无线网测试中，数据业务测试时应使用不低于12 MB的数据包。每次测试数据业务要求持续90s，间隔10s，若出现未连接情况，应间隔10s进行下一次业务。

3. DT测试过程中需要显示以下信息：

（1）基站每扇区的覆盖区域；

（2）服务小区、邻小区的RSRP，RS-SINR；

（3）终端发射功率、BLER；

（4）呼叫全过程；

（5）数据服务质量；

（6）主要邻区间切换（同系统、异系统；同频、异频）。

1L412032　蜂窝移动通信系统的网络优化

一、网络优化的概念

移动通信的网络优化就是对正式投入运行的网络进行参数采集、数据分析，找出影响网络运行质量的原因，通过对网络进行参数和资源调整，并采取某些技术手段，使得网络达到更佳运行状态、现有网络资源获得最佳效益，同时还要对网络今后的维护及规划建设提出合理建议。移动通信网络的特点决定了网络覆盖、容量、质量三者之间的矛盾，网络优化的方法之一就是平衡这三者之间的矛盾，网络优化的过程实际上就是一个平衡的过程。网络优化是一个长期的过程，贯穿于网络发展的始终，它随着对用户服务的不断升级而不断深入。

二、网络优化的分类

1. 从网络的结构方面划分，移动通信的网络优化可分为无线网络优化和核心网络优化两个方面。

无线网络优化主要指与空中接口部分相关的设备和设备相关参数的优化。由于无线电波传播受障碍物的阻碍及城市规划和建设的变化，影响最初网络设计时无线覆盖模型，所以，必须根据无线环境优化无线设备，以达到网络覆盖的要求。这个过程主要是对基站子系统无线资源参数及小区参数进行微调。

核心网络的优化涉及调整交换侧的容量和参数两项内容。在网络优化过程中，应根据新的网络的承载情况对其重新做出调整。

2. 从网络的建设和维护的时间顺序方面来划分，移动通信优化可分为网络新建后的工程优化和运行维护中的专业网络优化两类。

网络建设过程中的突出矛盾就是覆盖和质量的问题。由于无线环境覆盖不足，出现部分区域无信号或信号较弱，导致呼叫困难、掉话、业务质量差，所以满足覆盖是工程优化中的重要方面。在优化时，需要优化调整覆盖的方向和覆盖的深度，以适应用户的需求。

随着网络的成熟，覆盖问题得到解决，但用户不断地增加，网络表现为容量和质量之间的矛盾突出。运行维护中，需要专业的优化队伍对网络的资源和相关参数再次平衡，消除矛盾。

三、网络优化步骤

1. 网络数据收集

网络数据的收集工作包括：收集网络的整体运行性能指标和数据、了解优化区域的地形分布、分析客户的话务模型分布、清楚基站站点位置分布、收集天馈线资料、规划小区频率、配置硬件资源及交换资源等，另外还要收集手机用户投诉并结合手机用户的感知情况，正确做出资源和参数的建议和整改方案。

2. 优化工具准备

优化工作开始前，必须做好准备工作，确保优化工作中必需的硬件及软件的正常使用。一般从硬件和软件两个方面进行准备工作。

（1）网络优化所需硬件包括：适当数量的笔记本电脑、路测使用的车辆及装备、路测使用的仪表及相关电源等外设、测试所用的手机及相关电源和外设、天线调整工具（如扳手、电调天线专用工具等）、安全工具（如安全带、安全帽等）。

（2）网络优化所需软件包括：前台路测专用软件、后台路测分析软件、地图专用软件、网络基站的地理位置信息及基站的硬件资料、信令仪及相关跟踪分析软件、远端及近端登陆OMCR或OMP的软件、网络运行指标数据的提取即话务统计及分析专用软件、其他如个人自编的相关的软件等工具。

3. 网络话务统计分析

通过对话务统计，罗列出系统中一项或多项指标差的基站和相关系统的主要参数，通过对其进行分析，找出不合理的设置，重新对其进行设置并验证，使指标趋于合理。

4. 路测（DT）及室内CQT测试，测试数据分析

通过路测和CQT测试，了解真实的无线环境，并按照设计覆盖的区域进行调整。通过路测，可以判断无线小区实际覆盖的范围，观察信令接续流程，检查邻区关系及切换参

数，验证天馈系统实际的安装情况，全面了解网络状态。通过路测和CQT测试，可以发现问题，解决问题，提高网络运行质量。

路测（DT）时，应使用车辆、仪器仪表及测试手机，对网络的测试数据进行测试记录。测试内容包括所测地域的信号覆盖范围、接收信号场强分布、切换区域及切换点、掉话点、语音质量、误帧率或误码率等。

CQT主要是对室内或某个测试点进行一定数量的呼叫，通过分析所记录的数据来评估通话质量以及特殊地点的切换方式，解决网络中存在的点的方面的问题，以解决客户投诉。

5. 参数修改及结果验证

通过整合话务统计及路测的分析结果，提出系统参数调整方案。调整方案应包括邻区关系调整、小区覆盖范围调整、基站的发射功率和天线高度、下倾角及方位角调整、频率规划或PN码规划、小区话务分担等内容。调整方案须经建设单位同意后方可实施。

调整方案实施后，要迅速重新进行话务指标统计跟踪，及时对比指标的变化情况，同时需要对无线环境进行路测验证。可能需要反复调整和测试，才可能达到预期的目标。

四、网络优化的内容与性能指标

系统的参数调整内容很多。从NSS侧来看，主要应提高交换的效率，适当增加交换容量和调整中继数量；从BSS侧来看，主要包含基站或天线的位置、方位角或下倾角、增加信道数、小区参数等。

从移动终端感知来讲，网络指标主要包括掉话率、呼叫建立成功率、语音质量、上下行速率等。

网络优化应主要从掉话、无线接通率、切换、干扰四个方面来进行分析。

1. 掉话分析

掉话分析主要是通过话务统计分析，找出掉话的原因是属于无线的掉话，还是系统内部参数的设置不当引起系统内部处理失败的系统掉话。分析时，可以通过了解参数设置如切换参数、切换门限等找出掉话的原因，有时还需要根据用户反映，进行路测和CQT呼叫质量测试等手段的配合，通过分析信号场强、信号干扰、参数设置找出掉话原因。

2. 无线接通率分析

影响接通率的主要因素是业务信道和控制信道的拥塞，以及业务信道分配中的失败。解决办法是进行话务的均衡和话务分担，或者增加该站的容量资源。话务不均衡的原因表现在基站天线挂高、俯仰角和发射功率设置不合理，小区过覆盖、超远覆盖或由于地形原因及建筑物原因造成覆盖不足。这些都影响手机的正常起呼和被叫应答。另外，小区参数设置不合理也会对无线接通率产生影响。

3. 切换分析

严格意义上来讲，切换同邻区列表关系紧密。分析时，应首先检查定义的邻区关系的准确程度，接下来需要检查目标小区是否由于硬件问题、拥塞或传输及交换故障导致无法指派；同时，还需要检查无线环境是否可能导致干扰，使得切换的信令不畅，手机无法占用系统所分配的信道；另外，还需检查是否与切换参数和相邻小区参数的定义有关。

4. 干扰分析

无线信道的干扰是无线通信环境的大敌。GSM是干扰受限系统，干扰会增加误码率，降低语音质量。严重超过门限的，还会导致掉话。一般规定误码率应在3%以内，大于10%将无法正常解码还原声音。GSM对载波干扰设置门限，同频道载干比应≥9dB，邻频道载干比应≥-9dB。CDMA和TD-SCDMA是自干扰系统，具有较强的抗多径干扰和抗窄带干扰的能力。对于CDMA和TD-SCDMA系统，干扰会降低系统的容量，很强的多径干扰和窄带干扰会严重影响网络的指标。WCDMA也是干扰受限系统，网络的质量与容量与背景噪声有关。对于上述干扰，可以通过话务统计分析、用户反映及采用扫频仪等实际路测跟踪来排查。

1L412040　通信电源工程施工技术

1L412041　通信电源设备安装

一、配电设备的安装

各种电源设备的规格、数量应符合工程设计要求，并应有出厂检验合格证、入网许可证。

配电设备的安装位置应符合工程设计图纸的规定，其偏差应不大于10mm。柜式设备机架安装时，应用4只M10~M12的膨胀螺栓与地面加固，机架顶部应与走线架上梁加固。

设备工作地线要安装牢固，防雷地线与机架保护地线安装应符合工程设计要求。

在抗震设防地区，走线架、设备安装必须按抗震要求加固。

二、电池架的安装

电池架的材质、规格、尺寸、承重应满足安装蓄电池的要求，电池架排列位置应符合设计图纸规定。电池铁架安装后，各个组装螺钉及漆面脱落处都应补喷防腐漆。铁架与地面加固处的膨胀螺栓要事先进行防腐处理。

蓄电池架应按设计要求采取抗震措施加固。

三、蓄电池安装

所安装电池的型号、规格、数量应符合工程设计规定，并有出厂检验合格证及入网许可证。

电池各列要排放整齐。前后位置、间距适当。电池单体应保持垂直与水平，底部四角应均匀着力，如不平整，应用耐酸橡胶垫实。安装固定型铅酸蓄电池时，电池标志、比重计、温度计应排在外侧（维护侧）。安装阀控式密封铅酸蓄电池时，应用万用表检查电池端电压和极性，保证极性正确连接。

安装蓄电池组时，应根据馈电母线（汇流条）走向确定蓄电池正、负极的出线位置。

酸性蓄电池不得与碱性蓄电池安装在同一电池室内。

四、太阳电池组装方式

太阳电池组装方式有平板式和聚光式两种，目前通信电源系统主要采用的是平板式。这种太阳电池方阵是由若干个太阳电池子阵组成，并且是固定安装，能按季节调整向日角度。它采用了透射力强的玻璃（95%以上的透射力）作为罩面。

（一）太阳电池的基础建筑要求

太阳电池方阵架的基础、位置、尺寸、强度应符合设计要求。太阳电池基础宜布置在机房屋顶或室外地面上，周围应无树木、遮挡物。电池输出线进入室内控制架的预埋穿线孔管应符合设计和施工要求。

（二）太阳电池方阵安装

太阳电池方阵采光面应按设计规定方向进行安装。多列方阵之间应有足够空间。太阳电池支架所用金属材料必须经过防锈处理。

太阳电池支架四周维护走道净宽应不少于800mm，电池板组之间距离应不少于300mm，电池板块之间不少于50mm。太阳电池支架的仰角应能人工或自动调整。

太阳电池支架应有良好的接地和防雷装置。

（三）太阳电池极板安装

太阳电池极板之间的电源连线以及进入室内太阳电池组合电源架的太阳电池组输出线应采用具有金属护套的电缆线，应布放整齐，走向合理，其金属护套在进入机房入口处前应就近接地，并且芯线应安装相应电压等级的避雷器。

太阳电池极板安装完毕后，在天气晴朗或正常情况下，检查开路电压、短路电流应符合设计规定或产品说明书要求。

五、柴油发电机组安装

（一）发电机组安装

机组安装应稳固，地脚螺栓应采用"二次灌浆"预埋，预埋位置应准确，螺栓规格宜为M18～M20，外露一致，一般露出螺母3～5丝扣。

机组与底座之间要按设计要求加装减振装置。安装在减振器上的机组底座，其基础应采用防滑铁件定位措施。

对于重量较轻的机组，基础可用4个防滑铁件进行加固定位。对于2500kg以上的机组，在机器底盘与基础之间，须加装金属或非金属材料的抗震器减振。

油机的油泵、油箱、水泵、水箱安装应牢固平直。油箱、水箱要按设计要求安装在指定位置，燃油管路安装应平直，无漏油、渗油现象。

应按要求对柴油发电机的机组采取抗震加固措施。

（二）排烟管路安装

排烟管路应平直、弯头少，管路短。烟管水平伸向室外时，靠近机器侧应高于外伸侧，其坡度应在0.5%左右，离地高度一般应不少于2.5m。排烟管的水平外伸口应安装丝网护罩，垂直伸出口的顶端应安装伞形防雨帽。

（三）其他管路的安装

输油管路安装时，油泵与油管连接处应采用软管连接。在正常油压下不应有漏油、渗油现象。

冷却水管路安装时，要平直、牢固，倾斜度应不大于0.2%，且与流向一致。在正常压力下，不应有漏水、渗水现象。

风冷柴油机进风管和排风管的安装应平直，高度应符合要求。吊挂要牢固，接头处应垫石棉线或石棉垫，不得漏气。同时还应装有防尘等装置。

埋于地下的钢管应采取防腐措施，穿越其他设备及建筑物基础时应加以保护。

（四）管路涂漆

管路安装完毕，经检验合格后应涂一层防锈底漆和2～3层面漆。管路喷涂油漆颜色应符合下列规定：

气管：天蓝色或白色；

水管：进水管浅蓝色，出水管深蓝色；

油管：机油管黄色，燃油管棕红色；

排气管：银粉色。

在管路分支处和管路的明显部位应标红色的流向箭头。

六、风力发电系统的安装

通信电源系统采用的风力发电机组的额定发电功率多数为1kW级至10kW级，主要安装用拉索固定的柱式或桁架式风力机。通信用小型风力发电机组安装之前，应该做好各种必要的准备工作。

（一）塔架基础

塔架基础包括拉索、地锚和基础。塔架基础的类型和规模由将要安装的风力发电机组的尺寸和高度来确定，应符合设计要求。需要混凝土基础的，该项土建工程必须在安装机组开始前21天完成。较小的风力发电机组不需要特殊的基础结构，但为了保证合适的拉索拉力，不同的土壤条件需要不同的地锚设计，安装时应该严格按照设计施工。

安装地锚时，应使地锚的指向与风力机立柱呈45°角，并与地面保持100～200mm距离。

（二）装配塔架

装配塔架应按照塔架或机组制造商提供的说明书进行；应使用高强度构件，所有构件均需做防腐处理；如果需要将电源线放置在塔架内，应在塔架装配的同时进行布线；对提升塔架用的拉索要做好标记。

（三）安装风力发电机组

风力发电机组主要由轮毂、叶片、发电机、尾翼等部分组成。安装步骤及要求如下：

1. 电气连接。塔架中的电气线路通常经由一组汇流排连接到机舱，通常情况下，汇流排安装在风力机的回转体上。连接电气线路前，首先应核对各种电路的连线端子，然后为发电机回路和控制线路作标记。完成电气连接后，继续进行塔架里的布线，以确保在把风力机装上塔架过程中电路的安全性。

2. 安装主机座。如果机舱与塔架之间设有主机座，应先将主机座安放在塔架顶端。安装时，须注意主机座与塔架中心对准，并旋紧固定螺栓以防止机舱振动。

3. 装配机头。按照说明书和图纸要求将轮毂、发电机和尾舵等组件、部件装配到一起。

4. 进行塔架内布线和测试。在安装风力机叶片之前应完成控制器的接线，这样可以通过手动方式让交流发电机旋转，以测试交流发电机的相序或直流发电的极性。在发电机、控制器和整流器处都需标出电源线的相序或正负极，以备检查。

5. 安装风力机叶片。使轮毂朝上，开始安装叶片。注意测量各叶片间的角度和叶间距离，尽量减少安装误差，确保各叶片的节距和角度完全相等。任何微小的误差都会给机组带来振动和噪声。

6. 按照说明书和设计要求安装整流罩，并将尾舵固定在尾翼杆上。

7. 安装尾翼。按照说明书和设计要求，将尾翼安装在机舱后部。许多风力机使用尾翼作为偏航的方法。在连接回转轴承时要特别小心，对轴承的任何损坏都可能使风力机在遇到高风速时因无法收拢尾舵而限速。

（四）竖立塔架

竖立塔架是最后一个工序。操作步骤如下：

1. 防止涡轮机转子旋转。在提升过程中应注意防止机组叶片转动。

2. 将牵引侧的拉索移至地锚。注意保护好每个钢缆和钢缆夹，在移动时保持每条钢缆上的张力。

3. 保持塔架水平，检验塔架是否在所有方向上都是垂直的。对拉索张力做最后的调整，以确保塔架垂直度。

4. 收紧拉索。

5. 应在2~3个星期内检查拉索张力情况，并按照要求进行调整。

七、馈电母线安装和电源线、信号线布放

（一）馈电母线安装

母线安装位置应符合工程设计规定，安装牢固，保持垂直与水平，其水平度每米偏差应不大于5mm。穿过墙洞两侧的母线应分别用支撑绝缘子与墙体两侧加固。母线在上线柜内安装时，应有支撑绝缘子与上线柜固定，母线在走线架上安装时，应有支撑绝缘子与走线架固定。

母线在槽道中必须平行、水平安装，靠近设备侧为正极，靠近走道侧为负极。母线在走线架连固铁上必须上下水平安装，下端为正极，上端为负极。

在有抗震要求的地区，母线与蓄电池输出端必须采用"软母线"连接条进行连接。穿过同层房屋防震缝的母线两侧，也必须采用"软母线"连接条连接。"软母线"连接条两侧的母线应与对应的墙壁用绝缘支撑架固定。

（二）布放电源和信号线

布放电源线必须是整条线料，外皮完整，中间严禁有接头和急弯。沿地槽布放电源线时，电缆不宜直接与地面接触，可用橡胶垫垫底。

电源线穿越上、下楼层或水平穿墙时，应预留"S"弯，孔洞应加装口框保护，完工后应用阻燃和绝缘板材料盖封洞口。电源线弯曲半径应符合规定。铠装电力电缆的弯曲半径不得小于外径的12倍，塑包线和胶皮电缆不得小于其外径的6倍。

（三）室外电缆的敷设

室外直埋电缆敷设深度应根据工程设计而定。无规定时，一般深度应不小于600mm。遇有障碍物时或穿越道路时应敷设穿线钢管或塑料管保护。

（四）电源线穿越钢管（塑料管）应符合下列要求：

钢管管径、壁厚、位置应符合施工设计图纸要求，管内应清洁、平滑。电源线穿越后，管口两端应密封。非同一级电压的电力电缆不得穿在同一管孔内。

八、接地装置安装

（一）接地装置的安装

新建局站的接地应采用联合接地方式。接地装置的位置、接地体的埋深及尺寸应符合施工图设计规定。接地体埋深上端距地面不应小于700mm，在寒冷地区应在冻土层以下。

接地装置所用材料的材质、规格、型号、数量、重量等应符合工程设计规定，并尽量避免安装在腐蚀性强的地带。接地体和各部件连接应采用焊接，接地体连接线与接地体焊

接牢固，焊缝处必须做防腐处理。接地体连接线若用扁钢，在接头处的搭焊长度应大于其宽度的2倍，圆钢应为其直径的10倍以上。在地下不得采用裸铝导体作为接地体或接地引入线。这主要是因为裸铝易腐蚀，使用寿命短。

（二）安装接地引入线

接地引入线的长度不宜超过30m，其材料为热镀锌扁钢或圆钢，截面不宜小于40mm×4mm。接地体和接地体连接线连接处必须焊接牢固，对于所有接地装置的焊接点都要进行防腐处理。

敷设的接地引入线在与公路、铁路、管道等交叉及其他可能使接地引入线遭受损伤处，均应穿管加以保护。在有化学腐蚀的地方还应采取防腐措施。裸露在地面以上的部分，应有防止机械损伤的措施。

（三）接地汇集装置安装

接地汇集装置的安装位置应符合设计规定，安装应端正，并应与接地引入线连接牢固，设置明显的标志。

1L412042 通信电源设备测试

一、设备通电前的检验

设备通电前，应保证布线和接线正确，无碰地、短路、开路和假焊等情况；机内各种插件应连接正确；机架保护地线连接可靠；设备开关、闸刀转换灵活、松紧适度、灭弧装置完好，熔断器容量和规格符合设计要求；机内布线及设备非电子器件对地绝缘电阻应符合技术指标规定，无规定时，应不小于2MΩ/500V。

二、交流配电设备通电检验

交流配电设备通电检验内容包括：交流配电设备的避雷器件应符合技术指标要求。能自动（或人工）接通、转换"市电"和"油机"电源，并发出声、光告警信号。"市电"停电时能自动接通事故照明电路。"市电"恢复供电时应能自动（或人工）切断事故照明电路。输入、输出电压、电流测试值应符合指标要求。事故、"市电"停电、过压、欠压、缺相等自动保护电路应能准确动作并能发出声、光告警信号。本地和远地监控接口性能应正常。

三、直流配电设备通电检验

直流配电设备通电检验内容包括：输入及输出电压、电流测试值应符合指标要求。可接入两组蓄电池，"浮—均"充电转换性能应符合指标要求。过压、过流保护电路和输出端浪涌吸收装置功能应符合指标要求，电压过高、过低、熔断器熔断等声、光告警电路应工作正常。配电设备内部电压降应符合指标要求（屏内放电回路压降应不大于0.5V）。

四、直流—直流变换设备通电测试检验

直流—直流变换设备通电测试检验内容包括：变换器输入电压、输出电压、电流、稳压精度、输出杂音电平应满足技术指标要求；应有限流性能：限流整定值可在105%~110%输出电流额定值之间调整；变换器事故、过压、开路、欠流、过流或短路等保护电路应动作可靠，告警电路工作正常。

五、逆变设备通电测试检验

逆变设备通电测试检验内容包括：输入直流电压、输出交流电压、稳压精度、谐波含

量、频率精度、杂音电流应符合技术指标要求；市电与逆变器输出的转换时间应符合技术指标要求；输入电压过高、过低、输出过压、欠压、过流、短路等保护电路动作应可靠，声、光告警电路工作正常。

六、开关整流设备通电测试检验

（一）整流模块工作参数设置和检验

通电前应检查交流引入线、输出线、信号线、机柜内配线连接应正确，所有螺钉不得松动，输入、输出应无短路。绝缘电阻应符合要求。接通交流电源，检查三相电压值应符合要求，观察通电后模块显示器信号、指示灯是否正常。按照技术说明书的要求，应对整流模块的工作参数进行设置和检验，检验的内容包括：输入交流电压、电流；输出直流电压、电流；输出限流、均流特性；自动稳压及精度；浮充、均充电压和自动转换；输出杂音电平等。

（二）监控模块告警门限参数设置和检验

监控模块告警门限参数设置和检验的内容包括：交流输入过压、欠压、缺相告警；直流输出过压、欠压、输出过流、欠流告警；蓄电池欠压告警；蓄电池充电过流告警；负载过流告警；输出开、短路告警；模块熔丝告警。另外，自动保护电路应动作准确，声、光告警电路应工作正常。

（三）其他性能的检查

发电机组供电时应工作稳定，不振荡。浮充/均充方式应能自动转换，输出应能自动稳压、稳流。

同型号整流设备应能多台并联工作，并具有按比例均分负载的性能，其不平衡度不应大于5%输出额定电流值。

功率因数、效率和设备噪声应满足技术指标要求。

应能提供满足"三遥"性能要求的本地和远端监控功能接口。

七、太阳能电源控制架和太阳电池检验

（一）交流配电单元

交流配电单元的检查内容包括：市电防雷装置应良好；当市电停电时，应能自动转换接通油机供电开关，并发出警示信号；交流输入、输出电压应符合出厂说明书要求。

（二）直流配电单元

直流配电单元的检查内容包括：直流供电回路，电压降不得大于500mV（从蓄电池熔断器输入端到负载熔断器输出端）；太阳电池方阵各组输入应能根据太阳电池能量大小自动接入或部分撤除；能自动为蓄电池浮、均充电；太阳电池能量不足时，蓄电池应能自动接入，为负载供电；太阳电池及蓄电池能量不足时，应能发出信号，启动"市电"或"油机"供电系统供电及浮、均充电。

（三）整流模块

整流模块的检查内容包括：输入电压、电流；输出电压、电流，浮、均充可调范围；限流；过压、过流、欠流指示；输出杂音；按"菜单"键和"确认"键，进行各种参数设置；经检测电气性能应符合技术指标要求。

（四）系统监控器

系统监控器的检查内容包括：当母线电压低于54V时，太阳电池方阵应能逐组加入，直至54V停止；当母线电压高于56.6V时，太阳电池方阵应能自动逐组撤除，直至56.6V；当母线电压低于49.8V或蓄电池累计放出总量5%～10%时，应能自动启动"油机"或"市电"，使整流模块输出浮充电压，直到充满为止；当母线电压低于48V，或蓄电池累计输出容量10%～20%时，应能使整流模块输出均充电压，直到充满为止。

八、发电机组试机

发电机组试机应做试机前的检查空载试验、带载试验，监控开通后应能实现油机的自动启动、停机、自动调整输出电压、频率及故障显示、油位显示。

九、蓄电池的充放电

（一）铅酸蓄电池初充电

充电前应检查蓄电池单体电压、温度、极性与设计要求相符，无错极，无电压过低现象。初充电期间（24h内）不得停电，如遇停电，必须立即启动发电机供电。新装蓄电池应按照产品说明书规定的方法进行充电，充电电压应符合规定要求。充电期间，会产生大量氢气，当室内氢气含量超过2%时，就有可能引起爆炸，因此充电时，应严禁明火并保持空气的流通。

正常情况下，阀控式密封铅酸蓄电池初充电压为2.35V，浮充电压为2.23～2.28V，均充电压为2.23～2.35V。在充电期间，应每1～2h或在规定的时间间隔内，测量电池单体电压、电流、温度、电池组电压并做好记录。初充电结束时，电池电压连续3h以上不变。

（二）铅酸蓄电池放电试验

放电测试应在电池初充电完毕，静置1h后进行。放电用负载应安全可靠，易于调整。放电时应注意电流表指示，逐步调整负载，使其达到所需的放电电流值。放电开始时应立即测试电池组总电压、单体电压、总电流，并记录开始时间。以后每1～2h测试一次电池组的总电压、单体电压、总电流、温度，当出现个别电池单体电压降至1.9V以下时，应每15分钟测试一次。

初放电电流应符合电池出厂技术说明书的规定。无规定时，铅酸蓄电池以10小时率放电，放电3h后，即可用电压降法测试电池内阻，内阻值应满足要求。电池内阻计算公式为：

$$R_内=（E-U_放）/I_放 \hspace{4cm} （1L412042）$$

式中　E——电池组开路电压（负载箱断开时），V；

$\quad U_放$——放电时端电压（放电时的闭路电压），V；

$\quad I_放$——放电电流，A。

（三）放电的要求

为了防止放电过量，初次放电每个单体电池的终了电压都应不小于1.8V，电解液密度（比重）应满足产品说明书的要求。

电池放电完毕，应及时在3h内以10小时率进行二次充电，直至电流、密度（比重）和电压5～8h稳定不变，极板极剧烈地冒泡为止。

当采用电池内阻衡量电池质量时，以10小时率放电3h后的电池内阻应符合技术要求；当采用放电量实测电池容量时，以10小时率放电至出现单体电压为1.83V时，初充电后放电容量应大于或等于额定容量的70%。初次安装的新电池组若连续进行三次10小时率充放电，放电容量出现小于额定容量的80%时，最先跌落到1.83V的为落后电池，应更换落后电池后重新测试，直至整组电池满足要求。

电池容量与温度有关，充放电期间电池温度宜为20±10℃，不得超过45℃。

（四）阀控式密封铅酸蓄电池的充放电

阀控式密封铅酸蓄电池在使用前应检查各单体的开路电压，若低于2.13V或储存期已达到3~6个月，则应运用恒压限流法进行均衡充电，或按说明书要求进行。均衡充电单体电压宜取2.35V，充电电流取10小时率，充电终期单体电压宜为2.23~2.25V。若连续3h电压不变，则认为电池组已充足。

蓄电池充放电对蓄电池的使用寿命影响很大，故应严格遵守产品技术说明书的技术规定。过充、过放都会使电池极板弯曲变形或活性物质脱落，造成蓄电池损坏。

正常使用过程中，出现下列条件之一应终止放电并及时进行补充电：（1）对于核对性放电试验，放出额定容量的30%~40%；（2）对于容量试验，放出额定容量的80%；（3）电池组中任意单体达到放电终止电压。放电终止电压可依据放电率计算。

如果阀控式蓄电池放电次数少或放电量小，且又不连续放电时，可3~6个月进行一次均充电，均充电量应达到放出电量120%以上，否则会影响电池容量的恢复。

1L412050   通信线路工程施工技术

1L412051   线路工程施工通用技术

一、光（电）缆线路路由复测

（一）光（电）缆线路路由复测的主要任务

光（电）缆线路路由复测的主要任务包括：根据设计核定光（电）缆（或硅芯管）的路由走向及敷设方式、敷设位置、环境条件及配套设施（包括中继站站址）的安装地点；核定和丈量各种敷设方式的地面距离，核定光（电）缆穿越铁路、公路、河流、湖泊及大型水渠、地下管线以及其他障碍物的具体位置及技术措施；核定防雷、防白蚁、防强电、防腐等地段的长度、措施及实施的可能性；核定沟坎保护的地点和数量；核定管道光（电）缆占用管孔位置；根据环境条件，初步确定接头位置；为光（电）缆的配盘、光（电）缆分屯及敷设提供必要的数据资料；修改、补充施工图。

（二）路由复测的原则

复测时应严格按照批准的施工图设计进行；如遇特殊情况或由于现场条件发生变化等其他原因，必须变更施工图设计选定的路由方案或需要进行较大范围（500m以上范围）变动时，应与设计、建设（或监理）单位协商确定，并按建设程序办理变更手续；市区内光（电）缆埋设路由及在规划线内穿越公路、铁路位置如发生变动时，应报当地相关部门审批后确定。光（电）缆线路与其他建筑设施间的间距应符合《通信线路工程验收规范》GB 51171—2016的规定。

（三）路由复测的工作内容

路由复测小组由施工单位组织，小组成员由施工、监理、建设（或维护）和设计单位的人员组成。实施过程中完成定线、测距、打标桩、划线、绘图、登记等工作。

绘图时应核实复测的路由与施工图设计有无差异，路由变动部分应按施工图的比例绘出路由位置及路由两侧50m以内的地形和主要建筑物；绘出"防雷、防白蚁、防强电、防腐"设施的位置和保护措施、具体长度等。穿越较大的障碍物（铁路、河流及一、二级公路等）时，如位置变更应测绘出新的断面图。

登记工作主要包括沿路由统计各测量点累计长度、局站位置、沿线土质、河流、渠塘、公路、铁路、树林、经济作物、通信设施及其他设施和沟坎加固等的范围、长度和累计数量，同时记录光（电）缆运输、施工车辆进入通路的资料（障碍分布及沿途交通情况等）。

二、光缆的单盘检验与配盘

（一）光缆单盘检验

单盘光缆检验应在光缆运达现场、分屯点后进行，应主要进行外观检查和光（电）特性测试。

1. 外观检查：检查光缆盘有无变形，护板有无损伤，各种随盘资料是否齐全；开盘后应先检查光缆外皮有无损伤、光缆端头密封是否完好、光缆端别（A、B端）标志正确、明显；对经过检验的光缆应做记录，并在缆盘上做好标识。外观检查工作应请供应单位一起进行。

2. 光缆光电性能检验

光缆的光电特性检验包括光缆长度的复测、光缆单盘损耗测量、光纤后向散射信号曲线观察和光缆内金属层间绝缘度检查等内容。

（1）光缆长度复测。应100%抽样，按厂家标明的折射率系数用光时域反射仪（OTDR）测试光纤长度；按厂家标明的扭绞系数计算单盘光缆长度（一般规定光纤出厂长度只允许正偏差，当发现负偏差时应重点测量，以得出光缆的实际长度）。

（2）光缆单盘损耗测试。测试采用后向散射法（OTDR法），可加1~2km的测试光纤（尾纤），以消除OTDR的盲区，并做好记录。

（3）光纤后向散射信号曲线。用于观察判断光缆在成缆或运输过程中，光纤是否被压伤、断裂或轻微裂伤，同时还可观察光纤随长度的损耗分布是否均匀，光纤是否存在缺陷。

（4）光缆护层的绝缘检查。除特殊要求外，施工现场一般不进行测量。但对缆盘的包装以及光缆的外护层要进行目视检查。

（二）光缆配盘

1. 光缆配盘原则。光缆配盘要在路由复测和单盘检验后，敷设之前进行。配盘应以整个工程统一考虑，以一个中继段为配置单元。靠近局站侧的单盘光缆长度一般不应少于1km，并应选配光纤参数好的光缆。配盘时应按规定长度预留，避免浪费，且单盘长度应选配合理，尽量做到整盘配置，减少接头。

2. 接头位置选择。配盘时应考虑光缆接头点尽量安排在地势平坦、地质稳固和无水地带。光缆接头应避开水塘、河渠、桥梁、沟坎、快慢连道、交通道口；埋式与管道交界处的接头，应安排在人（手）孔内；架空光缆接头尽可能安排在杆旁或杆上。

3. 光缆端别要求。应按设计要求顺序配置A、B端，不宜倒置。一般干线工程中，南北向时北为A端，南为B端；东西向时东为A端，西为B端。城域网工程中，中心局侧为A端，支局侧为B端。分支光缆的端别应服从主干光缆的端别。

4. 特殊光缆优先。配盘时，若在中继段内有水线防护要求的特殊类型光缆，应先确定其位置，然后从特殊光缆接头点向两端配光缆。

三、电缆单盘检验与配盘

（一）电缆单盘检验

电缆单盘检验的主要项目有：外观检查、环阻测试、不良线对检验、绝缘电阻检验和电缆气闭性能检验。

（二）电缆配盘

1．根据制造长度配盘。在一定的地段配设一定长度的电缆，以避免任意截断电缆，避免增加接头，浪费材料。管道电缆配盘前，应仔细测量管道长度（核实及修正设计图纸所标数值），根据实际测量长度进行配盘（接头位置应安排在人孔内），合理计算电缆在人（手）孔中的迂回长度、电缆接头的重叠长度和接续的操作长度。

2．根据电缆结构配盘。同一地段应布放同一类型的电缆，并根据自然地势等情况，在必要的地段按设计配置不同结构的电缆（如铠装电缆等）。

四、光（电）缆曲率半径的要求

1．光缆敷设安装的最小曲率半径应符合表1L412051-1和表1L412051-2的规定，其中 D 为光缆外径。

光缆最小曲率半径标准   表1L412051-1

光缆外护层形式	无外护层或04型	53、54、33、34型	333型、43型
静态弯曲	10D	12.5D	15D
动态弯曲	20D	25D	30D

蝶形引入光缆最小曲率半径标准（单位：mm）   表1L412051-2

光纤类别	静态弯曲（工作时）	动态弯曲（安装时）
B1.1和B1.3	30	60
B6a	15	30
B6b	10	25

2．室外电缆曲率半径应大于其外径的15倍。

五、光（电）缆的敷设

光（电）缆敷设时，应按照A、B端敷设；敷设光（电）缆时，应考虑缆的牵引力必须满足设计要求。

六、光（电）缆接续、测试

（一）接头盒内光缆的接续

接头盒内光缆的接续包括光缆在接头盒内的安装、光纤接续、接续损耗的监测、余纤盘绕固定、接头盒的密封等工作，直埋光缆一般还应在接头盒内安装监测尾缆。

1．光缆接头应处于合适的位置，光缆在接头盒内的安装位置应满足设计和接头盒说明书的要求。光缆接续前，应核对光缆的端别，并按设计规定的长度开剥光缆，安装密封圈，将光缆及加强芯分别牢固地固定在接头盒的光缆压板和加强芯固定螺栓处，在光纤外的松套管上标识松套管的序号，开剥光纤外的松套管，清除纤外的油膏，如设计有要求，应按设计要求在光纤上粘贴光纤序号标签，再将光纤裁剪到合适的长度。光缆金属构件的连接方式应符合设计要求，一般在接头处不做电气连通。

2. 接头盒内的光缆一般采用熔接法进行接续。光纤熔接前，应清洁光纤上的油膏，剥掉光纤的涂覆层，清除光纤上的杂物，再用切割刀制作好光纤端面，并将光纤放入放电试验合格的光纤熔接机内进行熔接；光纤熔接机熔接时，应注意观察熔接机屏幕上显示的光纤端面是否符合要求以及熔接后光纤接续损耗值的大小；接续好的光纤要用OTDR进行监测，监测不合格的光纤接头应返工，重新接续。

在进行光缆接续时，应保证光纤接续环境满足光纤熔接和光纤熔接机的工作条件要求，接续环境应避风、防水、干燥、空气含尘量低、温度适宜，光缆接头点的自然环境条件不满足要求时，接续人员应采取措施，使接续条件满足要求。

3. 接头盒内的余留光纤应按施工图设计或接头盒说明书的要求盘留、固定。光纤保护管应按规定的顺序固定在光纤收容盘的固定槽内；盘留、固定的余留光纤在接头盒的光纤收容盘内应整齐、盘绕方向一致，盘绕半径应≥30mm，并无挤压、不松动；带状光缆的光纤带不得有"S"弯。

4. 接头盒密封前，应将接头盒内需要安装的设备和配件安装完整、固定牢固，接头盒的密封方式和方法应满足接头盒说明书的要求，安装好的接头盒应可以有效防止水和潮气进入。

（二）成端光缆的接续

局内的光缆应按照设计规定的路由走向通过走线架穿入光纤配线架内，并绑扎固定在走线架和光纤配线架上，根据实际情况开剥光缆外护套及缆内的护层，光缆的金属构件应按设计规定的方式固定连接在光纤配线架的接地端子上，在光纤松套管上应做好纤序标识；开剥的光纤应清洁后外套保护管，引接至光纤收容盘，按顺序与尾纤熔接，并做好接续监测工作，光纤熔接点的保护管应按顺序固定放置在光纤收容盘的卡槽内，光纤收容盘内的光纤及尾纤应保证弯曲半径≥30mm，且盘放稳固，不应松动，尾纤上应粘贴标签，标签的粘贴方式和粘贴位置应保持一致。

交接设备、分线设备内的光缆也应参照上述方法，将光纤与尾纤连接、放置好，并将光缆的金属构件按设计要求连接到交接设备、分线设备的接地端子上。

光纤配线架、交接设备和分线设备的成端盘上暂时不使用的适配器，均应盖好端帽。

（三）光缆测试

光缆的测试包括光缆单盘测试、光缆接续监测及光缆中继段测试三类。光缆单盘测试在前面已有叙述，此处不再赘述。

1. 光缆接续监测

光缆接续监测通常采用OTDR进行，监测内容一般包括接续点光纤段长测试和接续点损耗测试两项内容。光缆接续点的接续损耗监测应对所接续的每一根光纤进行双向测试，光纤接续点的损耗值应取双向测试的算术平均值；进行光纤接续点监测时，同时还可以在OTDR上测试所接续光纤的纤长。光纤接续过程中监测的光纤长度和双向接续损耗值应做好记录，并填入竣工测试记录的"光纤接头损耗测试记录"表中。

在进行光纤接续点接续损耗监测时，还应观察接续点两侧光纤的后向散射曲线，根据该曲线的形状分析判断所接续光缆是否存在损伤、断纤等问题。在工程中，推广使用远端环回监测法对光纤接续点进行监测，该方法可以一次性地对光纤接续点进行正向和反向的段长和接续损耗测试。

2. 光缆中继段测试

在中继段的全部室外光缆接续已完成、光缆接头盒已安放好、接头盒两侧的预留光缆已固定好、光缆成端接续已完成、成端尾纤的连接器已按设计要求插入光纤配线架相应的适配器内，直埋光缆线路还需要在线路上所有动土的工作已全部完成的前提条件下，可以进行光缆中继段测试。

光缆中继段测试的内容包括中继段光纤线路衰减系数及传输长度、光纤通道总衰减、光纤后向散射曲线等，直埋光缆线路还需测试光缆的对地绝缘电阻，施工图设计有要求时，还需测试中继段光纤偏振模色散（PMD）及色度色散（CD）。

（1）中继段光纤线路衰减系数（dB/km）及传输长度测试：在具备中继段测试条件时，应用OTDR在中继段的光纤配线架处测试中继段光纤线路的传输长度，同时还应采用双向测试法，分别在中继段两端的光纤配线架处将尾纤连接到OTDR，测量中继段光纤线路每条光纤的正向衰减值、反向衰减值和中继段的衰减系数。该项测试指标的测试结果应记录在竣工测试记录的"中继段光纤线路衰减测试记录"表中。

（2）光纤通道总衰减：光纤通道总衰减包括光纤线路的自身损耗、光纤接头损耗和光缆线路两端尾纤连接器的插入损耗等三部分，测试时应分别将性能和参数满足测试要求的光源和光功率计经过连接器进行测量，可取光纤通道任一方向的总衰减值作为测试值，记入竣工测试记录的"中继段光纤通道总衰减测试记录"表中。

（3）光纤后向散射曲线：该指标应使用OTDR进行测试，中继段的光纤后向散射曲线应有良好的线形且无明显台阶，接头部位应无异常线形。测试的曲线应粘贴在竣工测试记录的"中继段光纤后向散射曲线"表中。

（4）光缆对地绝缘测试：该指标应在直埋光缆接头监测标石的监测电极上进行测试，测试时应使用高阻计，当高阻计读数较低时，应使用500伏兆欧表进行测量。该指标要求直埋光缆金属外护层对地绝缘电阻不应低于$10M\Omega \cdot km$，其中允许10%的单盘光缆不应低于$2M\Omega$。该指标的测试结果应记录在竣工测试记录的"光缆线路对地绝缘测试记录"表中。

（5）光纤偏振模色散（PMD）及色度色散（CD）测试：对于单模光纤，应按施工图设计的要求测量中继段偏振模色散系数和色度色散的一项或两项指标，使用PMD测试仪和CD测试仪测试。偏振模色散系数的测试结果应记录在竣工测试记录的"中继段光纤偏振模色散系数测试记录"表中，色度色散的测试结果应记录在施工图设计规定的测试记录表中。

（四）电缆的接续与测试

1. 全塑电缆芯线接续必须采用压接法（扣式接线子压接或模块式接线子压接）。电缆芯线的直接、复接线序必须与设计要求相符，全色谱电缆必须按色谱、色带对应接续。

2. 电缆测试包括单盘电缆测试和电缆竣工测试。单盘电缆测试的要求已在前面有所叙述。电缆竣工测试内容有：环路电阻、工作电容、屏蔽层电阻、绝缘电阻、接地电阻、近端串音衰耗。所测量的各种阻值均应符合规定要求。

1L412052 架空线路工程施工技术

架空线路工程是将光（电）缆架设在杆路上的一种光（电）缆敷设方式，光缆的固定大都采用钢绞线支撑的吊挂方式。它具有投资省、施工周期短的优点，所以在省内干线及本地网工程中仍被广泛地运用。

一、立杆

（一）电杆洞深

电杆洞深是根据电杆的类别、现场的土质以及项目所在地的负荷区决定的。光（电）缆线路工程的电杆洞深应符合设计或相关验收规范的规定。

（二）杆距

杆距设置应满足设计要求。一般情况下，市区杆距为35～45m，郊外杆距为50～55m。光（电）缆线路跨越小河或其他障碍物时，可采用长杆档方式。在轻、中、重负荷区杆距超过70m、65m、50m时，应按长杆档标准架设。

（三）立电杆的基本要求

1. 直线线路的电杆位置应在线路路由中心线上。电杆中心与路由中心线的左右偏差不应大于50mm；除终端杆外，杆身应上下垂直，杆面不得错位。

2. 角杆根部应在线路转角点沿线路夹角平分线内移，水泥电杆的内移值为100～150mm，木杆内移值为200～300mm，拉线收紧后杆梢应向外角倾斜，使角杆梢位于两侧直线杆路杆梢连线的交叉点上。因地形限制或装撑杆的角杆可不内移。

3. 终端杆的杆梢应向拉线侧倾斜100～120mm。

二、拉线

1. 拉线程式的决定因素。拉线程式由杆路的负载、线路负荷、角深的大小、拉线的距高比等因素决定。

2. 拉线的种类。拉线按作用分有角杆拉线、终端拉线、双方拉线（抗风拉线）、三方拉线、四方拉线（防凌拉线）、泄力拉线和其他作用的拉线；按建筑方式分有落地拉线、高桩拉线、吊板拉线、V形拉线。

3. 拉线安装的基本要求

（1）拉线地锚坑的洞深，应根据拉线程式和现场土质情况确定，应满足设计要求或相关验收规范的规定。洞深允许偏差应小于50mm。

（2）标称距高比为1，落地拉线受地形所限，距高比不得小于0.75，不得大于1.25。拉线入土点的位置距电杆的距离（拉距）应等于距高比乘以拉高；拉线地锚坑的近似中心位置距拉线入土点的距离应等于地锚坑深乘以距高比。

（3）对于角杆拉线，角深≤13m的角杆，可安装1根与吊线程式相同的钢绞线作拉线，拉线应安装在角杆内角平分线的反侧；角深13～25m范围内的角杆，拉线距高比在0.75～1.0之间且角深大于10m的角杆、距高比小于0.5且角深大于6.5m的角杆，应采用比吊线程式高一级的钢绞线作拉线或与吊线同一程式的2根钢绞线作拉线，并设2根顶头拉线；角深大于25m的角杆应设2根顶头拉线，也可分成2个角深大致相等且转变方向相同的双角杆。角杆装设有两条拉线时，每条拉线应分别装在对应的线条张力的反侧方，2条拉线的出土点应相互内移600mm。

（4）顶头拉线应装在终端杆上，其程式应采用比吊线程式高一级的钢绞线，安装位置应设在杆路直线受力方向的反侧；当直线杆路较长或杆上负荷较大时，终端杆前一档可安装1条7/3.0钢绞线的顺线拉线。

（5）一般地锚出土长度为300～600mm，允许偏差50～100mm；拉线地锚的实际出土点与规定出土点之间的偏移应≤50mm。地锚的出土斜槽应与拉线成直线；拉线地锚应埋设端正，不得偏斜，地锚的拉线盘应与拉线垂直。

（6）拉线的上、中把夹固、缠绕应符合设计或《通信线路工程验收规范》GB 51171—2016的要求。靠近电力设施及闹市区的拉线，应根据设计规定加装绝缘子；人行道上易被行人触碰的拉线应设置拉线标识，在距离地面高2.0m以下的拉线部位应用绝缘材料保护。

三、避雷线及地线

施工时，应按设计或验收规范的要求安装避雷线。在与10kV以上高压输电线交越处，电杆应安装放电间隙式避雷线，两侧电杆上的避雷线安装应断开50mm间隙。避雷线的地下延伸部分应埋在离地面700mm以下，延伸线的延长部分及接地电阻应符合设计或相关验收规范的要求。

四、架空吊线

1. 架空吊线程式应符合设计规定。按先上后下、先难后易的原则确定吊线的方位，一条吊线必须在杆路的同一侧，不能左右跳。吊线夹板在电杆上的位置宜与地面等距，坡度变化不宜超过杆距的2.5%，特殊情况不宜超过5%，吊线距电杆顶的距离一般情况下应≥500mm，在特殊情况下应≥250mm。原则上架设第一条吊线时，吊线宜设在杆路的人行道（或有建筑物）侧。同一杆路架设两层吊线时，同侧两层吊线间距应为400mm，两侧上下交替安装时，两侧的层间垂直距离应为200mm。

2. 线路与其他设施的最小水平净距、与其他建筑物的最小垂直净距以及交越其他电气设施的最小垂直净距应符合设计或相关验收规范的要求。

3. 吊线在电杆上的坡度变更大于杆距的5%且小于10%时，应加装仰角辅助装置或俯角辅助装置。辅助装置的规格应与吊线一致。角深在5～25m的角杆应加装角杆吊线辅助装置。

4. 吊线原始垂度应符合设计或规范要求。在20℃以下安装时，允许偏差不大于标准垂度的10%；在20℃以上安装时，允许偏差不大于标准垂度的5%。

5. 吊线在终端杆及角深大于25m的角杆上，应做终结；同层两条吊线在一根电杆上的两侧，在终端杆做成合手终结。相邻杆档电缆吊线负荷不等或在负荷较大的线路终端杆前一根电杆应按设计要求做泄力杆，吊线在泄力杆应做辅助终结。

五、架空光（电）缆敷设

1. 应根据光（电）缆外径选用挂钩程式。挂钩的搭扣方向应一致，托板不得脱落。

2. 光（电）缆挂钩的间距为500mm，允许偏差±30mm。光（电）缆在电杆两侧的第一只挂钩应各距电杆250mm，允许偏差±20mm。

3. 架空光（电）缆敷设后应自然平直，并保持不受拉力、无扭转、无机械损伤状态。

4. 光（电）缆在电杆上应按设计或相关验收规范标准做弯曲处理，伸缩弯在电杆的两侧的扎带间下垂200mm。

5. 架空电缆接头应在近杆处，200对及以下电缆接头距电杆应为600mm，200对以上电缆接头距电杆应为800mm，允许偏差均为±50mm。

六、架空光（电）缆的保护

光（电）缆线路与强电线路平行、交越或与地下电气设备平行、交越时，其隔距应符合设计要求；光（电）缆线路进入交接设备时，可与交接设备共用一条地线，接地电阻应满足设计要求。若强电线路对光（电）缆线路的感应纵电动势以及对电缆和含铜芯线的光缆线路干扰影响超过允许值时，应采取防护措施。光（电）缆线路在郊区、空旷地区或雷击区敷设时，应按设计规定采取防雷措施。在雷害严重的郊外、空旷地区敷设架空光（电）缆时，应装设架空地线，分线设备及用户终端应安装保安装置。架空吊线与用户引入被复线外的输电线交越时，一般应从电力线的下方通过并保持设计规定的安全距离，交越档两侧的架空光（电）缆杆上地线在离地面高2.0m处断开50mm的放电间隔，两侧电杆上的拉线应在离地高2.0m处加装绝缘子做电气断开，与电力线交越部分的架空吊线应加套绝缘保护管。

七、敷设墙壁光（电）缆

墙壁光（电）缆离地面高度应≥3m，跨越街坊、院内通路等应采用钢绞线吊挂，其缆线最低点距地面净距应符合通信线路工程验收规范规定；墙壁光（电）缆与其他管线设施的最小间距应符合通信线路工程验收规范规定；吊线式墙壁光（电）缆的吊线程式应符合设计规定。墙壁上支撑物的间距应为8~10m，终端固定物与第一只中间支撑物之间的距离应不大于5m。终端固定物距墙角应不小于250mm。卡挂式墙壁光（电）缆沿墙壁敷设时，应在光缆上外套塑料管保护，卡钩必须与光（电）缆和保护管外径相配套。卡钩间距应为500mm，允许偏差±30mm，转弯两侧的卡钩距离应为150~250mm，两侧距离相等。

1L412053　直埋线路工程施工技术

一、挖填光（电）缆沟

1. 直埋光（电）缆与其他建筑设施间的最小间距应满足设计要求或验收规范规定。

2. 光（电）缆沟的截面尺寸应符合施工设计图要求，其沟底宽度随光（电）缆数目而变。

3. 光（电）缆埋深应符合设计要求或相关验收规范规定。

4. 光缆沟的质量要求为五个字：直、弧、深、平、宽。即以施工单位所画灰线为中心开挖缆沟，光缆线路直线段要直，不得出现蛇形弯；转角点应为圆弧形，不得出现锐角；按土质及地段状况，缆沟应达到设计规定深度；沟底要平坦，不能出现局部梗阻、塌方或深度不够的问题；为了保证附属设施的安装质量，必须按标准保证沟底的宽度。

5. 光（电）缆沟回填土时，应先回填300mm厚的碎土或细土，并应人工踏平；石质沟应在敷设前、后铺100mm厚碎土或细土；待安装完其他配套设施（排流线、红砖、盖板等）后，再继续回填土，每回填300mm应夯实一次；第一次回填时，严禁用铁锹、镐等锐利工具接触光缆，以免损伤光缆。

二、直埋光（电）缆敷设安装及保护

1. 光（电）缆在沟底敷设自然平铺，不出现紧绷腾空现象，应保证光（电）缆全部贴到沟底，不得有背扣；同沟敷设的光（电）缆平行排列，不出现重叠或交叉，缆间的平行距离应不小于100mm；布放光（电）缆时应防止缆在地上拖放，特别是丘陵、山区、石质地带，应采取措施防止光（电）缆外护层摩擦破损；光缆在各类管材中穿放时，管材内径应不小于光缆外径的1.5倍。

2. 穿越允许开挖路面的公路或乡村大道时，光缆应采用钢管或塑料管保护；穿越有

动土可能的机耕路时，应采用铺红砖或水泥盖板保护；通过村镇等动土可能性较大的地段时，可采用大长塑料管、铺红砖或水泥盖板保护；穿越有疏浚、拓宽规划或挖泥可能的沟渠、水塘时，可采用半硬塑料管保护，并在上方覆盖水泥盖板或水泥砂浆袋。

3. 光（电）缆线路在下列地点应采取保护措施：

（1）高低差在0.8m及以上的沟坎处，应设置护坎保护。

（2）穿越或沿靠山涧、溪流等易受水流冲刷的地段，应设置漫水坡、挡土墙。

（3）光（电）缆敷设在坡度大于20°、坡长大于30m的坡地，宜采用"S"形敷设。坡面上的缆沟有受水冲刷可能时，可以设置堵塞加固或分流，一般堵塞间隔为20m左右。在坡度大于30°的地段，堵塞的间隔应为5~10m；在坡度大于30°的较长斜坡地段，应敷设铠装缆。

（4）光（电）缆在桥上敷设时，应考虑机械损伤、振动和环境温度的影响，应采用钢管或塑料管等保护措施。

（5）当光（电）缆线路无法避开雷暴严重地域时，应采用消弧线、避雷针、排流线等防雷措施。排流线（防雷线）应布放在光（电）缆上方300mm处，双条排流线（防雷线）的线间间隔应为300~600mm，防雷线的接头应采用重叠焊接方式并做防锈处理。

（6）光（电）缆埋深不足时，可以采用水泥包封。

（7）光（电）缆离电杆拉线较近时，应穿放不小于20m的塑料管保护。

三、光（电）缆线路标石及水线标志牌的埋设

（一）标石的埋设要求

1. 埋设位置

直埋通信线路的下列地点应埋设光（电）缆标石：

（1）光（电）缆接头、转弯点、预留处；

（2）长途塑料管道的人（手）孔点、塑料管道断开点及接头点、埋式人（手）孔的位置；

（3）敷设防雷排流线的起止点、同沟敷设光（电）缆的起止点；

（4）穿越障碍物点；直线段落较长，利用前后两个标石或其他参照物寻找光（电）缆路由有困难的地方，直线段落间隔不应大于200m；

（5）装有监测装置的地点；

（6）需要埋设标石的其他地点。

当利用固定的标志来标识光（电）缆位置时，可不埋设标石。

标石应埋设在光（电）缆或硅芯塑料管的正上方。接头处的标石应埋设在线路接头处的路由上；转弯处的标石应埋设在线路转弯处两条直线段延长线的交叉点上。

标石应当埋设在不易变迁、不影响交通与耕作的位置。当不宜埋设标石时，可在附近增设辅助标记，以三角定标方式标定光（电）缆或硅芯塑料管的位置。

2. 埋设朝向

标石有字的一面，一般是指有标石编号的一面，应面向公路；监测标石应面向光（电）缆接头；转弯标石应面向光（电）缆转角较小的方向。

3. 埋设方式

标石按不同规格确定埋设深度，长度为1m的普通标石埋深600mm，出土400mm；长

度为1.5m的长标石埋深800mm，出土700mm。标石周围土壤应夯实。

4. 标号方式

标石的颜色、字体应满足设计要求，设计无特殊要求时，标石地面上的部分应统一刷白色，标石的符号、编号应为白底红色正楷字，字体应端正。

标石的符号、编号应一致，长途光（电）缆及硅芯塑料管道的标石编号应以中继段为编号单元，按传输方向由A端至B端编排。除特殊行业按行业要求外，标石编写格式应符合图1L412053的规定。

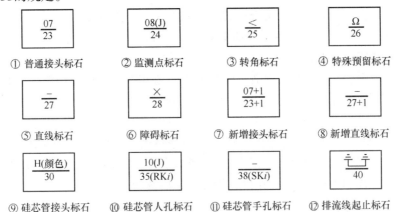

① 普通接头标石　② 监测点标石　③ 转角标石　④ 特殊预留标石

⑤ 直线标石　⑥ 障碍标石　⑦ 新增接头标石　⑧ 新增直线标石

⑨ 硅芯管接头标石　⑩ 硅芯管人孔标石　⑪ 硅芯管手孔标石　⑫ 排流线起止标石

注：1. 编号的分子表示标石的不同类别或同类标石的序号，如①、②；分母表示一个编号单元内总标石编号；
　　2. 图⑦、⑧中分子和分母+1表示新增加的接头或直线光缆标石；
　　3. 图⑨表示硅芯管接头，括号内标注接头的硅芯管颜色，当所有硅芯管均在此处接头时，括号内标注"全"；
　　4. 图⑩、⑪为硅芯管道人（手）孔标石，分子表示标石的不同类别或同类标石的序号，分母表示一个编号单元内总标石编号，括号内其中"RK"表示人孔，"SK"表示手孔，$i=1$、2、3……表示人（手）孔编号，在一个编号单元内，人（手）孔一并编号；
　　5. 图⑫表示排流线敷设的起止点。

图1L412053　标石的标识格式

（二）水线标志牌的埋设

1. 禁止抛锚区域的划定

敷设水底光（电）缆的通航河流应划定禁止抛锚区域，其范围应满足相关海事及航道主管部门的规定。无具体规定时，划定禁止抛锚区域应符合下列规定：

（1）河宽小于500m时，上游禁区距光（电）缆弧线顶点应为50～200m，下游禁区距光（电）缆路由基线应为50～100m；

（2）河宽为500m及以上时，上游禁区距光（电）缆弧度顶点应为200～400m，下游禁区距光（电）缆路由基线应为50～100m；

（3）特大河流的上游禁区距光（电）缆弧度顶点应大于500m，下游禁区距光（电）缆路由基线应大于200m。

2. 水线标志牌的安装位置

在通航河流敷设水底光（电）缆，应在过河段的河堤或河岸上设置水线标志牌。水线标志牌的数量及设置方式应符合航道主管部门的规定。无具体规定时，宜符合下列规定：

（1）水面宽度小于50m的河流，在河流一侧的上下游河堤上各设置一块水线标志牌；

（2）水面较宽的河流，在水底光（电）缆上、下游的河道两岸均设置一块水线标志牌；

（3）河流的滩地较长或主航道偏向河槽一侧时，需在近航道处设置水线标志牌；

（4）有夜航的河流应在水线标志牌上设置灯光设备。

3．水线标志牌的安装方式

（1）水线标志牌应按设计要求或河流的大小采用单杆或双杆，并应在水线光（电）缆敷设前安装在设计确定的位置上；

（2）水线标志牌应设置在地势高、无障碍物遮挡的地方，其正面应分别与上游或下游方向呈25°～30°的夹角；

（3）水线标志牌设置在土质松软的地区或埋深达不到规定要求时，应加拉线，并应在水泥杆根部采取加装底盘、卡盘等加固措施。

四、光缆线路对地绝缘

1．直埋光缆线路对地绝缘测试，应在光缆回填300mm后和光缆接头盒封装回填后进行。光缆线路对地绝缘监测装置应与光缆的金属护层、金属加强芯及接头盒进水检测电极相连接。

2．直埋光缆线路对地绝缘电阻测试，应根据被测试对地绝缘电阻值的范围，按仪表量程确定使用高阻计或兆欧表。选高阻计（500V·DC）测试时，应在2min后读数；选用兆欧表（500V·DC）测试时，应在仪表指针稳定后读数。

3．绝缘电阻的测试，应避免在相对湿度大于80%的条件下进行。

4．测试仪表引线的绝缘强度应满足测试要求，且长度不得超过2m。

5．对地绝缘监测装置的连接方式应符合设计要求。

6．埋设后的单盘直埋光缆，金属外护层对地绝缘电阻的竣工验收指标应不低于10MΩ·km，其中允许10%的单盘光缆不低于2MΩ。

7．埋设后的单盘直埋光缆，金属外护层对地绝缘电阻维护指标应不低于2MΩ。

1L412054   管道线路工程施工技术

一、管孔选用

合理选用管孔，有利于穿放光（电）缆和维护工作。选用管孔时，总原则是：先下后上，先侧后中，逐层使用。大对数电缆、干线光缆一般应敷设在靠下靠边的管孔。

管孔必须对应使用。同一条光（电）缆所占用的孔位，在各个人（手）孔应尽量保持不变。

二、清刷管道和人（手）孔

清刷管道前，应首先检查设计图纸规定使用的管孔是否空闲，进、出口的状态是否完好；然后用低压聚乙烯塑料穿管（孔）器或预留在管孔中的光缆牵引铁线或电缆牵引钢丝绳加转环、钢丝刷、抹布清刷管孔。对于密封性较高的塑料管道，可采用自动减压式洗管技术，利用气洗方式清刷管孔。

三、子管敷设

1．在管道的一个管孔内应布放多根塑料子管，每根子管中穿放一条光缆。在孔径90mm的管孔内，应一次性敷设三根或三根以上的子管。

2．子管不得跨人（手）孔敷设，子管在管道内不得有接头，子管内应穿放光缆牵引绳。

3. 子管在人（手）孔内伸出的长度应满足设计或验收规范的要求，子管在人（手）孔内伸出的长度一般为200~400mm。

4. 子管在人（手）孔内应用子管堵头固定，本期工程已使用的子管应对子管口封堵。空余子管应用子管塞子封堵，以防杂物进入影响将来使用。

四、管道光（电）缆敷设

1. 敷设管道光（电）缆时，应在管道进、出口处采取保护措施，避免损伤光（电）缆外护层。

2. 管道光（电）缆在人（手）孔内应紧靠人（手）孔的孔壁，并按设计要求予以固定（用尼龙扎带绑扎在托架上，或用卡固法固定在孔壁上）。光缆在人（手）孔内子管外的部分，应使用波纹塑料软管保护，并予以固定。人（手）孔内的光缆应排列整齐。

3. 光缆接头盒在人（手）孔内，宜安装在常年积水的水位线以上的位置，并采用保护托架或按设计方法承托。

4. 光缆接头处两侧光缆预留的重叠长度应符合设计要求，接续完成后的光缆余长应按设计规定的方法盘放并固定在人（手）孔内。

5. 光（电）缆和接头在人孔内的排列规则如下：

（1）光（电）缆应在托板或人（手）孔壁上排列整齐，上、下不得重叠相压，不得互相交叉或从人（手）孔中间直穿；

（2）电缆接头应平直安放在托架中间，并考虑留有今后维护中拆除接头包管的移动位置；

（3）在人（手）孔内，光（电）缆接头距离两侧管道出口处的光（电）缆长度不应小于400mm；

（4）在人（手）孔内，接头不应放在管道进口处的上方或下方，接头和光（电）缆都不应该阻挡空闲管孔，避免影响今后敷设新的光（电）缆。

6. 人（手）孔内的光（电）缆应有醒目的识别标识或标志吊牌。

1L412055　综合布线工程施工技术

一、综合布线系统

综合布线系统是一个模块化、灵活性极高的建筑物或建筑群内的信息传输系统，是建筑物内的"信息高速公路"。它既能使语音、数据、图像通信设备和交换设备与其他信息管理系统彼此相连，也能使这些设备与外部通信网络相连接。它包括建筑物到外部网络、电信局线路上的连线点与工作区的语音、数据终端之间的所有线缆及相关联的布线部件。综合布线系统由不同系列的部件组成，其中包括传输介质（铜线或者光纤）、线路管理及相关连接硬件（比如配线架、连接器、插座、插头、适配器等）、传输电子线路和电器保护设备等硬件。

综合布线系统可以划分为6个子系统，从大范围向小范围依次为：建筑群子系统、干线（垂直）子系统、设备间子系统、管理子系统、水平布线子系统、工作区（终端）子系统。

（一）建筑群子系统

连接各建筑物之间的传输介质和相关支持设备（硬件）组成了建筑群子系统。与建筑群子系统有关的硬件设备有光纤、铜线缆、防止线缆的浪涌电压进入建筑物的电气保护设备和必要的交换设备。

（二）干线子系统

干线子系统由设备间或者管理子系统与水平子系统的引入口之间的连接线缆组成，它提供建筑物的干线（馈电线）线缆的路由，是楼层之间垂直（水平）干线线缆的统称。

（三）设备间子系统

设备间是每一座建筑物安装进出线设备、进行综合布线及其应用系统管理和维护的场所。设备间可以摆放综合布线系统的建筑物进出线设备及语音、数据、图像等多媒体应用设备和交换设备，还可以有保险设备和主配线架。

（四）管理子系统

管理子系统一般设置在配线设备的房内，由配线间（包括设备间、中间交换间和二级交接间）的配线硬件、I/O设备及相关接插软线等组成。每个配线间和设备间都有管理子系统，它提供了与其他子系统连接的方法，使整个综合布线系统及其相连的应用系统构成一个有机的整体。

（五）水平子系统

水平子系统是由每层配线间至信息插座的配线线缆和工作区子系统所用的信息插座等组成。它与垂直干线子系统的主要区别在于：水平子系统总是在一个楼层上，沿着大楼的地板或者顶棚布线，而垂直干线子系统大多数是要穿越楼层垂直布线。

（六）工作区子系统

工作区子系统由用户的终端设备连接到信息点（插座）的连线所组成，它包括装配软线、连接和连接所需的扩展软线以及终端设备和I／O之间的连接部分。工作区子系统是和普通的用户离得最近的子系统。用户工作区的终端设备可以是电话、PC，也可以是一些专用仪器，比如传感器、检测仪器等。

二、施工准备

（一）技术准备

1. 开工前，施工人员首先应熟悉施工图纸，了解设计内容及设计意图，检查工程所采用的设备和材料，掌握图纸所提出的施工要求，明确综合布线工程和主体工程以及其他安装工程的交叉配合方式，以便及早采取措施，确保在施工过程中不破坏建筑物的强度，不破坏建筑物的外观，不与其他工程发生位置冲突。

2. 熟悉和工程有关的其他技术资料，如施工和验收规范、技术规程、质量检验评定标准以及设备、材料厂商提供的资料，即安装使用说明书、产品合格证、试验记录数据等。

（二）工具准备

根据综合布线工程施工范围和施工环境的不同，应准备不同类型和不同品种的施工工具。准备的工具主要有：室外沟槽施工工具，线槽、线管和桥架施工工具，线缆敷设工具，线缆端接工具，线缆测试工具等。

三、金属管与线槽的敷设技术要求

（一）金属管的敷设技术要求

1. 预埋在墙体中间的金属管内径不宜超过50mm，楼板中的管径宜为15～25mm，直线布管30m处应设置暗线盒；敷设在混凝土、水泥里的金属管，其基础应坚实、平整，不应有沉陷，以保证敷设后的线缆安全运行。

2．金属管连接时，管孔应对准，接缝应严密，不得有水泥、砂浆渗入，保证敷设线缆时穿放顺利；金属管道应有不小于0.1%的排水坡度。

3．建筑群之间金属管的埋设深度应不小于0.7m；人行道下面敷设时，应不小于0.5m；金属管内应安置牵引线或拉线；金属管的两端应有标记，标识建筑物、楼层、房间和长度；管道的埋深宜为0.8～1.2m。

4．在穿越人行道、车行道、电车轨道或铁道时，最小埋深应不小于有关标准规定；地下综合布线管道与其他各种管线及建筑物的最小净距应符合相关标准的规定。地下综合布线管道进入建筑物处应采取防水措施。

（二）敷设金属线槽的技术要求

1．敷设金属线槽的技术要求

线槽安装位置应符合施工图规定，左右偏差视环境而定，最大不应超过50mm；线槽水平每米偏差不应超过2mm；垂直线槽应与地面保持垂直，并无倾斜现象，垂直度偏差不应超过3mm；线槽节与节之间应使用接头连接板拼接，螺钉应拧紧。两线槽拼接处的水平度偏差不应超过2mm；当直线段桥架超过30m或跨越建筑物时，应有伸缩缝，其连接宜采用伸缩连接板；线槽转弯半径不应小于其槽内的线缆最小允许弯曲半径的最大值；盖板应紧固；支吊架应保持垂直，整齐牢靠，无歪斜现象。

2．水平子系统线缆敷设支撑保护

预埋金属线槽支撑保护要求：在建筑物中预埋的线槽可为不同的尺寸，按一层或两层设置，应至少预埋两根，线槽截面高度不宜超过25mm；线槽直埋长度超过15m或在线槽路由交叉、转弯时宜设置拉线盒（接力盒），以便布放线缆到此处的操作；拉线盒盖应能开启，并与地面齐平，同时采取防水措施；线槽宜采用金属管引入分线盒内。

设置线槽支撑保护：水平敷设时，支撑间距一般为1.5～3m；垂直敷设时，固定在建筑物构体上的间距宜小于2m。金属线槽敷设时，下列情况应设置支架或吊架：线缆接头处，间距3mm、离开线槽两端口0.5m处，线槽走向改变或转弯处。

3．干线子系统线缆敷设支撑保护

线缆不得布放在电梯或管道竖井内；干线通道间应沟通；弱电间里的线缆穿过每层楼板孔洞宜为方形或圆形；建筑群子系统线缆敷设支撑保护应符合设计要求。

四、线缆的布放要求

（一）线缆的布放要求

线缆布放前应核对其规格、程式、路由及位置是否与设计规定相符；布放的线缆应平直，不得产生扭绞、打圈等现象，不应受到外力挤压和损伤；在布放前，线缆两端应贴有标签，标明起始和终端位置以及信息点的标号，标签书写应清晰、端正、正确和牢固；信号电缆、电源线、双绞线缆、光缆及建筑物内其他弱电线缆应分离布放；布放线缆应有冗余，在二级交接间、设备间的双绞电缆预留长度一般应为3～6m，工作区应为0.3～0.6m，有特殊要求的，应按设计要求预留；线缆布放过程中为避免受力和扭曲，应制作合格的牵引端头。如果采用机械牵引，应根据线缆布放环境、牵引的长度、牵引的张力等因素选用集中牵引或分散牵引等方式。

（二）电缆布放中的注意事项

1. 电缆拉伸不要超过电缆制造商规定的电缆拉伸张力。

2. 应避免电缆过度弯曲。安装后的电缆弯曲半径不得低于电缆直径的8倍；对典型的六类电缆，弯曲半径应大于50mm。

3. 应避免使电缆扎线带过紧而压缩电缆。压力过大会使电缆内部的绞线变形，影响其性能，一般会造成回波损耗处于不合格状态。

4. 应避免电缆打结。

5. 电缆护套剥开长度越小，越有利于保持电缆内部的线对绞距，实现最有效的传输通路。

五、线缆测试

线缆测试内容包括接线图测试、布线链路长度测试、衰减测试、近端串扰测试、衰减串扰比测试、传播时延测试、回波损耗测试等。

1L412056 气流敷设光缆施工技术

传统的光缆敷设方式——牵引法敷设光缆的速度慢，且易造成缆线的机械损伤。"高压气流推进法"（简称气吹法）是通过光缆喷射器产生的一个轻微的机械推力和流经光缆表面的高速高压气流，使光缆在塑料管道（通常为高密度HDPE硅芯管道）内处于悬浮状态并带动光缆前进，从而减少光缆在管道内的摩擦损伤。

一、硅芯管道的敷设

硅芯管道的敷设及保护措施与直埋光电缆相似，这里不再叙述。这里介绍的内容是敷设硅芯管道与直埋光缆不同的特殊要求。

直线段硅芯管道的路由要顺直，沟底要平坦，不得呈波浪形；沟坎处应平缓过渡，转角处的弯曲半径应符合要求：50/42mm、46/38mm塑料管的弯曲半径应大于550mm；40/30mm塑料管的弯曲半径应大于500mm。硅芯管道在布放之前，应先将两端口严密封堵，防止水、土及其他杂物进入管内。硅芯管道布放后，应尽快连接密封；对引入人（手）孔的管道应及时进行封堵；多根塑料管道同沟敷设时，排列方式应符合设计规定；塑料管在人（手）孔内余留长度应不小于400mm，以便于气流敷设光缆时设备与塑料管的连接；塑料管在河、沟、塘水底不得有接头，应整条敷设硅芯管；硅芯管在人（手）孔内，距上覆和孔底的距离不得小于300mm；距两侧孔壁不得小于200mm；硅芯管之间的间隔应不小于30mm。人（手）孔的建筑地点应选择在地势平坦、地质稳固、地势较高的地方，应避开水塘、公路、沟、水渠、河堤、房基、规划公路、建筑物红线等地点。

二、硅芯管道光缆敷设——气流吹放光缆

（一）气流吹放光缆的原理

气流吹放光缆是一种既安全又有效的光缆敷设方法。光纤吹缆机在敷缆过程中，同时作用在光缆上的有拖拽器的牵引力、压缩空气的吹力和传送带的推力。因此需要空气压缩机来辅助吹缆机工作。

空气压缩机产生压缩空气，通过输气软管送往吹缆机的密闭腔，硅芯管的引出端与吹缆机的密闭腔相通。牵引光缆用的拖拽器连同光缆置于管内，拖拽器周边橡胶与管内壁密

封，形成的密闭容器与吹缆机的密闭腔相通。因此压缩空气产生的压力推动拖拽器牵引着光缆在管内前进。空气压缩机持续供气，以保证施加在拖拽器上的力基本恒定，从而保证施加在光缆上的力基本恒定。同时压缩空气向前流动，一方面施加力于光缆上推动光缆前进，另一方面使光缆在管中处于悬浮状态，减少了布放时光缆与子管内壁之间的摩擦，最大程度地保护了光缆。

空气压缩机产生的高压气体，经过连接软管快速送往吹缆机，驱动吹缆机的气压马达，带动上下两根传送带转动，光缆置于上下传送带之间，从而推动光缆前进。

（二）气吹敷缆的技术要点

1. 气吹设备必须选用适合工程特点的机型，压缩机出气口气压应保持在0.6～1.5MPa，气流量应大于10m³/min，气吹机的液压驱动推进（或气流驱动推进）装置的推进力应符合要求。

2. 管道在吹缆前应进行保气及导通试验，确认管道无破损漏气或扭伤、无泥土等杂物后方可吹缆。

3. 吹缆前应将润滑剂加入管内，加入量视管孔内壁光滑程度、管道径路的复杂程度、吹缆的长度、润滑剂的型号等而确定。润滑剂加入量直接关系到吹缆的长度及速度。

4. 管道路径爬坡度较大的情况下，宜采用活塞气吹头敷设方法，以增加光缆前段的牵引力。

5. 管道路径比较平坦，但有个别地段的管道弯曲度较大的情况下，宜采用无活塞气吹头敷设方法。

6. 光缆在吹放过程中应不间断进行清洁处理，防止泥土、水随同光缆进入管内增大摩擦力。

7. 光缆吹放速度宜控制在60～90m/min之间，不宜超过100m/min，否则施工人员不易操作，容易造成光缆扭伤现象。

8. 光缆吹放过程中，遇管道故障无法吹进或速度极慢（10m/min以下）时，应先查找故障位置，处理后再进行吹放，以防止损伤光缆或气吹设备。

9. 吹缆时，管道对端必须设专人防护，并保持通信联络，防止试通棒、气吹头等物吹出伤人。防护人员同时还应做好光缆吹出后的预留盘放工作。

10. 光缆在吹放、"8"字预留盘放时，应确保安全。其弯曲半径应不小于规定的要求。

11. 设备操作人员必须按章操作，以确保人身、设备、光缆的安全。

三、气吹微缆技术

气吹微缆是一个全新的光缆网络施工概念，它是一种完整的电信网络体系结构的施工方法，它突破了现有的室外光缆布放技术的局限性。这项新技术是将专门设计的微型子管放入HDPE母管或已有的PVC母管中，然后按需要吹入微缆，中间可以大幅减少接续。此种施工技术适用于室外光缆网络的各个部分。

（一）气吹微缆技术的运用

1. 在长途网中，先将所需芯数的微管布放到一些硅芯管或其他子管中，以后按需求再次吹入微缆，这样可以保证光纤数量随业务量的增长而增长。

2. 在接入网中，先将微管进行简单的耦合通路，再根据客户的要求将具有室外缆性能的微缆气吹入微管通路，这样不需接续就可完成分歧。按这种方法，接入网的容量将随需求数量和需求地点而变化，大大增加网络的灵活性。

（二）气吹微缆的优点

1. 更快的吹缆速度。

2. 使用范围广，适用于室外光缆网络的各个部分（长途网、接入网）。

3. 灵活的大楼布线和线路分歧。

4. 光缆接头少，可以在任何地方、任何时候改变光缆通道。

5. 可以在不开挖的基础上随时对现有的管道进行扩容。

6. 新的敷缆技术可以随时满足商业和客户对网络的需求。在有需求的地方可采用子母管分歧技术，将子母管分歧，光纤不需在分歧点进行接续。

7. 初期建设成本低，投资随着需求的增长而增长。

（三）微管

1. 常用微管的规格：微管在网络中的专门作用是导入微缆，同时避免接续。微管由HDPE材料制成。JETnet常用微管规格有7/5.5mm和10/8mm两种。

2. 微管的应用：

（1）干线和接入层：一般采用10mm的微管，每根微管可容纳一根48或60芯的微缆。

（2）接入层和到用户：一般采用7mm的微管，每根微管最大可容纳一根4～24芯微缆。

3. 集束管

这种管道的优点在于微管的密度高，可以最大限度地利用通道的空间。其截面如同蜂窝，所有的管束被集中在一种保护性外套中。集束管的规格有：

5/3.5mm—1、2、4、7、12、19、24孔

8/6mm—1、2、4、7、12孔

10/8mm—1、2、4、5、7孔

（四）微型光缆（简称微缆）

微型光缆是接入网中关键的组成元素，其作用就是传输信息。微型光缆的光学传输指标与普通光缆相同，由于其外径比普通光缆细，所以简称为微缆。

微缆有中心钢管式、全介质中心管式、松套式等结构。

钢管结构的微缆中间是一根无缝焊接的防水钢管，光纤在填充了水凝胶的钢管内，钢管外施加了一层发泡HDPE护套。无缝焊接的钢管可防止水或其他物质渗入光纤。

全介质结构的微缆是无金属缆，可防止介电干扰，中间填充水凝胶起到纵向防水的作用。

（五）微管与微缆的吹放

微管的吹放原理与微缆的吹放原理、气流吹放光缆的基本原理相似，这里不再叙述。

1. 微管的吹放

母管里能布放微管的数量：微管的横截面积（以微管的外径计算）的总和不得超出母管横截面积的一半。母管直径与微管的数量关系如表1L412056所示。

母管直径与微管的数量 表1L412056

母管内径（mm）	可布放的微管数量	
	10mm微管	7mm微管
25	1	2
32	3	6
40	5	10
50	7	14
63	10	20

在吹管之前，应先用润滑剂将母管润滑一次；然后，子管束加压至气吹的压力水平，以预防微管出现内爆。微管布放后，两端应使用防水封帽密封。

2. 微缆的吹放

微缆吹放时，其前端应拧上一个小巧、光滑的铜制或钢制螺母，防止光缆堵在微管里；然后，用矫直器矫直光缆。吹放时，可采用串联气吹法、中间点向两侧气吹法、缓冲式串联气吹法三种方式在不需要接续的情况下延长光缆的一次性气吹距离。

1L412060 通信管道工程施工技术

1L412061 通信管道施工技术

通信管道按照其在通信管网中所处的位置和用途可分为进出局管道、主干管道、中继管道、分支管道和用户管道5类。目前常用的管材有水泥管、钢管、塑料管，塑料管又分为双壁波纹管、栅格管、梅花管、硅芯管、ABS管等。通信管道的施工一般分为划线定位、开凿路面、开挖管道沟槽、制作管道基础、管道敷设、管道包封、制作人（手）孔及管道沟槽回填等工序。

一、划线定位

通信管道应满足光（电）缆的布放和使用要求，施工时应按照设计文件及规划部门已批准的位置（坐标、高程）进行路由复测、划线定位。划线定位时，应确定并划出管道中心线及人（手）孔中心的位置，并设置平面位置临时用桩及控制沟槽基础标高的临时水准点。临时用桩的间距应根据施工需要确定，以20~25m为宜。临时确定的水准点间距以不超过150m为宜，应满足施工测量的精度要求。管道中心线、人（手）孔中心的位置误差不应超过规范要求，遇特殊情况变化较大时应报规划部门重新批准。通信管道应避免与燃气管道、高压电力电缆在道路同侧建设，不可避免时，与其他管线的最小净距应符合相关规范要求。

二、开凿路面与开挖管道沟槽

划线定位以后，施工人员就可以按照管道中心线的位置，以管群宽度加上肥槽（施工面或放坡）为上口宽度开凿路面，向下开挖。开槽时，遇不稳定土壤、挖深超过2m或低于地下水位时，应进行必要的支护。

三、管道基础

（一）基础类别

管道基础分为天然基础、素混凝土基础和钢筋混凝土基础。把原土整平、夯实后直接作为管道基础的称为天然基础。在土质均匀、坚硬的情况下，铺设钢管管道或硬塑料管道时可采用天然基础。以混凝土作为管道基础的为素混凝土基础。在土质均匀、坚硬的情况下，一般采用素混凝土基础。在混凝土内增加钢筋的基础，为钢筋混凝土基础。在土质松软、不均匀、有扰动等土壤不稳定的情况下，或与其他市政管线交叉跨越频繁的地段，一般采用钢筋混凝土基础。

（二）基础要求

1. 做混凝土基础时须按设计图给定的位置选择中心线，中心线左右偏差应小于10mm。

2. 使用天然地基时，沟底要平整无波浪。抄平后的表面应夯打一遍，以加强其表面密实度。

3. 水泥管道混凝土基础的宽度应比管道孔群宽度宽100mm（两侧各宽50mm），塑料管道混凝土基础宽度应比管道孔群宽度宽200mm（两侧各宽100mm）。

4. 钢筋混凝土基础的配筋要符合设计要求，绑扎要牢固。需局部增加钢筋的混凝土基础，要查验基础加筋部位的准确位置。

5. 混凝土管道基础施工时，两侧需支模板，模板内侧应平整并安装牢固。

6. 浇灌混凝土基础时，应振捣密实，表面平整，无断裂、无波浪，混凝土表面不起皮、不粉化，接槎部分要做加筋处理，以保证基础的整体连接，混凝土强度等级应不低于C15。

7. 在地下水位高于管道地基的情况下，应采用具有较好防水性能的防水混凝土。

四、管道敷设

（一）水泥管道敷设

1. 水泥管道的组合结构应构筑在坚实可靠的地基上。基础坡度系数一般应在3‰~5‰或按设计要求。

2. 管道敷设应按设计要求使用管材，管群程式、断面组合必须符合设计规定。

3. 管块与基础及上下两层管之间，均应铺垫15mm厚M10干硬性水泥砂浆。

4. 敷设管道的顺向水泥管块连接间隙应不大于5mm，顺向管块连接处应用棉纱布包缠并用素水泥浆刷匀、粘牢后，用1:2.5水泥砂浆抹管带。管带应做到不空鼓、不露纱布、表面平滑有光泽、无飞刺、无欠茬、不断裂。

5. 并排及上下层管块的接头位置均应错开二分之一管长。

6. 水泥管道进入人孔处应使用整根水泥管块。

7. 并行管块之间的管缝应用M10铺管砂浆灌实，边缝、顶缝应用1:2.5水泥砂浆抹平，管群底脚应用1:2.5水泥砂浆抹50mm宽八字形。

8. 敷设管道时，管块的两对角管眼应使用1.5m长的拉棒对正。

9. 管群进入人孔时，管道顶部距人孔上覆不得小于300mm，底部距人孔基础不得小于400mm。

10. 当日未敷设完的管道，应用砖砌体进行封堵，进入人孔的管道应用塑料管堵塞好，以防杂物、泥沙进入管孔。

11. 管道单段长度不宜超过150m。弯管道的曲率半径应不小于36m。

12. 整体管道敷设完成，在回填后应进行试通。试通棒一般为85mm×900mm。

（二）钢管管道敷设

1. 敷设管道前，应按照图纸给定的位置，确定中心线。

2. 钢管管道可采用天然地基。管道沟挖成后，应对沟底进行夯实、抄平，保证沟槽顺直。坡度系数一般应在3‰～5‰或按设计要求。

3. 对有局部扰动的地基，在扰动部位应用3：7灰土夯实。

4. 管道敷设时管群的断面组合应符合设计要求。

5. 钢管管道应使用经防腐处理过的管材。管道敷设前，应把管口打磨成坡边，且光滑无棱、无飞刺。

6. 管道敷设时，两相邻钢管应错口连接，错口间隔应在200～300mm以上。两根钢管顺向连接时，应外套管箍（200～300mm），并焊接牢固。

7. 管群敷设完毕后，每2m应使用扁铁捆扎，并焊接牢固。管群的接口部分应做80mm厚C15混凝土包封。

8. 管群进入人孔墙体时，应凹进30～50mm，窗口抹成八字形，管群顶部距上覆不得小于300mm，底部距人孔基础不得小于400mm。钢管管道进入人孔时，单根尺寸应大于2m。

9. 管道的单段长度不宜超过150m。

10. 使用有缝钢管时，钢管管缝应置于上方。

（三）塑料管道敷设

塑料管道分为双壁波纹管、栅格管、梅花管、硅芯管、ABS管管道。根据材质的不同，各种管道所用的部位也不同，敷设方法也不同。

1. 双壁波纹管管道

（1）按设计要求，选用同材质的双壁波纹管组成孔群，应敷设在平整、坚实、可靠的混凝土基础上，基础坡度系数一般在3‰～5‰或按设计要求。

（2）敷设波纹管管道时，每隔2m应放置钢筋支架固定，层与层的间隔应为10～15mm，每层应用直径10mm钢筋隔开，中间缝隙应填充M10砂浆。

（3）顺向的双壁波纹管应用套管插接，接口处应放置密封圈；管群各层、各列之间的接口应错开不小于300mm。进入人孔时的单根波纹管长度不小于2m。

（4）需要敷设弯管道的，曲率半径一般不得小于10m，同一段塑料管道严禁出现反向弯曲（即S形弯）。

（5）一般情况下，双壁波纹管管道需要做混凝土包封保护，包封厚度一般为80～100mm。

（6）管道单段长度不宜超过150m。

2. 栅格管管道

（1）敷设栅格管管道时，应按设计要求选用材质、外径相同的栅格管组成孔群，直接铺设在天然地基上，地基坡度系数一般在3‰～5‰或按设计要求。

（2）敷设栅格管时，层与层的相邻管材应紧密排列，每3m用塑料扎带捆扎牢固。

（3）管群铺设要平直，不能出现局部起伏。跨越障碍时，可敷设弯管道。管材在外力的作用下自然弯曲，曲率半径一般不得小于10m。

（4）顺向管道连接应采用套管插接，接口处抹专用胶水，管群层间接口应错开不小于300mm。

（5）管道单段长度不宜超过150m。

3．梅花管管道

（1）敷设梅花管管道时，应按设计要求选用同材质的梅花管组成孔群，敷设在平整、坚实、可靠的混凝土基础上，基础坡度系数一般在3‰～5‰或按设计要求。

（2）梅花管也可与其他管材合并使用，可敷设在水泥管道上，或与其他塑料管混合组成孔群。

（3）顺向单根梅花管必须使用相同规格的管材连接。管道连接应采用套管插接，接口处应抹专用胶水。敷设两根以上管材时，接口应错开。

（4）管群进入人孔时，管群顶部距上覆底不得小于300mm，底部距人孔基础顶不得小于400mm。单根梅花管长度在进入人孔时应不小于2m。

（5）梅花管管道需要做混凝土包封保护时，包封厚度应为80～100mm。

（6）管道单段长度不宜超过150m。

4．ABS管管道

（1）ABS管可代替钢管使用，直接敷设在天然地基上，坡度系数一般在3‰～5‰或按设计要求敷设。

（2）敷设方法同双壁波纹管。敷设完毕后可直接回填，不必做包封。

（3）管道单段长度不宜超过150m。

5．硅芯管

（1）硅芯管可直接敷设在天然地基上。

（2）在布放前应先检查两端口上的塑料端帽是否封堵严密；布放过程中，严禁有水、土、泥及其他杂物进入管内。

（3）布放硅芯管时，硅芯管应从轴盘上方出盘入沟。硅芯管在沟底应顺直、无扭绞、无缠绕、无环扣和死弯。

（4）同沟布放多根管时，管间间隔应不小于30mm，且每隔2～5m应用尼龙扎带捆绑一次。

（5）管群中的单根硅芯管接头应错开，接头应采用专用标准接头件，接头的规格应与硅芯管规格配套，接头件内的橡胶垫圈与两端的硅芯管要安放到位。接口处应不漏气，不进水。

（6）硅芯管群进入人（手）孔时，应在人（手）孔外部做2m包封；在人（手）孔内部，应按设计要求留足余长，管口要进行封堵。

（7）管道单段长度不宜超过1000m。

五、管道包封

在管道敷设完毕后，若管道埋深较浅或管道周围有其他管线跨越时，应对管群采取包封加固措施，在管道两侧及顶部采用C15混凝土包封80～100mm。做混凝土包封时，必须使用有足够强度和稳定性的模板，模板与混凝土接触面应平整，拼缝紧密；在混凝土达到初凝后，拆除模板。包封的负偏差应小于5mm。

浇筑混凝土时要做到配比准确、拌合均匀、浇筑密实，养护得体。侧包封与顶包封应一并连续浇筑。在管群外侧及顶部绑扎钢筋后再浇筑混凝土，为钢筋混凝土包封，一般用于跨越障碍或管道距路面的距离过近的部位。

六、管道沟槽回填

管道沟槽的回填，要从沟槽对应的两侧同时进行，以避免做好的管道受到过大的侧压力而变形移位。管道回填土时，首层应用细土填至管道顶部500mm处后进行夯实；再按300mm/层分步夯实至规定高度。管道沟槽回填后，要做必要的管孔试通。

1L412062　人（手）孔与通道施工技术

人（手）孔、通道是组成通信管道的配套设施，按容量分为大号、中号、小号三类人孔，按用途分为直通、三通、四通和特殊角度的人孔；手孔的规格型号较多；通道一般建设在缆的数量较多的位置。人（手）孔、通道的结构分为基础、墙体和上覆三部分。

一、人（手）孔、通道的位置选择

1. 人（手）孔位置应符合通信管道的使用要求。在机房、建筑物引入点等处，一般应设置人（手）孔。

2. 管道长度超过150m时，应适当增加人（手）孔。

3. 管道穿越铁路、河道时，应在两侧设置人（手）孔。

4. 小区内部的管道、简易塑料管道、分支引上管道宜选择手孔。

5. 一般大容量电缆进局所，汇接处宜选择通道。

6. 在道路交叉处的人（手）孔应选择在人行道上，偏向道路边的一侧；人（手）孔位置不应设置在建筑或单位的门口、低洼积水地段。

二、人（手）孔、通道的开挖

1. 人（手）孔的开挖应严格按照设计图纸标定的位置进行，开挖宽度应等于人（手）孔基础尺寸+操作宽度+放坡宽度，开挖工作应自上而下进行。

2. 高低型人孔，高台部分的地基原土不得扰动。遇不稳定土壤时，应全部开挖后再重新回填，并做人工处理，方能进入下道工序。

3. 开槽时，遇不稳定土壤、挖深低于地下水位时，应进行必要的支护。

三、人（手）孔、通道基础

1. 人（手）孔基础一般采用混凝土或钢筋混凝土结构，在地下水位较高的地区，人（手）孔基础要采用具有较好防水性能的防水混凝土。

2. 人（手）孔基础的规格、型号和混凝土强度等级，应符合设计或标准图集的要求；高程应满足设计图纸的要求。

3. 基础的处理方法（制作方法）与前面所叙述的管道基础相同。

4. 基础混凝土厚度一般为120～150mm。有特殊需要的，应按设计要求执行。

5. 基础附件：在浇筑人（手）孔基础混凝土时，应在对准人（手）孔口圈的位置嵌装积水罐，并从墙体四周向积水罐做20mm泛水。

6. 墙体砌筑完成后，基础应进行抹面处理，表面应平整光滑。

四、墙体

1. 在进行墙体施工前，应对已浇筑的混凝土基础的中心位置、管道进口方位及基础顶部高程进行一次复查核对。

2. 基础混凝土的强度达到12kg/cm²（常温下24h）时，方可进行墙体施工。

3. 砌筑墙体前，混凝土基础应清扫干净，砖块应用清水浇湿。

4. 在进行墙体施工前，应根据人（手）孔中心和管道中心的位置，按设计图纸上规定的人（手）孔规格，放出墙位基线；然后，要先摞底摆缝，确定砌法。砌筑时应随时检查墙体与基础面是否垂直。

5. 砌筑人（手）孔应采用M10水泥砂浆、MU10机砖砌体；用1：2.5水泥砂浆抹面，内壁厚度15mm，外壁厚度20mm，抹面应密实、不空鼓、表面光滑。

6. 墙体与基础应垂直、砌面应水平，不得出现墙体扭曲。垂直允许偏差应不大于±10mm，顶部四周水平允许偏差应不大于20mm。

7. 砌筑墙体的砖层之间必须压槎，内外搭接，上下错缝，不能出现通缝，砂浆饱满度应达80%，砖缝一般不能大于10mm。

8. 人（手）孔内净高一般情况下为1.8～2.2m。遇有特殊情况时，应满足设计要求。

9. 管道进入人（手）孔窗口处应呈喇叭口形，管头应终止在砖墙体内，按设计规定允许偏差10mm，窗口要堵抹严密，外观整齐，表面平光。

10. 管道进入人（手）孔墙体，对面管道高程应对称，一般情况下不能相错1/2管群；进入人（手）孔的主管道与分支管道应错开，分支的部分管道应高于主干管道。

五、上覆

1. 人（手）孔上覆到口圈，要用M10水泥砂浆砖砌筑不小于200mm、不超过800mm左右的口腔，人（手）孔口腔与上覆预留洞口应形成同心圆。口腔内部应抹灰，与上覆搭接处要牢固，外侧抹八字。

2. 人（手）孔上覆各部位尺寸应与人（手）孔墙壁上口尺寸相吻合。

3. 人（手）孔上覆的底部应平光，厚度应均匀，并符合设计图纸要求。

4. 人（手）孔上覆出入口及外缘各立面应与底部垂直，上部线条整齐。

5. 人（手）孔在安装预制的上覆时，应在墙体与上覆的结合部抹找平层；两板缝之间用1：2.5砂浆堵抹严密，不漏浆；吊装环应用砂浆抹成蘑菇状。

6. 上覆板应压墙200mm以上，与墙体的搭接处应里外抹八字角。八字角要严密贴实，不空鼓，表面光滑，无接槎，无毛刺，无断裂。

7. 人（手）孔在现场浇筑制上覆时，钢筋和混凝土强度等级应满足设计要求。钢筋骨架放入模板后，应采取固定措施，以防浇筑混凝土变形、移位，在达到强度并养护后可拆模。同一模板内的混凝土应连续浇筑，保持整体性。浇筑完毕后，表面应抹平，压头。

六、附件

1. 穿钉应根据不同型号的人（手）孔，按图集中规定的位置进行安装。穿钉应预埋出墙面50～70mm，上下穿钉应在同一垂直线上，允许偏差应不大于5mm，间距偏差应不大于10mm，相邻两组穿钉间隔偏差应不大于20mm。

2. 支架应紧贴墙面，用螺母固定在穿钉上，要牢固，螺母不松动。

3. 拉力环应预埋在墙体里。拉力环应出墙面80～100mm，在墙体上的位置应与对面管道中心线对正，以对方管底为准向下200mm处。

4. 人（手）孔口圈应按设计给定的高程安装，口圈应高出地面20mm，绿地或耕地内口圈应高出地面50～200mm，稳固口圈及口圈接口部位应用1：2.5水泥砂浆抹八字，外缘应用混凝土浇筑，口圈外缘应向地表作相应泛水。

七、回填

1. 人（手）孔回填土应按300mm分步夯实至规定高度。

2. 人（手）孔坑槽的回填，要从对应的两侧坑槽同时回填，以避免已完成的人（手）孔受到过大的侧压力而变形移位。

3. 人（手）孔回填后，应检查内壁是否有裂纹、移位现象。如发现，要及时返修。

4. 管道与人（手）孔相接的肥槽部分，应用砖砌体填充至管道地基，确保管道的稳定性。

1L412070　广播电视专业工程施工技术

1L412071　广播电视中心工艺系统施工技术

一、广播电视中心设备机房的要求

（一）不间断电源系统

广播电视中心供电系统是安全制作和播出的重要环节之一。来自外电的闪落、干扰、闪电雷击、临时断电等都将直接威胁播出安全。UPS（Uninterruptible Power System）本身具有整流、滤波、稳压等功能，是广播电视中心重要设备之一。

系统中的关键设备要求具有安全稳定的供电，而且节目制作和播出的计算机网络对供电系统也有着严格的要求。UPS系统的供电，必须科学合理的安排，与节目播出有关的计算机网络都应提供UPS系统供电，以保证数据程序的安全传送。另外，放置UPS的房间应采用隔声材料，以用来降低UPS所发出的噪声。

1. UPS系统的主要功能

（1）具有交流稳压功能，不需要增加交流稳压器。

（2）有瞬间电网断电的保护功能，尤其是在线式UPS不存在逆变转换时间。

（3）有后备直流供电的功能，可以保障用电设备在断电期间的电源供给，维持设备的正常工作。

（4）有一定的滤波功能，能够滤除一些电网干扰信号，起着净化电源的作用。

2. UPS系统的基本要求

（1）必须是在线式。

（2）必须保证没有任何干扰信号的漏放，确保不对电视设备的技术指标产生任何不良影响。

（3）必须有较高的可靠性和稳定性。

（4）配备一定的后备蓄电池组，延长有效供电时间。

（二）空调通风系统

空调通风系统的安装在广播电视中心配套工程中也是一个不可忽视的问题，在整个中心内拥有大量的设备，众多设备集中放在一起，所释放出的热量，将直接影响设备的正常运行。空调的出风口和回风口的位置安排也十分重要，如采用地下出风和房顶送风的方式是最为合理的，这样可以形成一个循环式的通风系统，但根据整个大楼管网布防的实际情况，有时无法实现这种方式，需要采用其他的出风方式。出风口的位置不能正放在设备机架的上方，以防止出风口的冷凝水滴落损坏设备。

精密空调是机房专用空调，具有恒温恒湿控制功能，制冷方式有下送风机组和上送风机组两种。下送风机组（冷风从底部送出）通过高架地板下的空间形成的静压将冷空气均匀地送至室内各处，室内空气通过回风管道系统或顶棚直接进入机组顶部。上送风机组（冷风从顶部送出）冷空气通过管道系统、顶棚或通风帽吹出，其回风通常在机组的正面，也可在机组的底部或后部，无论是上送风或下送风，形成的流动风从机柜中流过，确保设备的有效散热。

（三）地线系统

工艺系统和供电系统相配套的地线也是工程中非常重要的环节。如果地线解决不好，就会造成各机房地电位不同，轻者会干扰电视信号，烧毁设备，重者可能会造成人身伤亡。采用数字信号播出，电缆中传输的都是数据流，它对地线和线槽屏蔽都有要求。接地有两种结构，一种是网状接地，另一种是树状接地。网状结构接地有着解决干扰、避免计算机误动作的优点，根据各方面的经验，采用局部网状、整体树状相结合的方式为宜，即在分控机房内采用网状、机房与机房之间采用树状结构相连，地线采用截面为0.3mm×300mm的铜皮，集中一点接地。

二、广播电视中心工艺要求的复核

工艺用房系统设备安装之前，根据施工要求对以下各项进行检查：

1. 该房间的土建内装修应已按设计完成。

2. 照明、电源、门、窗、锁应齐全有效。

3. 有关线管、线槽、地沟、竖井施工完毕。

4. 各预留孔洞、预埋件、管路应正确到位。

5. 接地系统应符合设计要求。

6. 施工现场的临时供电、照明、室内降温设施符合要求。

三、广播电视中心工艺系统的布线

1. 工艺线管的敷设和出线盒的安装要求

（1）线管和盒体位置准确无误，连接紧密牢固，电气连接可靠。

（2）线管弯曲应符合设计对弯曲半径的要求，无明显折皱凹扁现象。

（3）线管穿过建筑伸缩缝处加保护套，穿过双层隔声墙处应断开，两个口对准，断开处加软套管。

（4）线管连接应采用螺纹管或紧固螺钉连接，不应采用熔焊连接。

（5）支架、吊架和桥架平直牢固整齐，线管内穿好钢丝，做好标记，并做好管口的保护。

（6）线管或线槽及一切不作导体用的金属架等一定要与地线连通。

（7）出线盒的安装位置符合设计要求，不同用途的盒体放在一起时应及时协调好排位，要求高度相等、间距相等、排列整齐美观。

2. 线缆的布放

（1）对工艺部分所有需穿入线管预埋的线缆测通路、摇绝缘，做好标记备用。

（2）对照施工图，对需要布放线缆的线管、线槽、线架、地沟等进行全面检查，确保清洁干燥，管口光滑无刺，装好护口，线管畅通。

（3）穿线时应注意避免用强力硬拉，以免拉断或拉细电缆。

（4）线管内穿入多条线缆时，线缆之间不得相互拧绞，线间接头必须在手孔盒或接线盒等处连接，线管内中途不得留有线间接头。

（5）线管不便于直接敷设到位时，采用金属软管连接，不得将线缆直接裸露。

（6）在线槽、线架、地沟内布放线缆时，应将音视频信号线和电源线分别放在两侧，控制线居中布放，防止电磁噪声干扰。

（7）布放线缆应排列整齐，不拧绞，尽量减少交叉点。不同电平的线缆应分类绑扎，防止引起干扰和反馈。

（8）需要接续的线缆，在接续前检查线缆线向标记是否相符合。焊接时线缆应留有一定的余量，不得使用酸性焊剂焊接。焊接部位焊锡要饱满光滑，不得有虚焊现象，焊点要处理干净，接点处应采用相应的塑料套管做隔离、绝缘及保护。

（9）线缆布放完成后，将线缆做好标记，并采取防护措施。

四、广播电视中心工艺设备安装

1. 机柜和控制台的安装要求

所有工艺设备必须进行单机通电检查，符合要求后方可进行安装。

（1）按设计要求正确地找出并划定电视工艺设备安装的基准线，将机柜就位。

（2）并排安装的机柜应排列整齐，机柜之间采用螺栓紧固连接。机柜底座与地面之间的间隙，应采用金属垫片垫实，垫片应进行防腐处理。

（3）机柜与底座之间应加绝缘垫和绝缘橡皮，防止产生干扰。

（4）机柜与工艺地线相连接。

（5）机柜单个独立安装或并列安装均应达到横平竖直，其垂直偏差应不大于机柜高度的1‰，水平方向上的偏差不大于机柜高度的2‰。

（6）机柜上的设备安装与排列顺序应符合设计要求。设备面板要排列整齐，拧紧全部面板螺钉。带轨道的设备应推拉灵活，螺钉不能缺损，面板螺钉应是镀亮的，规格应统一。

（7）机柜设备组合就位后，对机柜进行平直度调整，固定牢固。

（8）控制台应安放竖直，台面水平，附件完整，无损伤。

2. 设备接线要求

（1）按设计图纸进行检查，校对无误后进行系统组装接线。

（2）所有接口要注意电平配合及各相电源线极的相序问题。

（3）配线做到正确、可靠、整齐，所有接线用焊接或压接，不得使用酸性焊剂焊接。

（4）注意屏蔽线的接地和芯线的相序问题，信号插座相序必须一致。设备连线和插接要注意稳固安全，信号相序准确无误。

（5）注意留足电缆的安装长度，连接完毕进行校验并做好标记。

（6）接插件上机前进行质量检查，以防止短路或接触不良损坏设备，造成事故。

五、广播电视中心工艺系统的调试

1. 调试准备

（1）检查各类设备的型号及安装位置是否符合设计要求。

（2）检查各类设备电源电压的选择是否与当地电压一致。

（3）校验系统接线是否正确，有无短路、断路、松动或虚焊。

2．调试程序

（1）加电前检查所有设备，电源开关置于断开位置，衰减器应置于衰减最大位置。

（2）从输入设备到输出设备按序逐台加电。

（3）通电后注意观察各设备有无异常现象，开通半小时无异常现象后可进行试运行。

（4）在试运行中检查各设备功能操作使用是否正常，各开关、旋钮是否起作用。调试时输入电平应由小逐渐加大，衰减器的衰减值应由大逐渐变小，直到全部系统正常运行。

（5）单机调整完毕后，对系统指标进行统调。

（6）各系统开通后，对全系统进行联调。

1L412072　广播电视发射工程施工技术

一、工艺安装

1．发射机机箱安装

（1）发射机各机箱安装位置应符合机房平面设计图纸的规定。

（2）机箱垂直偏差不得超过1‰。

（3）各机箱必须对齐，前后偏差不得大于2mm。

（4）机箱的底框应用地脚螺栓或膨胀螺栓与地面紧固。

（5）各机箱应用螺栓连成一体，机箱箱体应分别用不小于50mm×0.3mm的紫铜带与高频接地母线连接。

（6）底框若加垫铁片时，铁片与底框外沿对齐，不得凸出或凹入。

（7）安装后的机箱应平稳、牢固。

2．卫星传输音频信号源接收设备安装

（1）卫星接收天线应架设在机房附近且前方无干扰又不影响周围环境的地方，天线底座平台宜用水泥混凝土浇筑或钢架支撑，平台大小应符合天线口径及当地抗风强度的要求，平台的安装平面应水平，卫星天线的立柱应垂直，垂直偏差不得超过2‰，卫星天线的各转动部件应加注黄油，天线的方位角和俯仰角调整完毕后应紧固各调节螺钉。

（2）卫星接收机应安装在室内相应的机柜中，连接卫星接收设备的电缆应可靠，中间不得有接续。

（3）光纤传输音频信号源接收设备应按设计要求安装。

（4）微波传输音频信号源接收设备应按设计要求安装。

（5）音频信号源接收设备对节目传输机房有屏蔽要求时，节目传输机房的屏蔽安装应符合设计要求。

3．监控、监测、监听设备安装

（1）监控、监测、监听设备应按设计要求安装。

（2）监听音箱的分布安装应能使值班员易于监听多路播出节目。

（3）监控、监测设备的显示屏应安装在便于值班员监视的位置。

4．大型电容器安装

（1）电容器安装前应进行耐压试验和绝缘检查。

（2）真空可调电容器在要求一端接地使用时其高压端与接地必须正确连接，可调动片必须接地。

（3）电容器的陶瓷部分应用酒精或四氯化碳擦拭干净。

（4）真空可调电容器安装时，应调节行程开关，使两端各留相应的余量。

（5）电容器调谐传动机构中的万向接头、齿轮等经常活动的地方应加润滑油。

（6）电容器串、并联时，各连接片应四边平直，四角圆滑，无尖锐毛刺，连接应可靠。

5. 大型电感线圈安装

（1）线圈间的距离应均匀。

（2）短路接点与滑动头接触应良好，短路连线应安装在线圈圈内并应尽可能短。

（3）电动、人工调谐的传动器、减速器应加润滑油，传动的关节处采用销钉连牢，不得有松动脱落现象。

6. 高、低压成套配电柜和变压器、调压器安装

（1）高压成套配电柜、低压成套配电柜、电力变压器的安装应符合《建筑电气工程施工质量验收规范》GB 50303—2015的有关规定。

（2）发射机电源变压器、调压器的连线，应符合下列安装规定：连线应用电缆，其材料规格应符合设计要求，安装应平直，转弯角度一致；电缆两端应接铜接线端子，电缆芯与端子应焊接或压接牢固，并符合规范中"敷设低压电力电缆"的规定；电缆接线端子与设备上的端子连接时，应将螺母拧紧。

7. 发射机冷却系统安装

（1）发射机风冷系统应按设计要求安装，其噪声指标应符合设计要求。

（2）风机安装时，应有减振措施，固定螺栓应加弹簧垫片；安装应稳固可靠，运行时不得有振动和摇摆。

（3）风筒应用支架或吊架固定，相邻两架间距宜为2000mm，风筒不得漏风，风筒与风筒连接处应有橡胶垫圈（厚3~5mm），风筒有分叉时，应按设计要求安装。

（4）发射机冷却系统应按设计要求安装。

（5）水泵安装时，应有减振措施，固定螺栓应加弹簧垫片，安装应平稳、牢固，水泵运行时不得有振动和摇摆，其噪声指标应符合设计要求。

（6）水冷系统的风冷散热器的风机安装，应符合前述风机安装的规定。风冷散热器进出风口及风道应畅通，不得堵塞。

（7）水泵的进、出水管及阀门不得渗水、漏水，并用色标指示水流方向。

（8）水冷系统安装后应清洗其水路，杂质、杂物不得残留在水路中。

8. 馈筒、馈管、馈线安装

（1）馈管分为硬馈管和软馈管，馈筒、硬馈管一般用作机房内部高频传输连接，软馈管一般用作机房到天线的高频传输连接。

（2）安装馈筒时，馈筒检修孔应朝外。

（3）馈筒、硬馈管安装应平直。馈筒、硬馈管直线段支撑点的间距不宜超过2500mm，拐弯处两边必须加支撑架。

（4）馈筒、硬馈管内部不得有杂物和灰尘，绝缘子上不得有污迹。芯管用绝缘子支撑在馈筒、硬馈管的中心部位，平直通过，不得弯曲或下垂，芯管中心与馈筒、硬馈管轴线重合，馈筒的芯管中心最大偏移为3mm。

（5）馈筒卡环应用螺栓紧固，不留毛刺。

（6）馈筒连接端、馈管法兰盘及馈筒盖板连接螺栓应齐全、紧固，芯线连接应可靠。馈筒、馈管外导体两端应用符合载流量要求的紫铜带与高频接地母线连接。

（7）馈筒、馈管穿墙孔四周的缝隙应用防水材料封堵。

（8）软馈管架空安装时，馈管应平直，馈管底部对地面的距离不得低于4000mm，馈管直线段悬挂点的间距不宜超过1500mm。

（9）软馈管地沟安装时，应沿沟内安装金属支撑架，其间距不宜超过1500mm，馈管应放置在支撑架上，馈管底部距离沟底不小于300mm，馈管放置完毕后，地沟应加盖板。

（10）软馈管转弯时，转弯曲率半径应符合产品技术要求，不得直角转弯。

（11）明式馈线安装应符合《中短波广播天线馈线系统安装工程施工及验收规范》GY 5057—2006的有关规定。

（12）高频电缆馈线安装应按（8）至（10）规定的软馈管安装要求执行。

9. 并机网络安装

（1）并机网络安装位置应符合机房平面设计图纸的规定。

（2）并机网络机箱安装应符合规范中"发射机机箱安装"的规定。

（3）并机网络冷却系统安装应符合规范中"发射机冷却系统安装"的有关规定。

10. 天线切换开关安装

（1）天线切换开关应按设计要求安装。

（2）天线切换开关的箱体应用不小于50mm×0.3mm紫铜带与高频接地母线连接。

11. 假负载安装

（1）假负载安装位置应符合机房平面设计图纸的规定。

（2）假负载应按设计要求和产品安装图安装。

（3）水冷、风水冷假负载电阻应全部浸入蒸馏水中，水面应高于电阻体20mm以上。

（4）水冷、风水冷假负载的进、出水口与水管连接处其外壳应无渗水、漏水现象。

（5）水冷、风水冷假负载的出风口不小于2000mm范围内应无风路阻挡物。

（6）水冷、风水冷假负载安装后应清洗其水路、杂质、杂物不得残留在水路中。

（7）假负载与发射机的连接馈管必须满足发射机功率等级要求。

（8）假负载的箱体应用不小于50mm×0.3mm紫铜带与高频接地母线连接。

12. 天馈线调配网络安装

（1）天馈线调配网络安装前，调配室应具备下列条件：调配室的位置、大小符合设计要求；屋顶、墙壁不得渗漏。天馈线引入孔应有防水措施，室外雨水不得经引入孔流入渗漏到调配室；调配室四周的墙壁、屋顶、地面敷设的高频屏蔽层，其尺寸符合设计图纸的要求。

（2）调配网络所用元件参数应满足设计要求。

（3）从地网导线的汇集中心牢固焊接一条200mm×1mm紫铜带引进调配室内，作为调配室高频接地母线，调配室的屏蔽层应与高频接地母线焊接。

（4）雷电泄放线圈接地端应用40mm×1mm紫铜带与高频接地母线焊接，焊接应光滑牢固。

（5）调配元件接地端应用厚1mm紫铜带与高频接地母线焊接，紫铜带的宽度视载流量而定。

（6）调配网络输入端与馈线（管）引入端及调配网络输出端与天线引入端均应用紫铜管连接，紫铜管两端焊接特制的接线端子。紫铜管的直径视载流量而定。

（7）馈线（管）终端的地线应用厚1mm紫铜带与调配室高频接地母线焊接，紫铜带的宽度视载流量而定。

（8）各调配元件应按设计图纸安装。相邻电感元件应适当远离并垂直放置。元件间的连线应用满足载流量要求的紫铜带或紫铜管，连接端面应宽、平，端头应圆滑，不得有尖角毛刺。元件安装应牢固，接线端子螺母应拧紧，不得有松动和接触不良现象。网络组件有屏蔽要求的，应将组件安装在金属屏蔽箱里。

13. 控制台安装

（1）控制台机柜距周围的安装距离应按设计要求确定。

（2）控制台机柜安装应符合"发射机机箱安装"的规定。

（3）控制台上的音频阻抗变换器、音频衰减器、音频切换器、音频处理器、音频分配器及其他设备、部件等安装件，应安装稳固，不得松动和摇摆。

（4）各电路连接应可靠，不得有接触不良现象。

（5）控制台上的各种按钮应动作准确。

（6）发射机开启后，各种指示应正确。

14. 敷设高频、音频、控制电缆

（1）电缆的规格、敷设路由和方式应符合设计简约的规定。

（2）电缆敷设前，其检验应符合下列规定：电缆所附标志、标签内容齐全、清晰；电缆的外护套完整无损，电缆应附出厂质量检验合格证；测量电缆的芯线对芯线、芯线对屏蔽层的绝缘电阻，其阻值应达到产品质量安全要求。

（3）电缆敷设应顺直、无扭折、转弯须均匀圆滑，不得折成死角，并有一定余量。

（4）在同一槽内敷设不同用途的电缆时，应分层或分开排列，不得互相交错或绞缠一起，出线位置应有编号，标明电缆去向。

（5）线槽内必须干净、无沙石和其他杂物。

（6）电缆芯线及屏蔽网与电路连接时，若采用焊接，应焊接牢固，锡面光滑；若采用压接，应焊好或压好接线端子，并与接线部位压接紧固；若采用插接，应做好插头，插接应可靠。

（7）多根电缆同槽同向敷设时，应根据其用途和种类分组后，用线匝将其捆绑成束，并加以固定。

（8）机房计算机信息监控网络的电缆敷设应符合《综合布线系统工程验收规范》GB/T 50312—2016的有关规定。

15. 敷设低压电力电缆

（1）电缆的规格、敷设路由和方式应符合设计图纸的规定。

（2）电缆敷设前，其检验除应符合《建筑电气工程施工质量验收规范》GB 50303—2015第3.2.12条的规定外，还应测量电缆的芯线对芯线、芯线对外皮的绝缘电阻，其阻值应达到产品质量安全要求。

（3）10mm²以下铜芯电缆的端头应用铜线接线端子焊接，线头必须插到孔底，应焊接牢固，焊锡均匀、饱满，焊面光滑，不得有残渣、气孔。10mm²以上电缆的端头应用铜接线端子压接，铜接线端子的孔径应与线径一致，电缆芯与铜接线端子必须压紧，不得有裂纹、松动。

（4）10mm²以上电缆转弯时，其最小曲率半径为电缆外径的10倍。

（5）电力电缆不得有中间接头，特殊情况设接头时，连接方法必须符合有关规定；并在竣工技术文件中详细注明接头的位置。

（6）电缆从槽内引出时，应用卡子固定在机架或墙壁上，放线必须平直，不得歪扭。线卡颜色应与机架颜色一致。

（7）三芯电缆的芯线可用红、绿、黄三色标示电源的相序，四芯电缆除较粗的三根同三芯线样标明相序外，其较细的一根作为零线应用黑色。

（8）高压电力电缆应按有关规范安装。

（9）高、低压电力电缆可同槽敷设，但应分层布放。

（10）敷设低压电力电缆同时应符合《建筑电气工程施工质量验收规范》GB 50303—2015关于电缆敷设的有关规定。

二、天馈线系统安装

安装天馈线系统时，在超过5m及以上高空进行施工作业者，应具备高空作业证，无作业证者严禁上岗作业。钢塔、桅杆、天线及馈线等工程的施工和验收所使用的测量工具、仪器必须经计量部门检定合格并在有效期内；施工中使用的主要机具应为检验合格的产品。

以塔基为圆心，以塔高为半径的范围划为施工区，并应设有明显的标志，必要时应设围栏；施工区不得有高空输电线路，否则必须采取安全防护措施；未经现场指挥人员许可，非施工人员不得进入施工区。以塔基为圆心，以塔高三分之一为半径的范围应划为施工禁区，其内不得设置起重装置及临时设施，未经现场指挥人员许可，并未通知塔上停止作业，任何人不得进入施工禁区。

有下列情况之一，不得高空作业：

（1）当气温低于-15℃或高于37℃时。特殊情况需要施工，应有完备的安全保护措施。

（2）如遇五级（含五级）以上大风、大雾、雪、沙暴，塔上裹冰、附霜，施工现场或附近地区有风沙、雷雨。

（3）无救护汽车和救护（医务）人员。

（4）夜间或能见度极差的情况时。特殊情况需要施工，灯光照明应保证施工安全和要求，并应有具体的安全保障措施。

（5）在射频感应区内。特殊情况需要施工，应有完备的安全保护措施。

中短波天馈线系统安装工程分为5个分项工程：架设拉绳式桅杆、架设自立式钢塔、架设天线幕、架设馈线、敷设地网。

1. 架设拉绳式桅杆

架设拉绳式桅杆包括：布置施工现场、预制拉绳、组装拉绳、架设拉绳式桅杆、安装附件。

架设拉绳式桅杆安装要求：

（1）桅杆垂直度应符合设计要求，设计无要求时，整体垂直度偏差不大于*H*/1500，局部弯曲不大于被测高度的1/750（其中：*H*为桅杆高度，以毫米为单位），并有检测记录；拉绳初拉力应达到设计值，偏差应符合设计要求，设计无偏差要求时，拉力应小于设计值但偏差不大于设计值的5%并有记录。

（2）施工现场组装单元塔节时，应符合下列要求：应根据弦杆长度的偏差，选配组装单元节；单元节尺寸应符合设计要求，偏差应符合设计要求；单元节杆件的连接螺栓的规格、数量应符合设计要求，吊装前应拧紧所有杆件的连接螺栓。

（3）吊装桅杆前，底座绝缘子内壁应擦拭干净，底座绝缘子安放应平稳垂直受力均匀，设计要求安装的临时保护设备应随底节安装，设计无要求时应采取必要的预防撞击和位移的保护措施。

（4）架设桅杆塔节时，应使塔节的法兰螺孔重合，连接螺栓的规格、数量应符合设计要求，连接螺栓的方向应一致，塔节连接螺栓应有防松措施，并拧紧后进行下一步的吊装。

（5）架设桅杆时，应在两层正式拉绳之间至少加一层临时拉绳；每层临时拉绳（三方或四方）应固定在塔上同一高度，其绳径应与正式拉绳相近，临时拉绳的初拉力应与下层正式拉绳的初拉力相近。

（6）吊装正式拉绳应使用卷扬机，由地面人员配合送绳，拉绳与塔身保持一定距离，拉绳绝缘子应摆正，清除拉绳和绝缘子上的混土、杂草等，绝缘子应清干净，拉绳与桅杆连接固定后，用紧线器或手摇绞车收紧拉绳至安装拉力，拉绳按设计要求固定在地锚的索具螺旋扣上；同时使用经纬仪观测塔身，调整桅杆的垂直度，索具螺旋扣应有防松动措施。

（7）安装桅杆拉绳时，各方位施加拉力应协调、均匀，严禁一方拉绳抢先收紧，拉绳与地锚索具螺旋扣的连拉固定方式及绳卡的规格、数量、间距应符合设计要求；在调整、收紧拉绳时，塔上人员要下到地面。

（8）架设完成将扒杆放至地面后，应自下而上调整拉绳的初拉力和桅杆的垂直度，调整时在拉绳上挂拉力表，拉绳初拉力和桅杆垂直度应同时符合设计要求；调整后的索具螺旋扣应留有松紧量并采取防松动措施和涂防腐脂。

（9）桅杆及构件架设安装完成后应将所有连接固定螺栓重新拧紧一遍；损坏的防腐层应用防腐效果接近的方法予以修复。

（10）悬挂天线幕的桅杆，应适当向反方向倾斜，挂好天线幕的桅杆应将倾斜部分调整过来，桅杆的整体垂直度应符合设计要求。

（11）中波桅杆笼子线网安装应符合下列要求：支撑环安装应水平，位置应符合设计要求；导线安装应垂直，初拉力应符合设计要求；导线与支撑环压接固定应牢固，拉线端子与桅杆连接应紧固，导电性能应符合设计要求；底部连接固定方式及绳卡的规格、数量、间距应符合设计要求，索具螺旋扣应留有松紧量并采取防松动措施和涂防腐脂。

（12）拉绳式桅杆工程完成后应进行分项工程验收并填写拉绳式桅杆分项工程检验批质量验收记录。

2. 架设自立式钢塔

架设自立式钢塔包括：安装塔靴和安装钢塔。

安装塔靴要求：

（1）钢塔基础的水平高差和轴线，地脚螺栓（锚栓）边宽、间距、对角线和水平高差，应符合设计要求。

（2）基础地脚螺栓、大垫片及螺母应齐全并装卸自如，底母、大垫片调整到同一高度，地脚螺栓伸出塔靴的长度应符合设计要求。

（3）根据塔靴的实际位置确定钢塔中心，以相邻两塔靴的中心点连线为基础轴线，确定钢塔的中心点（塔中心点应留永久标志桩）；以钢塔中心点为基准点，根据塔靴基础轴线的实际位置和塔的设计高度，确定测量钢塔垂直度测量点，测量点应在中心点与塔弦杆中心点的延长线上或中心点与钢塔基础轴线（某一平面）的垂直线的延长线上，钢塔中心点、垂直度测量点应加以保护。

（4）以塔靴中心为基准点，钢塔的边宽、对角线长度、水平高差应符合设计要求，未达到设计要求时应进行调整，直到达到设计要求为止，固定塔靴的上螺母和底螺母应拧紧。

安装钢塔要求：

（1）安装钢塔过程中，每层的构件未吊装齐，不能继续吊装，每吊装完一层构件，应及时检查各构件就位后的偏差，确认无误再继续吊装，允许偏差应符合表1L412072的规定。

构件允许偏差值 表1L412072

项次	项目	允许偏差（mm）
1	塔体垂直度： 整体垂直度 相邻两层垂直偏差	$H/1500$　H—被测高度 $\leqslant H/750$　H—被测高度
2	塔柱顶面水平度： 法兰顶面相应点水平高差 孔距水平高差（每层断面相邻塔柱之间的水平高差）	$\leqslant \pm 2.00$ $\leqslant \pm 1.50$
3	塔体截面几何状公差： 对角线误差　$L \leqslant 4m$时 　　　　　　$L \geqslant 4m$时 相邻间距误差　$b \leqslant 4m$时 　　　　　　　$b \geqslant 4m$时	$\leqslant \pm 2.00$ $\leqslant \pm 3.00$ $\leqslant \pm 1.50$ $\leqslant \pm 2.50$

（2）每安装两层塔节，应调整一次塔身垂直度；安装到塔顶后，应测量塔身的整本垂直度和对角线尺寸，结果应符合设计要求。

（3）安装钢塔可采用单件吊装、扩大拼装，必要时应做强度和稳定性验算，塔构件吊装时应有足够的吊装空间。

（4）钢塔平台构件可在地面组装，各杆件连接应正确并用螺栓拧紧，平台板应铺平，与塔架联成一整体后吊装。

（5）未经设计同意，严禁在钢塔结构主受力杆件上进行焊接。

（6）钢塔构件现场修正或制孔不得用气割扩孔。

（7）钢塔及天线等安装完毕后，螺栓应全部重新拧紧一遍，损坏的防腐层应用效果相近的方法予以修复。

（8）钢塔的防雷接地应与基础防雷接地网可靠焊接，焊缝截面积应不小于设计要求，设计未规定时应不小于接地扁钢横截面，焊缝应按设计要求做防腐处理。

（9）钢塔结构检验方法，应按设计要求和规范进行。

（10）自立式钢塔工程完成后应进行分项工程验收，并填写自立式钢塔分项工程检验批质量验收记录。

3．架设天线幕

架设天线幕包括：预制天线幕、组装天线幕、安装天线幕。

安装天线幕的要求：

（1）安装天线幕前必须对基础、钢塔、桅杆的跨度和结构几何尺寸进行测量，确认符合设计要求和安装质量标准，检查钢塔、桅杆的垂直度、拉绳、曳线，确认符合设计要求和安装质量标准；钢塔、桅杆吊挂天线幕的构件和天线幕挂点标高应符合设计要求。

（2）天线幕和反射幕垂直吊线与地锚固定时应符合以下规定：天线幕与反射幕之间的距离上、下都应符合设计要求，允许偏差±50mm；所有吊线与地锚固定时，应与天线幕或反射幕成一个平面，垂直吊线应垂直；天线幕垂直吊线与地锚固定后，应与天线幕所对应的吊点成为直线，其偏差应不大于50mm；反射幕旁弧线与地锚固定时，应根据反射幕旁弧线的弧度及其与天线幕的距离确定地锚的位置，与天线幕的距离应符合设计要求；反射幕旁弧线与地锚固定后，反射幕纬线受力应均匀并拉直；经线与地锚固定后，各经线拉力应适中，受力均匀，接地螺栓应拧紧。

（3）天线幕和反射幕的安装高度应符合设计要求；天线振子、导线应符合设计要求，横向水平、竖向垂直、松紧适中，用重锤控制的重量应符合设计要求。

（4）吊挂天线幕时，上升速度应平稳，边提升边吊挂，绝缘子应清洁干净并应随时清除天线幕上的泥土、杂物等；上升时每层振子、下引线应有人看管，防止倾斜扭曲损伤导线；检查导线的连接螺母是否拧紧，各部位是否正常，如有异常或导线出现弯曲，应予以检查处理。

（5）调整天线幕时，应同时调整拉线和曳线，并测量桅杆的垂直度，同时天线振子对地高度应符合设计要求。

（6）天线下引线端制作安装时，本副天线的下引线长度必须一致，两线的间距应符合设计要求，下引线各线应顺直无扭绞，拉紧并受力均匀，瓷支撑应固定牢固。

（7）天线幕安装完后应再次检查天线幕及桅杆的垂直度，确保其符合设计要求，天线吊线与地锚连接固定的绳卡的规格、数量、间距应符合设计要求，各部位的索具螺旋扣应有防松动措施并涂防腐脂。

（8）架设天线幕工程应进行分项工程验收，填写天线幕分项工程检验批质量验收记录。

4．架设馈线

架设馈线包括：埋设馈线杆、制作馈线、安装馈线和连接下引线。

安装馈线和连接下引线的要求：

（1）安装馈线应符合下列要求：安装高度应符合设计要求；同路各条导线垂度应一致，馈线的垂度应符合设计要求；中波馈线内环馈线应居于外环馈线中间并同心；短波馈线间距应符合设计要求，导线用跨接线连接的，同一路馈线上的跨接线应对齐，用撑环连接的，同一路馈线上的撑环应对齐；片状馈线应垂直于地面，环形馈线应平行；吊挂馈线的绝缘棒应垂直，绝缘棒的吊挂点应有跨接线或撑环；每一对馈线的跳接线长度应相等；固定导线的压线钩或压线板必须紧固。

（2）下引线拉到设计拉力时，在线上划出标记，做下引线终端，与馈线跳接线连接，连接螺栓紧固及方向应符合要求，同一副天线的下引线长度必须相等。

（3）敷设中波馈线的地线应符合设计要求，连接部位用ϕ1.6软铜线绑扎或用地线本身与地线缠绕的方法连接，然后锡焊并与馈线支柱地脚螺栓压紧。

（4）安装馈线时，应保持一定的张力，逐档吊装到馈线杆支架上，悬挂绝缘子应垂直地面，馈线的垂度应符合设计要求，安装后馈线长度应留有调节余量。

（5）终端杆处的棒形绝缘子应与馈线在同一平面，前后距离一致，跳接线、调线叉距离及长度应相等。

（6）安装馈线工程完成后应进行分项工程验收，并填写馈线分项工程检验批质量验收记录。

5．敷设地网

敷设地网包括：开挖地网线沟和埋设地网。

埋设地网要求：

（1）地网线应按设计要求进行敷设，以塔基础为圆心均匀成射线向外敷设，导线的根数及长度、地网线埋深应符合设计要求，设计无要求时可埋深30～50cm。

（2）地网接触地电阻值应符合设计要求。

（3）地网导线按自缠绕的方法接续，接续长度不小于导线直径的20倍并锡焊焊接；导线与外圈连接线按自缠绕的方法连接，连接长度不小于导线直径的20倍并锡焊焊接。

（4）地网线与塔基础母线应焊接牢固并符合设计要求。

（5）地网工程完成后应进行分项工程验收，填写敷设地网分项工程质量验收记录。

三、系统联调和测试

发射机与天馈线连接——全系统联调——全系统24h负荷试验。

以电视发射机系统测试为例，地面模拟电视发射机执行《电视发射机技术要求和测量方法》GY/T 177—2001，分图像、声音和双工器技术指标，地面数字电视发射机执行《地面数字电视广播发射机技术要求和测量方法》GB/T 28435—2012中的要求。

四、发射机的防雷与接地

不论电视发射机还是调频发射机，特别是固态发射机，对于电源的稳定性和防雷要求给予高度重视，尽管许多发射机的交流与直流变换使用了开关电源，对于电源变动的适应性增强，但还会有些部件使用的是其他类型的电源，过高的电压对发射机来说是没有任何好处的，如果有条件，最好配备补偿式的交流稳压器，效率高，维修方便，如果稳压器出现问题，可以直接旁通使用。

防雷的重点集中在天馈线引入和交流电源引入，在交流电源的输入端，最好接压敏电阻和氧化锌避雷器，对于馈线引雷，最好在机房的入口将馈线的外皮剥开一段接地。接地时，要防止由于多点接地造成地电位不同所形成的"跨步电压"，按照国际上最新的对于雷电的认识，在接地上要避免"分散的、独立的"接地方式，集中力量将主要的接地点的接地电阻降为最低，并保证足够的接地面积。

1L412073　广播电视有线传输工程施工技术

有线数字电视系统是基于有线电视网络开展数字电视业务的综合系统，根据系统的功能设计和选择，其构成有所不同。一个典型的有线数字电视系统由前端信源、SI/PSI生成、数据广播、复用和加扰、条件接收、用户管理、传输、用户终端和网管等部分构成。

广播电视有线传输的网络结构包括一级传输网、二级传输网、接入分配网。

一、前端系统的安装

前端系统的设备种类繁多，一般配有监视器墙、控制台和机柜，各种设备的尺寸应符合机架的尺寸，通常都为19″标准机箱。前端设备总的要求是：设备安装位置要注意远离干扰源；注意防水、防潮、防鼠；设备的布置要合理，布局应整洁、美观、实用，便于管理和维护；接线要正确，走线要牢固、整齐和有序。

（一）卫星天线的安装

前端系统的信源主要来源之一是卫星信源。

（二）前端设备的安装

1. 前端设备的布置

前端设备根据情况可分开放置，经常操作的设备应放置在操作台上，与之相应的设备就近放在操作台边，其他设备如卫星接收机、编码器、复用器、调制器、解调器和放大器等应放在设备立柜内，较小的部件如功分器、电源插座等可放置在立柜的后面，并用螺钉固定好。设备立柜内摆放的设备上下之间应有一定的距离，便于设备的放置、移动和散热。

2. 前端机房的布线

前端设备布置完毕后连接相关线路，由于设备在低电压、大电流和高频率的状况下工作，布线时既要避免产生不必要的干扰和信号衰减，影响信号的传输质量，又要便于对线路的识别。必须注意以下几点：

（1）电源线、射频线、视音频线绝不能相互缠绕在一起，必须分开敷设。

（2）射频电缆的长度越短越好，走线不宜迂回，射频输入和输出电缆尽量减少交叉。

（3）视音频线不宜过长，不能与电源线平行敷设。

（4）各设备之间接地线要良好接地，射频电缆的屏蔽层要与设备的机壳接触良好。

（5）电缆与电源线穿入室内处要留防水弯头，以防雨水流入室内。

（6）电源线与传输电缆要有避雷装置。

二、干线系统的敷设

有线电视干线敷设有架空明线和沿地、沿墙埋暗线两种敷设方式。干线敷设力求线路短直、安全稳定、可靠，便于维护和检测，并使线路避开易损场所，减少与其他管线等障碍物的交叉跨越。

（一）架空明线

干线的架空明线安装是利用现有建筑的墙壁，沿墙架挂电缆和利用专业水泥杆或其他电杆，用钢绞线或钢丝作电缆的纤绳，用挂环把电缆吊挂起来，干线放大器、分配器、分支器等部件安装在电杆上。采用架空明线安装要注意以下几个方面的事项：

1. 架空明线的电杆杆距不能太长，一般在40～50m。

2. 干线电缆如利用照明线电杆架设时，应距离电源线1.5m以上，过道低垂的电缆应进行换电杆或加高工作，以防止行人或过往的车辆挂碰。

3. 沿墙架设的干线用专用电缆卡固定，墙与墙之间如距离太远（超过5m），必须用钢丝架挂电缆，钢丝两端用膨胀螺栓固定。

（二）暗线埋设安装

暗线埋设是在地下预埋管道或在建筑物的墙内预埋管路安装有线电视电缆，暗线的埋设必须注意以下几点：

1. 当埋设或穿越的电缆线较长时，在适当的地方设置接线盒，以便穿线或今后维护。

2. 预埋管道要尽量短直，内壁要平整，管道拐弯的曲径尽量大些。

3. 电缆接头必须做好防水处理。

三、分配系统的安装

（一）支线部件和用户终端盒的安装

支线部件有分配器、分支器、均衡器和放大器等，这些部件分明装和暗装两种，具体方式可根据建筑结构决定，在明装时尽量装在遮雨处，否则必须加装防雨罩，分配器、分支器、放大器等部件必须用木螺钉安装在合适的木板上，然后用塑料胀管加木螺钉固定在墙壁上。

用户终端盒有单孔、双孔和三孔等，用塑料胀管加木螺钉固紧在靠近电视机的墙壁上。

（二）支线电缆的安装

支线电缆的安装分明线和暗线两种，暗线安装是在墙壁内埋暗管布线，暗管的内径应大于电缆外径的两倍以上。明线和暗线安装都要求尽量走直线，在拐弯处成直角。明装沿墙行线时每40～50cm用电缆卡固定，入户的电缆沿外墙穿入室内时要用防水导管，以防雨水沿电缆线进入室内，部件接头处的电缆要留有一定余地，以便今后对部件的拆卸。

四、防雷与接地

（一）室外设备的防雷和接地

1. 信号接收系统的防雷和接地

防止雷击接收设备的有效方法是安装避雷针和接收天线可靠接地。安装方法有两种，一种是安装独立的避雷针，另一种是利用天线杆顶部加长安装避雷针，两种方法的保护半径必须覆盖室外信号接收设备，保护半径＝避雷针与地面高度×1.5。

避雷针的接地与接收天线的接地距离必须大于1m，地线的埋设深度不小于0.6m，接地电阻不能超过4Ω，接地引线要求尽量垂直。

2. 传输系统的防雷和接地

有线电视信号传输系统一般为明线安装，传输网络范围大，遭雷击的范围相应扩大，防雷措施主要有以下几种：

（1）利用吊挂电缆的钢丝作避雷线。在钢丝的两端用导线接入大地，接头必须采取防水措施，以防雨水灌入生锈。

（2）在电缆的接头和分支处用导线把电缆的屏蔽层和部件的外壳引入大地。

（3）在电缆的输入和输出端安装同轴电缆保护器或高频信号保护器。

（二）室内设备的防雷和接地

避免雷电沿电源线窜入设备的措施是在电源配电柜或电源板上安装氧化锌避雷器和电源滤波器，一种新型的电源防雷装置称为配电系统过电压保护装置，能在一定时间内抑制雷电和电源的过压，可靠地保护设备不受雷电沿电源线进入造成的危害。

室内应设置共同接地线，所有室内设备均应良好接地，接地电阻小于3Ω，接地线可用钢材或铜导线，接地体要求用钢块，规格根据接地电阻而定。

五、系统的调试

性能指标是评价系统性能优劣的量化依据，数字有线电视系统主要参数有信号电平和场强、部件增益和衰减量、部件的幅频特性不平度、噪声系数和载噪比、交扰调制和相互调制、电压驻波比与反射波、接地电阻。

掌握有线电视传输工程的调试可按信号传输的方向进行，即卫星天线的调试、前端设备的调试、干线系统的调试和分配系统的调试。

1L412074 广播电视卫星传输工程施工技术

一、卫星电视接收系统的组成

卫星电视接收系统由天线、馈源、高频头、功率分配器和数字卫星电视接收机等组成。

1. 天线和馈源部分：属于室外单元，抛物面天线将来自地球同步卫星上数字电视信号的电磁波反射，将其聚焦于焦点上的馈源上。馈源对反射过来的电磁波进行整理，使其极化方向一致，再进行阻抗变换，提高接收天线的效率，将接收来的电磁波低损耗、高性能地传输给高频头LNB。

2. 高频头：安装在接收天线上，属于室外单元，将馈源传送过来的微弱电视信号经过放大和滤波后，送入室内的功率分配器。

3. 功率分配器：将高频头输出的信号分成多路信号，分别送入不同的数字卫星电视接收机。

4. 数字卫星电视接收机IRD（Intergrated Receiver Decoder）：全称为数字综合解码卫星电视接收机，是卫星电视接收系统室内核心设备，将高频头送来的卫星信号进行解调，解调出节目的视频信号和音频信号。

二、接收天线的安装

卫星电视接收设备是自动找星、自动跟踪卫星的装置，必须有固定的、精确的方位坐标和俯仰坐标，按照卫星在赤道上空的位置以及卫星地面站所处站址的经纬度，计算出天线轴所指向的方位角（相对于地磁南极）、俯仰角（相对于水平面）。只要地磁南极对得准、水平面找得对，天线转动到计算值的位置就能很快接收到卫星发来的电视信号。

（一）场址的选择

一般而言，接收一颗卫星上的节目需要一面接收天线，接收几颗卫星上的节目，就需要几面接收天线，因此接收天线安装场地应足够大。接收天线的建设位置应避开风口和地质松软不坚固的地方，以避免强风袭击造成天线损坏或基座沉陷。

（二）与机房之间的距离

接收天线最好与前端机房建在一起，可建在地面，也可建在屋顶。如果不在一起，两者距离应小于30m，衰减不超过12dB；若采用6m天线，高频头增益≥60dB时，可选用≤50m的电缆；若采用3m天线，高频头增益≥54dB时，可选用≤20m的电缆。否则，应换低损耗电缆，或增设补偿电缆损耗的宽带放大器。距离较远时，可考虑采用L波段的光传输技术。

（三）视野

接收天线前方的视野应开阔，尽量避开山坡、树林、高层建筑、铁路、高压输电线等对信号电磁波的阻挡。一般要求以天线基点为参考点，对障碍物最高点所成的夹角小于30°。

（四）干扰电平

对卫星电视信号的干扰主要是微波，应充分利用山坡、建筑物等遮挡干扰信号。卫星信号仰角高，只要选点适当，一般能够做到既不影响卫星信号的接收，又能遮挡来自地面的微波信号干扰。此外，应尽量避开雷达和高压线等强电磁场干扰源。

三、天线的安装

（一）天线基础

接收天线可以安装在地面和平面屋顶上。不论哪种方式，均应先浇筑基座，待基座凝固好以后，方可安装天线。天线基座施工时应严格按照设计图纸要求完成。当天线放置在屋顶或楼顶时，应进行风荷载和天线质量计算，确认安全后方可施工，并注意一定要把基座制作在承重梁上。

（二）抛物面天线的安装

安装天线时，严格按照厂家提供的结构图进行安装。装配过程中，不得将面板划伤或碰撞变形，否则既影响装配精度，又影响天线的电气性能。

1. 将脚架装在已准备好的基座或地面上，校正水平，调好方位角后基本固定脚架，完全调好方位角后方可紧固脚架或焊接固定。

2. 装上方位托盘和仰角调节螺杆或螺钉。

3. 依顺序将反射板的加强支架和反射板装在反射板托盘上，在反射板与反射板相连接时稍微固定即可，暂不固紧，等全部装上后，调整板面平整后，再将全部螺钉紧固。

4. 馈源、高频头和矩形波导口必须对准、对齐，波导口内要平整，两波导口之间加密封圈，拧紧螺钉防止渗水，将连接好的馈源和高频头装在馈源固定盘上，对准天线中心位置焦点。

（三）避雷针的安装

若接收天线位于某建筑避雷针保护范围之内，可不单独设避雷针。但其基座螺栓接地应良好，接地电阻应小于4Ω，否则，应重新作接地极。如果接收天线独自在空旷地区，或在雷雨较多地区，应加装避雷针。

避雷针应在接收天线的主反射面和副反射面的顶端各装一个，避雷针的高度应使它的保护范围覆盖整个主反射面，一般高出1～2m即可。同样，基座螺栓接地电阻小于4Ω时可作为接地极，否则也应重新做接地极。避雷针的引下线可用10mm的镀锌圆钢。应注意天线的避雷接地线不要与室内卫星电视接收机等设备的保护地线接在一起。

（四）接地线的安装

接地线必须在天线座后1m左右范围内，铜板深埋于地下2～3m，铜板的尺寸应大于500mm（长）×300mm（宽）×5mm（厚），同时在埋泥土时，铜板周围洒上浓食盐水，铜板引出地面的线分别接在天线座底部和室内墙壁边沿。引线用铜皮，铜皮的尺寸不小于30mm（宽）×3mm（厚），其长度是由天线到工作间的距离。

四、接收天线的调试

（一）技术准备

1. 了解欲接收卫星电视下行技术参数：波段、极化方式、传输方式、符码率、编码方式、加密情况和卫星的位置。

2. 通过计算和查表等方式确定天线的方位角和仰角。

3. 正确连接高频头、低损耗电缆、卫星接收机和监视器，准备适当的调试仪器。

（二）调试

1. 极化匹配调试：对照安装图安装极化器。

2. 天线仰角、方位角和极化角粗调：

依次对天线仰角、方位角和极化角进行粗调，然后检查设备接线，确认接线无误后，开启电源，对卫星接收机输入欲接收的卫星电视下行信号参数，可获得较好的图像和伴音。

3. 天线仰角、方位角、极化角和焦距细调：利用场强仪可调整天线仰角、方位角、极化角和馈源的位置处于最合适的状态，依次按仰角、方位角、馈源焦距和极化角顺序进行。

4. 天线固定：细调完成后，应将所有螺栓紧固好，并将此时的仰角和方位角在天线上做好标记。

5. 室外设备调试完毕后，金属部位需要加灌保护胶，以防腐、防雨和防松动。

1L412075　广播电视声学施工技术

一、专用录音场所的声学要求

1. 录音室的声学要求

录音室是节目制作的重要场所，为满足不同节目的录制要求，必须进行特殊的声学处理，一是应有适当的混响时间，并且房间中的声音扩散均匀，二是应能隔绝外面的噪声。

为满足第一个要求，录音室的墙壁和顶棚上应布置适当的吸声材料，在地面上要铺上地毯，以控制各种频率的声音在录音室中的扩散程度，使录音室的混响时间符合要求。

为满足第二个要求，录音室应采取一定的隔声措施，一般应设在振动和噪声小的位置，墙壁、门、窗应做隔声处理，如墙体采用厚墙或双层墙，采用密封式的双层窗，录音室与控制室之间的观察窗应由不平行的三层玻璃制成，录音室入口采用特制的双层门，并留出3m²以上的空间，即"声闸"。录音室顶棚与上一层楼的地面之间，以及录音室地面与下一层楼的顶棚之间，需要用弹性材料隔开，与其他房间的地基间不应有刚性连接，采取浮筑式结构，形成"房中房"，隔绝噪声和振动。同时，对录音室的通风、采暖和制冷也要采取措施，消除发出的噪声。

2. 演播室的声学要求

大型演播室除了应满足摄像外，还应满足录音的要求，最重要的是噪声与振动的控制和布景、道具等对声传播状况的影响，既要隔绝外界的噪声与振动的干扰，又应妥善处理室内可能产生的噪声和振动。

在实际应用时，随着截面或场景的不同，要求的布景、道具不同，整个工作面的净高较高，以便安装光栅层和调节灯具，在有观众席的演播室还应使用扩声系统。这些因素严重地改变了原声场的声学特性，虽然演播室的声学处理不像录音室那样严格，但必须计入布景、道具和观众对声场的影响，最终应满足以下要求：

（1）要求尽可能短的混响时间和平直的频率特性。

（2）良好的隔声与减震措施。

（3）没有声学缺陷。

室内的地面也可铺塑料地板或地毯，以减小室内噪声，并对空调等设备所产生的噪声采取相应的隔声措施。控制室与演播室之间的观察窗也是需要进行隔声处理的关键部位，常用的方法是采用双层玻璃，两层玻璃不能平行，必要时另加一层斜放玻璃，玻璃要有一定的厚度。

3. 录音控制室和审听室的声学要求

利用调音控制台对演播室或录音室送来的节目信号进行放大、音量调整、平衡、音质修饰、混合、分路和特殊音频加工并监听，然后进行录音或送往主控制室播出的房间称作控制室。通常演播室或录音室与相邻的控制室之间设有玻璃窗，以便工作人员彼此观察联系。控制室也要求有一定的空间和一定的混响时间，以便工作人员逼真地监听节目的音质。室内主要有调音台、录音设备、监听扬声器和音质处理设备等。

录音控制室是制作加工录音制品的场所，其音质及立体声声像效果都是录音师根据在房间内聆听效果机械调整的，必须分析房间（录音控制室和审听室）音质状况对监听和审听的影响。对于制作立体声的录音控制室而言，应与审听室有相同的声学环境，即相同的大小、相同的体型、相同的声学处理和相同的音响设备，否则将会因两者之间声学条件的不同而得出不同的效果。

录音控制室应满足以下具体要求：

（1）混响时间足够短，通常在0.25~0.4s。

（2）声学处理应左右对称。

（3）在监听的位置上应有平直的频率响应。

二、常见的声学处理措施

1. 隔声和吸声材料

吸声材料用于音质和噪声控制，吸声材料可分成多孔材料吸声、薄板共振吸声和空腔共振吸声。常用的有空心砖、岩棉板、岩棉袋、穿孔石膏板、钙塑板和防火绝缘板等。按照声学要求，除了吸声外，还有反射、扩散声场和利用腔体共振吸收相关的低频声能的装置。

2. 主要的措施

地面和窗户：室内的地面也可铺塑料地板或地毯，以减小室内噪声，并对空调等设备所产生的噪声采取相应的隔声措施。控制室与演播室之间的观察窗也是需要进行隔声处理的关键部位，常用的方法是采用双层玻璃，夹层空间不要造成两玻璃平行的腔体，玻璃要有一定的厚度。

墙面：对于100m²以上的录音室和演播室来说，多用49cm砖墙和钢筋混凝土顶板加轻质隔声吊顶。但因为环保的要求，黏土砖墙逐渐少用，代之以多种材料的空心砖墙。必要时可用双层空心砖墙，砌墙时横竖砖缝都要灰浆饱满，墙体两侧抹灰。

浮筑套房（房中房）是将演播室（小型音乐录音室、配音室或立体声听音室等）用隔振材料垫起来，上面浇筑钢筋混凝土地板，然后在地板上做浮筑套房的墙和顶板。这种做法的隔振和隔声性能都很好，但造价较高。

三、录音室和演播室的空调和给水排水的声学要求

1. 空调专业的声学要求

（1）空调设备严格按照要求做好减振与消声。

（2）空调设备安装不仅要求设备与基础之间减振，而且在基础与机房地面之间也要采取减振措施，即双级减振措施。

（3）空调管道在穿越各类录音室、演播室及其配套技术用房的墙体处，需做隔声的穿墙套管。特别注意在穿墙风道与套管之间，套管与墙体之间不得有任何缝隙，注意填充密实，防止噪声经缝隙传入室内。

（4）广播电视中心的各类录音室、演播室的送、回风口宜采用风口消声器或消声静压箱，同时风口与消声静压箱之间采用一段软接风道，防止管道的附加噪声与振动。

（5）吊装的空调设备及管道均应采用减振支架和吊架。

2. 给水排水和消防系统专业的声学要求

（1）凡穿越录音室、演播室的给水排水及消防系统的管道均应采取隔振措施，防止管道固体传声。

（2）为防止给水排水和消防系统设备的噪声和振动传入广播电视中心噪声标准高的房间，管道和设备应做隔声、隔振处理。

四、扩声、会议系统安装工程要求

1. 机房设备安装要求

（1）机房固定式设备机柜不宜直接安装在活动板下，宜采用金属底座，金属底座应固定在结构地面上。

（2）固定安装的机柜应按设计要求定位，设计无要求时，机柜背面距墙距离宜不小于0.6m，机柜正面宜留有不小于1.5m的距离。机房活动式设备机柜正面应留有不小于1.5m的距离，进出的线缆应使用插接件连接。

（3）活动机柜就位后宜锁住脚轮锁片，使用固定脚支撑机柜，调整机柜的垂直和水平度。

（4）并列安装的固定式机柜应排列整齐，机柜之间应采用螺栓紧固连接。有底座的机柜应与底座连接牢固。设备及设备构件间连接应紧固，安装用的紧固件应有防腐镀层。机柜安装完成后应填写《扩声、会议系统（机柜安装）检验批质量验收记录表》。

（5）机架底座与地面之间的间隙，应采用金属垫块垫实，垫块应进行防腐处理，机架底座与地面悬空部位应加饰面。底座应与地线可靠连接。

（6）单个独立安装或多个并列安装的机柜应横平、竖直，垂直度偏差应不大于1‰，水平度应不大于2‰，整列水平误差不得大于±5mm。

（7）机柜内设备安装应按设计要求排列就位，设计无要求时可按照系统信号流程从上到下依次排列。

（8）机柜上安装沉重的设备时，宜加装托盘或轨道承重。

（9）设备在机柜上的布置应考虑设备散热，尽可能把大功率高热量的设备分散开来安装或设备之间加装盲板分隔。

（10）非19″的设备在机柜上安装时应使用托盘或轨道，并将设备固定。机柜正面可加装专用面板。

（11）机柜上的设备安装应符合设计要求，设备面板应排列整齐，并拧紧面板螺钉。带轨道的设备应推拉灵活，机柜应与接地线良好连接。

（12）设备、端子编号应简明易读，用途标志完整，书写正确清楚。

（13）扩声、会议系统设备的工作接地应与工艺接地端良好连接，所有设备应采用星形（Y形）接法独立连接到工艺接地端上，接地电阻应符合设计要求。

（14）控制桌安装应整齐稳固。

2. 各类接线箱安装要求

（1）各类箱、盒、控制板的安装应符合设计要求和相应的施工规范。暗装箱体面板与框架应与建筑装修表面吻合；地面暗装的箱体应能使地面盖板遮盖严密，开启方便，并且有一定的强度；明装箱安装位置不得影响人员通行。箱体与预埋管口连接时应采用管护口及锁母连接，不得使用焊接。

（2）舞台台面上安装的接线箱要保持舞台台面平整，接线箱盖表面应与地板表面色调协调。

（3）观众厅现场调音位接线箱、地面暗装箱体及箱盖应保证其强度。

（4）在活动舞台机械上安装的接线箱不得妨碍舞台机械的正常运转，不得妨碍机械设备的正常维修，不得占用维修通道。活动舞台上接线箱的电缆管线应采用可移动方式或使用流动线缆。

（5）各类接线箱安装应垂直、平正、牢固，水平和垂直度偏差应不大于1.5‰。

（6）安装完成后各类接线箱外形和面表应漆层完好，面盖板开启灵活，水平、垂直度符合要求。

（7）接线箱内的接插座，应符合设计要求和相应的国家标准；安装应牢固可靠，方向一致。

3. 扬声器系统安装要求

（1）扬声器系统的安装应符合设计要求，固定应安全可靠，水平角、俯角和仰角应能在设计要求的范围内方便调整。应填写《扩声、会议（扬声器安装）检验批质量验收记录表》。

（2）需要在建筑结构上钻孔、电焊时，必须征得有关部门的同意并办理相关手续，施工现场应设有良好的照明条件和符合安全生产条例的防护措施。

（3）扬声器系统的安装必须有可靠的安全保障措施，不应产生机械噪声。当涉及承重结构改动或增加负荷时，必须经设计单位确认后方可实施。明装或暗装扬声器，应避免对扬声器系统声辐射的不良影响，并应符合下列要求：以建筑装饰物为掩体安装（暗装）的扬声器箱，其正面不得直接接触装饰物；采用支架或吊杆安装的扬声器箱（明装），支架或吊杆应简捷可靠、美观大方，其声音的指向和覆盖范围应满足设计要求；软吊装扬声器箱及号筒扬声器，必须采用镀锌钢丝绳或镀锌铁链做吊装材料，不得使用铁丝吊装；在可能产生共振的建筑构件上安装扬声器时，必须做减振处理。

（4）背景音乐扬声器安装应符合下列要求：小型壁挂扬声器箱可采用镀锌膨胀螺栓固定；在石膏板或者矿棉板等软质板材上安装吸顶式扬声器，应在其背面加厚5~10mm的其他硬质板材或采用其他方法增强其承重能力。

（5）集中式扬声器箱组合悬吊安装应符合下列要求：根据施工图设计要求，拟定安装施工方案，报请有关部门批准；安装在扬声器组合架上的扬声器应固定牢固，螺栓、螺母不得有松动现象；起重运转设备及机械传动系统应运转灵活、升降自如、低噪声；机械制动、定位、电气操作与控制必须安全可靠、符合设计要求和相应的国家标准；整套装置安装完毕应进行运行调试，机械与电气控制系统的动作应协调一致，功能应达到设计要求；成套装置应作为独立的单项工程，做出调试记录、检验记录、工程实报图，并办理验收手续。

4．无线发射接收器安装要求

（1）无线发射接收器件安装高度、角度必须满足设计要求。

（2）无线发射接收器件安装位置应避免电光源可能产生的电磁干扰。

（3）无线发射接收器件前不得有遮挡物。

5．配接线要求

（1）线管、地沟、电缆桥架内的杂物和积水必须清理干净，管口应光滑无毛刺，管道、电缆桥架应畅通。

（2）所有线缆的型号、规格应符合设计要求。线缆敷设前必须进行通、断测试及线间绝缘检查，绝缘电阻值应符合要求，并做好相应的记录。线缆敷设完毕，应再次进行校线，测量线缆绝缘时必须断开设备及元件。

（3）线缆在布放前两端应做标识，标识书写应清晰，端正和正确；标识应选用不易损坏的材料。

（4）线缆敷设应选择最短距离，中间不应有接头，当无法避免接头时，应将接头置于分线箱或接线盒内，并用专用插接件或锡焊接线，接头不得留在线管等不易检查的部位，性能损耗应符合设计要求。

（5）电源线、信号电缆、对绞电缆、光缆及建筑物内其他弱电系统的缆线应分别布放，缆线间的最小净距离应符合相关规范要求。应填写《扩声、会议系统（穿管敷线）检验批质量验收记录表》。

（6）布放缆线的牵引力应小于缆线允许张力的80%，对光缆瞬间最大牵引力不应超过光缆允许的张力。在以牵引方式敷设光缆时，主要牵引力应加在光缆的加强芯上。

（7）线缆绑扎时应松紧适度。

6．布放线要求

（1）管内穿放线缆应符合下列要求：布放线缆的管内空间利用率应符合设计要求。设计无要求时，直线管路的管径利用率宜为50%～60%；弯管路的管径利用率宜为40%～50%；对绞电缆或光缆的利用率为25%～30%。电源线、信号线、扬声器线不应穿入同一根管内；线缆管应安装线管护口后再穿线；管路穿过防火隔离物体等应做防火隔离、隔声、防潮等处理；管内穿入多根线缆时，线与线之间不得相互拧绞；线管不便于直接铺设到位时，线管出线终端口与设备接线端子之间，必须采用金属软管连接，金属软管长度不应大于1.5m，线缆不得直接裸露。

（2）电缆桥架、地沟内布放线缆应符合下列要求：电源线、信号线、扬声器线不应同沟平行敷设。设计有要求时，按设计要求布放；布放线缆应排列整齐，不拧绞，尽量减少交叉；交叉处应粗线在下，细线在上；除设计有要求之外，线缆应分类绑扎；线缆垂直敷设时，线缆上端每间隔1.5m应固定在线槽的支架上。水平敷设时，每间隔3～5m应设绑扎点。线缆首、末端和距转弯中心点两边300～500mm处应设置绑扎固定点。

（3）露天架空线缆敷设应符合下列要求：根据设计要求选定架空线缆路由，线杆间距应符合设计要求；吊线应采用钢绞线，吊装线缆应采用专用的吊线勾或绑扎方式，吊装好的线缆的自然垂直度应符合要求。

（4）光缆布放：光缆开盘后应检查光缆的外观有无损伤，光缆端头封装是否良好；光缆布放时出盘处应保持松弛的弧度，并留有适度的缓冲余量；光缆布放时最小弯曲半径应为光缆外径的15倍，施工时应不小于20倍，设计或光缆生产厂家有特殊规定时，按规定施工；光缆布放应在两端预留长度，一般每端为3~5m；有特殊要求的应按设计要求预留长度。

7. 导线连续要求

（1）接线前，应将已布放好的线缆进行对地绝缘电阻和线间绝缘电阻检测并做记录；对其物理性能应进行粗测（对不同功能的线缆可用兆欧表、专用仪器、万用表、电话机等设备进行测量）；双绞线可打上模块实测；光缆可做通光检查，检查结果应做详细记录。

（2）布放到位的线缆编号应与接线端子编号相符，相位应正确。

（3）制作电缆头前，应根据设备和模块的安装位置预留电缆余量。

（4）电缆头制作安装应符合下列要求：焊接音频线、剥去屏蔽层，其裸露的长度不得大于30mm，不得使用酸性焊剂；焊接的焊点、插头、插座等，焊锡应饱满光滑，不得虚焊；焊点应处理干净；接点处应采用相应的套管做绝缘、隔离及保护，线缆必须与插件良好固定；其他类型线缆应选用相应的插接件，接线片（线鼻子）焊接或压接时应选用与芯线截面积相同的接线片（线鼻子），独股的芯线可将线头镀锡后插接或弯钩连接；同系统中线缆接续时应保证相位一致，双绞线接续时，应尽量保持双绞线的绞合，开绞长度不应超过13mm，与插接件连接应认准线号、线位色标、不得颠倒错接；铠装电缆引入电箱后应在铠甲上焊接好接地引线，或加装专门接地夹；压接的线缆接头必须使用专用工具压接；光缆连接时应得到足够的弯曲半径后进行融接；光纤连接器制作应按设计要求进行，设计无要求时应根据使用要求选择连接器型号；光纤连接器的光学性能应符合设计要求，设计无要求时，插入损耗应不大于0.5dB，回波损耗应不小于25dB，必须在-40~+70℃的温度下能够正常使用；可插拔次数应在1000次以上。

（5）各个位置的设备工艺接地箱与专用接地极之间应采用接地干线星型连接，工艺接地箱箱体应与保安接地干线良好连接，工艺接地与保安接地不应混接。

（6）线缆制作完成后应进行测试，四对双绞线、光缆应使用专用的测试仪，并打印出测试报告，达标后方可与设备连接。

五、应急广播平台工程安装要求

应急广播平台工程施工分为设备材料进场检验、布线施工、设备安装、系统调试和系统试运行五个阶段。

1. 布线施工

（1）布线施工分为线槽桥架安装和线缆敷设两个阶段，线缆敷设施工前应完成线槽桥架安装的验收。布线施工应符合《综合布线系统工程设计规范》GB 50311—2016的相关要求。

（2）系统布线应使用独立的线槽或桥架，与视音频信号电缆线槽的间隔距离不宜小于200mm，与动力电缆走线线槽的间隔距离不宜小于500mm。线缆布放应留有余长，敷设应平直。

（3）电缆端头如为多股软线，应作涮锡处理。

（4）线缆布放完成，应作通断、线缆电气特性测试。

（5）所有线缆的端接处均应设置清晰的接线线号和备注标签。接线线号应与系统接线图纸保持一致，备注标签应标明系统名称、缆线编号等信息。

2. 设备安装

设备安装前应检查确认机房环境是否已符合设计要求和安装条件，新建建筑的供电系统、工艺接地系统应在设备安装前完成验收。

（1）设备安装应按照施工方案进行，机位、设备连线、端口分配等应符合设计要求。

（2）机柜安装应平稳竖直且应采取固定措施，底座基础、机柜与底座应固定牢固，机柜内设备、部件的安装应稳固可靠，固定机柜用的螺栓、垫片、弹簧垫片均应按要求安装，机柜与底座、机柜与机柜之间应做好绝缘保护。机柜安装垂直度偏差不应大于1‰。

（3）并排安装时，两机柜间的缝隙不得大于3mm，机柜前面板应在同一垂直面，偏差不应大于5mm。

（4）机柜内安装的设备之间宜留有一定的空间，不宜过度密集。

3. 系统调试和试运行

（1）应急广播平台调试顺序应按照线路测试、单机调试和联机调试三个步骤进行。

（2）应急广播平台调试所使用的测试仪器和仪表性能应稳定可靠，其精度等级及最小分度值应能满足测定的要求，并应符合国家有关计量法规及检定规程的规定。

（3）联机调试应在各个子系统设备单机调试合格后进行。调试过程中应至少进行一次平台内全流程不间断联合试运行，全流程不间断联合试运行持续时间不应少于72小时。

（4）联合试运行期内应有主要设备、子系统运行详细日志记录表，全系统试运行时间不低于30天。

1L412076　演播室灯光施工技术

一、演播室灯光

演播室灯光系统主要包括：悬吊装置（灯具、光源及灯用电器附件）；灯光控制系统（含调光设备、机械布光设备、换色器及效果灯的控制系统；相应控制系统的布线系统等）；灯光专用供电设备（含低压配电柜、盘、箱）；电缆和电缆桥架。

照明灯具主要有地灯、立式灯、悬吊灯和夹持式灯。支撑器材主要包括脚架、各类卡具夹具、各类吊挂器材、棚架器材和导轨。

电视演播室的照明器材通常是固定安装在棚架上的悬吊灯，悬吊式灯架上的支架和悬吊杆分为固定式和移动式，移动式悬吊装置上面设置一定数量的滑动支架，灯具可沿着滑动支架在一定范围内移动，悬吊杆可以随意升降，灯具可停留在一定高度，使用方便。但移动轨道的安装调试是施工中的难点。

二、灯具的支撑悬吊装置

常用的悬吊装置有滑轨式、吊杆式和行车式。

（一）滑轨式悬吊装置由横向滑轨、纵向滑轨、万向节和弹簧伸缩器小车组成。横向滑轨通过万向节与纵向固定轨连接，可沿固定轨纵滑行。灯具经弹簧伸缩器小车挂在横向滑轨上，一方面可沿滑轨横向滑行，另一方面可伸缩垂直位移。这样，灯具就能纵横上下任意变动位置。滑轨式悬吊装置采用手动控制，成本低而且使用灵活，适合于在面积100m²左右、顶棚高度不大于5m的演播室内使用。

（二）吊杆式悬吊装置采用遥控电动的方法控制水平吊杆或垂直吊杆的升降，升降幅度有上、下限位装置保险，灯具安装在吊杆的下方。吊杆式悬吊装置采用稠密布置的方法安装在演播室顶棚上，遥控电动升降节省了时间和人力，适用于面积200m²以上、顶棚高度大于7m的演播室。

（三）行车式悬吊装置可在演播室顶棚导轨上横向或纵向行走，底部与垂直伸缩杆相连，伸缩杆下端悬吊灯具，完全采用遥控电动方式，行车速度6.7m/min，垂直伸缩杆最大升降速度9.6m/min，提升重量为60kg。行车式悬吊装置使用灯具数量较少，调动灵活，布光速度快，与机械化灯具配套使用，操作十分简便，适合于在面积大于400m²，顶棚高度大于8m的中、大型演播室使用。

三、配电设施

（一）电源要求

1. 演播室灯光的用电量，根据卤钨灯的光效，可按0.5～0.7kW/m²计算，若采用冷光源则应相应减少。

2. 重视三相交流配电中心线的接零、接地和导线的截面积。一是中心线具备一定的载流截面，最小也不能小于相线负载的1/3载流截面，使中心线上没有过大的电阻。二是中心线要良好接零，使中心线上的电流畅通无阻地流向变压器零点回路，并通过零点回路良好接地。

3. 要考虑电源线三条相线的连接问题。一是由不同相电源线供电的设备都必须保持一定的距离，以防止它们之间的电位差可能引起的电击。如果采用不同相位电源的灯具，不要安装在同一个吊杆上，以保持使用的安全。二是可以与普通照明、动力电源合用同一相电，但要尽量避免与视频、音频设备使用同一相电，否则，电视、照明的大电流变化将会对视频、音频设备的正常工作形成干扰。

（二）电缆要求

演播室吊杆光源功率大，合理选择电力是保证安全和质量的前提。

电缆的额定电压应大于供电系统的额定电压。

电缆按照导线发热和环境温度所确定的持续容许电流应大于电光源负载的最大持续电流。演播室内易燃物较多，长时间超负荷使用电缆，会损坏装饰表面、烧坏电缆的绝缘外皮，还可能引起火灾，因此，应适当加大电缆芯线截面积，不得随意使用电流量小的电缆。

选用绝缘层耐高温的电缆，一般宜选用橡胶护套软铜芯电缆。

（三）灯具配套接插件特点

1. 机械强度高，一般采用酚醛玻璃纤维压制而成。

2. 绝缘性能好，绝缘电压1500V，绝缘电阻大于20MΩ。

3. 电流量大，插接容量40A。

4. 使用温度范围宽，可在-10～+50℃内使用。

（四）抑制可控硅设备干扰的措施

1. 设备内增加电感电容滤波器。

2. 单独使用一台变压器，与视音频设备分开。

3. 调光设备输出线远离视音频线，或对输出线采取屏蔽措施。

4. 调光设备的屏蔽地线（交流保护地线）要良好接地。

四、演播室灯光施工特点

（一）预埋件的施工

土建预埋件的施工直接影响和制约演播室灯光的施工，灯栅层承重件预埋时，灯光专业人员应进场配合施工。

（二）工序搭接

演播室的施工涉及多个工种和专业，注意工序搭接，合理安排作业时间和空间。与土建工序搭接关系：土建预埋件→空调管道安装→灯栅层施工→连接件安装→墙面吊顶装修→灯光安装→地面装修。

五、设备安装

（一）布光柜、终端柜、分控箱的安装

1. 布光柜应安装在调光器室内。布光柜、终端柜应安装在土建预留的型钢基础上，柜前操作距离应不小于1.5m，柜后距墙或电缆桥架或其他设备应不小于0.8m，柜顶距吊顶应不小于0.5m。

2. 柜体安装应进行水平、垂直校正，垂直偏差应符合"柜体垂直偏差"的要求。

3. 相同规格的布光柜、终端柜并排安装后，顶部高差不应大于2mm。

4. 分控箱宜安装在灯光设备层所控设备的附近，且应固定在灯光设备层的钢架上，安装应牢固，维修应方便，排列应整齐。

5. 布光柜、终端柜和分控箱上应有铭牌。进、出线孔应有橡胶护套或塑料护套。

6. 布光柜、终端柜和分控箱应设接地螺栓并做好接地处理。

（二）布光控制台（箱）的安装

1. 移动式布光控制台的控制电缆插座应装在演播室的墙上，插座距地宜为300mm，且宜装在进布景的门附近。

2. 布光控制箱宜装在演播室进布景门的附近，箱顶标高不宜超过1.8m。控制箱垂直偏差不宜超过3mm。

（三）调光设备系统的安装

1. 调光柜（箱）、调光控制台应安装在专用机房内，室内不能有水源。

2. 调光柜应安装在土建预留的型钢基座上，固定应牢靠。宜采用不小于M8的螺栓固定。柜前操作距离应不小于1.5m，柜体距后墙或电缆桥架就不小于0.8m，柜顶空间高度应大于0.5m。调光箱宜固定在土建预留的型钢架上，或放置在稳固的台面上。

3. 调光柜柜体安装应进行水平、垂直校正，柜体垂直偏差应符合表1L412076的要求。

柜体垂直偏差			表1L412076
柜体高度h（mm）	h≤1000	1000<h≤1500	1500<h≤2000	h>2000
垂直偏差（mm）	1.5	2.0	2.5	3.0

4. 相同规格调光柜并排安装后，顶部最大高差应不大于2mm。

5. 调光控制台应安装在固定的台面上。

6. 调光柜（箱）就位后，应满足以下要求：安装电源电缆并测量相线对立柜外壳的绝缘；调光立柜电源板、控制触发板及散热风扇工作应正常；检查驱动单元并进行安装；测试机柜绝缘性。

（四）灯具一般规定

1. 演播室灯光的灯具（含钨丝灯、管形荧光灯和其他气体放电灯）安装应按已批准的设计文件进行施工，当修改设计时，应经原设备单位同意，方可进行。

2. 采用的灯具应符合国家标准《灯具通用安全要求与试验》GB 7000.1 ~ 6及《灯具　第2-17部分：特殊要求　舞台灯光、电视、电影及摄影场所（室内外）用灯具》GB 7000.217—2008的有关规定，当灯具有特殊要求时，应符合产品技术文件的规定。

3. 施工前，应进行如下检查：技术文件应齐全；灯具及其配件应齐全，不应有破损和漏电；反光器、螺纹透镜无破损，灯具外壳无磕碰，无机械损伤、无变形、漆膜完整；灯具应有带接地的三芯插座。

4. 施工中的安全技术措施，应符合《电视演播室灯光系统施工及验收规范》GY 5070—2003和国家现行标准及产品技术文件的规定。

（五）灯具的安装

1. 灯具应通过灯钩、灯具滑车挂在灯光悬吊装置上。

2. 灯具吊挂应牢固，连接销或螺栓的直径不应小于6mm。每个灯应有保险链。

3. 固定在移动的悬吊装置下的灯具，其灯具不应与电缆外皮相碰。

4. 在吊杆上的三孔插座，面对插座的右孔或上孔与相线相接，左孔或下孔与零线相接，上孔或中间孔与地线相接。

5. 灯具上的插座，面对插座，上孔与相线相接，下孔与零线相接，中间接灯具外壳。

6. 灯光插座盒若在墙上，距地面或挑台0.3m，若装在云灯沟内，盒顶距演播室地面0.1m。

7. 机械灯具的机械控制应有专用插接件和专用控制电缆。机械灯的灯交电缆及控制电缆敷设，不应影响机械灯的正常机械动作。

8. 杆控灯具吊挂后，用控制杆控制俯仰、水平回转和调焦，控制应灵活，无卡阻现象。

9. 除荧光灯及二次反射柔光灯外，灯具前方宜加钢丝网保护。

10. 灯具附件换色器的固定：换色器与灯具的连接必须稳固而不易滑落；电源分配器或隔离式讯号放大器安放的位置应尽量靠近供电电源插座，在空中必须紧固到灯杆或牢固的横梁上，在地面则必须放置在不易被人误碰到的地方；换色器、电源分配器和隔离式讯号放大器凡固定在空中的，都必须有保险链与灯杆或牢固的横梁相连。

11. 插座与插头规格、质量必须满足负载工作需要，配合良好，插接紧密，连接正确。

六、系统调试

（一）布光控制系统的调试

检测系统接线是否正确；电源工作是否正常；使用布光控制台对各个控制点逐一调试，做到控制准确，显示和指示正确，不粘连，不串号；逐一调试水平吊杆，调节行程限位开关，使所有吊杆在距设备层1.2m与距地面1.5m的行程范围内平稳、安全地运行，启动顺畅，停止不溜车；逐一调试三动作机械灯具，动作齐全、灵活、正确。使用手持遥控器重复以上工作，直至布光控制系统所有设备全部正常工作。

（二）调光系统的调试

检查所有接线准确；测试三相电源之间及每相对零、对地的绝缘电阻；检测电源电压是否符合要求；在没有安装调光组件之前，通电测试；装入所有调光组件，关闭所有调光组件的保护开关，通电检查；打开所有调光组件的保护开关，通电检查；检测调光信号线接调光台端的电压；接通电脑调光台，仔细测试每一光路，直至所有灯具都正常工作；多个光路同时打开、关闭，检测是否同步、线性一致；最后，打开所有负载的65%～85%保持1.5～2h，检测电源电压的波动情况，电力电缆的电流和温度，空气开关的表面温度，调光柜的运行情况及散热系统，直至调光系统所有设备全部正常工作。

1L412077　广播电视工程供配电要求

广播电视工程种类繁多，以电视中心工程举例进行说明。

一、电视中心供配电特点

（一）负荷分类

动力负荷分为中心工艺负荷、照明及电热负荷、空调及水泵等动力负荷三类。其中工艺负荷又分为节目制作用电负荷、节目后期制作用电负荷、节目播出部分用电负荷和演播室灯光用电负荷。广播电视中心属于一级负荷，国家和省级中心的工艺负荷属于一级负荷中的特别重要负荷。

（二）供配电特点

1. 工艺设备用电负荷

（1）节目在制作或播出时，绝不允许因供电中断而停播，故用电可靠性要求极高。

（2）工艺用电设备负荷容量较小，单相负荷多，并且其大量的节目制作设备负荷为非线性负载，用电位置又相对集中，用电设备之间会产生电磁干扰。

（3）工艺用电负荷使用时间长，全天24小时连续工作，故用电负荷的长期工作稳定性要好。

2. 演播室灯光用电负荷

（1）用电设备集中，负荷性质具有非线性负载的特性。

（2）用电负荷容量大，且演播室的灯光用电负荷是连续负荷。

（3）用电负荷对工艺用电设备产生较大的谐波干扰。

（4）用电设备的单相负荷在使用中易造成严重的三相不平衡。

3. 照明和电热负荷用电

（1）工艺用房间内布置照明设施时应采取降低噪声的措施，以防止其噪声干扰。

（2）工艺用房间内不宜采用电子镇流器，以避免其对工艺设备的电磁干扰。

（3）电热负荷的供电使用时间长，每天24小时连续工作。

（三）电视中心安全播出保障等级

根据所播出节目的覆盖范围，电视中心安全播出保障等级分为一级、二级、三级，一级为最高保障等级。保障等级越高，对技术系统配置、运行维护、预防突发事件、应急处置等方面的保障要求越高。有条件的电视中心应提升安全播出保障等级。

（1）省级以上电视台及其他播出上星节目的电视中心应达到一级保障要求；

（2）副省级城市和省会城市电视台，节目覆盖全省或跨省、跨地区的非上星付费电视频道播出机构应达到二级保障要求；

（3）地市、县级电视中心及其他非上星付费电视频道播出机构应达到三级保障要求。

以下将"三级保障电视中心""二级保障电视中心""一级保障电视中心"分别简写为三级、二级、一级。

二、电视中心供配电系统要求

（一）外部电源要求

外部电源应符合以下规定：

（1）三级宜接入两路外电，如只有一路外电，应配置自备电源；

（2）二级应接入两路外电，其中一路宜为专线；当一路外电发生故障时，另一路外电不应同时受到损坏；

（3）一级应接入两路外电，其中至少一路应为专线；当一路外电发生故障时，另一路外电不应同时受到损坏。

（二）供配电系统要求

供配电系统应符合以下规定：

（1）高、低压供配电应符合现行国家、行业标准和规范；

（2）三级播出负荷供电应设两个以上独立低压回路；主要播出负荷应采用不间断电源（UPS）供电，UPS电池组后备时间应满足设计负荷工作30分钟以上；播出系统和总控系统的主备播出设备、双电源播出设备应分别接入不同的供电回路；

（3）二级应设工艺专用变压器；播出负荷供电应设两个以上引自不同变压器的独立低压回路，单母线分段供电并具备自动或手动互投功能；主要播出负荷应采用UPS供电，UPS电池组后备时间应满足设计负荷工作30分钟以上；应配置自备电源或与供电部门签订应急供电协议，保证播出负荷、机房空调等相关负荷连续运行；播出系统和总控系统的主备播出设备、双电源播出设备应分别接入不同的供电回路；

（4）一级应设对应于不同外电的、互为备用的工艺专用变压器，单母线分段供电并具备自动或手动互投功能；播出负荷供电应设两个以上引自不同工艺专用变压器的独立低压回路；主要播出负荷应采用UPS供电，UPS电池组后备时间应满足设计负荷工作30分钟以上；应配置自备电源，保证播出负荷、机房空调等相关负荷连续运行；播出系统和总控系统的主备播出设备、双电源播出设备应分别接入不同的UPS供电回路。

1L420000 通信与广电工程项目施工管理

1L421000 通信与广电工程项目管理

1L421010 通信与广电工程施工准备

1L421011 通信工程施工的技术准备

为了使参加施工的每个人都能够准确理解设计意图，了解工程施工任务及技术标准，保证工程顺利实施，项目部在施工前必须做好充分的技术准备。技术准备工作主要包括收集施工技术相关资料、参加施工图设计会审会、编制施工组织设计、技术交底及新技术培训等。

一、收集工程相关资料

为了便于工程项目的实施，保证施工过程中可以准确查找、管理并使用相关工程技术资料，在施工准备阶段，项目部应收集以下资料：

（1）相关法规标准类文件：国家、行业及地方相关法律法规、规章制度、标准规范等；

（2）相关商务文件：施工合同、招标投标资料等；

（3）相关管理文件：项目施工所需的各项报批手续、建设单位及监理单位的相关要求；

（4）项目相关技术文件：施工图设计文件、作业指导书、拟采购的设备和专用主要材料的技术资料、必要的现场及附近原有设备设施的相关维护资料。

二、参加施工图设计会审

设计会审是由建设单位组织本单位相关部门、勘察设计单位、监理单位、施工单位及其他相关单位或专家召开会议，共同对设计文件进行审核，发现设计中存在的问题并对设计成果给出结论的过程。

设计会审会一般首先由设计单位的工程主设计人员向与会者说明拟建工程的设计依据、意图和功能要求，并对特殊结构、新材料、新工艺和新技术提出设计要求，然后与会人员提出对施工图设计的疑问和建议，并进行必要的讨论；在统一认识的基础上，对所探讨的问题逐一做好记录，形成"施工图设计会审纪要"，由建设单位正式行文，与设计文件同时作为指导施工的依据，也同时作为建设单位与施工单位进行工程结算的依据。审定后的施工图设计与施工图设计会审纪要，都是指导施工的法定性文件，在施工中既要满足规范、规程、施工合同的要求，又要满足施工图设计和会审纪要的要求。

施工单位为了能够充分地了解和掌握设计图纸的设计意图、工程特点和技术要求，发现施工图设计及预算中存在的问题，一般应在会审会议召开前，组织相关管理和技术人员对设计文件进行审核，必要时要组织相关人员进行现场摸底考察，对设计图纸进行现场核实。施工单位组织的这种审核，可称为设计预审，设计预审要写出预审记录。预审记录应包括对设计图纸的疑问和对设计图纸的有关建议等。

施工图设计审核的内容主要包括：施工图设计是否完整、齐全，施工图纸和设计资料是否符合国家有关工程建设的法律法规和强制性标准的要求；施工图设计是否有误，各组成部分之间有无矛盾；工程项目的施工工艺流程和技术要求是否合理；对于施工图设计中的工程复杂、施工难度大和技术要求高的施工部分或应用新技术、新材料、新设备、新工艺部分，现有施工技术水平和管理水平能否满足工期和质量要求；明确施工项目所需主要材料、设备的数量、规格、供货情况；施工图中穿越铁路、公路、桥梁、河流等技术方案的可行性；找出施工图上标注不明确的问题并记录；工程预算是否合理。

三、编制施工组织设计

施工组织设计是以施工项目为对象编制的，用以指导施工的技术、经济和管理的综合性文件。施工组织设计是对施工活动实行科学管理的重要手段，它具有战略部署和战术安排的双重作用。它体现了实现基本建设计划和设计的要求，体现了各阶段的施工准备工作内容，协调施工过程中各施工单位、各施工工种、各项资源之间的相互关系。通过施工组织设计，可以根据具体工程的特定条件拟订施工方案、确定施工顺序、施工方法、技术组织措施。施工组织设计可以使项目参与人员在开工前就能够了解所需资源的数量及其使用的时间等相关部署，做好准备工作；可以使项目参与人员在项目管理过程及施工操作过程中有据可依，保证拟建工程按照预定的目标完成。

施工组织设计按照编制阶段的不同又可分为投标阶段施工组织设计和实施阶段施工组织设计，投标阶段强调的是符合招标文件要求，以中标为目的；实施阶段的强调的是可操作性。不管是哪个阶段的施工组织设计，编制时都应从施工全局出发，充分反映客观实际，遵循工程建设程序要求，统筹安排施工活动有关的各个方面，确保文明施工、安全施工。有些分期分批建设的项目跨越时间很长，还有些项目由多个单位施工，此外还有一些特殊情况的项目，在征得建设单位同意的情况下，施工单位可分阶段编制施工组织设计；对于有些小型简单的项目可只编制施工方案。

施工组织设计通常由项目负责人组织、由项目技术负责人主持编制，由施工单位技术负责人或技术负责人授权的技术人员审批。

由于工程项目存在不可预见的情况，项目可能会逐渐明晰，甚至可能变更。施工组织设计中，施工管理计划、进度计划、成本计划、资源配备计划等就有可能随着工程的进展需要相应调整，项目部应当及时予以调整。重要调整应当经过原审批人员审批后方可执行。

四、技术交底

通信工程项目中的技术交底，是在工程开工前，由主持编制该工程相关技术文件的人员向工程参建人员进行的技术性交待，其目的是使相关参建人员对工程特点、技术质量要求、施工方法与措施、安全等方面有一个较详细的了解，以便于科学地组织施工，避免技术质量等事故的发生。各项技术交底记录也是工程技术档案资料中不可缺少的部分。

通信工程项目的技术交底一般包括设计交底、施工组织设计交底、工序施工交底、安全技术交底等。

1. 设计交底

工程开工前，建设单位或监理单位应组织设计交底会，由设计单位向所有的工程实施单位进行详细的设计交底，使实施单位充分理解设计意图，了解设计内容和技术要求，明确质量控制的重点和难点，主要交待项目特点、设计意图与要求、施工注意事项等。设计交底往往与设计会审同时进行。

2．施工组织设计交底

施工组织设计交底由项目负责人组织，由主持编制施工组织设计或施工方案的技术人员，一般是项目技术负责人向参与施工的人员进行的技术性交待，其目的是使施工人员对工程特点、技术质量要求、组织安排、施工方法与措施和安全等方面有一个较详细的了解，以便于科学地组织施工，避免质量、安全等事故的发生。

3．工序施工交底

工序施工交底是在某一工序施工前，由本工序的施工负责人向施工人员进行的技术性交待。主要交底内容包括该工序的作业范围、施工依据、作业程序和要领、技术标准、质量目标、工程中的质量通病及预防措施、其他与安全、进度、成本、环境等目标管理有关的措施要求和注意事项等。

4．安全技术交底

安全技术交底就是建设工程施工前，施工单位项目负责人组织，由项目管理的技术人员对有关安全施工的技术要求向施工作业班组、作业人员作出详细说明。安全技术交底的目的是为了使所有参与工程施工的管理人员及操作人员了解工程的概况、特点、工程中的危险因素，明确预防事故发生的措施及施工中应注意的安全事项，掌握安全生产操作规范及发生事故后应采取的应急措施及方法。

五、新技术培训

随着信息产业的飞速发展，新技术、新设备的不断推出，新技术的培训是通信工程施工的重要技术准备，是保证工程顺利实施的前提。

由于新技术是动态的、不断更新的，因此需要对参与工程施工的工作人员不断进行培训，以保证接受培训的人员具备相关工程施工的技术能力。

参加培训的人员包括参与工程项目中含有新技术内容的工程技术人员，新上岗、转岗、变岗的人员。

【案例1L421011】

1．背景

某长途干线光缆线路工程需敷设硅芯管道及气流吹放光缆，在线路路由上，硅芯管道需跨越一座大跨度的桥梁，管道跨桥的设计方案为硅芯管外套钢管架挂在桥的外侧。施工单位确定后，建设单位与设计单位于8月30日进行了设计会审，明确了质量控制的重点、难点、设计意图与要求、施工注意事项等，并确定了9月6日开工。施工单位于9月5日收到设计文件和设计会审纪要。由于时间比较紧，项目负责人立即组织施工人员进入现场，于9月6日准时开工；同时组织相关技术人员阅读了设计文件，进行了设计文件自审，然后组织相关技术人员制定了施工组织设计、施工技术标准、规定和操作规程，还针对硅芯管穿越河流、铁路、公路等工作编制了专项施工方案。项目负责人于9月20日抽出时间组织了施工组织设计及安全技术交底工作，会上亲自讲解了工程特点、技术质量要求、组织安排、施工方法与措施等内容，安全负责人讲解了安全技术措施及要求。

2．问题

请指出本项目中的不妥之处并说明原因。

3. 分析与答案

（1）设计会审不妥。设计会审一般由建设单位主持，由设计单位、监理单位和施工单位等参加，四方共同进行施工图设计会审，本项目中只有建设单位和设计单位参加。

（2）设计文件自审时间不妥。设计文件自审应当于设计会审前开展，目的是用于施工单位在会审前熟悉施工图设计，发现设计相关问题，以便在会审会议上提出。

（3）本工程没有进行设计交底不妥。一般应当在会审会上，由设计单位向施工单位进行设计交底，本项目设计会审会没有让施工单位参加，也没有进行设计交底。

（4）本项目开工时间不妥。建设单位制定的开工时间，没有考虑施工单位的准备时间。

（5）本项目的施工组织设计交底与安全技术交底不妥。

首先时间安排应当在开工前进行交底，本项目中建设单位要求的开工时间不妥，施工单位应当向建设单位提出并协商推后开工，以便合理编制施工组织设计，进行施工组织设计交底与安全技术交底。

另外，安全技术交底应当由项目技术负责人进行讲解。

1L421012   通信工程施工的现场准备

施工的现场准备属于施工准备工作的一部分，主要是为了给项目施工创造有利的施工条件和物资保证。因项目类型不同，现场准备工作的内容也不尽相同，此处按光（电）缆线路工程、光（电）缆管道工程、设备安装工程、其他准备工作分别叙述。

一、光（电）缆线路工程

施工前，项目负责人应组织相关人员熟悉现场情况，考察实施项目的位置及影响项目实施的环境因素；确定临时设施建立地点，电力、水源给取地，材料、设备临时存储地；了解地理人文情况对施工的影响因素。

1. 现场考察：考察线路的地质情况与设计是否相符，核定施工的关键部位（障碍点）的施工措施及质量保证措施实施的可行性。如设计方案不可行，应及时提出设计变更请求。

2. 建立临时设施：包括项目部办公室、材料及设备仓库、宿舍及食堂等临时设施的建立或租用。设立临时设施的原则是：距离施工现场较近；运输材料、设备、机具便利；通信、信息传递方便；人身及物资安全。

项目部还应在施工前建立分屯点，对主要设备和材料进行分屯，分屯点应建立必要的安全防护设施。

3. 与当地有关部门取得联系，取得当地政府和相关部门的支持与配合；进行施工动员，协调施工现场各方关系。

二、光（电）缆管道工程

1. 管道路由考察：熟悉现场情况，考查路由的地质情况与设计是否相符，考察实施项目的位置及影响项目实施的环境因素；确定临时设施建立地点，电力、水源给取地，建筑构（配）件、制品和材料的临时存储和堆放地。

2. 考查其他管线情况：确定路由上其他管线的情况，制定交叉、重合部分的施工方案，明确施工的关键部位，制定关键点的施工措施及质量保证措施。

3．了解当地的砖、瓦、灰、沙、石等地材的供应情况，为施工中施工单位采购地材做准备。

4．建立临时设施：除应满足线路工程临时设施的要求外，还应设置简易施工围墙与警示标志、施工现场环境保护设施。

5．安装、调试施工机具：做好施工机具和施工设备的安装、调试工作，避免施工时设备和机具发生故障，造成窝工，影响施工进度。

6．与当地有关部门联系，办理管道施工的各项手续，协调施工现场各方关系。

三、设备安装工程

1．施工机房的现场考察：了解现场、机房内的特殊要求，考察电力配电系统、机房走线系统、机房接地系统、施工用电和空调设施、消防设施的情况。

2．设计图纸现场复核：依据设计图纸进行现场复核，复核的内容包括：需要安装的设备位置、数量是否准确有效；线缆走向、距离是否准确可行；电源电压、熔断器容量是否满足设计要求；保护接地的位置是否有冗余；防静电地板的高度是否和抗震机座的高度相符等。

3．办理施工准入证件：了解现场、机房的管理制度，服从管理人员的安排；提前办理必要的机房准入手续。

4．安排设备、仪表的存放地：落实施工现场的设备、仪表存放地，检查是否需要防护（防潮、防水、防曝晒），是否需要配备必要的消防设备。仪器仪表的存放地要求安全可靠。

5．了解机房内在用设备的情况。

6．了解现场卫生环境情况。

四、其他准备工作

1．冬雨期施工的准备：包括施工人员的安全防护，施工设备运输及搬运的防护，施工机具、仪表的安全使用。

2．特殊地区施工的准备：包括高原、高寒地区、沼泽地区等特殊地区施工的特殊准备。

【案例1L421012】

1．背景

某公司承担了一项某市基站设备安装工程，区域涉及全市范围。项目部调查了各站点附近的地形、地貌、水文、地质、气象、交通、环境、民情、社情以及文物保护等相关情况，了解了各站点现场、机房内的特殊要求，考察了电力配电系统、机房走线系统、机房接地系统、施工用电和空调设施、消防设施等情况，设置了项目部办公场地、材料及仪表设备的存放地、宿舍、食堂等临时设施，并进行了记录。然后依据该记录编写了施工组织设计，经监理单位审批后按期开工。

2．问题

（1）项目部施工现场准备是否充分？为什么？

（2）依据临时设施设置的原则说明本工程如何设置临时设施。

3．分析与答案

（1）项目部施工现场准备不充分。还应依据设计图纸复核各站点需要安装的设备位置、数量是否准确有效，线缆走向、距离是否准确可行，电源电压、熔断器容量是否满足设计要求，保护接地的位置是否有冗余，防静电地板的高度是否和防振机座的高度相符等。

（2）因为施工范围涉及全市，范围较广，因此为了保证运输材料、设备、机具便利，通信、信息传递方便，人身及物资安全，本工程临时设施设置如下：

① 项目部办公地点及仓库最好设置到市区范围内交通便利的场所；

② 员工驻地等生活场所可按照施工队伍数量分散到各区县，多处设点；

③ 驻地、仓库、办公等场所的安全、防火、防水等设施要健全，确保人身及物资安全；

④ 各临时设施的通信要正常。

1L421013 通信工程施工组织设计编制

通信工程施工组织设计一般包括工程概况、编制依据、施工部署、施工方案、进度计划、成本计划、施工准备及资源配置计划等内容。

一、工程概况

工程概况是对拟建工程的工程性质、规模、相关要求、现场施工环境状况和施工条件等所作的一个简要的、突出重点的文字介绍。编写通信工程施工组织设计的工程概况时，首先应参照设计文件的描述对工程的性质、规模、建设地点、工程特点及要求进行简单介绍，依据工程合同说明工期要求及其他合同要求，然后说明本工程的相关参建单位，一般包括建设单位、监理单位、设计单位等，最后根据现场摸底报告对现场施工环境状况和施工条件等情况进行简要说明。

本部分要重点说明本工程的特点、施工难点、施工环境及施工条件等。通信设备安装工程的工程概况应重点针对设备安装工程的专业特点和机房的特殊环境编制，其重点内容应包括工程特点、施工现场环境状况以及施工条件等；通信线路工程的工程概况应重点介绍工程沿线的环境状况，确定施工过程中应重点对待的施工地段，分析路由沿线的有利因素和不利因素。

二、编制依据

为了使项目成员充分理解施工组织设计的编制原则和思路，更好地执行施工组织设计，需要在施工组织设计中列出编制依据。施工组织设计的编制依据要结合工程的专业特点，一般从以下几方面列明：

（1）与通信建设工程有关的法律、法规和文件，相关单位的批示文件及有关要求；

（2）设计文件、设计会审纪要等；

（3）工程施工合同和招标投标文件；

（4）工程施工范围内的现场条件、工程地质及水文地质、气象等自然条件；

（5）与工程有关的资源供应情况；

（6）施工企业的生产能力、机具设备状况、技术水平等；

（7）国家现行有关标准及通信建设工程预算定额；

（8）公司的施工组织设计模板及有关的参考资料。

三、施工部署

这部分是施工单位对施工组织安排的总体设想，包含了工程项目的项目工作分解结构、施工组织结构、施工管理目标、施工方案及施工管理计划。

1. 项目工作分解结构

为了能够清晰呈现工程工作范围，在组织设计中应当把工作分解结构进行表述，可采用表格方式或图形方式。工作分解的原则和方法详见1L421021部分。

2. 施工组织结构

本部分包括施工组织结构图、责任矩阵或职责分工以及责任考核标准等。应依据项目情况、历史经验、公司相关制度要求及资源状况，确定施工管理组织机构，步骤如下：

（1）确定组织结构形式：根据项目规模、性质和复杂程度，合理确定组织结构形式，通常有直线式、职能式、矩阵式和复合式组织结构形式。

（2）确定管理层级及施工队伍数量：根据施工项目规模、地域及专业情况合理确定管理层级，安排施工队数量，并进行任务分配。施工管理层级一般设有决策层、控制层和作业层。

（3）制定岗位职责及考核标准：组织内部的岗位职务和职责必须明确，责权利必须一致，并形成规章制度。

（4）选派管理人员：按照岗位职责需要，选派称职的管理人员，组成精炼高效的项目管理班子。

3. 施工管理目标

施工目标主要包括工期、成本、质量及安全等目标。应根据工程施工合同要求的目标及公司的战略规划，确定出项目的施工目标。该目标必须满足和高于合同要求目标。

4. 施工管理计划

施工管理计划是施工组织设计必不可少的内容，管理人员应在管理计划的指导下开展各方面项目管理工作，一般包括成本、质量、安全、环境、进度、风险、采购、变更等方面的管理计划等。施工管理计划应当依据国家相关法律法规、规章制度、标准规范，按照公司的相关管理制度要求，参考公司管理计划模板、以往类似项目的管理计划，结合项目的具体情况编写。施工管理计划可以是概括的也可以是详细的，应当根据项目情况，以能够指导各项施工管理活动为准。

四、施工方案

通信工程的施工方案主要是确定作业方式和说明操作步骤。作业方式是指采用人工作业还是机械作业。对于所选定的作业方式，应按照施工顺序描述每个工序的操作要求和操作时应注意的事项，以便于施工人员操作。对于按照常规操作和施工人员熟悉的工序，不必详细描述，可引用企业的操作规范，只要提出应注意的特殊问题即可。

通信设备安装工程的操作步骤，应重点描述在运行设备内部施工时的操作要求和在铁塔上面施工时的操作要领，以保证施工人员的人身安全和在用设备的安全。在操作步骤的描述中，应重点描述危险部位的操作注意事项和在用系统的保护措施。如果工程中存在新技术、新材料、新工艺、新设备应用，应详细介绍操作步骤。

线路工程的操作步骤应按照施工图设计、验收规范、操作规程及相关技术文件的要求，深入了解现场环境的情况下，依据敷设方式编制。操作步骤应重点描述不同地理环境、不同气候及不同敷设方式等条件下的施工过程中的操作注意事项。如果工程中涉及新技术应用，应详细介绍操作步骤。

五、进度计划

施工进度计划是每项工作任务的时间安排，是进度控制的基准，也是资源配置计划、成本计划的编制依据之一。进度计划的编写方法见本书1L421022部分。

六、成本计划

成本计划是成本控制的基准，表示了不同时间段的成本预算。成本计划的编写方法见本书1L421031部分。

七、施工准备及资源配置计划

施工准备及资源配置计划包括施工准备的内容及要求、用工计划、施工车辆、机具及仪表使用计划、材料供应计划和资金使用计划等。施工资源配置计划的编写方法见本书1L421015部分。

【案例1L421013】

1. 背景

某电信工程公司的项目部承接了西北某地区通信综合楼电源工程。项目部在现场勘查后编写的施工组织设计中的部分内容如下：

（1）工程概况：本工程为通信运营商西北某地区通信综合楼电源改建工程，承包方式为包工不包料。工程涉及配电室、电池室、油机室的设备安装及走线架安装、电力电缆的敷设工作。各种机房的土建工程已完工，市电已引入，已具备开工条件……

（2）编制依据：施工图设计及其会审纪要、电源工程的验收规范及操作规程、本工程的施工合同、摸底报告。

（3）组织结构：本工程项目的施工组织结构见组织结构图（图略）。

（4）施工方案：主要描述了本工程的施工标准和操作步骤，重点强调了涉电作业的注意事项。

（5）工程进度计划及成本计划。

（6）施工资源配备计划：其中包括劳动力需求计划，施工车辆、机具及仪表配备计划。由于主要材料为建设单位承包，因此不再制定主要材料需求计划……

2. 问题

此施工组织设计中存在哪些问题？

3. 分析与答案

在此施工组织设计中存在以下问题：

（1）缺少项目工作分解结构，对工程的工作内容缺乏必要的分解和描述。

（2）缺少施工管理目标和管理计划。

（3）主要材料为建设单位承包，施工单位也应制定主要材料需求计划，这样可使建设单位更加合理地安排自己的材料供应计划。

（4）缺少资金使用计划，可能会造成财务部门资金供应计划不准确，影响工程实施。

（5）缺少施工准备计划，可能造成施工准备工作不足，影响工程进度。

1L421014 广播电视工程施工组织设计编制

广播电视工程是一个系统工程，按照其节目传播的过程来说可分为制作、播出、传送、发射、接收和监测六个主要环节，从工程施工角度分析各环节又各有不同特点。既有与声、光、电、温、湿度密切相关的工艺要求，又有野外施工可能遇到的高温天气、多雨季节、冬期施工、大风、大雾、沙尘天气以及不可抗力的影响，因此广播电视工程施工过程中需要考虑的影响因素非常复杂。

施工组织设计应在业主及设计方提供的有关资料及设计图的基础上由施工单位在投标时编制。在项目开工前结合施工现场实际情况全面考虑可能影响工程质量、进度、成本、安全和环境的因素，进行修订、细化，并报施工监理单位审批后用于指导项目施工。施工组织设计在项目实施过程中不得随意变更修改，确需变更修改的，由施工单位报施工监理单位审批后执行。施工单位必须严格按照经审批的施工组织设计组织施工，如出现严重违反施工组织设计的施工行为，现场监理人员有权发出限期纠正的指令。

广播电视工程的施工组织设计具体应包括如下内容：

一、编制依据

施工组织设计应依据广电主管部门立项文件、项目招标文件、设计单位的工程施工图设计、项目考察报告以及国家和行业有关的标准、规范及施工单位质量管理体系文件等进行编制。

二、工程概况

应介绍包括以下两个方面内容：一是工程名称、地点、工程规模、工期要求以及工程所在地的地理气候情况等；二是重点介绍工程所涉及的各部分的规划要求、系统构成、设备要求以及应达到的技术、效果要求。可以进行逐项阐述。

三、工程主要施工特点

应结合设计要求说明项目在施工组织方面的特点和要求等。包括：

1. 项目在广电宣传领域的意义，在人员、质量、进度、安全等诸多方面应得到加倍重视。

2. 结合项目施工场地的特点，合理安排工程进程。

3. 确定项目首要任务、关键任务及计划进行的先决条件。

4. 根据广电专业特点，合理安排施工进度及劳动力调配，注意协调，避免影响总工期。

5. 强调高空特种作业的安全、作业难度及易受气候影响等，需要适时、合理地安排高空作业，减小其可能给工程进度带来的影响。

6. 广播电视工程专业性强且涉及专业面较宽，对施工人员的专业技术要求较高，注重施工队伍的组建，施工前要充分做好技术准备工作。

7. 广播电视设备属精密设备，施工及仓储时需要注意防尘、防潮、防振、防盗。对已安装完毕的设备要进行妥善的成品保护，避免磕碰损坏。

四、施工部署

这部分是施工单位对施工组织安排的总体设想，包含了施工的计划总工期、计划开工日期、竣工日期，施工单位承诺的工程各重点部位质量保修期等。

应重点说明以下三方面内容：

1. 施工阶段的划分

一般可划分为施工准备阶段、基础和建筑施工阶段、安装调试阶段、施工验收阶段。阐述各阶段需完成的主要任务。

如施工准备阶段主要完成的任务有：（1）劳动力和组织准备；（2）技术准备；

（3）物资准备；（4）财务准备；（5）施工现场准备；（6）施工场外准备。

2．工程施工顺序

排定整个工程各部分的总体施工顺序。在此总体施工顺序的基础上，对各部分施工顺序作简介，对关键工序进行说明。

3．专业工程的穿插与协调

结合施工组织的特点和具体施工内容，阐明如何在保证质量和安全的前提下，合理安排各工种、工序工作时间，合理调配人力资源，保证施工中无论专业之间还是专业内部都能够实现穿插和协调。

五、施工进度计划

在明确项目计划开工日期、竣工日期和总工期的前提下，编制施工进度计划横道图和网络图（可作为附件），说明施工关键路径（控制工期）及各主要分项、分部工程的流水施工情况及衔接和延续时间。

为保证实现各工期控制点和工程按期完工，需要从组织、管理、经济、技术四方面采取控制措施，并重点说明以下内容：

1．合理确定总的开、竣工时间。

2．施工关键路径及各主要分项、分部工程的流水施工情况及衔接和延续时间。

3．合理确定工期控制点。工期控制点是指在限定总工期条件下，无论前后工程阶段与顺序如何调整，必须到期完成的施工阶段。

4．保证实现各工期控制点和工程按期完工的措施。

六、工程项目划分

通常按照工程项目五级划分原则，可划分为建设项目、单项工程、单位工程、分部工程和分项工程，可以表格的方式列明各级工程名称，作为施工资料整理、验收的依据。

七、施工方案

确定项目中的重点分项工程，分别详述重点分项工程施工方案，要结合广播电视专业特点对有特别要求的部分应重点说明施工工艺做法，强调相关规定。其他非重点分项工程施工方案可以简述。

广播电视工程所涵盖的制作、播出、传送、发射、接收和监测六个主要环节各有不同技术要求，施工工艺各有特点，所以都应该做出细化的施工方案以指导施工；在发射工程施工中铁塔架设施工、天馈线安装施工因其技术上是特殊专业、施工上有高空作业，通常被确定为重点工程。

对于工程施工期间可能遭遇的各种气候因素的影响，制定出自然条件影响下的施工方案。

八、主要施工机械和设备材料

重点说明工程所需各项施工机械、设备材料的配置、选型、价格、供货计划和提供方式。广电类重要物资的采购要求，如必须直接向生产厂商或代理商采购，应验证其产品合格证、测试报告和生产许可证等，有条件时需做出厂测试、验收。

九、检测试验

按规范要求重点说明检测试验项目、检测试验工作内容、检测试验手段的配置、检测试验方案。

十、劳动力配备计划

应重点说明项目部的组成、人数、资质、工种安排；配置当地工人的数量、工种和雇佣计划等。重要管理、技术人员应附人员履历表说明。

【案例1L421014】

1. 背景

某广电工程公司针对一广电安装工程的施工组织设计包括以下内容：

（1）施工组织设计编制依据（内容略）。

（2）工程概况（内容略）。

（3）工程主要施工特点（内容略）。

（4）施工部署

① 施工阶段的划分；

② 工程施工顺序；

③ 专业工程的穿插与协调。

（5）施工进度计划

① 开竣工时间；

② 施工关键路径及分部分项工程流水施工及衔接；

③ 工期控制点。

（6）工程项目划分。

（7）施工方案（内容略）。

（8）主要施工机械和设备材料。

（9）检测试验

① 检测试验项目；

② 检测试验工作内容；

③ 检测试验手段的配置。

（10）劳动力配备计划

① 配置当地工人的数量、工种和雇佣计划；

② 重要管理、技术人员履历表说明。

2. 问题

此施工组织设计的内容是否符合要求？为什么？

3. 分析与答案

此施工组织设计不符合要求，存在以下问题：

（1）在施工进度计划中缺少保证实现各工期控制点和工程按期完工的措施。

（2）在检测试验中未编制检测试验方案。

（3）劳动力配备计划中缺少项目部的组成、人数、资质、工种安排等。

1L421015 通信与广电工程施工资源配置

在工程项目规划阶段，项目管理团队应为完成工程项目合理地配置施工资源，以保证工程项目的施工进度、质量、成本、安全和环境保护等目标的实现。通信与广电工程的特点是专业技术更新快、专业类别多、工程规模相差悬殊、施工方法多样，许多专业的施工都会受到外界人为、气候、地理环境等多种因素的很大影响，不同专业、不同规模的工程项目施工，需要使用的施工资源种类、数量和时间差别很大。如何保证配置的施工资源能够满足工程项目目标的要求，是施工资源配置需要重点考虑的问题。

一、施工资源配置的原则

1. 与质量、安全和环境目标相匹配原则。施工资源的种类、规格、数量应依据质量、安全和环保目标选用，考虑工程的质量要求、环境保护要求和施工现场的不安全因素，合理配置施工资源，不能低配，也不宜高配。

2. 与进度计划相匹配原则。施工资源配置计划是在项目进度计划的基础上编制出来的，什么时间需要使用什么施工资源，都应根据进度计划编制。另一方面，资源的种类、规格、数量及进场时间安排又会影响工程进度安排。因此资源配置计划应当与进度计划相匹配，进度计划调整的同时应调整施工资源配备计划，施工资源配备计划调整时也要重新调整进度计划。

3. 资源配置均衡性和连续性原则。在项目施工中，各施工资源的使用量应尽可能保持一致，避免资源使用量忽多忽少；使用时间应尽可能连续，避免施工资源出现闲置或多次进场，提高资源使用效率。

4. 成本最低原则。资源种类、规格及数量的选择要考虑在保证质量、进度、安全和环保的前提下成本最低。

二、施工资源配置的依据

1. 工作分解结构。在配置施工资源时应在对工程项目进行全面分解的基础上，按项目分解的层次由底层到顶层逐层编制、汇总，最终得到整个工程项目的各类施工资源配置计划。

2. 施工进度计划。项目的进度计划是编制资源配置计划的基础。资源配置计划必须保持与进度计划匹配，什么时候需要何种资源是围绕进度计划的需要而确定的。

3. 历史资料。企业的历史信息记录了以往类似工程中的资源使用情况，这些资料对确定当前工程中资源需求情况有很大的参考作用。

4. 定额。定额包含了各种工程所需资源的种类及数量，特别是施工定额，对项目资源配置计划的制订起着非常重要的参考作用。

5. 施工合同、施工图设计和施工方案。施工合同、施工图设计和施工方案中分别确定了工程项目的施工范围、需要完成的工作量数量以及施工的组织方法，是编制资源配置计划的重要依据。

6. 组织策略。在资源配置过程中还必须考虑资源的来源，确定项目的劳务人员是采用外包工的形式获得还是使用本企业职工，设备是租赁还是购买等等，这些都会对资源配置计划产生影响。

三、施工资源配置方法

（一）人员的配置

人员分为管理人员、施工人员两大类。对于管理人员，应按照项目组织结构的岗位设置和岗位职责的要求配置，应保证项目管理人员能够胜任相应的管理岗位。对于施工人员，项目负责人应考虑以下几个方面进行配置：

1. 根据项目及其每项活动的专业特点、技术要求及工作量，选择相应技能的人员；

2．根据能掌握的不同等级的人员情况，依据成本最低原则分配合适的岗位，确定不同人员数量；

3．考虑资源均衡性和连续性，合理调整岗位及人员数量，合理调整进度计划，避免出现窝工。

（二）机具、设备、仪表、车辆的配置

1．依据施工进度计划及施工方案、施工方法、机械仪表台班定额合理配置施工机具、设备、仪表、车辆；

2．根据能获得的资源类型或规格及数量，依据成本最低原则合理安排每个活动的具体资源规格类型，并确定数量；

3．考虑资源均衡性和连续性合理调整资源类型或规格及数量，合理调整进度计划，提高资源使用效率。

（三）工程材料和设备

工程材料和设备可分为建设单位提供的和施工单位自行采购的两类，这两类材料及设备的供应方式均应以施工进度计划为依据编制供应计划，合理安排进场时间，避免物资供应不及时影响进度，也避免大量货物同时抵达施工现场而无处存放。

（四）资金配置

资金的配置应当依据进度计划、成本计划以及工程相关合同对收付款的相关约定进行配置。

四、施工资源配置计划的表示方法

（一）人员及机具、设备、仪表、车辆的配备计划

人员及机具、设备、仪表、车辆的配备计划通常采用资源配置计划表的方式表示，以便于工程管理人员按计划对工程项目进行管理。例如：某工程项目的资源配置计划如表1L421015-1所示。

资源配置计划表　　　　　　　表1L421015-1

使用量＼使用时间＼资源名称	计划使用时间（天）																		
	2	4	6	8	10	12	14	16	18	20	22	24	26	28	30	32	34	36	38
队长	2	2	2	2	3	3	2	1	1	1	1	1	1	1	1	1	1	1	1
技工	13	13	13	13	13	9	6												
调测工程师					3	3	3	3	3	3	3	3	3	3	3	3	3	3	3
10G传输分析仪					1	1	1	1	1		1	1	1	1					
光谱分析仪					1	1	1	1	1		1	1	1	1					
多波长计					1	1	1	1	1	1									
光功率计					2	2	2	2	2		2	2	2	2	2	2	2	2	2
安装工具	2	2	2	2	2	2	1												
调测工具					1	1	1	1	1		1	1	1	1					

资源配置计划也可用柱形图方式表示，如图1L421015表示了某工程普工的配置计划。

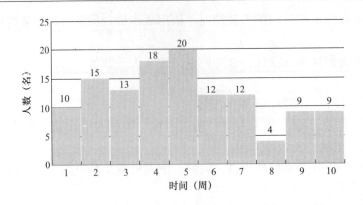

图1L421015   ×××工程普工的配置计划

（二）工程材料设备供应计划的表示方法

工程材料设备供应计划可采用列表的方式表示，其中应包含材料设备的名称、规格型号、数量、供货单位、供货时间等内容。

（三）资金使用计划的表示方法

资金使用计划可以列表的方式表示，其中应包含工作内容名称、开支金额、累计开支金额、计划开支时间等内容，也可以采用柱形图的方式表示。

【案例1L421015】

1．背景

某通信光缆线路工程包括3个中继段，个别地段位于山上，部分线路为直埋敷设，部分线路为架空敷设，工期为90天。建设单位负责提供光缆、接头盒及尾纤，其他材料由施工单位负责采购。项目部决定本工程采用机械挖掘、机械放缆，并按照表1L421015-2的进度计划编制了施工资源配置计划，配备了20名技术工人，要求全体人员在完工前不得离场。为了节省材料搬运费用、方便现场使用，材料员要求供货厂家把材料一次性运送到工地，并分散放在线路沿线。

2．问题

（1）本工程的人员配置计划存在哪些问题？

（2）本工程的材料供应存在哪些问题？

（3）应如何编制本工程的材料供应计划？

进度计划表   表1L421015-2

工作内容	进度计划（90天）					
	1～15	16～30	31～45	46～60	61～75	76～90
路由复测	——					
单盘检验	——					
开挖光缆沟		——————				
敷设直埋光缆		———————————				
立电杆		——				
制装拉线		——				

续表

工作内容	进度计划（90天）					
	1～15	16～30	31～45	46～60	61～75	76～90
架设吊线		▬▬▬	▬▬▬			
敷设架空光缆			▬▬▬	▬▬▬		
接续						
埋设标石				▬▬▬	▬▬▬	
全程测试					▬▬▬	
整理竣工资料						▬▬▬

（4）按照此资源配置计划组织施工会对工程造成哪些影响？

3．分析与答案

（1）本工程人员配备计划存在的问题有：按照工作分解不到位的进度计划配备施工人员；没有说明20名技术工人的进场时间；未配备普工；完工前不得离场，可能存在窝工问题。

（2）本工程的材料供应存在的问题有：从背景描述的情况来看，材料一次性运到工地，可能会出现无处放置及占用资金的问题；供应的材料沿途放置不安全；沿途放置不利于材料的管理；沿途放置材料不方便进行进货检验。

（3）本工程的材料供应计划应依据按中继段分解和工作分解的进度计划编制，其中应分别列出建设单位和施工单位承包材料的供应计划。供应计划的内容应包括材料名称、规格型号、数量、材料单价、合计费用、分屯地点、供货时间、收货人及检验人等内容。

（4）由于本工程进度计划中的工作内容未分解到位，因此资源配置计划依据不充分，各种资源进场、离场时间未知，会导致工程进度无法控制；未明确人员职责而导致人员失控；人员出现窝工导致成本增大；未配置普工而无人完成山上的工作量；因材料沿线放置，不便于材料进货检验而影响工程质量，可能导致材料丢失，影响工程进展等问题。

1L421020　通信与广电工程项目施工进度控制

1L421021　通信工程的工作分解

一、工作分解的原则

项目工作分解没有统一的普遍适用的方法和规则。但按照实际工作经验和系统工作方法，它应符合工程的特点、项目自身的规律性，符合项目实施者的要求及后续管理工作的需要。分解过程有如下基本原则：

1．应在各层次上保持项目内容的完整性，不能遗漏任何必要的组成部分。分解时要考虑项目管理本身也是工作范围的一部分。

2．一个项目单元只能从属于某一个上层单元，不能同时交叉从属于两个上层单元。

3．项目单元应能区分不同的责任者和不同的工作内容，项目单元应有较高的整体性和独立性，单元之间的工作责任界面应明确，这样方便项目目标和责任的分解落实，方便进行成果评价和责任分析。

4. 项目工作分解应能方便应用工期、质量、成本、合同、信息等管理方法和手段，方便目标的跟踪和控制，符合计划和控制所能达到的程度，注意物流、工作流、资金流、信息流的效率和质量，注意功能之间的有机组合和合理归属。

5. 分解出的项目结构应有一定的弹性，应能方便地扩展项目范围、内容和变更项目的结构。

6. 符合要求的详细程度。分解过粗难以体现计划内容，分解过细会增加计划制定的工作量。因此应考虑下列因素：

（1）项目承担者的角色。比如业主或建设单位的分解可以粗一些，施工单位需要细一些。总包单位可以粗一些，分包单位需要细一些。

（2）工程规模和复杂程度。大项目需要分解的层次和工作单元较多。

（3）风险程度。风险较大的项目，如使用新技术、新工艺，在特殊环境实施等，则分解得较细，风险小的、技术上已经成熟的常规项目可分解粗一些。

（4）承（分）包商或工作队伍的数量。专业分工较细，承（分）包商数量较多，工作单元应分解细一些。

（5）各层次管理者对项目计划和实施状况报告的结构、详细程度和深度要求。

二、工作分解方法

通信工程项目的分解一般是按时间、项目组成、地域、工作内容等的不同进行分解。

1. 按工作时间分解

在时间上分解工程项目，可将工程项目分解为准备阶段、施工阶段、验收阶段等不同阶段。

2. 按项目组成分解

大型的通信建设工程项目，可以按照组成项目的单项工程、单位工程等情况进行分解，将项目分解为较小的子项目。

3. 按施工地域分解

对于规模比较大的线路工程、传输设备安装工程、基站安装工程、通信综合楼安装工程等，都有较多的施工现场。其中，长途线路工程、长途传输设备安装工程、长途微波传输工程等，其施工现场都位于一条线上或呈环状，而且设备安装工程的施工现场还呈点状分布；市内管道工程、接入网工程等，其施工现场均位于一个施工区域内；电源设备安装工程、交换设备安装工程、数据机房安装工程，其施工现场都是在特定的某一个或几个机房内；移动基站安装工程的施工现场一般位于一定的施工区域内，而且机房也呈点状分布。

根据上述施工现场的分布特点，在分解工程项目时，就应具体专业具体分析，在考虑其位置分布和工程专业特点的情况下来确定分解方法。

（1）对于长途传输设备安装、长途微波设备安装等作业现场分散的工程项目，由于各站的施工地点相距较远，而且在设备、材料到位的情况下，施工的时间较短，为了降低施工成本，一般只能完成一个站的安装工作以后再进行下一个站的安装。对此，这类工程项目的安装工作量应按站点来分解，本机测试和系统测试工作可以单独作为一个工作包来考虑。

（2）对于长途线路工程，一般都是由若干个中继段组成，这类工程项目可以按照中继段把工程项目分解为若干个工作包。如果合同工期比较紧，为了保证工期的要求，还可以将一个中继段进一步分解为几个工作包。

（3）对于市内管道工程、低层建筑的接入网工程，可以将若干段相邻的管道、若干个配线区或若干栋建筑作为一个工作包进行分解；对于高层建筑内的接入网工程，也可以将一栋建筑或若干楼层分解为一个工作包。

（4）对于通信电源设备安装工程、交换设备安装工程、数据机房安装工程，可以根据工作量在各机房的分布情况，以机房为单位进行工作分解。如果一个机房内的工作量较多，还可以按照施工工序进一步分解。

（5）对于移动通信基站安装工程，可以将相邻的若干个基站作为一个工作包进行分解。

4. 按工作内容分解

按工作内容分解就是按工作内容的不同分解为不同的模块，比如将一个传输设备工程分解为项目管理、材料采购、设备安装、本机测试、系统调测等不同组成单元。

通信与广电工程的施工专业较多，不同施工专业的施工现场和施工过程都不同，即使同一施工专业，其安装方式、施工规模、施工环境、工期要求也可能不一样。对此，通信与广电工程项目在工作分解时，一般会考虑采用以上多种方法，在不同层级采用不同方法，甚至在一个层级也可采用多种方法。项目部应根据工程的专业特点、现场的环境状况、工程的进度要求等，参考可以提供的施工资源情况和以往工程的管理经验，具体项目具体分析。

【案例1L421021】

1. 背景

某项目部负责的架空光缆线路工程全长75km，由3个出局方向的杆路组成，线路环境复杂。本项目为包工包料的承包方式，且施工合同约定由施工单位协助线路路由的报建。

在施工准备阶段，项目部认为施工人员较少，所以将项目分解为立杆、制作拉线、架设吊线、敷设光缆、光缆接续、全程测试6项工作。

2. 问题

（1）项目部的工作分解存在哪些问题？

（2）根据你的经验应如何分解？请画出此工程的项目结构图。

3. 分析与答案

（1）问题一：项目部的工作分解违背了完整性原则，漏掉了协助工程报建、材料采购与管理等工作，即工作分解没有覆盖全部工作内容。

问题二：项目部将工程分解为6项工作，分解过粗，很难正确估算资源、成本及工作持续时间，作出可操作性的进度计划，难以控制每个工作的进度、成本等方面的风险。

（2）此工程的项目结构图如图1L421021所示：

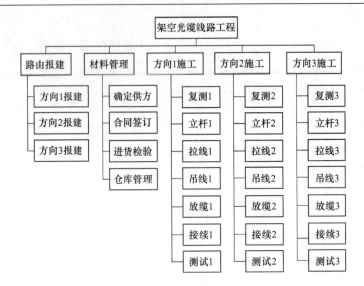

图1L421021　工作分解结构图

1L421022　编制施工进度计划

施工进度计划是施工组织设计的中心内容，它要保证建设工程按合同规定的期限交付使用。施工中的其他工作必须围绕并适应施工进度计划的要求安排。

一、编制进度计划的依据

项目部要想编制一个可行的进度计划，必须对工程项目全面了解，同时还要依据以下信息和资源：

（1）施工合同对工期等相关要求。

（2）批准的施工图设计。

（3）施工定额。

（4）现场摸底报告，或者已经掌握的施工现场具体环境及工程的具体特点。

（5）项目资源供应状况，包括能够投入项目的人员状况，工器具仪表设备状况，项目材料和设备供应状况。

（6）以往类似工程的实际进度及经济指标。

二、施工进度计划的编制步骤

（一）项目描述

项目描述就是用一定的形式列出项目目标、项目的范围、项目如何执行、项目完成计划等内容，对项目整体做一个概要性的说明，它是编制项目进度计划和工作分解的依据。

（二）工作分解和活动界定

要编制进度计划就要进行工作分解，将一个整体项目分解为若干项工作或活动，明确完成项目的每一个工作单元。通信工程的工作分解的方法见1L421021部分。

（三）工作描述和工作责任分配

为了更明确地描述项目所包含的各项工作的具体内容和要求，明确项目各工作的责任人或责任部门，便于计划编制，也便于工程实施过程中更清晰地领会各工作的内容，便于责任落实，需要将工作分解的每一项工作进行详细描述并分配工作责任。

（四）工作排序或工作关系确定

工作排序就是识别和记录项目工作之间的逻辑关系，列出每项工作的紧前工作和紧后工作。除了首尾两项工作，每项工作都至少有一项紧前工作和一项紧后工作。

1. 对于生产性工作，依据工艺过程，确定工作之间的工艺关系，列出其紧前工作和紧后工作。常见通信工程的施工顺序如下：

（1）设备安装工程的施工顺序：包括机房测量、器材检验、安装走线槽（架）、抗震基座的制作安装、机架、设备的安装、电源线的布放、信号线缆的布放、加电、本机测试、系统测试、竣工资料的编制、工程验收等工序。有些设备安装工程还包括电缆截面设计、上梁及立柱安装、抗震底座安装等工序。各工序之间的关系如图1L421022-1所示。

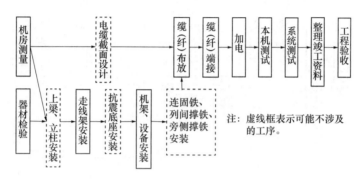

图1L421022-1 设备安装工程施工顺序

（2）线路工程的施工顺序，依据不同的敷设方式而不同，如图1L421022-2～图1L421022-4。

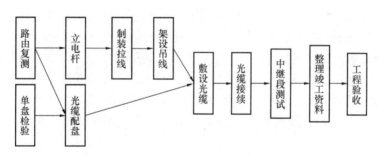

图1L421022-2 架空线路工程施工顺序

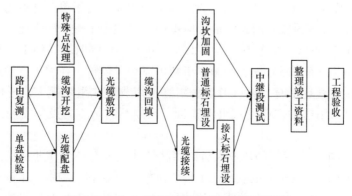

图1L421022-3 直埋光缆线路工程施工顺序

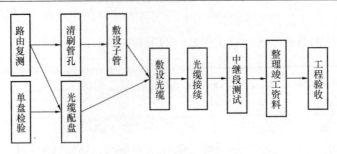

图1L421022-4　管道光缆线路工程施工顺序

（3）管道工程的施工顺序如图1L421022-5所示。

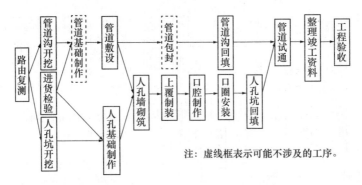

注：虚线框表示可能不涉及的工序。

图1L421022-5　管道工程施工顺序

2. 对非生产性工作（管理工作），依据相关制度规定的工作程序，确定工作之间的工艺关系，列出其紧前工作和紧后工作。比如：一般施工单位都会规定，签订完施工合同后方可立项、施工，即：合同起草→合同审批→合同签订→施工项目立项→……

3. 依据于组织安排需要或资源（人力、材料、机械设备和资金等）调配需要确定工作之间的组织关系，列出其紧前工作和紧后工作。通信与广电工程常采用的作业组织形式有顺序作业、平行作业和流水作业三种作业组织形式。在安排单位工程、工序或工作时，项目部应根据项目的工期要求及其专业、作业内容、现场环境等具体特点，考虑采用合适的作业组织形式，合理、高效地安排施工，确定先完成哪一部分工作，后完成哪一部分工作。

（1）顺序作业即按照施工顺序依次完成各工序的作业内容，它具有管理比较简单、资源使用量少的特点，但完成任务需要的工期相对较长。对于单个站点的设备安装工程，由于作业面较小，在安排施工时，一般都应按照工序顺序组织顺序作业。

（2）平行作业是指几个单位工程或工程的几道工序同时开始施工。采用这种作业组织形式，虽然占用的资源量较大，但施工工期可以相对较短。在因工期较短而不适合采用顺序作业或需要工程赶工时，可以考虑采用这种作业形式组织施工。通信工程有较多的施工专业都可以采用这种作业形式组织施工，比如不同站点的设备安装工程就可以同时开展。

（3）流水作业是由专门的作业人员或团队依次完成专项的作业活动，它具有生产专业化强、劳动效率高、操作人员熟练、工程质量好、资源利用均衡、工期短、成本低的特点。采用流水作业的组织形式，要求工程的每个施工段的各工序都分别由固定的作业队负责完成；每个施工段（也称流水段）的工作量应大致相等，以保证施工持续的时间相近；每个工序的资源配置应当均衡，保证各工序的进度一致。

流水作业法虽然有很多优点，但是在通信工程的很多专业施工中并不适用。这主要是由通信工程的特点决定的。例如，在传输设备安装工程中，每个站点的安装工作量大致相同，施工内容也大同小异，但考虑到各站点之间的距离较远，就不适合采用流水作业法组织施工。因此，流水作业法是有其局限性的。使用流水作业法组织施工，还应有一个前提条件，就是相邻的两个流水段之间的距离应当合适，能够搭接起来。

（五）计算工程量或工作量，估算资源需求

根据工作分解情况，计算各工作的工程量或工作量，并估算执行各项工作所需材料、人员、设备或用品的种类和数量，明确完成各项工作所需的资源种类、数量和特性，以便做出更准确的成本和持续时间估算。对于通信工程项目，本过程可结合施工定额、类似项目历史信息确定。

（六）估算工作持续时间

本过程的主要作用是，确定完成每项工作所需花费的时间量，为制定进度计划过程提供依据。

项目部应根据施工图设计、合同工期的要求、预算定额、施工现场的具体特点以及拟参加项目施工的主要施工人员的施工实力，并考虑本单位对项目的施工资源配备能力，确定工程项目中各工作包或工序的施工顺序及搭接时间、施工期限。此时通常应考虑以下几个方面的因素：

1. 保证重点，兼顾一般。在安排进度计划时，要分清主次，抓住重点，同时期进行的项目不宜过多，以免分散有限的人力和物力。

2. 满足连续、均衡的施工要求。在安排施工进度计划时，应尽量使各工种施工人员、施工机械及仪表在施工中连续作业，同时尽量使劳动力、施工机具、仪表和物资消耗在施工中达到均衡，避免出现突出的高峰和低谷，以利于施工资源的充分利用。

3. 满足生产工艺要求。要根据工艺的施工特点，确定各工序的施工期限，合理安排施工顺序。

4. 全面考虑各种条件限制。在确定施工顺序时，应考虑各种客观条件的限制。如施工企业的施工力量，各种原材料、机械设备、仪表的供应情况，设计单位提供图纸的时间等。

（七）制定进度计划

依据工作排序及估算的工作持续时间，使用网络图或甘特图相关技术绘制相应的进度计划图。

（八）进度计划的优化

根据约束条件和目标不同，进度计划图的优化方法主要有工期优化、费用优化和资源优化三种。

1. 工期优化

工期优化就是压缩计算工期，以达到要求的工期目标，或在一定约束条件下使工期最短的过程。工期优化一般通过压缩关键工作的持续时间来达到优化目标。在优化过程中，应注意不能将关键工作压缩成非关键工作，但关键工作可以不经压缩而变成非关键工作。

当在优化过程中出现多条关键线路时，必须将各条关键线路的持续时间压缩同一数值，否则不能有效地将工期缩短。

2．费用优化

费用优化又叫时间—成本优化，它是寻求最低成本时的最短工期安排，或按要求工期寻求最低成本的计划安排过程。

3．资源优化

资源优化是指在资源合理使用（均衡、最省）的条件下，使得工期满足一定的要求。即力求以最小的资源消耗和最短的工期，获得最好的经济效果。资源优化主要有两种情况：

（1）资源有限—工期最短。此优化问题的约束条件是资源有一个限制数量，其优化目标是工期相对最短，即寻求一个满足某种资源限制量要求，而工期相对最短的网络计划最优方案。其优化的前提条件为：网络计划制订后，在优化过程中各工作的持续时间不得改变，各工作每天的资源需要量是均衡、合理的，优化过程中不予改变；除规定可以中断的工作外，其他工作均应连续作业，不得中断；优化过程中，网络计划各工作间的工作关系不得改变。

（2）工期固定—资源均衡。此优化就是在网络计划总工期固定的前提下，使资源的需要量大体均衡。此类问题由于工期固定，关键工作在网络图上的位置不变。因此，资源需要量是否均衡，只与非关键工作位置有关；只有移动非关键工作的位置，资源需要曲线才能发生变化，最终达到均衡。

【案例1L421022-1】

1．背景

某通信工程公司承揽到新建6孔长途硅芯管管道工程，工程由4个中继段组成，于9月10日开工。此工程的施工地点位于河流密集地区，部分路段为石质地段。项目部编制了施工组织设计，在施工组织设计中要求：

（1）作业队应依据项目部的施工组织设计进行施工。在项目部的施工组织设计中，进度计划用一张横道图表示。横道图中只标出了各中继段的开始时间和完成时间。

（2）作业队采用流水作业法进行施工，其中路由复测组的日进度为4km，管道沟开挖组的日进度为2km，硅芯管敷设组的日进度为4km，回填组的日进度为3km。

2．问题

（1）项目部在工作分解方面存在哪些问题？

（2）本工程资源配置是否合理？说明原因。

3．分析与答案

（1）项目部在工作分解过程中存在的问题为：项目部在进度计划图中只画出了各中继段的开始时间和完成时间，说明项目部的工作结构只分解到了中继段。在每个中继段内的施工，还存在很多工序，还有很多需要落实进度、资金、施工资源的问题，还需要对中继段内的工作进一步分解。这种工作分解结构不便于工程的管理，不符合进度分解的要求。

（2）本工程资源配置不合理。项目部采用流水作业方式，因此应要求每个工序的资源配置均衡，保证各工序的进度一致，但本工程的路由复测、管道沟开挖、硅芯管敷设、管道沟回填四道工序的日进度不一致，说明资源配置不合理。

【案例1L421022-2】

1. 背景

某通信工程公司承揽到一个架空光缆线路工程，线路全长50km，由一个中继段构成，施工单位承包全部材料。合同规定此工程于8月1日开工，8月31日完工。该施工单位接到此项目后进行了现场摸底，并在线路上确定了一个临时驻点。通过现场摸底发现，此工程全程地理条件相似，无复杂施工地段及特殊跨越点，此驻点距线路两侧的端点分别为20km和30km。对此，项目负责人决定分两个作业组同时开工，完成驻点两侧的线路施工任务；竣工资料由项目部相关人员在测试阶段编制。由于该施工单位工程较多，仅能为此工程提供一套测试仪表和接续设备。项目部针对此工程编制的工作量、用工量及日进度内容见表1L421022-1所示。

工作量、用工量及日进度内容　　　　　　　表1L421022-1

工程量名称	单位	数量	技工总工日	普工总工日	每个组的日进度
制装7/2.2单股拉线	条	500	350	250	50
中继段测试	段	1	10	0	1
架设7/2.0吊线	条公里	50	250	250	10
光缆成端	芯	24	10	0	24
敷设12芯光缆	km	50	650	450	5
光缆接头	个	30	50	0	6
路由复测	km	50	25	25	10
立8m水泥杆	根	1250	500	1000	125

2. 问题

（1）此工程的施工顺序应怎样安排？

（2）如果编制的进度计划图的计算工期为32天，是否合适？

（3）施工准备阶段应先确定施工资源数量还是先编制进度计划图？

（4）假设此工程的工作量平均分布在路由上；各组施工时按工序顺序施工，各组在全部完成了上一道工序再开始第二道工序。请编制此项目施工阶段进度计划的横道图和网络图。

（5）在上述假设条件下，上表中的日进度安排是否合理？为什么？

（6）如果编制的进度计划图的计算工期为25天，是否合适？

3. 分析与答案

（1）此工程的施工顺序为：路由复测→立杆→制装拉线→架设吊线→敷设光缆→光缆接续（或制作成端）→制作成端（或光缆接续）→中继段测试。

（2）此项目要求8月1日开工，8月31日完工，合同工期为31天。如果此项目的进度计划图的计算工期为32天，已超出了合同工期的要求。所以此进度计划图不合适，还应对其进行优化。

（3）工程项目中使用的施工资源的数量应满足进度计划图的需求。因此，在施工准备阶段应先编制进度计划图，再依据进度计划图配置施工资源。但对于某些资源紧张的情况，比如本题已知条件所提出的企业只能为项目提供一套仪表和接续设备，可作为一种限制条件，在编制进度计划时予以考虑，这并不是一种具体的资源配置计划。

（4）根据上述已知条件，此工程两个段落的任务划分：第一组的工作量为20km，第二组的工作量为30km。考虑到只有一套仪表和接续设备，所以此工程的光缆接续、制作光缆成端、测试工作只能由一组人员完成。考虑到节约仪表使用费用的问题，光缆的接续及测试工作应在两组放缆完毕后再开始。两个作业组需完成路由复测、立杆、制装拉线、架设吊线、敷设光缆等工作。通过分析上表可得，两组各项工作所需的人数及持续的时间见表1L421022-2。

参加施工人员数量及工作持续时间统计表   表1L421022-2

工作名称	工作内容	持续时间	工作名称	工作内容	持续时间
A	第1组路由复测	2	H	第2组制装拉线	6
B	第1组立杆	4	I	第2组架设吊线	3
C	第1组制装拉线	4	J	第2组敷设光缆	6
D	第1组架设吊线	2	K	光缆接头	5
E	第1组敷设光缆	4	L	光缆成端	1
F	第2组路由复测	3	M	中继段测试	1
G	第2组立杆	6			

此时的横道图如图1L421022-6所示。

工程进度横道图及人力运用

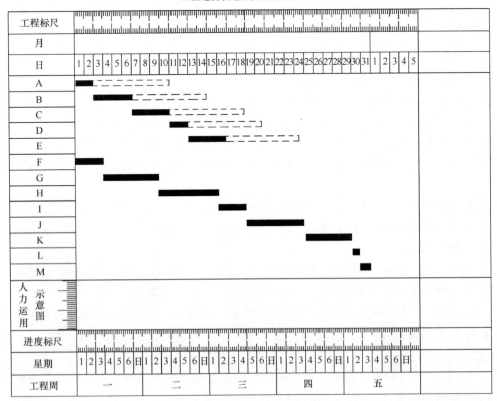

图1L421022-6   横道图

此项目的双代号网络计划如图1L421022-7所示。

单代号网络图计划如图1L421022-8所示。

各项工作的六个时间参数ES_{i-j}、EF_{i-j}、LS_{i-j}、LF_{i-j}、TF_{i-j}、FF_{i-j}如图1L421022-8中所示。

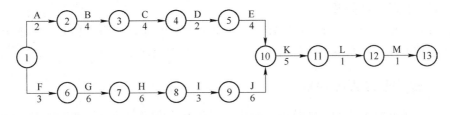

图1L421022-7 双代号网络图

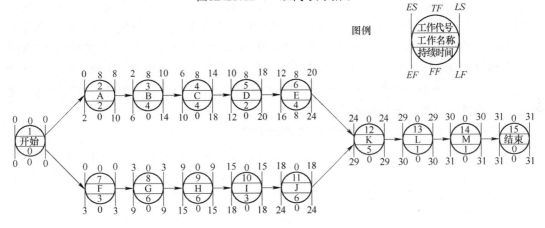

图1L421022-8 单代号网络图

确定关键工作及关键线路：总时差为零的工作有F、G、H、I、J、K、L、M，此即关键工作，关键线路为F—G—H—I—J—K—L—M。

（5）对于此进度计划，利用表1L421022-2中各项工作的持续时间，进一步分析见表1L421022-3。

技工、普工用工数量分析表　　　　　　　　　　　表1L421022-3

	路由复测	立杆	制装拉线	架设吊线	敷设光缆	光缆接头	成端制作	全程测试
第1组需要人工	（10，10）	（200，400）	（140，100）	（100，100）	（260，180）			
第1组单日需人工	（5，5）	（50，100）	（35，25）	（50，50）	（65，45）	—		
第2组需要人工	（15，15）	（300，600）	（210，150）	（150，150）	（390，270）	—		
第2组单日需人工	（5，5）	（50，100）	（35，25）	（50，50）	（65，45）	—		
接续组需要人工	—	—	—	—	—	（50，0）	（10，0）	（10，0）
接续组单日需人工	—	—	—	—	—	（10，0）	（10，0）	（10，0）
合计单日需要人工	（10，10）	（100，200）	（70，50）	（100，100）	（130，90）	（10，0）	（10，0）	（10，0）

注：括号内为（技工人数，普工人数）。

通过上表的分析可以看出，按照此进度计划施工时，单日需要的人工数量上下起伏较大，存在大量的窝工问题，需要对其进行工期固定——资源均衡优化。

在此计划中，由于第一组的工作存在自由时差，因此可通过调整第一组的资源配置，适当延长立杆、架设吊线和敷设光缆的持续时间，适当缩短制装拉线的持续时间，以克服单日用工量起伏较大的问题。

（6）由于此项目的合同工期为31天，如果进度图的计算工期为25天，可能会存在施工资源的浪费问题，应对编制出的进度图作进一步的费用优化。

1L421023 施工进度的影响因素

通信与广电网络覆盖面广的特点，决定了通信与广电工程项目的施工地点、施工环境复杂多样，影响因素众多。从进度影响因素产生的来源来看，有来源于施工单位自己的内部因素；也有来源于建设单位及其上级主管机构的、设计单位的、分包商的、材料和设备供应商的、监理单位的、政府部门的以及社会和环境的外部因素。在施工过程中，内部因素对工程进度起决定性作用。内部影响因素一般从管理、装备、技术、协调、质量、材料供应、财务、安全等方面进行分析辨识；外部影响因素主要应从施工条件、施工环境、大型事件、意外事件等几方面分析辨识。

一、通信设备安装工程中可能影响进度的因素

通信设备安装工程一般在室内施工，受外界因素的影响相对较小。影响设备安装工程进度的因素主要包括施工单位内部的影响因素和建设单位、设计单位、设备材料供应单位、监理单位、政府部门等相关单位的外部影响因素。

（一）内部影响因素

1. 管理方面：施工资源调配不当、工作安排不合理、窝工，施工计划不合理，对突发情况应对不力，管理水平低。

2. 装备方面：车辆及主要机具、仪表的数量或性能不能满足工程需要。

3. 技术方面：技术力量不足，如设备检测人员技术不熟，操作不熟练，员工素质低；施工单位采用的施工方法或技术措施不当；应用新技术、新材料、新工艺时缺乏经验，不能保证质量等，这些因素都会影响施工进度。

4. 协调方面：跨区域施工，协调、联系困难。

5. 质量方面：因质量问题造成大量返工。

6. 材料供应方面：材料或备件不能及时到达施工现场；使用了不合格的材料或备件。

7. 财务方面：现场资金紧缺。

8. 安全方面：发生了安全事故。

（二）外部影响因素

1. 施工条件方面：配套线路未建好，电路不通；配套机房、基站等未建好；不具备供电条件；材料或设备不能及时到达施工现场，或备件欠缺；材料及设备厂家提供的设备、备件规格等不符合设计要求；设计不合理，设计变更，增加了工程量；合同不能及时签订，资金不能及时拨付；测试阶段，跨单位/区域协调不到位等。

2. 施工环境方面：测试人员乘车时交通不畅；机房在居民区，施工时因噪声扰民需固定时间段施工等。

3. 大型事件方面：政府的重要会议、重大节假日、国家的重大活动、大型军事活动等需要封网。

4. 意外事件方面：火灾、重大工程事故等。

5. 不可抗力：战争、严重自然灾害等。

二、通信线路、通信管道工程中可能影响进度的因素

通信线路、通信管道工程一般在室外施工，受外界因素的影响相对较大。影响通信线路、通信管道工程的因素主要包括施工单位内部的影响因素和建设单位、设计单位、材料供应单位、监理单位、当地的政府部门等外部的影响因素。

（一）内部影响因素

1. 管理方面：施工资源调配不当、工作安排不合理、窝工，无周密施工计划，对突发情况应对不力，管理水平低。

2. 装备方面：为工程配备的车辆及主要机具、仪表、设备不能满足工程的需要。

3. 技术方面：投入的技术力量不能满足工程需要，如光缆接续人员技术不熟，操作不熟练；施工单位采用的施工方法或技术措施不当；应用新技术、新材料、新工艺时缺乏经验，不能保证质量等因素都会影响施工进度。

4. 质量方面：因质量问题造成大量返工。

5. 材料供应方面：材料不能及时到达施工现场或使用了不合格的材料。

6. 财务方面：施工现场资金紧缺。

7. 安全施工方面：施工过程中发生安全事故，处理安全事故影响了进度。

（二）外部影响因素

1. 施工条件方面：通信管道未建或障碍多；配套机房、基站等未建好；建设单位提供的设备、材料未到货，或到货不及时，或到的材料有质量问题，规格不符合要求；青苗赔补困难，穿越铁路、高等级公路、运河等特殊路段及城市路由报建时，赔补谈判困难；合同不能及时签订，资金不能及时拨付；设计单位不能及时提供满足要求的施工图设计；设计路由选择不当，改变路由而增加工程量等。

2. 施工环境方面：特殊气候、地下环境、工程地质条件、水文地质条件等现场环境情况，如地下存在文物或古墓、地质断层、溶洞、地下障碍物、松软地基以及恶劣气候、暴雨、高温和洪水等。

3. 大型事件方面：政府的重要会议、重大节假日、国家的重大活动、大型军事活动等需要封网。

4. 意外事件方面：战争、严重自然灾害、火灾、重大工程事故等。

【案例1L421023-1】

1. 背景

某DWDM长途传输设备扩容工程跨越多省，由多家施工单位施工。某施工单位与建设单位签订了其中18个站安装及调测工作的施工合同。合同规定开工日期为9月1日，完工日期为11月30日，工程为包工不包料的承包方式。8月25日施工单位拿到施工图设计，8月26日参加设计会审。施工单位到现场施工时，发现施工图设计中部分安装机架的位置已装有机架；施工中多个站点的部分设备迟迟不能到货；质检员检查时发现尾纤布放交叉较严重；多单位施工时系统测试配合不好。工程最终于次年3月30日完成初验。

2．问题

（1）施工单位应从哪几个方面分析影响本工程进度的因素？

（2）本工程影响进度的因素有哪些？

3．分析与答案

（1）施工单位分析影响本工程进度的因素时，应根据合同要求及施工现场的具体特点，考虑工程相关方的影响因素及本单位的管理因素，具体应考虑以下几个方面：

● 建设单位、设计单位、监理单位、政府主管部门、资金来源部门、设备材料供应单位等相关单位提供的施工条件。此工程虽然为包工不包料的承包方式，设备材料的供应由建设单位负责，但设备材料不能及时到货，受影响的还是施工单位，所以项目部仍需考虑设备材料供应单位对进度的影响。

● 节假日封网的因素。

● 施工单位自身的资源配备、资金保障、工程协调等方面的因素。

（2）本工程影响进度的因素主要有：

● 国庆节封网。

● 施工图设计存在重大问题。

● 建设单位所订购的设备到货不及时。

● 施工人员的水平差。

● 跨区域系统测试的协调问题。

【案例1L421023-2】

1．背景

某通信工程公司于南方山区承揽的架空光缆线路工程全长110km，由某监理公司负责监理工作，合同规定工期为4月15日至当年6月30日。在施工合同中规定："乙方承包除光缆、接头盒及尾纤以外的所有材料。"对此，施工单位按照进度计划订购了电杆、钢绞线及相应的其他工程材料。为了节约成本，施工单位与材料供应商合同约定由本公司负责材料的运输。

施工单位在4月1日组织现场摸底，发现线路路由上有一栋房屋及若干片树林；4月14日，接到货运单位因车辆紧张，不能按时提供车辆的通知；4月25日，项目部发现穿钉容易滑扣；5月10日，生产地锚石的水泥制品厂要求提价；5月30日，质检员发现个别终端杆反倾；6月29日，ODF架仍未到货；7月2日，中继段总衰耗测试时发现衰耗过大。施工单位于7月20日向建设单位提交了完工报告。

2．问题

（1）施工准备阶段可能影响本工程进度的因素有哪些？

（2）此工程哪些因素影响了工程进度？

3．分析与答案

（1）此工程施工准备阶段可能影响工程进度的因素主要有：建设单位不能及时完成路由报建；监理单位不能及时批复变更；设计存在的问题不能及时变更；材料运输；建设单位及施工单位材料到货不及时，到货材料存在质量问题；施工资源配备不足；施工单位得不到预付款，资金紧张；安全事故；施工组织不合理；不可抗力。

由于线路工程未开通以前一般不会影响到已建网络的畅通，只是在与其他线路交越处及制作成端时可能发生影响通信的事故，因此，此项目虽然施工期间正逢"五一"长假，只要项目部合理组织，节日期间仍可以避开易发生事故的地段继续施工。

（2）此工程项目影响工程进度的因素主要有：设计问题、货运问题、材料质量问题、订货合同执行问题、施工人员水平问题、建设单位供货问题等。

1L421024　施工进度的控制措施

工程项目要控制好进度，除了需要编制出一个好的工程施工进度计划外，项目部还应在施工过程中对工程进度实行动态控制。动态控制就是通过监测实际进度，与计划进度相比较，没有偏差时按进度计划继续施工；当出现偏差时，及时分析原因，采取相应的纠正措施，调整进度计划，然后按照新的计划执行。动态控制也就是通过监测、比较、分析、调整四个环节不断地循环，直至工程结束。

一、进度监测

通信与广电工程施工进度一般可通过进度报告和进度检查的方法进行监测。进度报告分为工程日报、工程周报、工程月报以及工程阶段性报告等。具体工程项目采用哪些报告方式，应根据工程规模选用，并在工程进度保证措施中予以明确。

二、进度比较

进度的比较就是用监测系统收集到的已完成的工作量数据与进度计划进行比较，找出哪些工作提前或滞后。常用的进度比较方法有：横道图比较法、S形曲线比较法、香蕉形曲线比较法、前锋线比较法、列表比较法等。

三、进度偏差分析

当项目部在施工过程中发现进度产生偏差后，就需要对进度偏差产生的原因进行分析，分析该偏差是否对后续工作的进度实施产生影响，若偏差对后续工作的进度不产生影响，可不予调整；若对后续工作有影响，则需要进行进度计划的调整。

项目部分析进度偏差时，如果发现延迟工作对其他工作及工期存在影响，首先应分析网络图中各项工作之间的关系，分析产生偏差的工作在网络图中所处的位置，然后再确定相应的进度调整措施。

（一）分析产生进度偏差的工作是否为关键工作

1. 如果出现偏差的工作为关键工作，则无论偏差大小，都将对后续工作及总工期产生影响，必须采取相应的措施调整；

2. 如果出现偏差的工作为非关键工作，则要根据偏差值与总时差和自由时差的大小关系，确定对后续工作和总工期的影响程度。

（二）分析进度偏差是否大于总时差

1. 如果工作的进度偏差大于该工作的总时差，说明此偏差必将影响后续工作和总工期，必须采取相应的措施调整；

2. 如果工作的进度偏差小于或等于该工作的总时差，说明此偏差对总工期没有影响，但它对后续工作的影响程度，需要根据比较偏差与自由时差的情况来确定。

（三）分析进度偏差是否大于自由时差

1. 如果工作的进度偏差大于该工作的自由时差，说明此偏差对后续工作会产生影响，应该如何调整，应根据后续工作允许影响的程度而定；

2. 如果工作的进度偏差小于或等于该工作的自由时差，则说明此偏差对后续工作无影响，因此原进度计划可以不作调整。

四、工程进度计划调整

为了保证工程按照规定的工期完工，当发现进度偏差后，必须及时对计划进行合理的调整。若通过分析发现进度偏差是由建设单位提供的工程施工条件、设计需要变更、不可抗力等非施工单位自身原因造成的，进度计划可不予调整，只需按照合法的途径及时向建设单位进行工期索赔；若进度偏差是由施工单位自身原因造成的，则必须进行进度调整。如果进度提前，可从降低成本的角度对进度进行优化调整；若进度滞后，可通过以下几种方法进行调整。

1. 增加施工人员或延长施工人员的劳动时间

根据延迟工作的特点，在可能的情况下及经济允许的情况下，项目部可增加施工人员投入或要求施工人员加班作业，以弥补进度损失。

2. 增加施工机具、设备、仪表或倒班作业

如果工程进度滞后是由于机具、设备或仪表等因素造成的，当需要调整工程进度时，项目部应计算增加机具、设备、仪表的投入或在原有的基础上考虑加班作业的经济性。如果可以通过施工人员在原有机具、设备、仪表数量基础上倒班作业弥补进度损失，应抓紧时间实施。

3. 改变某些工作间的逻辑关系

工作间的逻辑关系包括工艺关系和组织关系，工艺关系是不可能改变的，但组织关系是可以调整的。因此可以通过调整关键线路和超过计划进度的非关键线路上的有关工作之间的组织关系的方法调整进度计划，以达到缩短工期的目的。例如可以把依次进行的有关工作改变成平行的或互相搭接的以及分成几个施工段进行流水施工的工作关系。

4. 缩短某些工作的持续时间

这种方法是缩短某些工作的持续时间，使施工进度加快，来保证实现计划工期的方法。采用这种方法，要求这些被压缩持续时间的工作是位于由于实际施工进度的拖延而引起总工期增长的关键线路和某些非关键线路上的工作，同时，这些工作又是可压缩持续时间的工作。

【案例1L421024】

1. 背景

某通信工程公司与建设单位签订了万门程控交换机安装调测的施工合同。合同工期为9月1日至9月13日，项目采用包工不包料的承包方式。项目负责人针对施工现场的具体特点及施工人员的能力，分解工作见表1L421024，绘制进度计划见图1L421024。工程进行到第9天时，项目负责人检查发现D工作只完成了2天，E工作只完成了1天，H工作已经完成。对此，项目负责人果断采取了措施，对进度计划作了调整，工程按期完工。

某万门程控交换机安装工程工作内容   表1L421024

工作内容	工作代号	持续时间	费用（百元）	工作内容	工作代号	持续时间	费用（百元）
施工准备	A	3	12	第三组放缆及端接	F	1	18

续表

工作内容	工作代号	持续时间	费用（百元）	工作内容	工作代号	持续时间	费用（百元）
第一组机架安装及加固	B	3	10	测试	G	2	24
第二组机架安装及加固	C	2	8	收集及整理资料	H	1	20
第一组放缆及端接	D	3	12	编制竣工资料及交工	I	2	32
第二组放缆及端接	E	2	16				

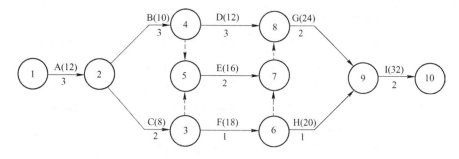

图1L421024　工程的网络计划

2．问题

（1）此工程项目负责人应如何控制工程进度，才能保证工程按期完工？

（2）此工程计划的关键工作有哪些？

（3）项目负责人第9天检查时发现的进度滞后问题将怎样影响工期？

（4）项目负责人发现进度偏差以后应如何做？

（5）为了分析问题简化，假设压缩工作只能按整天压缩，如何调整原网络计划最适宜？

3．分析与答案

（1）项目负责人为了保证工程进度计划的实施，应定期检查实际进度与计划进度是否相符。发现进度出现偏差时应分析原因，采取措施。如果进度偏差是非施工单位原因造成的，可进行工期索赔；如果进度偏差是施工单位自身原因造成的，应及时制订纠正措施。对于已经造成的偏差，项目负责人应采用合理的方法进行调整。这就是对进度进行动态的控制，以保证工程按期完工。

（2）此工程项目的关键工作有工作A、B、D、G、I。

（3）对于此工程项目，由于D工作位于关键路径上，检查时发现其延误了1天，它将影响到后续工作的按期完成；另外由于检查时E工作也只完成了1天，虽然其未在关键路径上，但它的延误也会影响到后续工作的按期完成。

（4）项目负责人发现进度偏差以后，应分析引起偏差的工作及其后续未完成和未开始的工作在网络图中的位置及其总时差、自由时差，确定应采取什么措施消除偏差。通过上述分析可知，必须对原进度计划进行调整。对此网络图检查时发现，D工作和E工作均还有1天的工作未完成，所以可以压缩这两项工作。但这里要求只能按整天压缩。由于G

工作和I工作还未开始，而且都位于关键路径上，所以应压缩这两项工作。

（5）假设赶工费的费率为a，此时调整原进度计划可采用的方法有：

● 可压缩G工作。压缩G工作的赶工费用为$24 \times a/2=12a$百元/天。

● 可压缩I工作。压缩I工作的赶工费用为$32 \times a/2=16a$百元/天。

由此可以看出，压缩G工作要比压缩I工作节省费用。

对于网络图的优化，应全面、系统地分析其中的各项工作之间的关系，比较不同的计划调整方法的开支情况，以保证降低施工成本。

1L421030   通信与广电工程项目施工成本控制

1L421031   施工成本预算及成本计划

施工预算是编制实施性成本计划的主要依据，是施工企业为了加强企业内部经济核算的技术经济文件。施工预算应在施工图预算的控制下，依据企业的内部定额、施工图纸、施工及验收规范、标准图集、施工组织设计等，确定工程施工所需要的人工、材料、施工机械台班用量。它是施工企业的内部文件，同时也是施工企业进行劳动调配，物资计划供应，控制成本开支，进行成本分析和班组经济核算的依据。

施工成本计划是以货币形式编制施工项目的计划期内的生产费用、成本水平、成本降低率以及为降低成本所采取的主要措施和规划的书面方案，它是建立施工项目成本管理责任制，开展成本控制和核算的基础，是该项目降低成本的指导性文件，是设立目标成本的依据。

通信工程项目施工成本计划的编制方式通常有两种：按施工成本组成编制施工成本计划和按施工进度编制施工成本计划。

1. 施工成本可以按成本构成分解为人工费、材料费、施工机具使用费和企业管理费等。按施工成本组成编制施工成本计划就是依据项目各工作的资源需求估算和资源价格，或者按照各工作的工程量和企业内部定额分别计算出人工费、材料费、施工机具使用费和企业管理费的预算金额。

2. 按施工进度编制施工成本计划，通常可在控制项目进度的网络图的基础上，进一步扩充得到。即在建立网络图时，一方面确定完成各项工作所需花费的时间，另一方面确定完成这一工作合适的施工成本支出计划。

在实践中，将工程项目分解为既能方便地表示时间，又能方便地表示施工成本支出计划的工作是不容易的，通常如果项目分解程度对时间控制合适的话，则对施工成本支出计划可能分解过细，以至于不可能对每项工作确定其施工成本支出计划；反之亦然。因此在编制网络计划时，应在充分考虑进度控制对项目划分要求的同时，还要考虑确定施工成本支出计划对项目划分的要求，做到二者兼顾。

【案例1L421031】

1. 背景

某工程公司承担了波分复用设备安装工程，共有四个站，采用包工不包料的承包方式。项目部计划安排两个安装队和一个测试队施工，各站的工作内容、各施工队的施工内容、各施工队的人员及工具和测试仪表配置、施工阶段进度计划如图1L421031-1所示，人员及仪表的使用单价如表1L421031-1所示。

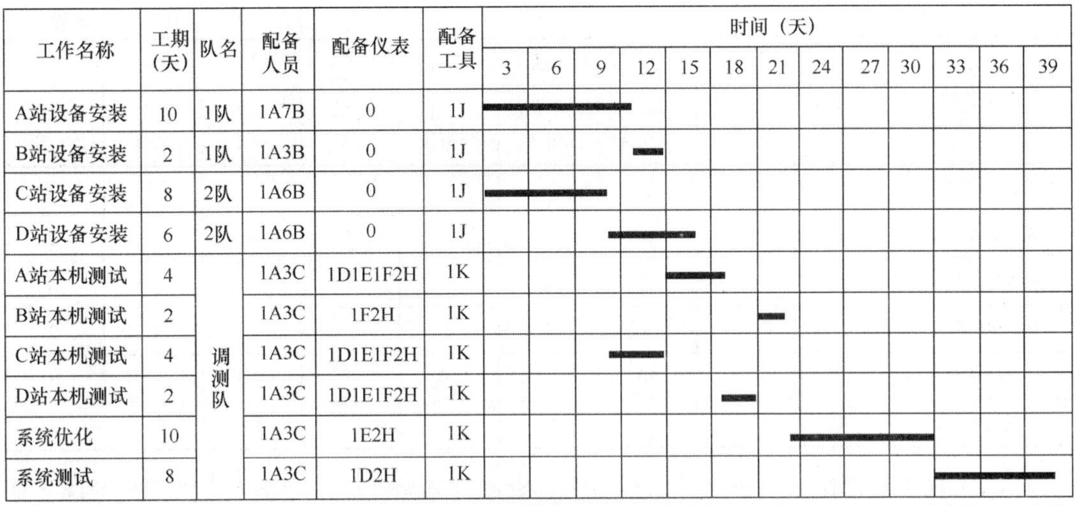

工作名称	工期(天)	队名	配备人员	配备仪表	配备工具	时间（天）3	6	9	12	15	18	21	24	27	30	33	36	39
A站设备安装	10	1队	1A7B	0	1J	■	■	■	■									
B站设备安装	2	1队	1A3B	0	1J					■								
C站设备安装	8	2队	1A6B	0	1J	■	■	■										
D站设备安装	6	2队	1A6B	0	1J				■	■	■							
A站本机测试	4		1A3C	1D1E1F2H	1K					■	■							
B站本机测试	2		1A3C	1F2H	1K							■						
C站本机测试	4	调测队	1A3C	1D1E1F2H	1K			■	■									
D站本机测试	2		1A3C	1D1E1F2H	1K						■							
系统优化	10		1A3C	1E2H	1K								■	■	■			
系统测试	8		1A3C	1D2H	1K											■	■	■

图中代号含义：A—队长，B—技工，C—工程师，D—10G传输分析仪，E—光谱仪，F—多波长计，H—光功率计，J—安装工具，K—测试工具

图1L421031-1　资源配置及进度计划横道图

人工及设备单价　　　　　　　　　　　　　表1L421031-1

岗位	人工成本（元/人·天$^{-1}$）	仪表	仪表使用费（元/台·天$^{-1}$）	工具	工具使用费（元/套·天$^{-1}$）
队长	1000	10G传输分析仪	6000	安装工具	20
调测工程师	800	光谱分析仪	4000	调测工具	20
技工	300	多波长计	3000		
		光功率计	20		

2．问题

（1）根据工程安排列出资源计划矩阵。

（2）绘制人力资源负荷图及10G传输分析仪负荷图。

（3）绘制本工程直接成本的成本负荷图以及成本累积负荷曲线。

3．分析与答案

（1）根据本工程的资源配置及进度计划横道图，可绘制本工程的资源计划矩阵见表1L421031-2。

资源计划矩阵　　　　　　　　　　　　　表1L421031-2

工作名称	资源需要量（人·天或台·天或套·天） 队长	技工	调测工程师	10G传输分析仪	光谱分析仪	多波长计	光功率计	安装工具	调测工具
A站设备安装	10	70						10	
B站设备安装	2	6						2	
C站设备安装	8	48						8	
D站设备安装	6	36						6	

续表

工作名称	资源需要量（人·天或台·天或套·天）								
	队长	技工	调测工程师	10G传输分析仪	光谱分析仪	多波长计	光功率计	安装工具	调测工具
A站本机测试	4		12	4	4	4	8		4
B站本机测试	2		6			2	4		2
C站本机测试	4		12	4	4	4	8		4
D站本机测试	2		6	2	2	2	4		2
系统优化	10		30		10		20		10
系统测试	8		24	8			16		8

（2）根据资源配置及进度计划横道图、资源计划矩阵可以绘制人力资源负荷图，如图1L421031-2所示，10G传输分析仪负荷图如图1L421031-3所示。

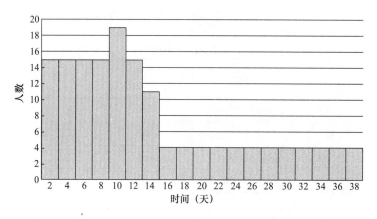

图1L421031-2　人力资源负荷图

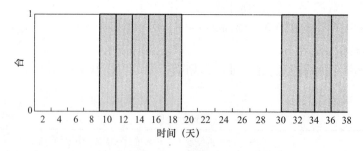

图1L421031-3　10G传输分析仪负荷图

（3）根据资源计划矩阵、资源配置及进度计划横道图、人工及设备单价可计算出成本预算，如表1L421031-3所示。根据成本预算表可绘制出本项目的成本负荷图，如图1L421031-4所示；成本累积负荷曲线，如图1L421031-5所示。

成本预算表　　　　表1L421031-3

工作名称		A站设备安装	B站设备安装	C站设备安装	D站设备安装	A站本机测试	B站本机测试	C站本机测试	D站本机测试	系统优化	系统测试	每2天合计	累计
进度日程预算（元）	2	6240		5640								11880	11880
	4	6240		5640								11880	23760
	6	6240		5640								11880	35640
	8	6240		5640								11880	47520
	10	6240			5640			32920				44800	92320
	12		3840		5640			32920				42400	134720
	14				5640	32920						38560	173280
	16					32920						32920	206200
	18								32920			32920	239120
	20						12920					12920	252040
	22									14920		14920	266960
	24									14920		14920	281880
	26									14920		14920	296800
	28									14920		14920	311720
	30									14920		14920	326640
	32										18920	18920	345560
	34										18920	18920	364480
	36										18920	18920	383400
	38										18920	18920	402320

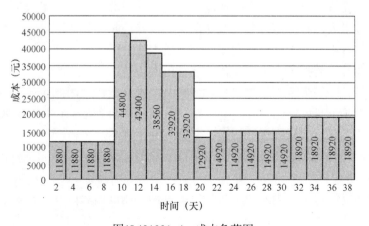

图1L421031-4　成本负荷图

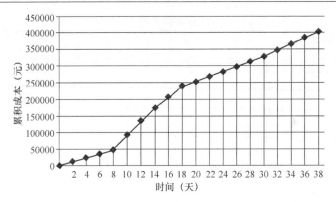

图1L421031-5　成本累积负荷曲线

1L421032　施工成本的影响因素

目前，通信工程建设市场竞争日益激烈，企业要想在市场竞争中立于不败之地，关键在于能否使所承建的工程项目在保证工期、质量的前提下降低施工成本。为此，施工企业项目管理人员首先应当系统地辨识和分析影响项目成本的诸多因素，为控制好施工项目成本奠定基础。通信工程项目的成本影响因素分析，应在了解施工现场实际状况，考虑具体项目成本构成的基础上，根据本工程的特点及内外部环境，从内部主观因素和外部客观因素两方面予以考虑。

一、内部主观因素

（一）施工企业的规模和技术装备水平

施工企业的规模和技术装备水平决定了企业的市场竞争实力。规模大、技术装备水平高的企业，市场竞争力较强，承揽的工程项目较多，每一个工程项目所分担的固定成本就会降低。所以，企业的规模和技术装备水平在一定程度上决定了施工企业固定成本的高低，扩大企业规模、配备相应的技术装备，提高企业竞争能力，承接较多的工程项目，可以降低施工项目所分摊的固定成本。

（二）施工企业的专业化水平

施工企业的专业化水平决定了施工项目的进度和质量，从而影响施工成本。比如对于一个通信综合楼设备安装工程，需要传输、交换、电源等专业的技术人员。只要项目部具有相应专业的技术人员和队伍，各专业队伍又能很好地相互协作配合，工程项目就能顺利完成，就能减少赶工、返工和窝工现象，施工成本就会降低。

（三）企业员工的技术水平和操作的熟练程度

通信领域最大的一个特点就是科技含量高、技术发展快，因此企业是否具备相应的人才队伍、是否具有科学的施工方法、参与工程项目人员的技术水平的高低、操作是否熟练，都将决定施工项目的进度和返工量，影响到施工成本。

（四）企业的管理水平

1. 资源管理水平

工程项目的资源包括人力资源、机械设备车辆、测试仪表以及工程材料。如何合理地调配施工人员、调动施工人员的积极性、提高劳动生产率，如何合理计划、加速周转、充分利用现有机械、仪表，如何加强材料的管理、及时提供合格材料、避免浪费、提高材料的利用效果，都将影响到施工成本。

2．财务管理水平

企业财务管理制度是否适应施工企业经营管理模式、经济指标责任制是否合理、能否及时回收资金、能否保证工程项目的资金供给、能否及时准确地核算项目成本等都将影响到人员的积极性，影响到工程施工效率，从而影响到工程成本。

3．施工质量管理水平

质量成本是指控制项目质量的成本与处理项目故障（即返修）的成本之和，包括控制成本与故障成本。控制成本包括预防成本和鉴定成本两部分，其开支水平与质量水平成正比关系，即工程质量越高，鉴定成本和预防成本就越大。质量不合格而必须进行返修的故障成本包括内部故障成本和外部故障成本，其损失费用与质量水平成反比关系，即工程质量越高，故障成本就越低。所以施工质量管理水平也将影响到施工成本。

4．安全管理水平

施工现场发生了安全事故，处理安全事故必将影响到工程的成本。为了避免安全事故的发生，项目部就应做好安全控制措施的制定及落实、安全用品的采购及发放、安全教育及安全交底、安全检查及跟踪检查等工作。这些工作所需经费也将对项目成本造成影响。

5．进度控制水平

工程进度应满足合同的工期要求。一般情况下，工程进度超前或滞后都将增大工程的成本。因此，在施工过程中，项目部应按照进度控制方法对工程进度进行控制，保证工程进度满足计划的要求。

二、影响施工成本的外部客观因素

（一）施工过程中的计划变更

虽然成本计划（预算）指标是成本控制的依据，但在实际工程中原施工计划和施工图设计经常会有许多修改，从而造成项目计划成本模型的变化。即使通过招标投标双方签订了合同，确定了价格，一般合同中也会有许多价格调整的条款，而且实际完成的工作量与计划工作量也会有差异或设计错误、业主提供的施工条件不具备造成窝工、业主或其他方面干扰造成工程停工及低效损失等，这些都将影响到工程成本。

（二）施工环境方面

施工环境对成本的影响主要有：测试人员乘车时交通不畅；在居民区施工时因噪声扰民而需固定时间段施工等造成窝工损失。

（三）大型事件方面

大型事件对成本的影响主要有：政府的重要会议、重大节假日、国家的重大活动、大型军事活动等需要封网造成停工损失。

（四）意外事件方面

意外事件对成本的影响是指火灾、重大工程事故等造成停工损失以及人员和财产损失。

（五）不可抗力

不可抗力对成本的影响是指战争、严重自然灾害等造成停工损失以及人员和财产损失。

【案例1L421032】

1．背景

某通信工程公司于7月1日接到建设单位的架空光缆线路工程招标邀请函，工程地点位于山区，线路全长67km。施工单位所在地距离施工现场700余公里。招标文件规定：工程于8月1日开工，9月20日完工；工程的光缆、接头盒及尾纤由建设单位承包，其余材料由施工单位承包；工程的路由报建工作由施工单位负责完成。施工单位由于近一段时间以来承揽的工程很少，在组织现场勘查的基础上，决定投标报价在定额的基础上打2折，以确保中标。在工程开标时，施工单位果然投中此标。

为了能完成此项目，施工单位组建了项目部，要求项目部成本控制在合同价的80%之内。项目部针对此项目编写了施工组织设计，并采取了以下措施降低施工成本：

（1）减少参加此项目的技术人员及操作熟练的人员；

（2）适当减少投入的车辆和仪表，施工车辆在当地租赁；

（3）延长作业人员的劳动时间；

（4）减少劳保用品的配发数量；

（5）适当降低外雇施工人员的工资标准。

开工前，项目部向施工人员进行了安全技术交底。在施工过程中，个别施工人员由于过度疲劳及劳保用品的问题，发生了摔伤、杆上坠落等安全事故。工程最终于10月15日完工。

2. 问题

（1）此工程投标阶段及施工准备阶段可能影响成本的因素有哪些？

（2）应如何分析影响本工程成本的因素？

（3）此项目施工过程中可能存在哪些影响成本的因素？

3. 分析与答案

（1）此工程投标阶段可能影响成本的因素主要涉及人员的技术水平、项目跟踪及勘查时人力资源的调配水平、标书制作的质量标准及质量管理水平、财务管理水平等方面。比如项目跟踪时间过长而导致费用增加、跟踪人员自身因素导致的成本增加，现场勘查人员过多、住宿费超标、勘查不认真，标书制作存在返工、标书制作得过于豪华等。

施工准备阶段可能影响成本的因素主要涉及人员的技术水平、人力资源的调配水平、施工组织设计制作的质量标准及质量管理水平、进度管理及财务管理水平等方面。比如项目准备的时间过长，现场勘查人员过多、住宿费过高、勘查不认真，施工组织设计内容不妥、装订过于豪华，工机具采购过多，临时设施费用过高、租用过早等。

（2）通信工程项目的成本影响因素分析，应在了解施工现场实际状况，考虑具体项目成本构成的基础上，根据本工程的特点及内外部环境，从内部主观因素和外部客观因素两方面予以考虑。此工程项目施工地点位于山区，工程报价较低，现场费用较少，材料不能按时到货或所到的材料存在质量问题等因素都应在分析影响成本的因素时考虑到。

（3）此工程施工过程中，可能影响成本的因素主要有：项目部的经费过少导致停工；现场技术人员和熟练操作人员过少，导致质量事故或进度过慢；施工人员因长期加班而发生安全事故或生病，或因工资过低导致员工辞职而影响工程进度；现场的机械设备、仪表的数量或型号不能满足工程需要，导致窝工或质量因此达不到标准要求而发生返工的问题；建设单位及施工单位采购的材料到货延期或到货质量不合格，而发生窝工或返工的问题；施工单位租赁的车辆不能按时提供，或提供的车辆油耗过高、车况过差；因劳保用品的缺少而导致安全事故的发生；项目部的工程进度安排不合理导致工程进度滞后或超前等。

1L421033 施工成本控制措施

项目成本控制工作是一项综合管理工作。在项目实施过程中尽量使项目实际发生的成本控制在项目预算范围之内的一项项目管理工作。

一、加强队伍建设，提高企业竞争力

（一）降低工程项目的固定成本

要降低工程项目的固定成本，施工企业应从以下三个方面考虑：

1. 施工企业在经营管理工作中，应努力扩大经营规模，建立相应的专业化施工队伍。

2. 配备与企业规模相适应的技术装备，增强企业的市场竞争力。

3. 提高人员的管理水平和效率，精简机构，从而降低企业管理费，降低工程项目固定成本的水平。

（二）降低工程项目的变动成本

要降低工程项目的变动成本，施工企业应从以下两个方面考虑：

1. 注重人才建设，进行必要的管理培训和技术培训，提高员工的管理水平和技术水平，提高员工的实际操作能力。

2. 根据本单位的实际情况，编制并完善自己的企业定额，据此进行投标报价、合同签订、成本计划的编制、成本指标的下达、工作量的分配、材料的使用、成本控制责任制的考核等。

二、加强技术管理

（一）采用合理的施工方法

工程项目开工前，项目部应认真会审图纸，针对工程项目编制先进的、经济合理的施工组织设计，制定可行的施工方案和成本控制计划；施工过程中，施工单位应根据工程的具体特点加强质量管理，组织均衡施工，减少窝工、返工等问题，控制质量成本及成本开支；工程收尾阶段，项目部应认真编写竣工资料，保证工程项目顺利验收，以减少不必要的开支。

（二）科学调配资源，提高资源使用效率

施工单位应采取措施，加快工程施工过程中所使用的机械设备和仪器仪表的周转速度，提高其使用效率。这样可以使得企业减少机械设备和仪器仪表等固定资产购置，从而可以减少固定资产分摊，降低企业的固定成本，达到降低施工项目成本的目的。

三、加强财务与核算管理

（一）建立科学的项目成本核算机制

项目成本核算不同于企业会计的成本核算：会计的成本核算只有在报告期结束时才形成信息，是静态的核算，科目设立仅能达到项目；项目的成本核算是实时信息，是动态的，科目设立能达到项目分解后的每项工作或工序。因此项目部必须建立项目的成本核算机制，及时分析和预测未完工程的施工成本。发现可能造成成本增加的因素时，应积极主动采取预防措施，制止可能发生的浪费，确保成本目标的实现。

（二）建立成本开支的监督机制

成本控制一定要着眼于成本开支之前和开支过程中，因为当发现成本超支时，损失已成为现实，很难甚至无法挽回。因此，应建立成本开支的审查和监督机制，防患于未然。

在施工过程中，费用必须经过审查和批准以后才可以开支，特别是各种费用开支，即

使已作了计划仍需加强事前批准、事中监督和事后审查。对于超支或超量使用的必须作特别审批，追查原因，落实责任。

四、实行全过程和全方位的成本控制

（一）综合平衡各项工程管理要素

由于成本、进度、技术、质量、安全等各方面密不可分，控制成本绝不能脱离进度、技术、质量、安全等方面的管理而独立存在，相反的，要在成本、进度、技术、质量、安全等各方面之间进行综合平衡，制定切合实际的成本控制计划。不能忽视工程的具体要求，片面地、不顾客观实际需要地减少成本开支。

（二）正确处理计划变更的问题，适时调整成本计划

前面已经讲到，在实际工程中，原施工计划和施工图设计经常会有许多修改，造成了项目计划成本模型的变化，这种变化产生了一种新的计划。它既不同于原来的计划成本（初始的计划），又不同于实际成本（完全的实际开支）。在项目过程中只有这种新的计划成本和实际成本相比较，才更有实际意义，才有可信度，才能获得项目收益的真正信息。而这种新的计划版本在项目过程中是一直变动的，所以成本控制必须一直跟踪最新的计划，控制部门应当正确处理计划的变更，适时调整成本计划。

（三）重点控制施工阶段的成本

施工阶段是成本发生的主要阶段，这个阶段的成本控制主要是通过确定成本目标并按计划成本组织施工，合理配置资源，对施工现场发生的各项成本费用进行有效控制。

1. 人工费的控制实行"量价分离"的方法，将作业用工及零星用工按定额工日的一定比例综合确定用工数量与单价，通过劳务合同进行控制。施工过程中加强劳动定额管理，提高劳动生产率，降低工程耗用人工工日，是控制人工费支出的主要手段。

2. 材料费控制同样按照"量价分离"原则，控制材料用量和材料价格。在保证符合设计要求和质量标准的前提下，合理使用材料，通过定额控制、指标控制、计量控制、包干控制等手段有效控制物资材料的消耗。由于材料价格是由买价、运杂费、运输中的合理损耗等所组成，因此控制材料价格，主要是通过掌握市场信息，应用招标和询价等方式控制材料、设备的采购价格。

3. 合理选择施工机械设备，合理使用施工机械设备，有效控制施工机械使用费。施工机械使用费主要由台班数量和台班单价两方面决定，因此为有效控制施工机械使用费支出，应主要从这两个方面进行控制。

4. 合理控制施工分包费。项目经理部应在确定施工方案的初期就要确定需要分包的工程范围，决定分包范围的因素主要是施工项目的专业性和项目规模。对分包费用的控制，主要是要做好分包工程的询价、订立平等互利的分包合同、建立稳定的分包关系网络、加强施工验收和分包结算等工作。

（四）科学分析成本偏差，有效落实动态控制方法

项目成本控制方法主要是实行动态控制，即按照成本控制计划，在施工过程中运用偏差分析法、挣值法等方法，按照计划时间科学分析成本及进度状况，发现进度是否拖后、成本是否超支，发现偏差时分析影响因素，采取措施加以弥补。

【案例1L421033-1】

1. 背景

　　某电信工程公司具有健全的管理机构和管理体系，机关管理人员占员工总数的20%。该公司以预算定额9.5折的价格承接到458km的长途硅芯管管道光缆线路工程，施工内容包括硅芯管敷设及光缆施工，工期为4月1日至6月30日。建设单位负责路由的报建工作和硅芯管、光缆、接头盒、尾纤的采购供货；施工单位承包其他材料。工程选定了监理单位。施工单位要求项目部以中标价60%的费用完成此项目。项目负责人根据工程规模组建了包括安保、医疗等30人的项目部，项目部下辖6个施工处。项目部由于拿到设计较晚，参加设计会审前未组织现场勘查，只针对图纸提出了一些问题。项目部财务主管依据预算定额编制了成本控制计划，此计划由项目负责人掌握，在施工中由其执行。项目负责人将成本控制指标分解到各施工处，并委托各施工处负责人按照成本控制指标审签所辖段的开支。

　　工程按时开工。施工处在路由复测时发现设计漏列了两处过河和多个坡坎加固的工作量，并报监理单位确认。4月10日，建设单位通知光缆推迟10天到货。4月20日，两个施工处负责人电话通知项目负责人本月的费用已经用完。4月28日，项目部了解到还有三处过河和一处过路的施工手续没有办妥。4月30日，项目负责人与财务主管到施工处收账时发现有两个施工处除本月应支费用已用完以外，还有部分外欠材料款。经过对发票的分析，发现修车费、汽油费较多。项目负责人更换了两个相关负责人。5月9日，监理单位提出部分路段需要返工。5月10日，项目部技术负责人检查质量时，发现所查施工处的一辆汽车的风挡玻璃上已布满灰尘。5月30日，项目负责人与财务主管到施工处收账时发现又有三个施工处拖欠大量的民工费。查其账目发现材料费开支过大。6月15日，项目部接到公司的通知，本工程施工现场附近另外一个施工项目也交给该项目部施工。6月20日，财务主管通知项目负责人，核算给项目部的资金已全部用完，项目负责人决定将新项目的资金用于本项目。6月25日，建设单位通知ODF架将于7月5日到货。7月15日，一级干线工程交工。

　　2. 问题

　　（1）该施工企业的成本控制措施存在哪些问题？应怎样控制企业的成本？

　　（2）项目部的成本控制措施存在哪些问题？应采取哪些措施控制本工程的成本？

　　（3）在施工过程中，项目部应如何做好本工程的成本核算工作？

　　（4）在此一级干线工程中，项目部可以办理哪些变更和索赔？

　　3. 分析与答案

　　（1）该施工企业的成本控制存在以下问题：

　　① 企业机关过于庞大。企业机关的费用开支属于固定成本，如此庞大的机关开支，使得工程项目的单位固定成本过大。对此，企业应精简机构。

　　② 企业没有自己的定额，使得项目部编制的成本控制计划不能很好地控制工程成本。企业应根据自己的装备水平、施工人员的技术实力、管理方法等编制自己的定额。

　　③ 企业成本控制部门未进行现场检查。企业成本控制部门应建立成本控制机制，根据项目规模和工期确定检查计划，定期检查项目部的账目，定期考核项目部的开支，发现问题及时分析、处理。

　　④ 企业没有严格的项目管理制度和财务管理制度，导致两个项目同时施工，成本难以清算。企业应根据项目规模确定项目管理制度和财务管理制度，严格实行项目管理，按项目做好成本核算。

　　⑤ 企业工程管理部门工作失误，对项目组建如此庞大的项目部没有制止。为了降低

施工成本，项目部的规模应以满足工程需要为宜，可以在当地解决的资源应在当地解决。

（2）项目部的成本控制存在以下问题：

① 组建的项目部规模过大。项目部的开支属于现场开支，项目部的规模过大，将会增大施工现场的成本。项目应根据工程的实际需要，组建相应规模的项目部。

② 成本控制计划的编制依据有问题。项目部编制成本控制计划应依据企业定额，不得完全依据预算定额。在没有企业定额的情况下，项目负责人应根据以往施工经验，参考预算定额编制成本控制计划。

③ 项目部没有有效的成本控制责任制，项目负责人将成本控制权下放不妥。项目负责人应善待自己的管理权力，不能图省事而将权力下放。项目负责人应明确成本开支范围，执行费用开支标准和财务制度；应审签现场开支，利用现代化的管理手段对现场的开支进行控制，变事后控制为事前控制。

④ 成本控制计划没有向相关人员交底。项目部编制的成本控制计划应请公司成本主管部门审批、备案，并向施工处项目负责人交底，要求他们落实下去。

⑤ 成本控制没有实行动态控制。项目及财务主管应按照适当的周期定期检查成本控制计划的落实情况，比较实际成本与计划成本的偏差，发现问题时应及时分析原因，制定纠正和预防措施，防止出现大的偏差，导致成本开支失控。

⑥ 施工现场的施工资源没有控制好。从技术主管质量检查时发现汽车风挡玻璃上布满尘土可以看出，此车应该很长时间没有用了，因此，现场的施工资源存在浪费的问题。

⑦ 将本项目的成本计入其他项目。项目部应严格财务制度，不得将与本工程无关的费用摊到本项目中来，也不得将本项目的成本摊到其他项目中去。否则将无法核算项目的成本。

⑧ 没有控制好现场的质量成本。质量问题导致工程返工，将会增大项目成本。项目部应严格控制工程质量满足合同及规范的规定，既不需要质量过高，也必须保证质量满足要求。

（3）由于此项目的路由长度有458km，完全依靠项目负责人现场检查来控制成本开支难度较大。在施工过程中，项目部要做好本工程的成本核算工作，应采用动态控制的方法，按照以下步骤进行管控：

① 根据企业定额编制成本开支计划，确定项目的各项开支水平和开支负责人；

② 要求各施工处长在经财务主管审核、经项目负责人批准同意的前提下，按照成本开支计划进行开支；

③ 要求施工处长每周报送一次现场开支和现场资源使用情况，及时与成本开支计划和进度计划比对，发现有成本开支超标或资源闲置的施工处，应分析原因，并要求其缩短报送现场开支的周期；

④ 项目负责人和财务主管每月现场检查一次各施工处的现场开支情况和现场资源使用情况，仍存在问题时应及时更换施工处长。

（4）项目部可以办理变更和索赔的项目包括：

① 设计漏列的两处过河和多个坡坎加固可以办理工程变更，追加工程费和工期；

② 建设单位ODF架延期到货造成的窝工损失和工期损失可以办理索赔。

对于光缆延期到货和过河、过路手续没有办妥的问题，由于这些并未影响到后续施工，项目部可以通过调整施工计划避免其对工程进度造成的影响。因此，项目部不得就这些问题提出变更和索赔要求。

【案例1L421033-2】

1. 背景

某光缆线路工程的主要工程量及各项工作的成本单价见表1L421033-1；项目部制定的本工程的进度计划见图1L421033；第三周末各项工作完成情况及实际成本开支见表1L421033-2。

工程量及各项工作的成本单价表		表1L421033-1
工作名称	总工作量	工作单价
立杆	120根	200元/根
架设吊线	10km	5000元/km
敷设光缆	10km	5000元/km
光缆接续	5段	500元/段
中继段测试	2段	5000元/段

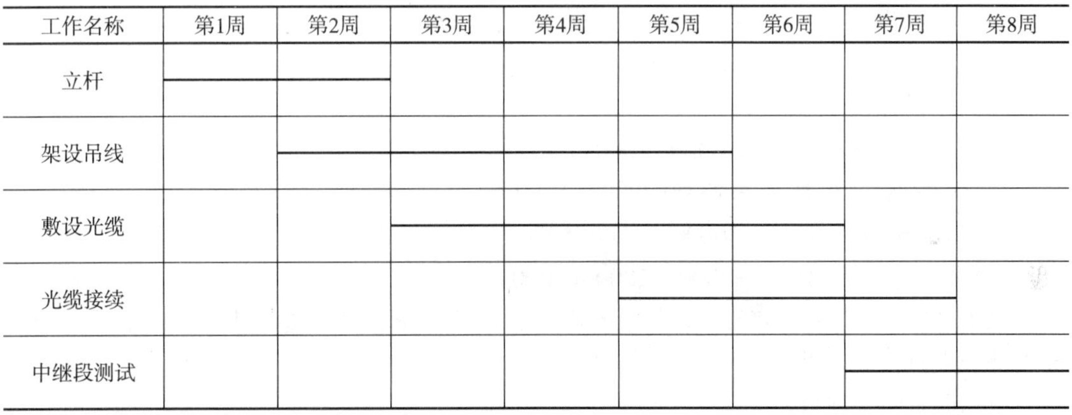

工作名称	第1周	第2周	第3周	第4周	第5周	第6周	第7周	第8周
立杆								
架设吊线								
敷设光缆								
光缆接续								
中继段测试								

图1L421033 进度计划横道图

第三周末各项工作完成情况及实际成本开支表		表1L421033-2
工作名称	完成工程量	实际成本（元）
立杆	96根	22000
架设吊线	6km	28000
敷设光缆	2.5km	12500
光缆接续	0	
中继段测试	0	

2. 问题

（1）假设项目部计划每周完成的各项工作的工作量相同，计算每周的计划成本。

（2）分别计算第三周末吊线架设及整个项目的*BCWS*、*BCWP*、*ACWP*。

（3）分别计算第三周末吊线架设及整个项目的*SPI*、*CPI*、*CV*、*SV*，并分析进度和成本情况，说明应对措施。

　　3．分析与答案

　　　（1）第一周：$q_1=120×200/2=12000$元

　　　　　第二周：$q_2=120×200/2+10×5000/4=24500$元

　　　　　第三周：$q_3=10×5000/4+10×5000/4=25000$元

　　　　　第四周：$q_4=10×5000/4+10×5000/4=25000$元

　　　　　第五周：$q_5=10×5000/4+10×5000/4+5×500/3=25833.33$元

　　　　　第六周：$q_6=10×5000/4+5×500/3=13333.33$元

　　　　　第七周：$q_7=5×500/3+2×5000/2=5833.33$元

　　　　　第八周：$q_8=2×5000/2=5000$元

　　　（2）第三周末吊线架设：

　　　　　$BCWS=10×5000/4+10×5000/4=25000$元

　　　　　$BCWP=6×5000=30000$元

　　　　　$ACWP=28000$元

　　第三周末整个项目：

　　　　　$BCWS=12000+24500+25000=61500$元

　　　　　$BCWP=96×200+6×5000+2.5×5000=61700$元

　　　　　$ACWP=22000+28000+12500=62500$元

　　　（3）第三周末吊线架设：

　　　　　$SPI=BCWP/BCWS=30000/25000=1.2$

　　　　　$CPI=BCWP/ACWP=30000/28000=1.071$

　　　　　$SV=BCWP-BCWS=30000-25000=5000$

　　　　　$CV=BCWP-ACWP=30000-28000=2000$

　　$BCWP>ACWP>BCWS$，$SV>0$，$CV>0$：说明效率较高，进度快，投入延后，应当抽出部分人员，放慢进度。

　　第三周末整个项目：

　　　　　$SPI=BCWP/BCWS=61700/61500=1.003$

　　　　　$CPI=BCWP/ACWP=61700/62500=0.987$

　　　　　$SV=BCWP/BCWS=61700-61500=200$

　　　　　$CV=BCWP/ACWP=61700-62500=-800$

　　$ACWP>BCWP>BCWS$，$SV>0$，$CV<0$：说明效率较低，进度较快，投入超前，应当抽出部分人员，增加少量骨干人员。

1L421040　通信与广电工程项目施工安全管理

1L421041　施工安全管理要求

一、规范提取并合理使用安全生产费

　　建设工程安全生产费用是指施工单位按照规定标准提取，在成本中列支，专门用于完善和改进单位或者项目安全生产条件的资金。施工单位应当遵照《关于调整通信工程安

全生产费取费标准和适用范围的通知》（工信部通函〔2012〕213号）、《企业安全生产费用提取和使用管理办法》（财企〔2012〕16号）和《通信建设工程安全生产管理规定》（工信部通信〔2015〕406号）等文件要求规范提取并合理使用安全生产费。

二、明确安全管理的范围

1. 施工资源的安全

施工现场的施工人员、施工车辆、机械设备及仪表、材料、财物等有形施工资源是工程项目顺利进行的保障，应制定保护措施，对这些施工资源妥善保护。

2. 施工现场周围人员、车辆及其他设施的安全

（1）在敷设吊线时，路口、路边等地段可能受到钢绞线伤害的过往人员、车辆；

（2）在开挖光缆沟、管道沟、接头坑、人（手）孔坑、杆坑及拉线坑时，可能坠落摔伤的人员；

（3）安装路边拉线可能挂伤的过往行人、挂坏的过往车辆；

（4）设备安装工程中，机房内的在用设备；

（5）线路工程中，线路附近的其他缆线、管线、树木、植被、文物及其他设施等；

（6）管道建设工程中，路由附近的地下各种缆线、管线及其他设施等。

3. 已完工作的安全管理

项目部应采取措施，防止已安装设备、已布放或敷设缆线、管线及已完工的其他设施遭到破坏。

三、确定有针对性的安全管理要求

通信与广电工程不但施工专业繁多，而且施工地域还非常广阔。不同专业的施工项目，其施工情况差别很大。即使是同一专业的施工项目，如果其所处的地理位置或施工季节不同，施工现场安全管理的要求也不尽相同。因此对于每一个施工项目，项目部都应该根据施工现场的具体情况确定本工程的安全管理要求。

1. 不同施工环境或场所应注意的安全问题

（1）高温天气施工时，应采取措施防止施工人员中暑，气温过高时应停止施工。

（2）低温雨雪季节施工时，应采取措施保证施工人员及车辆的安全，应预防人员冻伤，防止施工人员在泥泞、冰雪路段摔伤，防止车辆冻坏或侧翻。

（3）室内施工时，应采取措施保证施工人员的安全、机房建筑的安全、机房内在用设备及新装设备的安全，应防止施工人员发生触电、物体打击、高处坠落等安全事故，防止建筑物的楼板、墙体损坏，防止在用设备短路，防止新装设备受到撞击或过压、过流工作。禁止触碰与工程施工无关的机房设备。

（4）市内施工时，应采取措施保证施工人员及周围人员的安全、车辆的安全、周围基础设施及其他设施的安全，防止发生人员伤亡事故、车辆损坏事故、设施被破坏事故。

（5）山区施工时，应采取措施保证施工人员的安全、保证车辆及机械设备的安全、保证工程材料的安全；应防止施工人员滑倒、摔伤，防止车辆侧翻、制动装置失灵，防止机械设备摔坏、损坏、丢失。临时设施应远离河道、峭壁、低洼地段等存在安全隐患的地方。

（6）公路上施工时，应采取措施保证施工人员、材料及路上过往车辆的安全，防止发生交通事故，防止工程材料被车辆压坏。

（7）农田中施工时，应采取措施保证施工人员及农作物的安全，防止施工人员发生

坠落及传染病的危害，防止农作物被损坏。

（8）铁路附近施工时，应采取措施保证施工人员的安全、铁路设施的安全和铁路的通畅，防止发生铁路交通事故，防止损坏铁路路基及信号系统。

2. 不同施工专业应注意的安全问题

（1）设备安装工程中，应注意防止施工人员坠落、电源短路、用电设备漏电、电源线错接、静电损坏机盘、激光伤人等安全事故的发生。

（2）高处作业时，应防止发生人员坠落、铁塔倒塌、物体坠落等安全事故。

（3）管道、线路工程中，应防止发生施工人员触电、杆上坠落、溺水、人（手）孔内毒气使人窒息、跌入沟坑、激光伤人等安全事故。

四、通信工程施工安全管理的基本要求

施工单位的安全生产应以保证人员和机械设备、仪表、材料及其他设施的安全为原则，以《建设工程安全生产管理条例》和《通信建设工程安全生产管理规定》（工信部通信〔2015〕406号）为依据，做好本企业的安全生产管理工作。

（一）对施工企业的安全管理要求

（1）企业必须依法取得相应等级的资质证书，并在其资质等级许可的范围内承揽工程；必须取得安全生产许可证，才可以从事生产活动。

（2）企业应当建立健全安全生产责任制度和安全生产教育培训制度，制定安全生产规章制度和操作规程，明确安全费用提取和使用的程序、职责及权限，保证本单位安全生产条件所需资金的投入。

（3）企业应当设立安全生产管理机构，配备专职安全生产管理人员，建立生产安全事故应急救援预案并定期组织演练，对所承担的建设工程进行定期和专项安全检查，并做好安全检查记录。

（4）企业应依法参加工伤社会保险，为从业人员缴纳保险费，为施工现场从事危险作业的人员办理意外伤害保险。国家鼓励投保安全生产责任保险。

（二）对人员的安全管理要求

1. 对企业安全管理人员的要求

（1）企业的主要安全负责人、项目负责人、施工现场专职安全管理人员均应经建设行政主管部门或者其他有关安全部门考核合格后方可任职。

（2）企业主要负责人依法对本单位的安全生产工作全面负责。

（3）项目负责人应当由取得相应执业资格的人员担任，对建设工程项目的安全施工负责，负责贯彻落实安全生产责任制度、安全生产规章制度和操作规程，确保安全生产费用的合理使用，并根据工程的特点组织制定安全施工措施，消除安全事故隐患，及时、如实报告生产安全事故。

2. 对特种作业人员的要求

对于通信工程中的电工、电焊工、爆破、登高架设等特种作业人员，必须按照国家有关规定经过专门的安全作业培训，考试合格并取得特种作业操作资格证书后，方可上岗作业。

3. 对作业人员的要求

（1）作业人员应当遵守安全施工的强制性标准、规章制度和操作规程，正确使用安全防护用具、机械设备等。

（2）作业人员进入新的岗位或者新的施工现场前，应当接受安全生产教育培训，未经教育培训或者教育培训考核不合格的人员，不得上岗作业。

（3）采用新技术、新工艺、新设备、新材料时，作业人员应当接受相应的安全生产教育培训，未经教育培训或者教育培训考核不合格的人员，不得上岗作业。

（4）作业人员应熟悉现场消防通道、消防水源，掌握消防设施和灭火器材的使用。

（5）有权对施工现场的作业条件、作业程序和作业方式中存在的安全问题提出批评、检举和控告，有权拒绝违章指挥和强令冒险作业。在施工中发生危及人身安全的紧急情况时，作业人员有权立即停止作业或者在采取必要的应急措施后撤离危险区域。

（三）对机械设备、仪器仪表和施工材料的安全管理要求

（1）对车辆、机具、设备应定期保养，按要求使用。

（2）施工仪器、仪表应妥善保管，严格按照其使用条件、使用环境、操作规程的要求使用。

（3）施工材料应妥善保管，防止损坏和丢失。

（四）对项目部的要求

（1）项目部应按照国家规定配备安全生产管理人员。施工现场安全负责人对现场安全生产进行监督，发现安全事故隐患，及时向项目负责人和安全生产管理机构报告；对违章指挥、违章操作的，应当立即制止。

（2）项目部应当在施工组织设计中编制安全技术措施，对于危险环境施工、割接等作业编制专项施工方案，经施工单位技术负责人、总监理工程师签字后实施，由专职安全生产管理人员进行监督。

（3）项目部应坚持安全技术交底制度。施工前，项目技术负责人应当对有关安全施工的技术要求向施工作业班组、作业人员作出详细说明，并形成交底记录，由双方签字确认。

（4）项目部应当向作业人员提供安全防护用具和安全防护服装，并书面告知操作规程和违章操作的危害。井下、高空、用电作业时必须配备有害气体探测仪、防护绳、防触电等用具。

（5）采购、租赁的安全防护用具、机械设备、施工机具及配件，应当具有生产（制造）许可证、产品合格证，并在进入施工现场前进行查验。施工现场的安全防护用具、机械设备、施工机具及配件必须由专人管理，定期进行检查、维修和保养，建立相应的资料档案，并按照国家有关规定及时报废。

（6）施工现场应当建立消防安全责任制度，确定消防安全责任人，制定用火、用电、使用易燃易爆材料等各项消防安全管理制度和操作规程。

（7）在施工现场入口处、施工起重机械、临时用电设施、出入通道口、孔洞口、人井口、铁塔底部、有害气体和液体存放处等部位，应设置明显的安全警示标志。安全警示标志必须符合国家标准。

（8）项目部应当根据不同施工阶段和周围环境及季节、气候的变化，在施工现场采取相应的安全施工措施。施工现场暂时停止施工的，应当做好现场防护。

（9）在有限空间安全作业，必须严格实行作业审批制度，严禁擅自进入有限空间作业；必须做到"先通风、再检测、后作业"，严禁通风、检测不合格作业；必须配备个人

防中毒窒息等防护装备，设置安全警示标识，严禁无防护监护措施作业；必须对作业人员进行安全培训，严禁教育培训不合格上岗作业；必须制定应急措施，现场配备应急装备，严禁盲目施救。

（10）因施工可能造成损害的毗邻建筑物、构筑物、地下古墓和地下管线等，应当采取专项防护措施；应当遵守有关环境保护法律、法规的规定，在施工现场采取措施，防止或者减少粉尘、废气、固体废物、噪声、振动和施工照明对人和环境的危害和污染。

（11）建立健全生产安全事故隐患排查治理制度，采取技术、管理措施，及时发现并消除事故隐患。事故隐患排查治理情况应当如实记录，并向从业人员通报。

【案例1L421041】

1. 背景

某通信工程公司于7月初中标87km通信线路工程，敷设方式包括架空、直埋等，工期为7月20日至9月30日，施工地点位于山区，沿线有多处河流，线路需与电力线、直埋光缆、公路交越，进城部分为穿放管道缆。针对此项目，施工单位任命了项目负责人，项目负责人组建了项目经理部，并委托质量负责人兼管安全管理工作。项目部在现场勘查的基础上，组织项目部的全体管理人员采用头脑风暴法辨识出了危险源，采用打分法评价出了重大危险源；根据工程特点及相关文件编写了施工组织设计，其中包含了安全控制目标和安全控制措施。项目负责人认为危险源是大家辨识出来的，所以不需要再向大家进行安全交底。此项目的水线敷设工作分包给水线作业队进行施工；施工现场不允许爆破作业。

在施工过程中，路由复测人员按照设计图纸上电杆位置将杆位确定在电力线下方；项目部向杆上作业人员配发了安全带、安全帽；由于施工期间气温较高，项目负责人在工地检查时向作业队负责人提出了批评，要求高温天气时中午休息，不得施工；质量负责人在检查质量的同时对安全工作进行检查，并编写了安全检查记录；水线队冲槽作业时，作业人员长时间在水下作业，质量检查员发现后及时制止了作业队的违规操作行为；现场作业人员为了防止高温影响，在下班前将第二天准备立杆的杆坑挖好才收工，这样立杆速度提高了很多；由于过路地段水泥杆需要接杆，作业队选派曾做过气焊工作的人员将两根水泥杆电焊好；在敷设管道光缆时，由于人行道较窄，作业人员将光缆倒放在路上进行施工，并由专人看管。在施工过程中，除个别人脚扭伤、摔伤、中暑以外，未发生其他安全事故。

2. 问题

（1）此工程安全管理工作的范围应涉及哪些方面？应怎样对其进行管理？

（2）此项目中，哪些岗位的人员必须持证上岗？

（3）施工过程中，项目部及施工现场的哪些做法违反了安全管理要求？

3. 分析与答案

（1）此工程的安全管理工作应涉及工程的施工人员及施工现场周围的人员、施工现场的机械设备及仪表、施工现场的材料、施工现场周围的设施等。

对于施工人员的安全，应从其行为、安全意识以及自我防护能力等方面进行管理。

对于现场周围人员的安全，在过路施工时，应有专人看管路口；挖杆坑及拉线坑时，如当天不能完成后续工作，夜晚应设立安全标志；路旁的拉线制作好以后，应及时设立警示标志。可能的情况下，施工现场应设立工作区，非施工人员严禁入内。

对于现场的机械设备、仪表及材料的安全，应防止其损坏、丢失和浪费。

对于施工现场周围设施的安全，在开挖杆坑及拉线坑时应防止其他缆线、管线损坏；在穿放管道缆时，应保证人（手）孔内的其他缆线安全。

（2）此工程中，人员必须持证上岗的岗位包括：项目负责人、现场专职安全管理人员、电工、电焊工、登高作业人员等。

（3）项目部及施工现场违反安全管理要求的做法包括：

① 安全管理工作由质量负责人兼管；

② 项目部未进行安全技术交底工作；

③ 路由复测人员将电杆的杆位安排在电力线下方；

④ 项目部未向施工人员配发绝缘鞋；

⑤ 挖好的杆坑及拉线坑当天没有回填时，晚上未设置安全标志；

⑥ 从事电焊工作的人员无证上岗；

⑦ 敷设管道缆时，将光缆倒放在路上。

1L421042 施工阶段安全控制

施工单位在承接到一个工程项目后，在工程准备阶段，项目部应确定安全控制目标，组建安全管理机构，确定专职安全管理人员，制定安全管理计划，做好安全技术交底工作；在工程项目实施阶段，项目部应落实安全管理计划，按计划开展安全检查和隐患排查，对存在的问题采取措施进行纠正；在竣工验收阶段，项目部应采取措施，保证已完工程的安全。

一、编制安全管理计划

安全管理计划是保证施工安全的纲领性文件，它包括安全管理要求、安全检查计划、安全控制措施和应急预案等内容。安全管理计划应在危险源识别和评价的基础上编制，其内容应完整、全面，应涉及所识别出来的所有危险源，应重点对重大危险源进行控制。安全管理计划的内容应向施工人员进行交底。

二、安全技术交底

安全技术交底工作是保证安全控制计划落实、避免施工过程中发生安全事故所必须做的一项工作。具体要求如下：

1. 建设工程施工前，施工单位项目技术负责人应当对有关安全施工的技术要求向施工作业班组、作业人员作出详细说明，并由双方签字确认。

2. 安全交底的形式应根据工程规模确定，如果工程规模比较大，安全技术交底可以逐级进行，直至交底到所有人员；如果工程规模不大，交底工作可以集中进行，直接向所有人员交底。

3. 安全技术交底可以采用会议、口头沟通或示范、样板等组织形式，采用文字、图像等表达形式，但不管采用哪种方式，都要形成记录，都要覆盖到全体人员，并由交底人和被交底人签字。

4. 一般情况下，安全技术交底仅在整个项目施工前做一次交底是不够的。在重点危险作业施工前，或者在安全技术人员认为不交底难以保证施工正常进行时，应及时交底。通常情况下，通信工程的重大危险作业包括高空作业、人孔作业、大件运输、公路作业、带电作业等。

5．安全技术交底至少包括以下内容：

（1）工程项目的施工作业特点和危险因素；

（2）针对危险因素制定的具体预防措施；

（3）相应的安全生产操作规程和标准；

（4）在施工生产中应注意的安全事项；

（5）发生事故后应采取的应急措施。

三、安全生产检查

安全生产检查是安全管理工作的重要内容，是消除隐患、防止事故发生、改善劳动条件的重要手段。通过安全生产检查可以发现工程中的危险因素，以便有计划地制定纠正措施，保证生产安全。

安全生产检查的方式很多，一般有定期安全生产检查、经常性安全生产检查、季节性安全生产检查、节假日的安全生产检查、专业性安全生产检查等。工程项目的安全生产检查，重点要做好经常性安全生产检查。经常性检查是由施工项目部、作业班组、专职安全员进行的检查，一般采用日常巡视的方式来进行，主要是及时发现安全问题，及时解决，保证施工顺利进行。

工程项目的安全生产检查，主要是深入现场，检查安全管理制度落实情况、安全预防措施的执行情况、安全生产操作规程和标准的执行情况等，重点检查以下几个方面：

1．材料堆放场所、施工现场及驻地的安全问题

（1）现场防火；

（2）安全用电；

（3）低温雨期施工时的防滑、防雷、防潮。

2．机械设备、仪器仪表的安全问题

（1）机械设备、车辆、仪器仪表的安全存放、安全搬运及安全调遣；

（2）机械设备、车辆、仪器仪表的合理使用。

3．其他设施的安全问题

（1）机房内施工时，通信设备、网络等电信设施的安全；

（2）人（手）孔内作业时，原有线缆的安全；

（3）施工过程中，水、电、煤气、通信光（电）缆管线等市政或电信设施的安全；

（4）施工过程中的文物保护。

4．施工中的安全作业问题

（1）人（手）孔内作业时，防毒、防坠落；

（2）公路上作业的安全防护；

（3）高处作业时人员和仪表的安全。

四、问题整改

当检查发现问题或存在事故隐患时，要及时分析原因，制订纠正、预防措施，并跟踪落实，保证对发现的问题进行整改，消除事故隐患。

【案例1L421042】

1．背景

某通信工程公司承接的高速公路管道光缆工程全长320km，工期为4月1日至6月30

日。项目部组织人员沿线进行了现场勘查，并编写了施工组织设计，其中包含安全控制计划。项目部计划分3个施工队分段完成此工程施工。由于在高速公路上施工的危险性比较大，项目负责人决定亲自负责此工程的安全管理工作。在工程开工前，项目负责人组织全体管理人员、施工人员召开安全会，进行了安全技术交底工作，并要求与会人员在签到表上签字。在交底会上，项目负责人重点介绍了在施工中应如何保护施工人员和光缆的安全。

工程于4月1日开工。项目负责人要求项目部的技术负责人每周一次检查各施工队质量的同时检查施工安全，并将检查结果向其汇报。技术负责人每周检查完以后，都及时向项目负责人口头汇报现场的情况。在施工过程中，施工人员严格按"高管处"的要求摆放安全标志，服从公路管理部门的指挥，保证了施工人员及材料的安全；由于施工人员在收工前未清理干净公路上的下脚料，致使公路上行驶的一辆车的后轮胎爆胎，险些发生重大交通事故；为了赶进度，施工队在雾天坚持施工。在项目部及全体施工人员的共同努力下，此工程最终按期完工，未发生重大安全事故。

2．问题

（1）本工程的安全检查工作应重点检查哪些安全问题？

（2）本工程的安全工作存在哪些问题？

3．分析与答案

（1）本工程的安全检查工作应重点检查：

① 安全技术交底情况；

② 安全控制计划的落实情况；

③ 施工人员驻地及材料堆放地的防火工作情况；

④ 施工人员驻地及施工现场的安全用电情况；

⑤ 雨天施工的防雷、防潮情况；

⑥ 机械设备、车辆及仪表的安全使用情况；

⑦ 人（手）孔内作业时原有线缆的安全防护情况；

⑧ 人（手）孔内作业时防毒、防坠落、防原有缆线损伤工作情况；

⑨ 公路上作业的安全防护工作情况等。

（2）本工程的安全工作存在以下问题：

① 项目负责人亲自负责此工程的安全管理工作不妥。本工程是在高速公路上施工，危险性较大，因此应设置专职安全管理人员。

② 本工程的安全交底内容只涉及施工人员及光缆的安全防护问题，未涉及其他材料、施工现场其他设施、环境的保护、其他过往车辆及施工人员驻地的安全问题。

③ 项目部的技术负责人进行安全检查以后，未编写安全检查报告。

④ 项目负责人作为安全负责人未亲自到现场检查、监督施工现场的安全工作。

⑤ 施工人员离开施工现场时未清理路上下脚料，未考虑周围环境的安全问题。

⑥ 施工队雾天继续施工，忽视了对施工人员的安全保护问题。

1L421043 危险源的辨识与风险评价

一、危险源辨识

危险源是指可能导致伤害或疾病、财产损失、工作环境破坏或这些情况的根源或状态。危险源分为两类，第一类危险源为物的不安全状态；第二类危险源为人的不安全行为。危险源辨识是指识别危险的存在并确定其特性的过程。

危险源辨识的目的就是对系统进行分析，界定出系统中的哪些部分、区域是危险源，其危险性质、存在状况、危险源能量与物质转化为事故的转化规律、转化条件、触发因素等，以便有效控制能量和物质的转化，避免危险源转化为事故，从而为消除事故隐患奠定基础。施工企业或项目部应深入施工现场，详细了解工程的具体特点、施工工艺要求、施工现场的环境状况，分析可能发生事故的根源，遵循科学性、系统性、全面性和预测性的原则进行危险源辨识。

危险源辨识应按照科学的方法进行，根据工程的特点，考虑人身伤害、财产损失和环境破坏三个因素，从物的不安全状态和人的不安全行为两方面，按照顺序对每道工序中可能存在的危险源充分识别，避免因遗漏危险源而给工程的安全管理带来隐患。在通信建设工程领域，比较常用的危险源识别方法有直观经验法、对照分析法、类比推断法和专家评议法等。实际工程中使用哪种方法，应根据施工企业或项目部的人员结构以及施工现场的实际状况确定。危险源辨识所涉及的范围一般包括：所有的常规的和非常规的施工作业活动、管理活动，所有进入工作场所的人员，所有的施工设备、设施，包括相关方的设备、场所和环境。

二、风险评价

风险是某一特定危险情况发生的可能性和后果的结合。风险评价是评估风险大小以及确定风险是否可容许的全过程。评价的目的主要是分析识别出来的危险源可能带来的风险，通过风险评价，对危险源进行分级，找出风险重大的危险源，以便对其进行重点控制。

风险评价应由满足能力要求的有关管理人员、技术人员组成评价小组，在熟悉作业现场、相关法规、标准、评价方法后方能进行。

通信工程领域，危险源的风险评价方法主要有专家打分评价法和作业条件危险性评价法（LEC法）。专家打分法主要依靠专家的资历和经验。LEC法是按照计算公式计算风险等级。

风险等级计算公式：$D=L \times E \times C$

式中 D——风险等级。D值大，说明某种危险大；

L——发生事故可能性大小；

E——人体暴露在这种危险环境中的频繁程度；

C——事故发生后损失后果的严重程度。

三、通信工程中常见的危险源

通信工程中存在着大量危险源，如不加以防范，可能会发生物体打击、机械伤害、火灾、触电、高处坠落、坍塌、中毒、窒息、烧烫伤、淹溺、爆炸等事故，造成人身伤害、财产损失、通信阻断、环境破坏等。通信工程中常见的危险源有以下几种。

1. 通信线路工程中常见的危险源

（1）架空线路工程中常见的危险源：路由附近的高压电力线、低压裸露电力线及变压器，有缺陷的夹杠、大绳、脚扣、座板、紧线设备、梯子、试电笔等工具，有缺陷的安全帽、安全带等安全防护用品，有缺陷的钢绞线、夹板、地锚石、电杆等材料，固定不牢固的滑轮、线担、夹板等高处重物，码放过高的材料，车上固定不牢的重物，固定不稳的缆盘，立杆过程中尚未立好的电杆，跨越道路未架起的钢绞线，未做防护的杆坑、拉线坑，使用有缺陷的标志，现场附近行驶的车辆等。

（2）直埋线路工程中常见的危险源：地下电力线，挖开的无警示标志的光缆沟，车上固定不牢的重物，千斤上的光（电）缆盘，锋利的工具，行驶的车辆，漏电的电动设备，使用不当的喷灯，激光，异常的电压，雷电，有缺陷的标志，炸药，燃油等。

（3）管道光（电）缆工程中的危险源：特殊的地形（长途管道光缆），人（手）孔内的有毒气体，落入人（手）孔的重物，车上固定不牢的重物，有缺陷的标志，断股的油丝绳，固定不牢的滑轮，安装不牢的拉力环，千斤上的光（电）缆盘，锋利的工具，开凿引上孔溅起的灰渣，使用不当的喷灯，激光，异常的电压，行驶的车辆，气吹机喷出的高压高温气体，打开的没有围栏的人（手）孔等。

2. 通信管道工程中常见的危险源

（1）长途通信管道工程中的危险源：地下电力线，输油输气管道，挖开的无警示标志的管道沟，人（手）孔内的有毒气体，车上固定不牢的重物，千斤顶上的硅芯管盘，行驶的车辆，锋利的工具，雷电，有缺陷的标志，炸药，燃油，传染病等。

（2）市内通信管道工程中的危险源：地下电力线、燃气管道，挖开的或无警示标志的管道沟、人（手）孔坑，人（手）孔内的有毒气体，不牢固的挡土板，落入作业点的重物，车上固定不牢的重物，行驶的车辆，漏电的电动设备，有缺陷的标志，炸药，燃油等。

3. 室内设备安装工程中常见的危险源

带钉子或铁皮的机箱板，有缺陷的电钻、试电笔、万用表、高凳、切割机、电焊机等工具，强度不够的楼板，不合格的防雷系统，高处的重物，静电，激光，异常的电压，储酸室、电池室中能够产生电火花的装置，有缺陷的标志，割接时未作绝缘处理的工具，带电裸露的电源线或端子，行驶的车辆，传染病等。

4. 室外设备安装工程常见的危险源

特殊的环境，制动失灵的吊装设备，有缺陷的电钻、电笔、切割机、电焊机等工具，高处的重物，附近的带电体，微波辐射，雷电，不合格的防雷系统，有缺陷的安全带等。

5. 人的不安全行为

违章指挥，野蛮施工，违规操作，长时间作业，睡眠不足，身体不适，未进行安全技术培训等。

【案例1L421043】

1. 背景

某电信工程公司承揽到70km的新建架空线路工程，施工中不允许爆破，光缆通过管道入局。项目部组织人员勘查现场后编写了勘查报告，勘查报告中介绍：

本工程地处山区，沿线道路崎岖，部分路段汽车无法通行，工具、材料需人工送达现场。山上有大片较为密集的竹林，其中偶见蛇和其他动物，现场蚊子较多，白天气温较高，湿度较大，施工期间正逢多台风季节。线路上有部分村庄，线路路由多次与电力线及公路交越，入局管道的人孔在车行道上，道路上车辆较多。

项目部在研究勘查报告的基础上，根据以往的施工经验，编制了安全控制计划。通过项目部的努力及施工人员的辛勤工作，工程顺利按期完工。

2. 问题

此项目施工过程中存在哪些危险源？

3. 分析与答案

此施工项目的危险源包括：山区道路，高温、过高的湿度，密集的竹林，路由附近的电力线，有缺陷的夹杠、大绳、脚扣、安全带、座板、紧线设备、梯子、试电笔等工具，有缺陷的车辆，有缺陷的钢绞线、夹板、螺钉、螺母、地锚石、电杆等材料，未做防护的杆坑、拉线坑，未立起的电杆、未夯实的电杆、埋深不够的电杆、偏移路由中心线较多的电杆，固定不牢固的滑轮、线担、夹板等高处重物，码放过高的材料，车上固定不牢的重物，绷紧的钢绞线，千斤顶上的光（电）缆盘，锋利的开剥工具，有缺陷的标志，人（手）孔内的毒气，打开的没有围栏的人（手）孔，落入人（手）孔的重物，开凿引上孔溅起的灰渣，使用不当的喷灯，激光，异常的电压，蚊虫，雷电，台风，行驶的车辆，燃油，伙房的煤气罐，传染病等。

1L421044 施工安全控制措施

通过危险源辨识与风险评价，明确了面临的重大风险后，项目部应当制定相应的安全控制措施并贯彻执行。

一、安全控制措施的制定原则

1. 依据施工现场实际状况编制

施工专业、施工环境的多样性，决定了不同工程项目的施工现场各不相同。不同的施工专业、不同的施工现场，其安全控制措施的内容和要求也不尽相同。因此，安全控制措施应在了解施工现场实际情况的基础上，依据工程的实际状况编制。

2. 具有可行性

安全控制措施是用来保证工程的施工安全的，是工程施工中安全操作、安全检查的依据。因此，安全控制措施的内容必须正确，应能适应工程的需要；安全控制措施也必须可行，能够保证施工安全。

3. 具有可操作性

安全控制措施的要求既不能太高，也不能太低，应以能够指导安全施工为目的。措施的内容应便于理解、便于记忆、便于掌握，应考虑使用人员的水平，便于执行。

二、通信工程常用的施工现场安全控制措施

通信工程中，安全控制措施主要涉及防火、安全用电、低温雨期施工防潮、机具及仪表的妥善保管和使用、在用设备及网络的安全防护、人（手）孔内的安全施工及对原有缆线的保护、地下设施的防护、地下作业的安全、公路上作业的安全、高空及高处作业安全等工作的安全防护措施。

（一）施工现场的防火措施

施工现场可能发生火灾的位置主要有施工人员驻地、材料存放点、燃料存放点、人（手）孔内、机房等地，发生火灾的原因主要有电源短路、明火等。施工现场的防火措施应依据现场的实际情况制定。具体的防火要求如下：

1. 施工现场应实行逐级防火责任制。

2. 临时使用的仓库应建立消防管理要求，配置消防器材，使用防暴灯具，电源线的线径应符合要求；易燃易爆物品应单独存放；严禁保管人员住在仓库中；仓库内严禁烟火。

3. 在机房内施工作业使用电焊、气割、砂轮锯等设备时，必须有专人看管。电气设备、电动工具严禁超负荷运行。电力线路的线径应满足负载电流的要求，接头要结实可靠。机房施工现场严禁吸烟。储酸室、电池室内严禁安装能够产生电火花的装置。

4. 人（手）孔内施工时，严禁在人（手）孔内吸烟、点燃喷灯；点燃的喷灯严禁对准光（电）缆及光纤。

5. 施工人员驻地严禁乱拉电力线，电力线的线径应满足负载的要求；严禁乱扔烟头；应配置灭火器材，并应对员工进行防火安全教育。

（二）施工现场的安全用电措施

1. 施工现场用电应采用三相五线制或单项三线制的供电方式。用电应符合三级配电结构，即由总配电箱经分配电箱到开关箱。每台用电设备应有各自专用的开关箱，实行"一机一箱"制。

2. 施工现场用电线路应采用绝缘护套导线。

3. 安装、巡检、维修、移动或拆除临时用电设备和线路，应由持有电工证的人员完成，并应有人监护。

4. 检修各类配电箱、开关箱、电气设备和电力工具时，应切断电源，并在总配电箱或者分配电箱一侧悬挂"检修设备，请勿合闸"的警示标牌，必要时设专人看管。

5. 使用照明灯应满足以下要求：

（1）室外宜采用防水式灯具。在人孔内宜选用电压36V以下（含36V）的工作灯照明。在潮湿的沟、坑内应选用电压为12V以下（含12V）的工作灯照明。用蓄电池做照明灯具的电源时，电瓶应放在人孔或沟坑以外。

（2）在管道沟、坑沿线设置普通照明灯或安全警示灯时，灯具距地面的高度应大于2m。

（3）使用灯泡照明时不得靠近可燃物。当用150W以上（含150W）的灯泡时，不得使用胶木灯具。

（4）灯具的相线应经过开关控制，不得直接引入灯具。

6. 使用用电设备时应考虑对供电设施的影响，不得超负荷使用。

（三）低温、雨期施工的安全控制措施

低温雨期施工措施主要涉及室外铁塔上作业、光（电）缆接续、车辆保养和行车等工作以及防雷、防滑、防潮等。对低温、雨期施工的安全要求如下：

1. 低温季节施工时，施工人员应尽量避免高处作业。必须进行高处作业时，应穿戴防冻、防滑的保温服装和鞋帽。在低温下吊装机具时，应考虑其安全系数。光缆熔接机和测试仪表工作时应采取保温措施，以满足其对温度要求。车辆在冬季应加装防冻液，雪天、冰路上行车应装防滑链或使用防滑轮胎，注意防冻、防滑。

2. 雨期施工时，雷雨天气禁止从事高空作业，空旷环境中施工人员避雨时应注意防雷。施工人员应注意道路状况，防止滑倒摔伤。雨天及湿度过高的天气施工时，作业人员在与电力设施接触前，应检查其是否受潮漏电。施工现场的仪表及接续机具在不使用时应及时放到专用箱中保管。下雨前，施工现场的材料应及时遮盖；对于易受潮变质的材料应采取防水、防潮措施单独存置。雨天行车应减速慢行。暂时不用的电缆应及时缩封端头，及时充气。

（四）机具、仪表的保护措施

工程使用的机具、仪表的保管应注意防火、防盗、防潮，应严格按照其说明书要求进行保管和维护。在使用时，操作人员应持证上岗。仪表的使用应注意其所用电源的电压情况，应注意避免电源问题导致仪表损毁。

（五）在用通信设备、网络安全的防护措施

在用通信设备、网络的安全防护主要涉及割接、防尘、原有设备的保护、防静电等工作。对在用通信设备及网络安全的防护要求如下：

1. 机房内施工电源割接时，应注意所使用工具的绝缘防护；通电前应检查新装设备，在确保新设备电源系统无短路、接地、错接等故障时，确认输入电压正常时，方可进行电源割接工作。

2. 在机房内施工时，应采取防尘措施，保持施工现场整洁。

3. 禁止触动与施工无关的设备。需要用到原有设备时，应经机房负责人同意，以机房值班人员为主进行工作。

4. 拔插机盘时，应佩戴防静电手环。

（六）防毒、防坠落、防原有线缆损坏的措施

防毒、防坠落、防原有缆线损坏的措施主要涉及挖掘作业和在人（手）孔内施工等。对此应制定的安全防护要求如下：

1. 在开挖光缆沟、管道沟、接头坑、人（手）孔坑、杆坑及拉线坑时，如果当天不能回填，应根据现场的实际特点，晚上在沟坑的周围燃亮红灯，以防人员跌落。

2. 施工过程中挖出有害物质时，应及时向有关部门报告，必要时启动应急预案。

3. 在人（手）孔内工作时，井口处应设置井围和警示标志。施工人员打开人孔后，应先进行有害气体测试和通风，确认无有害气体后才可下去作业。在人孔内抽水时，抽水机或发电机的排气管不得靠近人孔口，应放在人孔的下风方向。

4. 下人孔时必须使用梯子，不得蹬踩光（电）缆托板。在人孔内工作时，如感觉头晕、呼吸困难，必须离开人孔，采取通风措施。严禁在人孔内吸烟。

（七）地下设施的安全防护措施

地下设施的安全防护主要包括交越或临近施工时对地下管线以及文物的保护。具体的安全防护要求如下：

1. 开挖土石方前，应及时通知管线产权单位，充分了解施工现场的具体情况，确定保护地下管线及其他设施的方案。开挖城市路面前，应与当地的规划部门联系，必要时应使用仪器探明地下管线的深度和位置，应人工开挖，禁止使用大型机械。对暴露的管线应及时采取措施保护。

2. 施工过程中挖出文物时，项目部应保护好现场，并及时向文物管理部门报告，等候处理。

（八）公路上作业的安全防护措施

公路上施工时，应遵守交通管理部门的有关规定，保证施工人员及过往车辆、行人的安全。公路上作业时的安全防护要求如下：

1. 现场施工人员应严格按照批准的施工方案，在规定的区域内进行施工，作业人员应服从交警的管理和指挥，协助搞好交通安全工作，同时还要保护好公路设施。

2．每个施工地点都应设置安全员，负责按公路管理部门的有关规定摆放安全标志，观察过往车辆并监督各项安全措施执行情况，安全标志尚未全部摆放到位和收工撤离收取安全标志时应特别注意，发现问题及时处理。在夜间、雾天或其他能见度较差的气候条件下禁止施工。所有进入施工现场的人员必须穿戴符合规定的安全标志服，施工车辆应装设明显标志（如红旗等）。

3．施工车辆应按规定的线路和地点行驶、停放，严禁逆行。

4．各施工地点的占用场地应符合高速公路管理部门的规定。

5．每个施工点在收工时，必须认真清理施工现场，保证路面上清洁。

（九）高处作业时的安全防护措施

高处作业是一项危险性较大的作业项目，容易发生人员、物体坠落等事故。高处作业的安全防护要求如下：

1．高处作业人员应当持证上岗。安全员必须严格按照安全控制措施和操作规程进行现场监督、检查。

2．作业人员应佩戴安全帽、安全带，穿工作服、工作鞋，并认真检查各种劳保用具是否安全可靠。高处作业人员情绪不稳定、不能保证精神集中地进行高处作业时不得上岗。高空作业前不准饮酒，前一天不准过量饮酒。

3．高处作业应划定安全禁区，设置警示牌。操作人员应统一指挥。需要上下塔时，人与人之间应保持一定距离，行进速度宜慢不宜快。高处作业用的各种工、器具要加保险绳、钩、袋，防止失手散落伤人。作业过程中禁止无关人员进入安全禁区。严禁在杆、塔上抛掷物件。当地气温高于人体体温、遇有5级以上（含5级）大风以及暴雨、打雷等恶劣天气或能见度低时严禁高处作业。

4．高处作业须确保踩踏物牢靠。作业人员应身体健康，并做好自我安全防护工作。操作过程中应防止坠落物伤害他人。

【案例1L421044】

1．背景

某电信工程公司项目部承接到新建35km 3孔市内PVC塑料管道工程的施工任务，工期为6月1日至7月31日，工程路由位于人行道上。城市规划部门介绍：沿线附近有通信、自来水、煤气等多条管道及电力电缆，各条管线的埋深均在1m以下。管道要求埋深1m，人孔净深为1.8m。项目部选定了临时居住点，并根据现场摸底报告等相关文件编写了安全控制计划。安全控制计划中对现场的材料及施工方法的控制要求如下：

（1）做好水泥、砂子及碎石的保管工作，到场的材料应用塑料布盖好，并做好防水工作。塑料管材要整齐露天存放，并做好防盗工作，每100根塑料管捆扎在一起。

（2）为了保证施工人员的安全，在挖管道沟时，应加密装设挡土板；在挖人孔坑时，坑的四周与人孔外壁距离应大于1m。

（3）严格控制挖掘机的开挖深度，挖掘深度不得大于1m。

（4）为了保证周围人员的安全，所挖的管道沟两侧每隔100m应插一面红旗，作为警示标志。

（5）上述规定如因保管人员或操作人员疏忽而导致损失，责任人应照价赔偿。项目部安全员每周应进行现场检查，发现问题应分析原因，并制定纠正、预防措施。

为了保证上述要求在工程中得到落实，项目部作了认真的交底工作。施工过程中，施工人员未发生伤亡事故。由于个别地段自来水管道埋深不够，被挖掘机挖断，致使大量自来水泄漏。由于晚上看不清没有回填的管道沟，致使一人跌入沟中摔伤。工程最终按期完工。

2．问题

（1）本工程所编制的安全控制措施有哪些问题？

（2）本工程所编制的哪些安全控制措施违背了编制原则？

（3）本工程为什么会发生挖断自来水管的事故？

3．分析与答案

（1）未考虑到以下内容：

① 塑料管露天放置，易造成火灾和管材老化。

② 开挖人孔坑未加挡土板，易发生塌方事故。

③ 由于管道附近有其他管线，采用挖掘机作业非常危险。

④ 当天不能回填的管道沟白天应用红旗作警示标志，夜晚应用红灯作警示标志。红旗及红灯的间距不得过大，以保证可能进入现场的人员能方便看到。

（2）本工程部分要求过高，不满足安全控制措施可行性或可操作性的制定原则。其中包括：

① 材料存放条件过高，碎石没有必要做防水保管，违反了可操作性的原则。

② 人孔坑深在1.8m以上，应加装挡土板；不需要将坑挖得过大，违反了可行性的原则。

③ 挖掘机不适合在本工程中使用，违反了可行性的原则。

④ 管道沟的警示标志放置过少，不利于周围人员的安全，违反了可行性的原则。

（3）本工程挖断自来水管的原因，一方面是由于使用了挖掘机，另一方面是由于没有使用仪器探测沿线各种管线的位置。由于已经知道路由沿线有多条其他管线，为了保证各条管线的安全，开挖前应使用仪器探明各条管线沿线的准确位置，而且施工时应采用人工挖掘。

1L421050 通信与广电工程项目施工质量管理

1L421051 施工单位质量行为的规范规定

为了加强对建设工程质量的管理，保证建设工程质量，保证人民生命和财产安全，施工单位应遵循必要的质量行为规范。

一、依法承揽及分包工程

通信与广电工程施工单位应当依法取得相应等级的资质证书，并在其资质等级许可的范围内承揽工程；不得超越本单位资质等级许可的业务范围或者以其他施工单位的名义承揽工程；不得允许其他单位或者个人以本单位的名义承揽工程。施工单位不得转包或者违法分包。

二、建立健全相关制度

施工单位应当建立质量责任制，明确工程项目负责人、技术负责人、现场负责人等相关管理人员及操作人员的职责与权限。

施工单位应当建立健全教育培训制度，根据岗位职责的能力要求、法定的强制性培训及持证上岗要求，对员工进行有效的教育培训，使其能够持续满足要求。

施工单位必须建立健全施工质量的检验制度。

三、做好项目施工前质量策划及设备器材检验工作

施工单位应坚持做好施工前的质量策划，编制施工组织设计，对每项工程都应制定保证质量的措施。

施工单位应按行业的相关要求，参加设备和器材出厂或施工现场开箱的检验工作。

施工单位必须按照工程设计要求、施工技术标准和合同约定，对工程材料进行检验。检验应当有书面记录和专人签字，未经检验或者检验不合格的，不得使用。

四、按标准及规范要求施工

施工单位应按国家标准和部颁有关施工及验收技术规范的要求进行施工，严格工序管理，坚持"三检"（自检、互检、专检）制度，做好隐蔽工程的质量检查和记录，把问题消灭在生产过程中，确保不留隐患。

五、自觉接受质量监督机构的质量监督

质量监督机构是政府依据有关质量法规、规章行使质量监督职能的机构。施工单位应自觉接受质量监督机构的质量监督，为质量监督检查提供方便，并与之积极配合。

六、提供竣工资料及工程返修、保修

施工单位在施工完毕后，应提供完整的施工技术档案和准确详细的竣工资料；对施工中出现质量问题或者竣工验收不合格的部位，应当负责返修；对所承建的工程项目，应按合同规定在保修期内负责保修。

【案例1L421051】

1. 背景

某通信施工企业以包工包部分材料的方式承揽了三个省的干线传输设备安装工程。工程开工后，当地质量监督站到现场检查，现场负责人以没有与质量监督站发生过任何关系为由拒绝接受检查。

工程实施一段时间后，项目负责人到工地检查，在材料进货记录中发现没有采购信号线的检验记录。现场负责人解释，因时间太紧，凡是有合格证的就没有进行检验。

2. 问题

（1）质量监督站到工地检查的做法是否正确？说明原因。

（2）自购的材料需要检验吗？有合格证标签的材料也需要检验吗？理由是什么？

3. 分析与答案

（1）质量监督站的做法是正确的。因为质量监督站依据有关质量法规、规章行使质量监督职能是其法定义务，施工单位应自觉接受质量监督机构的质量检查，并予以积极配合。

（2）自购材料需要检验，有合格证的材料也需要检验。按照质量行为规范的要求，施工单位必须对用于工程的材料进行检验，无论是自购的还是建设单位提供的。有合格证的材料只表明生产厂商的检验，施工单位仍需要进行检查，检查后的材料状态应当有书面记录并有检查人签字。

1L421052　施工关键过程的控制

关键过程是指对工程的最终质量起重大影响或者施工难度大、质量易波动的过程（或工序）。关键过程控制是质量目标控制的重要措施，是为了对质量进行有效控制，需要特

别注意的影响施工的因素、环节、过程等。将这些具有关键、特殊意义的因素、环节、过程等作为质量控制工作的重点。

一、关键过程的识别

确定关键过程时，需要精通工程的整个工艺过程和施工的专业知识，并具有丰富的实践经验。根据项目资源的配备和工程项目具体情况识别出对最终质量起重大影响或者施工难度大、质量易波动的过程。一般确定关键过程应考虑的因素如下：

1. 直接影响工程质量关键特性和重要特性的关键部位的施工过程。如材料检验、光（电）缆及管道的沟深、焊接过程、性能指标测试（包括检测装备的精度）等。

2. 工艺有特殊要求或对工程质量有较大影响的过程。如电缆绑扎、标识等。

3. 质量不确定、不易通过一次检查合格的过程。如可能受温度、湿度、环境、气候等影响的部位，光纤接续、端子焊接等。

4. 施工中的薄弱环节，质量不稳定、不成熟的方案、工序、工艺等。如第一次接触，方案还存在不足但没有更行之有效的措施等。

5. 新工艺、新技术、新材料、新人员等的采用。

6. 施工中无足够把握、技术难度大、施工困难多的工序或环节等。如敷设跨度较大的山沟及较大河流的光缆，较大容量通信网的割接，城市管道开挖等。

二、关键过程的控制

识别出关键过程后，就要针对这些过程建立质量控制点，将其过程参数和质量特性作为重点进行控制。施工前制定相应的控制措施，并进行技术交底；施工中要严格落实"三检"制度，并确保测量设备处于良好状态；当出现不合格项时制定并落实纠正措施。

1. 制定相应的控制措施

明确关键过程所依据的规范、规程、作业指导书、施工技术要求、质量检验要求，对这些过程进行分析，针对潜在的不合格项制定相应的控制措施，防止不合格项的产生。

2. 进行技术交底

对建立的关键过程质量控制点及相应的控制措施进行技术交底，使上岗操作人员和质检员明确技术要求、质量要求和操作要求。

3. 落实"三检"制度

"三检"是指自检、互检和专检。操作者必须严格按照规程、规范和批准的作业指导书进行施工，并对过程（工序）进行自检，确保符合质量要求；下道工序操作者对上道工序按要求进行检查；质检员负责过程（工序）的质量检验及认定，对过程（工序）进行质量监控。

4. 确保测量设备处于良好状态

必须保证专业测量仪表的准确性和安装工具的良好使用状态。必要时，可要求专业人员到施工现场协助维修保养。

5. 制定并落实纠正措施

工程中的不合格项是经常发生的，很多不合格项的操作者可以直接纠正，但仍有一些不合格项事后才能被发现。一般情况下，事后发现的不合格项可以立即整改，对已成事实无法弥补的不合格项要专门做出评估，决定是否放行。针对同一工序经常性的不合格项要分析不合格的原因，制定纠正措施，并跟踪落实，保证对发现的问题进行纠正。

【案例1L421052】

1. 背景

×项目部在某地敷设100km光缆线路，其中50km架空线路处在无人烟的山林。山涧中有一条河，按设计要求，跨河300m采用架空敷设，由于河水很急给施工增加了很大难度。另50km经过平原进入市区，其中40km直埋，10km管道，市区管道已建好。项目部查勘完地形，研究施工方案并制订过程控制措施，技术员提供的关键过程和质量控制点如下：

（1）关键过程：300m跨河敷设钢绞线、40km直埋光缆沟、100km全程光缆的接续；

（2）质量控制点：山上电杆拉线的地锚埋深、40km直埋缆沟的深度、100km光缆的接续指标。

在施工交底会上，一处处长认为300m跨河只是施工难度大，技术上不复杂，不属于关键过程，关键过程应该是把电杆怎样运进山林。二处处长认为，40km缆沟的沟深不应成为关键过程，关键过程应该是挖沟时与电力电缆交越的地方。技术员认为电力电缆的埋深在2m以下，光缆沟不可能挖得那么深。经理最后说，为了防止意外，大家提的都作为关键过程，设置质量控制点。

2. 问题

（1）在此工程中，哪些是影响质量的关键过程？

（2）这些关键过程应采取哪些控制措施？

3. 分析与答案

（1）影响本工程质量的关键过程是：敷设300m跨河钢绞线、40km直埋光缆沟、100km的光缆接续、与电力电缆交越。

（2）首先应针对识别出的关键过程，明确质量控制点，然后针对质量控制点，再根据规程、规范和作业指导书制定可测量的检验方法，明确技术指标参数，制定控制措施，进行技术交底。施工过程中严格落实检查制度，对发生的不合格项制定纠正措施并跟踪落实，保证对发现的问题进行纠正。

1L421053 通信工程质量控制点

质量控制点是指质量活动过程中需要进行重点控制的对象或实体。质量控制点设置的原则是根据质量控制点在工程中的重要程度，即质量特性值对整个工程质量的影响程度来确定。对于工程建设项目来说，质量控制点的涉及面较广，应根据工程特点，视其重要性、复杂性、精确性、质量标准和要求来设置，可能是结构复杂的某一部分工作量，也可能是影响工程质量关键的某一环节中的某一工作或若干工作。总之，无论是操作、材料、机械设备、施工顺序、技术参数、自然条件、工程条件等，均可作为质量控制点来设置，主要是视其质量特征对工程的最终质量的影响大小及危害程度而定。

通常对工程项目的功能、寿命、可靠性、安全性等有严重影响的关键特性、关键部件或重要影响因素；对工艺上有严格要求，对后续工序工作有严重影响的关键质量特性、部件；对质量不确定、不易通过一次检查合格的工艺；对采用新技术、新工艺、新材料的部位，对质量不稳定出现不合格的工作等，都应建立控制点。

质量控制点建立后，就要制定相应的控制措施，并贯彻落实，严格落实"三检"制度，当出现不合格项时及时采取纠正措施，加强过程监控。

一、设备安装工程的质量控制点

设备安装工程的质量控制，按照其实施过程，可分准备、实施、竣工三个阶段进行，控制工序在1L421022中已有叙述，此处不再赘述。下面列出一些可设置质量控制点的位置：

（一）安装准备阶段

1. 现场勘查：机房内部装修质量；地槽、走线路由检查；交流电源引入质量，机房照明情况检查；机房的防静电地板（如有）情况检查；空调系统情况检查，机房温度、湿度情况检查；机房的防雷接地排、保护接地排是否有空余位置；机房内消防设施的完整性。

2. 器材检验：现场开箱检验设备，主要材料的品种、规格、数量、外观检查；检查设备、主要材料的出厂合格证书、技术说明书是否齐全。

（二）设备安装阶段

1. 走线槽（架）安装：走线槽（架）安装的位置、高度，水平度、垂直偏差；吊挂、撑铁的安装。

2. 室内设备的安装：机架安装质量，基座的位置、水平度；机架安装的位置、垂直度，机架底部加固、机架上加固（如有）制作；机架的标志制作；子架安装的位置检查；面板布设；子架安装、插接件的连接。

3. 室外设备的安装：地线排的接地电阻；塔上设备安装的位置、方向、紧固；馈线的接头、固定、防水、弯曲度、接地等装置的制作。

4. 光、电缆布放及成端：光纤的布放路由走向、衰耗、标志；射频电缆布放的路由走向、电缆排序以及绑扎、成端、标志的制作质量；电力电缆布放的路由走向、绝缘、极性、标志。电缆头的焊接：牢固度、光滑度、余线长短的一致性。

（三）设备测试阶段

1. 设备通电检查：电源线连接的极性是否正确，电源电压；加电步骤，各种可闻、可视告警设施。

2. 电源设备安装测试：输入电压、输出电压、充放电试验、绝缘测试、保护地线电阻测试。

3. 交换设备测试：硬件测试（模块单元硬件诊断测试、大话务量呼叫测试、外接设备电源告警测试、计费准确率测试、端子板用户呼叫测试、录音通知测试）、软件测试。

4. 微波设备测试：天线场强、天线交叉极化鉴别度、馈线损耗、天馈线系统驻波比、发信机输出功率、本振频率及中频频率准确度、接收机噪声系数、接收机门限电平、空间分集时延、中频特性。

5. 基站设备测试：发送功率、时钟准确度、天馈线系统驻波比。

6. 光传输设备测试：平均发送光功率、接收光功率、接收灵敏度、过载光功率、输入抖动容限、输出抖动、系统输出抖动、误码率指标测试。

（四）竣工阶段

1. 验收前成品保护：局部封闭、环境保护、防护标志设置、维护测试。

2. 竣工资料：竣工资料的内容完整性、外观整洁度，数据准确性、与实物相符性。

二、线路工程质量控制点

通信线路工程的质量控制，按照其实施过程，可分准备、实施、竣工三个阶段进行。

敷设方式不同，则工序不同，详情见1L421022的相关内容。下面列出一些可设置为质量控制点的位置：

（一）工程准备阶段

1. 路由复测：核对图纸；线路路由的定位、划线，路由适当调整；确定障碍点及重要点。

2. 线缆单盘检测：对使用的光（电）缆进行外观检查光、电性能测试。

3. 光（电）缆配盘：根据路由复测和单盘检验的结果进行线缆配盘。

4. 其他材料的检验：接头盒完整性、密封性检查，尾纤质量检查，钢绞线、抱箍、线担等金属制品质量检查，电杆、地锚等木制品、水泥制品质量检查。

（二）土石方施工

开挖缆沟：挖沟的位置、深度、沟宽、穿越障碍物、与其他管线的间距；路由上的障碍处理；掘路、顶管、截流。

（三）杆路施工

1. 立线杆：杆路定位、杆坑及拉线坑深度、杆距、拉线角度；电杆、拉撑设备及附属设备电器性能和物理性能检测；电杆的埋设工艺；拉撑设备的安装工艺。

2. 制装拉线：拉线的出土位置，拉线坑深度，地锚及地锚铁柄的埋设工艺，拉线坑的回填质量，拉线上把及中把的制作工艺。

3. 架设吊线：钢绞线拉开、架设、调整吊线垂度、成端制作；架设时空中障碍物、电力线交越的处置。

（四）线缆敷设

1. 埋式线缆敷设：线缆的敷设、穿越障碍点、埋深；线缆的A/B端，敷设中的通信联络、人员组织、线缆安全。

2. 埋式线缆回填及保护：线缆在沟底的状况；分层回填及夯实，敷设排流线、铺盖板、红砖等保护措施；线缆对地绝缘；全部回填。

3. 架空线缆敷设：光（电）缆卡勾间距、线缆架设、预留、固定、保护。

4. 布放管道光缆：管孔占用、管孔清刷、子管穿放、子管占用、管口封堵；人（手）孔内原有设备的保护；线缆穿放、人孔内线缆预留。

5. 布放管道电缆：电缆的端别、电缆气压、绝缘；电缆配盘、敷设方向确定；全塑电缆弯曲余长、尾巴电缆的位置、长度；电缆充气、气闭测试；芯线接续、接口封闭、屏蔽层测试、接地测试。

6. 定向钻敷设管线：机械调试，管道的口径、光缆进出管道的位置。

7. 气流吹放管道光缆：机械调试、吹放气压、缆线准备。

（五）线路设备安装

1. 交接设备安装：交接设备及附属设备的电器性能检测；安装的环境因素和位置选择；成端电缆的编把、绑扎工艺；电缆的标志和安全防护措施；跳线穿放工艺。

2. 配线电缆布放：设备器材及附属设备测试；电缆架设的工艺；绝缘电阻测试；芯线接续工艺；屏蔽防护层连通测试；架空电缆接口封闭；引上电缆、分线设备安装工艺；环阻测试。

3. 充气设备安装：充气设备、管路及辅助材料电器性能检测；充气设备及各路管线的安装；高压罐、低压罐及各管线密闭检查；充气设备的自动控制和告警检查。

4．局内成端电缆布放：主干电缆的布放、电缆弯曲、余长定位、电缆标志、布放绑扎；成端电缆上列，把线制、编、绑；保安排的安装；成端竖接头的安装；成端接头的屏蔽、接地、封闭、充气。

（六）线缆接续及测试

1．线缆接续及实时测试：线缆接续、光纤损耗的OTDR实时测试、电缆性能测试；接头预留缆的保护、接头盒的安装、接头监测标石的安装及编号。

2．线缆成端及标识：线缆成端的衰耗测试、标识；布线工艺、固定。

3．光缆：每根光纤的接头损耗、中继段损耗、光功率、PMD值等性能测试。

4．电缆：线路的绝缘、电阻、串音、电容等电气性能测试；气压测试。

（七）标识、保护

1．路由标识：标石的埋设、刷漆、编号；杆路编号、测量间距。

2．管线标识：人（手）孔编号、测量人孔段长。

3．绘制竣工图：竣工图的线型、比例、标注、图形符号、图衔等。

4．路由地面保护：护坡、护坎、堵塞、漫水坝的制作。

5．人（手）孔内线缆的保护：根据设计要求，人（手）孔内裸露线缆采取保护措施，绑扎固定、挂牌标识。

三、管道工程质量控制点

通信管道建设工程的质量控制，按照其实施过程，可分准备、实施、竣工三个阶段进行，控制工序见1L421022的相关内容。下面给出一些可设置质量控制点的位置：

1．施工前路由及环境勘查及测量

了解路由内是否有其他交越、重合的管线，地面上的树木、建筑、电杆、拉线、道路及各种检查井对施工的影响程度；地质条件、地下水情况。水准点的确定。

2．进场材料的清点检查

对全部进场材料的型号、规格、质量、数量清点检查；对材料的生产厂家、出厂合格证、入网证检查核对。

3．管道坑槽

管道坑槽的土质、宽度、深度、放坡比例；槽底障碍的处理、管道与障碍物的净距离；换土夯实情况。

4．管道基础

管道基础钢筋制作与绑扎、管道基础的宽度、厚度、位置偏移；基础混凝土配合比及养护时间、强度；模板安装、拆除。

5．水泥管道敷设

水泥管道的敷设工艺、管块与管块及管块与基础间缝隙、行间及层间缝隙；管带管缝处理、底角八字抹灰、铺管砂浆配合比、养护时间、强度。

6．钢管敷设

钢管排列、定位架、钢管的防腐及接口处理、管间缝的填充、管道进入人（手）孔的排列。

7．塑料管敷设

塑料管排列、定位架安装、接口处理、管间缝的填充、管道进入人（手）孔的排列。

8. 包封加固

钢筋的制作与绑扎、模板安装、拆除；混凝土配比、养护时间、强度。

9. 回填土方

土质更换情况、管道两侧夯实、管顶回填高度、不同路面分层回填夯实。

10. 人（手）孔、电缆通道施工

人（手）孔、电缆通道尺寸；基础厚度及所用钢筋的型号、泛水高度、积水罐安装位置；内、外壁抹灰；窗口位置；人孔上覆、井口、口圈安装；电缆支架、人孔专用器材的安装。

11. 管道试通

试通管孔的选择、试通棒的规格。

【案例1L421053-1】

1. 背景

某传输设备扩容工程即将开工，项目部组织人员对现场进行了摸底勘查。项目部根据施工人员组合情况，确定将安装走线架、安装机架、电缆布放及焊接、尾纤布放和盘留等作为质量控制点，将材料检验、指标测试、竣工资料整理等作为一般控制对象。该项目部以往在旧机房施工时发生过新旧机架磕碰、电源线接反、槽道电缆走向不合理、机架电缆下线绑扎不一致等质量问题。

2. 问题

项目部确定的质量控制点是否还有疏漏？

3. 分析与答案

由于该项目部施工人员在以往工程中发生过新旧机架磕碰、电源线接反、机架电缆下线绑扎不一致等质量问题，因此，项目部除已确定的质量控制点以外，还应将上述曾经发生过的质量问题的工序也设置为质量控制点。

【案例1L421053-2】

1. 背景

某通信公司承担光缆线路工程200km，其中山区架空杆路50km，丘陵直埋线路100km，进入城区管道50km，沿途穿越公路、河流，并与其他光缆交越。项目部根据工程情况，在挖沟、光缆交越、公路顶管、人工截流、山区立杆、敷设光缆等主要过程设置了质量控制点。

工程开工后，项目部进行阶段检查，发现护坡砌石多处与图纸不符、两处过路顶管深度不够、部分山区杆路的地锚埋深不够、部分接头盒密封不严等问题。

2. 问题

（1）项目部设置的质量控制点还存在什么问题？如何解决？

（2）哪些地方应增加质量控制点？

3. 分析与答案

（1）根据公路顶管存在质量问题的实际情况，虽然项目部已经设置了质量控制点，但仍出现质量问题，说明控制措施不完善或监控不到位。应完善措施，加强过程监控。

（2）项目部没有将接头盒安装、地锚埋设、护坡砌石设置为质量控制点，导致施工中多处出现了质量问题，所以应该将这些内容增加为质量控制点。

1L421054   广播电视工程质量控制点

广播电视工程种类繁多，以广播电视中心工程举例进行说明。

一、工艺施工特点

1. "后工种"特性：工艺施工是后续施工，其质量和进度受到土建施工的制约，必须要求土建施工合理安排施工顺序，及时提供专业施工所需的作业空间、作业时间和施工条件。

2. 设备防护要求高：工艺设备的安装和调试是在机房土建装修基本结束之后进行，要注意防尘、防潮、防振、防盗，同时注意保护机房墙面、地面、门窗和基本设施。工艺设备属精密设备，对已安装和调试完毕的设备要进行妥善的成品保护，避免磕碰和损坏，并处于良好的待机状态。

3. 施工条件要求严格：设备繁多，系统复杂，为保证设备精细安装和安全调试，对施工环境（洁净度和温湿度等）、供电电源和接地系统等，都有具体的要求。

4. 安装调试专业性强：工艺设备品种多、数量大，各种线管线缆繁多，施工涉及的专业较多，施工技术要求严格，是工程施工质量和进度的关键。

二、质量控制点

1. 土建条件的复核：对照设计文件，逐项核对工艺对土建各专业的要求。

2. 特殊施工工艺：主要包括建筑声学要求的墙体的做法、线管的特殊处理、演播室灯栅层的施工和工艺配电系统等。

3. 设备安装和调试的环境要求：主要包括工艺供电电源、演播室及工艺机房空调系统和机房地线系统等。

4. 安装质量的检验：主要包括专业设备、箱体和盒体的安装，专用水平和垂直缆线桥架的安装，桥架、地沟、地板、墙板、楼板内各种缆线的敷设等。

5. 系统的调试：为保证调试精确，指标达到设计要求，必须严格按程序逐级进行，分系统调试测试，再进行系统联调，统一指标。

6. 系统指标的测试：根据设计要求和相关的技术标准，由符合要求的测试单位或顾客授权单位，出具正式的测试报告，包括分系统逐项测试结论和全系统逐项测试结论。

三、质量控制案例

（一）逐项核对工艺对土建各专业的要求，以2004年完成的国内某省级电视台400m²综合演播室为例，有如下要求，需要分专业复核，满足要求后方可进行后续施工。如地面部分，必须确认演播室地沟的深度，以满足摄像机电缆与演播室的低损耗连接；确认导演室和调光器室的防静电活动地板，满足线缆的敷设。

1. 工艺对建筑结构专业要求如表1L421054-1所示。

工艺对建筑结构专业要求   表1L421054-1

房间名称	间数	面积（m²）	净高（m）	活动地板地沟深	荷载（kg/m²）	挂载（kg/m²）	供电路数	工艺用电量（kW）	供电电压及电能质量（V）
演播室	1	400	5	200mm	三脚架摄像机	400	1		
导演室	1	80	3.5	活动地板	350		1	150	380±5%
调光器室	1		3.5	活动地板	350		1	320	380±5%

2. 工艺对电气专业要求如表1L421054-2所示。

工艺对电气专业要求 **表1L421054-2**

房间名称	照度（lx）	统一眩光值	相关色温K	显色指数R	探照灯	应急照明	信息点数	电话	有线电视	普通插销	专用插销
演播室	1500	三级	一级	二类	√	√	2			√	
导演室	300	一级	二级	三类	√	√	3	√	√	√	
调光器室	300	一级	二级	三类	√	√	2	√	√	√	

3. 空调、给水排水专业要求如表1L421054-3所示。

空调、给水排水专业要求 **表1L421054-3**

房间名称	洁净度	工作时间	冬温（℃）	夏温（℃）	相对湿度（%）	噪声声压级	设备散热量	上下水	热水	地漏
演播室		8h	19±1	25	35~60	NR-25	20	√		√
导演室	洁	12h	19±1	25	35~60	NR-20	5			
调光器室	洁	10h	19±1	25	35~60		10			

（二）预埋线管和预留孔洞的核查

前例工程中工艺竖井内的预埋线管和预留孔洞如图1L421054-1所示。

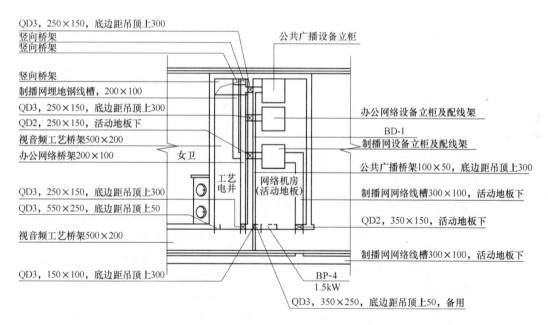

图1L421054-1 工艺竖井内土建预埋预留要求图

预埋线管要求有以下几点：

1. 所有埋设的线管，采用镀锌焊接钢管（SC管）。

2. 敷设前应将管口倒刺磨光，穿好钢丝再将两端管口塞好，挂管号牌标识，所有线管和电缆桥架可靠接地。

3. 进工艺地沟的线管，管口与沟侧壁平，管下壁与沟底平。地沟和桥架内的专用网络双绞线外面套金属蛇形软管或采用屏蔽双绞线。

（三）建筑声学

1. 影响隔声构件隔声性能的因素

质量、密实性、均匀性、刚度和不连续性，其中以质量因素最重要。广播工程中经常使用双层墙，需要在设计和施工中特别注意，不要将双层墙用刚性体连接，如穿过双层墙的管道，施工中落入缝隙中的砖头和灰浆等，这将严重破坏双层墙的隔声效果。

2. 做法示例

双层墙和浮筑套房的双层结构之间避免刚性连接，必不可少的管道要在缝隙处断开，并做软连接，如图1L421054-2所示。

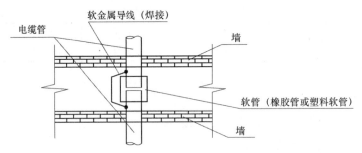

图1L421054-2   电缆管穿双层墙做法示意图

（四）安装质量检验

前例电视中心演播室导演室的设安装检查项目如表1L421054-4所示。

工艺安装检验记录   表1L421054-4

工程名称			施工单位			
系统名称	电视工艺	机房名称	播出控制室Ⅱ	检验日期		
检验项目	检验内容			是	否	检验依据
设备	型号、数量符合设计要求					设计文件
	安装位置、排列顺序安全、可靠、合理					设计文件
	安装水平和垂直度偏差、稳定度符合要求					GY 5055—2008
	面板排列整齐、闭合严密、开启方便、轨道推拉灵活					GY 5055—2008
	间隔适度，便于散热通风，标识清晰准确					设计文件
	表面完好、无伤痕					观感
	电源板安装位置合理，数量充足					设计文件
	接地符合设计要求					设计文件
箱体盒体	型号、数量、安装位置符合设计要求					设计文件
	面板和框架与墙面配合严密					观感
	未将箱体和预埋管口焊接在一起					GY 5055—2008
	线管、线沟、槽道内，活动地板下清理干净畅通					GY 5055—2008
缆线	线缆型号、规格符合设计要求					设计文件
	线缆断、通和线间绝缘电阻的阻值符合要求					设计文件
	管内穿线管径、管内接头符合规范要求					GY 5055—2008
	管口和有关部位的保护和封闭良好					GY 5055—2008

续表

工程名称			施工单位			
系统名称	电视工艺	机房名称	播出控制室Ⅱ	检验日期		
检验项目	检验内容			是	否	检验依据
缆线	排线弧度一致、布线整齐合理					观感
	走线槽架平直美观，分段分类绑扎规范					GY 5055—2008
	焊点饱满光滑、无毛刺，绝缘层和芯线无损伤					GY 5055—2008
	焊压接、插接点的连接紧固，接触良好，相位正确					GY 5055—2008
	走向准确，两端线向标志清晰					设计文件
	线头保护良好，无裸露，接地符合规定					GY 5055—2008

（五）系统测试指标的要求

符合设计文件和行业技术标准的要求，如2003年完成的援尼泊尔国家电视台项目的电视数字视频播出通路技术指标，符合《电视中心播控系统数字播出通路技术指标和测量方法》GY/T 165—2000中规定的主要指标，见表1L421054-5及表1L421054-6。

视频系统运行技术指标　　　　　表1L421054-5

项目		单位	直播通道	前期制作	后期制作
介入增益		dB	±0.36	±0.22	±0.24
随机信噪比（统一加权）		dB	≥63	≥53	≥50
电源干扰		dB	≤−49	≤−51	≤−50
K系数		%	≤1.5	≤2.2	≤2.5
色、亮延时差		ns	±19	±25	±42
色、亮增益差		%	±5.1	±3.9	±4.9
幅频特性	频率范围	MHz	6	4.8	4.8
	幅值允差	dB	±0.42	±1.4	±2.6

音频系统运行技术指标　　　　　表1L421054-6

项目		单位	直播通道	前期制作	后期制作
信噪比		dB	≥65	≥60	≥57
额定输出电平和允差		dBu	4±0.15	4±0.5	4±0.5
幅频特性	频率范围	Hz	31.5~16000	50~15000	50~15000
	幅值允差	dB	±1.0	±2.2	±3.0
总谐波失真		%	≤1.0	≤1.4	≤1.7

1L421055　工程质量的影响因素分析

一、影响工程质量的因素

为了有针对性地制定质量问题及质量事故的预防、应对及改进措施，避免质量问题或质量事故的发生，项目负责人应在施工前和施工过程中根据项目的实际状况、参与施工的人员水平及工程项目的具体特点，从工程中的人、机、料、法、环等方面分析判断对工程质量的影响力，找出影响质量的主要因素。影响通信与广电建设项目的质量因素，通常包括人的质量意识和质量能力、建设项目的决策因素、建设工程项目的勘察因素、建设工程项目的总体规划和设计因素、建筑材料和构配件的质量因素、工程项目的施工方案、工程项目的施工环境，以及施工机具、仪表的选型、保管和正确使用等。

二、工程质量事故原因分析

工程质量事故产生的原因是多方面的，大致分为技术原因、管理原因、社会经济原因以及人为事故和自然灾害原因。技术原因主要是项目实施过程中出现的勘察、设计、施工时技术方面的失误，如对现场环境情况了解不够；技术指标设计不合理；重要及特殊工序技术措施不到位等。管理原因主要是管理失误或制度不完善，如施工或监理检验制度不严密，质量控制不到位，设备、材料检验不严格等。社会经济原因主要是建设领域存在的不规范行为等。对于工程各参建单位，可能导致工程质量问题的错误行为主要有：

1. 建设单位的错误行为：规划不够全面，违反基本建设程序，在工程建设方面往往出现先施工、后设计或边施工、边设计、边投产的"三边工程"；将工程发包给不具备相应等级的勘察设计、监理、施工单位；向工程参建单位提供的资料不准确、不完整；任意压缩工期；工程招标投标中，以低于成本的价格中标、承包费过低、不能及时拨付工程款；对于不合格的工程按合格工程验收等。

2. 监理单位的错误行为：没有建立完善的质量管理体系；没有制定具体的监理规划或监理实施细则；不能针对具体项目制定适宜的质量控制措施；监理工程师不熟悉相关规范、技术要求和工程验收标准；现场监理人员业务不熟练、缺乏责任感；在监理工作过程中不能忠于职守。

3. 勘察设计单位的错误行为：未按照工程强制性标准及设计规范进行勘察设计；勘察不详细或不准确，对相关影响因素考虑不周；技术指标设计不合理；对于采用新技术、新材料、新工艺的工程未提出相应的技术措施和建议；设计中未明确重要部位或重要环节及具体要求等。

4. 施工单位的错误行为：施工前策划不到位，没有完善的质量保证措施；承担施工任务的人员不具备相关知识，不能胜任工作；未交底或交底内容不正确、不完善；未给作业人员提供适宜的作业指导文件；检验制度不严密，质量控制不严格；监视和测量设备管理不善或失准；未按照工程设计要求对设备及材料进行检验；发现质量问题时，没有分析原因；相关人员缺乏质量意识、责任感以及违规作业等。

5. 器材供应单位的错误行为：没有建立、健全器材性能的检验制度，供应人员不熟悉器材性能、技术指标和要求，不熟悉器材检验方法，把不合格的器材运到工地，给工程质量带来隐患。

三、通信工程质量管理中常用数理统计方法

1. 调查分析法

调查分析法又称调查表法，是利用表格进行数据收集和统计的一种方法。在质量控制活动中，利用统计调查表收集数据，简便灵活，便于整理，实用有效。它没有固定的格式，可根据需要和具体情况，设计出不同统计调查表。常用的调查表有：工程作业质量分布调查表、不合格项目调查表、不合格原因调查表、施工质量检查评定调查表等。统计调查表往往同其他统计方法结合起来应用，可以更好、更快地找出问题的原因，以便采取改进的措施。

2. 排列图法

排列图法是分析影响质量主要因素的方法。排列图有两个作用：一是按重要顺序显示出每个质量改进项目对整个质量问题的作用；二是识别进行质量改进的机会。

3．因果分析法

因果分析法是一种逐步深入研究和讨论质量问题的图示方法。运用因果分析法可以制定对策，解决工程质量上存在的问题，从而达到控制质量的目的。

【案例1L421055-1】

1．背景

南方一通信工程公司于9月25日承揽了东北某地电信运营商180km直埋光缆线路工程，开工日期为10月8日，完工日期为当年12月底，部分材料由建设单位提供。项目部安排三个工程处施工，工程如期开工。

10月25日第一工程处安排人员开始光缆接续，接续人员曾在南方某工地光缆接续时采用不监测方式，仍能达到满意的接续效果，故本次工程接续时仍采用不监测方式，待全线接续完毕，全程测试才发现许多接头的衰耗超标。在处理问题时因气候变冷熔接机工作不稳定，切割刀也出现切割断面不平整问题，有的纤芯多次接续仍不合格。接续人员不适应北方寒冷气候，单薄帐篷不能抵御寒冷，操作失误增多，处理问题缓慢。

工程用的标石、盖板由施工单位加工，第三工程处负责本地段50km标石制作。在加工过程中处长经常抽调部分工人布放光缆，影响了加工进度，天气转冷时，又增加了两个加工组参与标石制作工作，增加的两个组只是大致了解一下标石制作过程就投入加工。新进的钢筋、砂石没有检验，监理检查中发现钢筋、砂石质量不合格，水泥砂浆比例不符合规范要求，要求重新加工。

2．问题

（1）分析造成施工单位质量问题的主要因素。

（2）分析造成光缆接头指标不合格的主要原因。

3．分析与答案

（1）施工单位在管理方面存在问题，反映在人的因素、仪表问题、材料问题、施工方法问题、气候环境问题等方面。

（2）接续人员凭在南方某工地偶然成功的个例，应用到本工地，不考虑时间、地域、环境因素，采用不正确的操作方法，是造成光缆接头质量问题的主要原因。

【案例1L421055-2】

1．背景

某项目部于1月份在华北地区承接了50km的架空光缆线路工程，线路沿乡村公路架设。施工过程中，各道工序都由质量检查员进行了检查，建设单位的现场代表及监理单位也进行了检查，均确认符合要求并签字。由于春节临近，建设、监理、施工各方经协商同意3月下旬开始初验。3月中旬，在初验前施工单位到施工现场作验收前准备工作，发现近20%的电杆有倾斜现象。

2．问题

（1）电杆倾斜质量问题是什么原因产生的？

（2）哪些工程参与单位与此工程质量问题有关？为什么？

3．分析与答案

（1）产生电杆倾斜的原因主要是电杆、拉线埋入杆洞、拉线坑后，夯实不够，加上当时是冻土，没有完全捣碎，就填入杆洞及拉线坑。到了3月，冻土已逐步开始融化，杆洞及拉线地锚坑松软，因此导致电杆倾斜。

（2）对于此工程中电杆倾斜问题，首先与建设单位及监理单位有一定关系。建设单位现场代表及监理单位的现场监理人员不了解冬期施工应注意的问题，未对现场立杆的质量情况进行认真的监督检查，未发现及制止施工单位将冻土回填到杆洞及拉线坑，从而导致电杆倾斜。其次施工单位对电杆倾斜问题也负有不可推卸的责任，项目部未注意冬期施工回填冻土问题，而且未对电杆及拉线坑回填问题进行"三检"，也导致了电杆倾斜问题的发生。

【案例1L421055-3】

1．背景

在某市本地网通信线路工程中，某施工处承担户线安装部分，包括分线设备下线（称爬杆线）和用户室外线两部分。线缆走向整齐、合理，并于8月30日全部安装完成。9月1日，技术人员开始对线缆进行测试。在测试过程中发现很多质量问题，统计如表1L421055-1所示。

用户缆测试不合格项统计表　　　　　　　　表1L421055-1

不合格项目	出现不合格数	不合格项目	出现不合格数
端头制作不良	16	线缆性能不良	3
线序有误	45	设备接口性能不良	2
连接器件质量不良	5	其他	2
插头插接不牢固	7	合计	80

2．问题

（1）用排列图法对存在的质量问题进行分析。

（2）指出存在的主要质量问题是什么。

3．分析与答案

（1）首先将在测试过程中发现的不合格项原始资料进行加工整理，画出排列表和绘出排列图。采取排列图法可直观地看出影响质量的主要因素，便于有针对性的前期预防和后期检查，确保工程质量。如表1L421055-2、图1L421055-1所示。

（2）通过排列图法分析可以看出，在测试过程中发现的主要质量问题是线序有误及端头制作不良两项，这两项出现的不合格数占全部不合格的76.25%，因此这两道工序应作为质量改进的主要对象。

用户缆测试不合格项排列表　　　　　　　　表1L421055-2

序　号	不合格项	频　数	累计频数	累计频率
1	线序有误	45	45	56.25%
2	端头制作不良	16	61	76.25%
3	插头插接不牢固	7	68	85.00%
4	连接器件质量不良	5	73	91.25%
5	线缆性能不良	3	76	95.00%
6	设备接口性能不良	2	78	97.50%
7	其他	2	80	100.00%

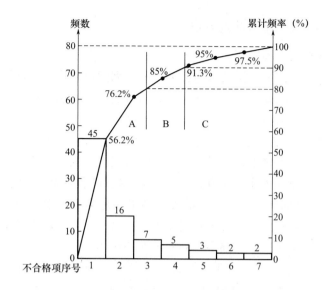

图1L421055-1 用户缆测试不合格项排列图

【案例1L421055-4】

1. 背景

某电信工程公司承担综合楼SDH通信传输设备安装工程，该工程主设备进口自国外，配套线缆国内采购。工程进展到60%时，质检员在进行阶段性检查时发现大部分2M口本机测试结果不合格。

2. 问题

用因果分析法图示分析工程中影响2M口本机测试质量的因素。

3. 分析与答案

因果分析图如图1L421055-2所示。

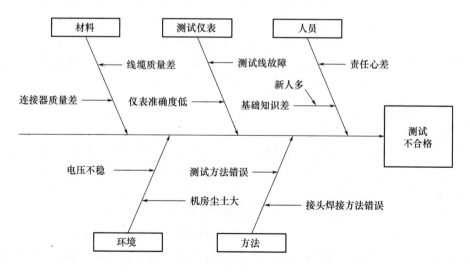

图1L421055-2 测试不合格原因分析图

1L421056   工程质量控制及事故防范措施

一、制定质量控制措施的原则

对于施工项目而言，质量控制就是通过采取一系列的控制措施，确保工程质量满足合同、规范所规定的质量标准要求，因此针对影响质量的因素，制定相应的控制措施，是质量控制的基础。质量控制措施的制定应体现以下原则：

1. 以人的工作质量确保工程质量。人是生产经营活动的主体，是工程项目建设的决策者、管理者和操作者，也是工程项目建设质量的形成者。人的文化素质、技术水平、作业能力、控制能力、身体素质及职业道德等，都将直接和间接地对施工的质量产生影响。

2. 严格控制投入品的质量。工程中的投入品主要是指工程中用到的通信设备、材料以及工程中使用的车辆、机具、仪表、施工设备等。这些投入品能否满足工程的要求，能否可靠地使用，对保证工程质量也都将起到关键性的作用。

3. 全面控制施工过程，重点控制工序质量。任何一个工程项目都是由若干个施工工序组成的。要保证整个工程项目的质量，就必须全面控制施工过程，使每个施工工序都符合质量标准的要求。只有每道工序的质量都符合要求，整个工程项目的质量才能得到保证。

4. 坚持预防为主的方针。把问题消灭在萌芽之中，是现代管理的理念。设置质量控制点就是预先对可能出现的质量问题进行有针对性的控制，这充分体现了预防为主的管理方针。在工程管理中，设计会审、现场摸底、编制施工组织设计、工程交底、材料进货检验、过程（工序）检验、工程预验等，都体现了预防为主的管理原则。

5. 坚持全面分析，有针对性地重点控制原则。质量控制措施的制定应根据工程的具体情况有针对性地制定，通过质量影响因素分析判定的影响质量的因素不同控制措施不同。如果影响因素是人的方面的因素，应将控制重点放在人的技术水平、人的生理缺陷、人的心理状态、人的错误行为等方面；如果影响因素是施工用机具仪表方面的因素，应选用合适的机具仪表，正确使用、管理和保养好相应的机具和仪表，确保其处于最佳的使用状态；如果影响因素是施工材料方面的因素，应从材料的采购、检验和试验、检查验收和使用等方面进行重点控制；如果影响因素是施工方法或检验方法方面的因素，应重点控制施工方案、施工工艺、施工组织设计、施工组织措施等方面；如果影响因素是环境方面的因素，应重点改善施工的技术环境、操作环境。

二、施工质量控制要点

1. 认真贯彻质量管理体系

施工单位应建立和正确运行质量管理体系，设置适宜的质量控制目标，编制可行的质量计划，正确设置重要过程和质量控制点，加强对施工过程中生产要素的控制，严把工程验收关，确保工程施工质量。

2. 明确质量控制所依据的内容，严格按照要求施工

对工程质量的控制，应依据施工规范、操作规程、设计图纸、作业指导书、施工技术要求等进行。因此项目部应明确质量控制所依据的内容，制定切实可行的施工方法或检验方法，通过技术交底，使得项目管理人员和操作人员明确设计意图和质量要求，使上岗操作人员在明确工艺要求、质量要求和操作要求的基础上，严格按照要求施工。

3．坚持"三检"制度

工程中应当严格落实过程（工序）进行自检、互检、专检。对每道工序进行检查，通过设置质量控制点，对工序质量情况进行确认，上道工序不合格决不允许进入下道工序，下道工序也应保证不破坏上道工序的施工质量；按照"计划—实施—检查—改进"的过程管理模式控制各个工序和整个施工过程。

质检员作为质量的专检人员，负责过程（工序）的质量检验及认定，对施工过程进行工序质量监控，检查管理人员的管理方法是否存在问题；检查施工过程中施工人员的操作方法是否符合要求；检查施工过程中所使用的机械、仪表、设备、材料的规格、型号能否满足工程的需要。检查工作应做好工作记录。对于通信工程中所使用的专用仪表和专用设备及工机具等，必须定期进行检定、维修、校准和标识，机具、仪表要有专人使用和保管，确保处于完好状态。

4．制定纠正措施并贯彻落实

对于施工中已出现的不合格项，应立即纠正；对经常出现的不合格项应制定纠正措施。

三、通信工程中常见质量事故的防范措施

（一）直埋光缆线路工程常见质量事故的预防措施

1．直埋光缆埋深不符合要求的预防措施：缆沟开挖深度严格按照设计要求和有关验收标准执行；放缆前应清理沟底杂物，全面检查沟底深度，重点检查沟、坎等特殊点沟底的深度，并保持沟底平整；光缆应顺直地贴在沟底；回填土应满足规范要求。

2．光缆敷设时打结扣的预防措施：敷设光缆时，应严格按施工操作规程进行；配备必要的放缆机具；按照规范要求盘好"∞"形；根据不同的施工环境配备足够的敷缆人数；控制好放缆的速度；在关键点要安排有丰富经验的人员具体负责；保证光缆在现场指挥人员的视线范围以内。

3．光纤接头衰耗大、纤芯在接头盒中摆放不整齐、接头盒安装工艺不符合要求的预防措施：对从事光纤接续的技术人员应进行技术培训和示范，使其熟练掌握接续、安装要领；对切割刀、光纤接续设备和光时域反射仪（OTDR）进行维护和校准，满足施工需要；按接头盒说明书的要求盘纤，并保证光纤的曲率半径满足规范要求；现场环境的温度、洁净度应满足接续要求。

4．光缆对地绝缘不合格的预防措施：在光缆敷设和回填土时应避免光缆外皮损伤，接头盒必须按工艺要求封装严密。

（二）杆路工程质量事故的预防措施

1．电杆倾倒的预防措施：电杆进场要进行严格的质量检查，符合出厂标准；直线杆路中间杆位的左右偏移量不得超出验收规范要求；杆根装置应按设计和相关操作规程安装，电杆埋深应符合验收规范或设计要求；不同位置电杆的垂直度、拉线距高比、地锚的埋深和地锚出土点的左右偏移量均应满足规范要求，不得随意改动地锚位置；地锚应埋设牢固；电杆回填土要夯实；杆路的档距和杆上负荷必须符合工程设计要求，收紧吊线时应松开吊线上的夹板。

2．吊线垂度不符合要求的预防措施：吊线收紧时应根据不同地区、地形和挂设的光（电）缆程式分段进行，分档检查，每档吊线垂度都要满足规范要求；在吊线收紧时，不得使吊线过紧；吊线上的电缆负荷应满足要求；线路的杆距不宜过大；终端拉线制作应满足要求。

（三）市话电缆工程质量事故的预防措施

1. 芯线间绝缘电阻小的预防措施：在敷设电缆前应严格检查线间绝缘电阻、耐压和串音等项目，保证电缆的各项电气性能良好；电缆应带气布放；施工完毕后，电缆端头应及时封闭，及时进行气压维护；接头盒应按说明书要求严密封装。

2. 接头接触不良或混线的预防措施：在刨电缆端头分线时，要按规定色谱分编芯线；检查接线子质量，压接或焊接工具满足施工要求；接续结束，应认真对线；电缆接头应尽早密封；封装接头套管前应填写接头责任卡片；完成接续的电缆应及时保气。

（四）通信管道工程质量事故的预防措施

1. 塑料管孔接头断开造成管孔不通的预防措施：如果是管孔沟槽地基土质松软而容易下沉的原因，应采取措施夯实地基，并浇灌混凝土基础。接头塑胶使用时，应进行试验，粘结不牢固时，要及时更换。

2. 管道漏水的预防措施：敷设的塑料管在接头时，管孔接头不得松弛，接头两端橡胶圈的质量应良好；接头处应严密堵封；在人（手）孔内，管孔两端应堵封严密。

3. 硅芯管漏气的预防措施：硅芯管运到工地后，应作保气试验；敷设时禁止在地面上拖、磨、刮、蹭、压；回填土时，不要使石头等尖状物体损坏硅芯管；用接头套管接续时，一定要保持接头严密；每段接续（两人孔之间）完成后，可回填部分细土，应按要求作保气试验，确认不漏气后，再回填土。

4. 人（手）孔漏水、渗水，体积不符合要求的预防措施：在建人（手）孔时，按照规定尺寸放样，用测量工具经常检查，发现问题，及时纠正；在建人（手）孔基础时，要采取防止漏水、渗水的措施，在砌墙体时，里外都要按要求抹一定厚度的水泥墙面；人孔上覆必须按图纸要求制作；墙体与基础之间、上覆与墙体之间、口圈与上覆之间均应使用规定强度等级的水泥抹"八"字。

（五）室内设备安装工程质量事故的预防措施

1. 缆线布放不整齐的预防措施：布放线缆前应设计好缆线的截面；严格按施工操作规程和工程验收规范要求放缆；线缆绑扎的松紧度应符合要求；做好缆线的整理工作。

2. 线缆端接的假焊和虚焊的预防措施：焊接前，组织人员进行示范和操作技术交底；选派有经验和合格的操作人员与质量检查人员进行操作和及时检查；选用合格的焊接工具，并保证焊接工具工作时的温度满足要求；应防止烙铁头氧化不粘锡；使用适宜的焊剂；焊锡丝的质量应合格。

3. 机架、槽道、走线架安装不整齐的预防措施：机架、槽道、走线架安装的位置、垂度及机架之间缝隙必须满足工程规范要求，机架底部应垫实；安装好的机架、槽道、走线架应加固牢固。

（六）天、馈线工程质量事故的预防措施

1. 天线随风左右摇摆的预防措施：固定在天线支撑杆架上的天线要按说明书要求加固牢固；天线支架的螺钉及固定天线的螺丝均应紧固。

2. 室外馈线受潮、损耗变大的预防措施：要严格按操作规程和操作工艺对馈线接头进行防水处理，如在接头处缠防水胶带时必须由下而上缠绕，使接头防水可靠。

3. 馈线接口处断裂的预防措施：馈线接口应自然对齐，不得强行受力使其扭曲。

4. 天线方位角（方向）误差较大的预防措施：应用罗盘或场强仪测定，准确定位，调整天线支撑架位置，固定牢固。

5. 防雷措施不到位的预防措施：天、馈线的避雷设施必须按工程设计要求安装，接地装置的电阻值必须经检验合格。

（七）铁塔工程质量事故的预防措施

1. 拉线塔倒塌的预防措施：要注意拉锚工程质量，埋设位置、深度应符合要求；各条拉线的拉力应均匀；塔身材料和钢绞线绳索的规格、质量应符合要求。

2. 自立式铁塔倾斜和倒塌的预防措施：铁塔基础施工时，每道工序必须经监理检验合格；开挖基础坑时，必须挖到地基的持力层，以防止基础不均匀下沉；基础用的钢筋材料要严格检验，必要时，取样送检验机构检验其理化特性；浇灌基础混凝土时，混凝土必须严格按照配合比的要求配制；铁塔基础的强度和保养时间应符合要求；塔身材料必须有出厂的化学成分检验报告，并符合质量要求；地脚螺栓浇灌应牢固，塔身连接螺栓应紧固，焊接点焊接应牢靠，避雷设施完好；在组装塔身时，每安装一层都要用经纬仪进行测量，保持塔身垂直度符合要求。

3. 防腐的预防措施：塔身材料必须采用热镀锌钢材，所有焊接点及避雷设施都必须经过防腐处理。

【案例1L421056-1】

1. 背景

某万门程控交换局工程完工后，项目部进行了工程预验，结果发现在总配线架电缆施工中，用户电缆在总配线架上面的走线架上相互交叉严重，电缆下线绑扎松弛，电缆刨头在支铁上的绑扎参差不齐，项目部认定此处施工不合格。分析问题的原因是，机架顶部的走线架上面的电缆截面没有安排好，造成相互叠压交叉；因电缆在支铁上绑扎不紧，负责卡接端子板的施工人员把电缆芯线拉得过紧，导致电缆头被拉偏，造成电缆的绑扎位置不在一直线上。

2. 问题

（1）项目部在放缆过程中忽视了什么重要因素？造成这个结果的主要原因是什么？

（2）电缆刨头在支铁上的绑扎参差不齐，反映出什么问题？

3. 分析与答案

（1）施工单位在放缆过程中，没有控制好电缆截面的预先编排这一关键环节，使得所敷设的电缆顺序杂乱，导致了电缆在槽道内严重交叉。这反映了项目部在工程质量控制中忽视了过程控制，没有按照要求的工序顺序进行施工；在施工过程中，项目部也没有进行必要的过程检查，相关人员也未进行"三检"。造成这个结果的原因主要是管理者和操作者的责任心比较差，同时质检员检查也不到位。

（2）电缆刨头在支铁上的绑扎处不在一条直线上的问题，说明了操作人员的操作水平有待提高或责任心还需加强，反映了施工人员的工作质量存在问题，同时也反映了施工过程的控制存在问题，下道工序没有保护好上道工序的施工质量，以致影响整个工程质量。

【案例1L421056-2】

1. 背景

某通信工程公司通过投标承担了某省内二级干线光缆波分复用（WDM）系统传输设备的安装调测任务。工程公司在投标文件中承诺，该工程的施工质量为优良。为了抓好工程质量，该工程公司成立了项目部。

2．问题

项目部应针对哪些常见的质量问题制定哪些预防措施？

3．分析与答案

项目部应编制完善的施工组织设计，从抓好施工质量角度出发，提高施工人员的质量意识，配置必要的施工机具。这是搞好工程质量的重要一环。

在设备安装阶段，项目部应根据参与工程的人员的实际情况，控制好容易发生质量事故的关键工序和工艺，如走线槽架和机架的安装位置、水平度、垂直度、抗震加固，线缆和信号线的布放、绑扎及成端的焊接。这些关键工序都必须严格按照验收规范的要求进行控制。工程质量检查员要定期检查各个工序，必要时，要对一些工序进行示范安装。

在加电测试阶段，项目部应做好设备的本机测试和系统测试。不符合技术指标的，要找出原因，认真解决。

【案例1L421056-3】

1．背景

某电信工程公司承担综合楼SDH通信传输设备安装工程，该工程主设备进口自国外，配套线缆国内采购。工程进展到60%时，质检员在进行阶段性检查时发现大部分2M口本机测试结果不合格。

通过因果分析确定影响2M口本机测试质量的因素包括：人员基本知识差、责任心差、接头不良、线序有误、绑扎不当、线缆质量不良、连接器质量不良、仪表损坏、测试线故障、现场干扰磁场过强等。

2．问题

请针对影响2M口本机测试质量的因素制定改进措施。

3．分析与答案

改进措施如表1L421056所示。

改进措施表   表1L421056

序号	问题原因	改进措施
1	基本知识差	做好新人培训
2	责任心差	明晰责权、关爱职员
3	接头不良	严格技术规范
4	线序有误	标识及时，明晰；多次检查对线
5	绑扎不当	严格技术规范
6	线缆质量不良	加强进货检验
7	连接器质量不良	
8	仪表损坏	及时修复或更换
9	测试线故障	修复或更换
10	现场干扰磁场过强	清理现场进行必要的屏蔽保护等

1L421060　通信与广电工程项目施工现场管理

1L421061　施工现场管理要求

施工现场指施工活动所涉及的施工场地以及项目各部门和施工人员可能涉及的一切活动范围。对于通信、广电工程，点多线长、施工工期较短，施工经常跨地区、跨省市进行，施工过程中需要与沿线政府、企业、居民沟通，办理相应手续，支付相应赔补费用，现场管理任务十分繁重。现场管理工作应着重考虑应对施工现场工作环境、居住环境、周围环境、现场物资以及所有参与项目施工的人员行为进行管理，应按照事前、事中、事后的时间段，采用制订计划、实施计划、过程检查、发现问题后对问题进行分析、制定预防和纠正措施的程序进行现场管理。通信工程施工现场管理的基本要求主要包括以下方面：

一、现场工作环境的管理

项目部应按照施工组织设计的要求管理作业现场的工作区，落实各项工作。在施工过程中，应严格执行检查计划，对于检查中所发现的问题应进行分析，制定纠正和预防措施，并予以实施。对工程中的责任事故应按奖惩方案予以处罚。施工现场的安全和环境保护工作应按照企业的相关保护措施和施工组织设计的相关要求进行。当施工现场发生紧急事件时，应按照事故应急预案进行处理。

由于线路工程、管道工程受外界环境影响较大，影响因素较多，为了保证工程项目的顺利进行，应按照施工组织设计中的工程报建计划，组织现场负责人及时与线路沿线政府部门联系，汇报工程概况，并力争取得政府相关部门的理解与支持。

在外进餐时应注意饮食卫生，并保管好仪表设备和未使用的材料，以保证施工人员和施工材料的安全。

二、现场居住环境的管理

项目部应根据施工驻地的情况合理安排驻地场地，布置生活区、材料堆放点等。项目部应根据施工组织设计的要求，对施工驻地的材料放置和生活区卫生进行重点管理，落实驻地管理负责人和驻地环境卫生管理办法、驻地防火防盗措施，使员工清楚火灾时的逃生通道。

三、现场周围环境的管理

要求项目部实施施工组织设计中的相关计划，在考虑施工现场周围的地形特点、施工的季节、现场的交通流量、施工现场附近的居民密度、施工现场的高压线和其他管线情况、与公路及铁路的交越情况、与河流的交越情况等前提下进行施工作业，对重要环境因素应重点对待。在城市市区噪声敏感区和建筑物集中的区域内，禁止夜间进行产生环境污染的建筑施工。经批准的夜间作业，必须采取措施降低噪声，并公告附近居民。

四、现场物资的管理

施工现场的物资管理人员应根据施工组织设计的要求做好现场物资的采购、检验、保管、领用、移交和成本核算等工作，保证工程中使用的物资满足设计要求或规范要求，避免工程物资的浪费。对此，要求项目部应做好工程物资的采购、进货检验工作，并合理保管和发放，恰当标识，注意防火、防盗、防潮，物资管理人员还应做好现场物资的进货、领用的账目记录，定期盘点库存物资。对于建设单位采购的物资，物资管理人员应负责向建设单位移交剩余物资，办理相应的手续；对于项目部采购的物资，应在工程完工后保管好剩余物资，经盘点进货数量、使用数量、剩余数量，通过成本核算和会计核算后，移交给施工单位指定部门。

受现场环境限制，难以经济地检验质量状况的工程材料，在使用时，应记录好材料的批次和使用地点。一旦在使用中发现其中有的材料存在质量问题，应注意检查同批次其他材料的质量状况，以保证工程质量满足要求。

五、现场施工人员行为的管理

项目部应制定施工人员行为规范和奖惩制度，教育员工遵守法律法规、当地的风俗习惯、施工现场的规章制度，保证施工现场的秩序。同时项目部应明确由施工现场负责人对此进行检查监督，对于违规者应及时予以处罚。

【案例1L421061】

1．背景

某施工单位承接了某电信运营商的某小区（非新建小区）的接入网工程。该工程采用墙壁架空敷设方式将电缆引入住户，施工单位负责采购墙壁支撑物、膨胀螺栓等材料。合同明确了工期要求，同时规定了每提前一天完工，按合同总价3%奖励的条款。由于工期紧迫，加之奖励条款的刺激，项目部规定每天早6点开工，晚11点收工。施工过程中，由于噪声扰民，居民对此意见极大，后受到有关单位的罚款。

2．问题

（1）该单位的施工方案是否合理？为什么？

（2）施工单位在人口密集的小区施工应如何采取措施控制噪声对居民的影响？

3．分析与答案

（1）该施工单位的施工方案不合理。文明施工、不扰民、不损害公共利益是施工现场管理的目标之一，而中午、晚上以及周六、周日都是居民休息的时间，打墙洞会产生超标噪声，在以上时段施工会对居民的休息产生严重干扰。另外，由于每天施工时间过长，也会影响施工人员的身体健康，并可能发生安全事故。

（2）施工单位在人口密集的小区施工时，应采取下列措施控制噪声对居民的影响：严格控制作业时间，一般在22：00至次日早6：00之间（或按物业规定时间）停止强噪声作业。确系特殊情况须在22：00至次日早6：00之间（或在物业规定施工时间以外）及周六、周日和节假日施工时，应尽量采取降低噪声措施（采用低噪声设备和工艺代替高噪声设备与工艺、在噪声源处安装消声器消声等方法），并会同相关单位与社区、物业或居民协调，出安民告示，求得居民谅解。

1L421062 施工现场环境因素识别

为了能够对施工过程中的环境污染进行预防和有效控制，在工程项目开工前，项目部应对现场环境因素进行识别，评价出重要环境因素。

一、环境因素的识别范围

施工现场的环境因素是指施工、管理、服务等所有活动（包括施工准备、施工过程、竣工交验、售后服务等阶段的活动）中，能控制的或可能施加影响的环境因素。施工现场环境因素的识别范围包括施工单位自身的活动、产品及服务过程以及工程分包方、劳务分包方、物资供应方等相关方与环境有关的全部内容。

二、环境因素识别方法

环境因素识别常采用以下方法：

（1）通过现场调查、观察、咨询等方法识别环境因素；

（2）采用过程分析，把工程实施过程按工序进行分解，按作业活动、资源消耗等识别环境因素。

三、施工现场环境因素的识别原则

对于同一种环境因素，在不同的施工项目中是否为重要环境因素，应根据施工现场的环境评价情况确定。识别施工现场环境因素应以对施工现场的环境情况进行全面、具体、明确地识别和准确地描述为原则，具体要求如下：

（1）全面识别环境因素，应充分考虑施工准备、施工过程、竣工验收和保修服务中能够控制及可能对其施加影响的环境因素。

（2）识别环境因素时应对"三种状态"、"三种时态"和"七种类型"的环境因素进行识别。其中，三种状态是指施工生产的正常（如施工连续运行）、异常（如工程停工）和紧急（如发生火灾、洪水、地震等）状态；三种时态是指过去（工程未开工时现场的环境情况）、现在（施工过程中现场的环境情况）和将来（工程完工以后，施工现场的环境情况）；七种类型是指以上三种状态、三种时态下的大气排放、水体排放、废弃物处置、土地污染、噪声排放、原材料与自然资源的消耗、对当地或社区周边环境的影响等情况。

（3）具体识别施工现场环境因素时，要求识别出的环境因素应与随后的控制和管理需要相一致，以达到为施工现场环境管理提供明确控制对象的目的。识别的具体程度应细化到可对其进行检查验证和追溯，但也不必过分细化。

（4）识别施工现场环境因素应明确其环境因素影响，包括有利和不利的环境影响。

四、环境因素的评价

对于已识别出的环境因素，经过评价分析，确定该环境因素是否为重要环境因素。

（1）影响全球范围，周边社区强烈关注或不符合有关法律、法规和行业规定的环境因素，可直接确定为重要环境因素。

（2）其他情况下，从该环境因素的影响范围、影响程度、产生量、产生频次、法规符合性、周边社区关注度、改变影响的难度、可节约成本等方面考虑，确定是否作为重要环境因素。

（3）对于识别出的环境因素，不能或不易直接确定的，应调查其对周围环境的影响程度，采用多因素打分法和是非判断法综合评价后，确定是否作为重要环境因素。

五、常见的环境因素

（1）设备安装工程的环境因素一般包括：铁件刷漆时被随意倾倒的剩余油漆；楼板、墙壁、铁件钻孔时的粉尘、噪声；切割机的噪声；设备开箱时，随意丢弃的包装物等垃圾；随意丢弃的废电池；光（电）缆接续时下脚料、随意丢弃的废弃物，微波、移动工程的电磁辐射等。

（2）线路工程的环境因素一般包括：光（电）缆测试时，随意丢弃的废电池、包装垃圾；发电机、抽水机工作时的废气和噪声；开挖光（电）缆沟时，造成的植被破坏、扬起的尘土；人（手）孔排出沿街漫流的水；墙壁、楼板钻孔时的噪声、粉尘；光（电）缆接续时，随意丢弃的下脚料、垃圾、废弃物；封缩热缩制品使用喷灯时造成的废气；吹缆设备工作时空气压缩机的噪声排放；剩余油漆被焚烧或填埋；电缆芯线被焚烧；随意倾倒的伙房泔水和生活垃圾等。

（3）管道工程的环境因素一般包括：路面切割机产生的噪声和尘土；开挖管道沟时扬起的尘土；发电机、抽水机产生的废气和噪声；搅拌机的噪声和漫流的污水；管道沟和人（手）孔坑抽出的水沿街漫流；打夯机的噪声；随意丢弃的工程及生活废弃物、垃圾；人工搅拌水泥砂浆时，路面上遗留的灰浆；随意倾倒的生活垃圾；马路上随意放置的砂、石、模板、水泥、红砖等。

【案例1L421062】

1. 背景

某通信管道工程3月份施工，在人行道上敷设24孔水泥管管道5.276km，平均每80m要修建一大号人孔。在对开挖的土进行保护和清运建筑垃圾时，施工单位心存侥幸心理，认为管道铺放很快会完成，所以对堆放在管道沟旁的土未进行遮盖保护，造成扬尘；在清运多余泥土和建筑垃圾时，认为晚上清运，不会对周围居民产生多大影响，也没有采取遮盖措施，造成渣土沿路有遗撒现象发生。在修建人孔时，用抽水机从人孔坑抽出的水直接排放在道路上。经市民举报，该单位受到环保部门罚款处理。施工单位堆放在路边的砖和砂子经常丢失。施工过程中，经常有些单位以各种名义前来罚款，致使施工单位开支超标。

2. 问题

（1）此工程施工过程中，可能存在哪些环境因素？

（2）修建人孔时，排出的污水应如何处理？

（3）当地的治安环境、社会环境可以识别为环境因素吗？为什么？

3. 分析与答案

（1）此工程中可能存在的环境因素包括：开挖管道沟时造成的尘土飞扬，抽水机工作时的废气和噪声排放，搅拌机工作时的噪声和污水排放、灰尘飞扬，打夯机产生的噪声排放，工程及生活废弃物、垃圾被随意丢弃；人工搅拌水泥砂浆时在路面上的灰浆遗留，施工驻地的生活垃圾被随意倾倒等。

（2）修建人孔时，从人孔坑排出的污水会对周边居民的生活及交通带来较大影响，施工单位应将污水直接排放到下水道，而不能直接排放到道路上。

（3）当地的治安环境和社会环境不属于环境因素的识别范围。环境因素的识别主要考虑大气排放、水体排放、废弃物处置、土地污染、噪声排放、放射性污染及原材料等自然资源的使用和消耗、对当地或社区周边环境的影响七个方面，也就是说环境因素的识别仅限于自然环境。

1L421063　重要环境因素控制措施

项目部应具体问题具体分析，根据工程的特点，识别出相应的环境因素。对于所识别出的环境因素，项目部应通过分析其影响程度，评价出重要环境因素，制定出相应的控制措施，以避免或减少它们对施工点周围环境及相关方的影响，保证施工活动符合法律法规要求。

一、设备安装工程常见环境因素的控制措施

设备安装工程施工时，铁件刷漆剩余的油漆应统一回收，不得随意丢弃。使用电锤或切割机作业时，应避开中午或晚上时间；操作人员在室外作业时应站在上风口，并用水喷淋钻头；在室内作业时应用吸尘器等工具降尘。设备开箱时，应及时将包装箱内的废弃物收集，并送到指定地点。仪器、仪表上换下的废旧电池应收集，统一安放到指定地点。光（电）缆接续时的下脚料、废弃物应在下班时收集，并丢置到指定地点。从事微波、移动工程测试工作的操作人员工作时，应穿戴相应的防护工作服，避免受到电磁波辐射的伤害。不能在机房四周堆放杂物，应保持机房进出道路的畅通。

二、线路工程常见环境因素的控制措施

光（电）缆测试仪表换下的废旧电池应统一收集存放，光（电）缆盘的包装物拆下后应及时收集，避免乱扔乱放。发电机、抽水机要定期保养，以降低噪声和废气排放量，同时尽量将其远离人群放置。开挖光（电）缆沟的土应尽早回填，挖出的表层植被应单独放置，回填时将其放在表面。人（手）孔排出的水应引至下水道、排水沟或其他不影响交通的地方。在小区等场所使用电锤或电钻作业时，应避开中午或晚上时间，操作人员在室外作业时应站在上风口位置，并用水喷淋钻头；在室内作业时应用吸尘器等工具降尘。光（电）缆接续时的下脚料、废弃物应在更换场地时统一收集，带回驻地统一存放。热缩制品封缩时应采取通风措施。吹缆设备工作时，空气压缩机应放置在远离操作人员的地方。标石刷漆时，剩余的油漆应统一回收，不得随意丢弃。电缆芯线应放在指定地点，统一处理，严禁焚烧。生活垃圾要及时清运到合适地点，以减少环境污染等。

三、管道工程常见环境因素的控制措施

切割机工作时应接水源；应选择合适的作业时间，减少对周围人员的影响，同时，作业人员应配发防噪声耳罩。开挖的管道沟应尽早回填。发电机、抽水机要定期保养，以降低噪声和废气的排放量，同时尽量将其远离人群放置。向搅拌机内倒水泥时应采取防尘措施，搅拌机应及时维护，以降低其工作噪声；搅拌机流出的污水应定点排放。管道沟排出的水应引至下水道、排水沟或其他不影响交通的地方。打夯机工作时，应根据工作场地的情况选择合适的工作时间。工程废弃物、垃圾应及时清理，做到人走场清；生活垃圾要及时清运到合适地点，以减少环境污染。人工搅拌水泥砂浆时，应在路面上铺设工作板，不得在路面上直接工作；工作完成后应及时清理工作场地，避免路面上遗留砂浆痕迹。生活垃圾应统一收集，统一送到合适的地点。市内通信管道施工，堆放材料要确定指定地点，不能在马路上堆放砂、石、模板、水泥、红砖等工程材料，影响交通。

对于上述针对环境因素制定的控制措施，都是在现有技术水平情况下制定的，其中有些控制措施仅仅是对前边提出的环境因素在一定程度上进行控制，而未从根本上消灭此环境因素对环境可能带来的影响。随着科学技术的发展，前面提到的环境因素有些可能也就不复存在了，有些可能还会有更好的控制措施。

【案例1L421063-1】

1. 背景

某施工单位在承建的某电信运营商管道工程的施工过程中，组织了六个施工班组分段同时施工，出于节约成本的角度考虑，人（手）孔及管道包封所用水泥砂浆均采用人工搅拌。由于施工班组较多，施工班组直接在柏油路面上搅拌，施工后又未清理工作场地，因

此在路面上遗留了很多砂浆痕迹。市政管理部门在巡查时，发现在不到1km的地段，多达11处水泥搅拌点，随即通知施工单位停止施工，接受处罚，并责令予以改正。

2．问题

（1）施工人员的这种行为正确吗？为什么？

（2）施工单位对此应采取什么措施施工？

3．分析与答案

（1）施工人员的这种行为是错误的。节约成本固然是施工单位应该考虑的因素，但避免或减少因施工对施工点周围的其他人员的影响，保证生产环境、生活环境、工作环境的清洁及城市市容的整洁，也是施工单位的职责。施工单位的这种行为，破坏了工程沿线的市容，所以，这种行为不正确。

（2）施工单位在采用人工搅拌水泥砂浆时，应在路面上铺设工作板，不得在路面上直接搅拌，工作完成后应及时清理工作场地，避免路面上遗留砂浆痕迹。

【案例1L421063-2】

1．背景

某施工单位通过投标方式承担了某运营商的直埋光缆线路工程，该工程需穿越某草原约19km，且路由沿线有防护林。经草原管理局批准，以设计红线为基准，两侧各1m为施工区域，可堆放土及作为布放光缆时的通道。

2．问题

（1）该项目施工时对环境潜在的影响是什么？

（2）施工单位应采取哪些措施保护草原植被？

3．分析与答案

（1）该项目施工时对环境潜在的影响是施工占压或损毁草原植被，施工单位应制定相应的保护措施。

（2）施工单位应采取下列保护措施：尽量减少施工占压或损毁草原植被，特别是草皮稀疏地带；施工机械及施工人员需穿行红线外大面积草地时，应固定通道，减少红线外草地的损毁面积；大型机械设备安装和移动时，应避免损毁植物；禁止利用树木作为设备安装的临时支撑物；不得在草皮和绿化苗圃地进行施工设备的前期安装；应根据施工特点和区域特征在施工范围内对草原植被、防护林地带设置警示牌标识，以便于操作、监督和检查。

1L421070　通信与广电工程合同管理

1L421071　合同风险的识别及防范

一、通信工程施工合同风险的类型

1．项目外界环境风险

（1）政治环境的变化，如发生战争、禁运、社会动乱等造成工程施工中断或终止。

（2）经济环境的变化，如通货膨胀、工资和物价上涨。物价和货币风险在工程中经常出现，而且影响非常大。

（3）合同所依据的法律环境的变化，如新的法律颁布，国家调整税率或增加税种等。

（4）自然环境的变化，如百年不遇的洪水、地震、台风等，以及工程水文、地质条件存在不确定性，复杂且恶劣的气候条件和现场条件，其他可能存在的干扰因素等。

2. 项目组织成员资信和能力风险

（1）业主资信和能力风险。例如，业主企业的经营状况恶化濒于倒闭，支付能力差，资信不好，撤走资金，恶意拖欠工程款等；业主为了达到不支付或少支付工程款的目的，在工程中苛刻刁难承包商，滥用权力，施行罚款和扣款，对承包商的合理索赔要求不答复或拒不支付；业主经常改变主意，如改变设计方案、施工方案，打乱工程施工秩序，发布错误指令，非正常地干预工程但又不愿意给予承包商以合理补偿等；业主不能完成合同责任，如不能及时供应设备、材料，不及时交付场地，不及时支付工程款；业主的工作人员存在私心和其他不正之风等。

（2）承包商（分包商、供货商）资信和能力风险，主要包括承包商的技术能力、施工力量、装备水平和管理能力不足，没有合适的技术专家和管理人员，不能积极地履行合同；财务状况恶化，企业处于破产境地，无力采购和支付工资，工程被迫中止；承包商信誉差，不诚实，在投标报价和工程采购、施工中有欺诈行为；对技术文件、工程说明和规范理解不准确或出错等；承包商的工作人员不积极履行合同责任，罢工、抗议或软抵抗等。

（3）其他方面，如有关部门或工作人员的干预、苛求和个人需求；项目周边或涉及的居民或单位的干预、抗议或苛刻的要求等。

3. 管理风险

（1）对环境调查和预测的风险。对现场和周围环境条件缺乏足够全面和深入的调查，对影响投标报价的风险、意外事件和其他情况的资料缺乏足够的了解和预测。

（2）合同条款不严密、错误、二义性，工程范围和标准存在不确定性。

（3）承包商投标策略错误，错误地理解业主意图和招标文件，导致实施方案错误、报价失误等。

（4）承包商的施工方案、施工计划和组织措施存在缺陷和漏洞，计划不周。

（5）实施控制过程中的风险。例如：合作伙伴争执、责任不明；缺乏有效措施保证进度、安全和质量要求；层层分包，造成计划执行和调整、实施的困难等。

二、风险的识别方法

风险识别是风险控制的基础，通信工程项目合同风险识别的方法一般包括问询法、流程图法、测试表法、现场观察法、历史分析法、环境分析法等。

（一）问询法。问询法包括调查问卷法、面谈法、专题讨论法、德尔菲法等。通过问讯法，可以集思广益，发挥集体智慧，从多个方面分析合同签订及履行过程中可能存在的风险，并分析风险的大小和降低风险的成本。

（二）流程图法。流程图法主要是将合同从立项签订、招标投标、委托授权、市场准入、合同履行、终结及售后服务全过程，以流程图的形式绘制出来，从而确定合同管理的重要环节，识别合同风险，进而进行风险分析，提出补救措施。这种方法比较简洁和直观，易于发现关键控制点的风险因素。

（三）测试表法。测试表法主要是将合同各关键控制环节以测试表的形式进行测试，以查找合同管理的风险点和控制缺陷，分析其潜在的影响和重要程度，提出规避和防范风险的措施。测试表大体上可以设计成以下几种：

1. 市场准入控制测试表，主要测试合同签订双方队伍资质、市场准入情况、外部队伍考核情况和转包、分包情况。

2. 招标投标和授权批准控制测试表，主要测试经济业务是否按规定进行投标、投标过程是否规范、招标投标收入是否纳入统一财务管理、合同签订程序是否到位、甲方代理人是否持有委托授权书。

3. 合同条款内容及履行情况测试，主要测试合同的标的、数量、质量、价格及酬金标准、履行期限、地点、方式、违约金和赔偿金是否明确具体，履行情况如何，付款凭证的数据是否与物资验收单、发票、合同履行结算单相一致。

（四）现场观察法。现场观察法主要是深入合同相关方现场，了解合同双方的资质资信情况，观察工艺流程，获得第一手资料。其客观性较强，是提高审计质量的有效途径。

（五）历史分析法。历史分析法就通过审查以往类似工程项目的合同工期、单价、双方责权利等合同条款以及类似工程的合同履行情况，作为规避此次合同风险的依据。

（六）环境分析法。环境分析法主要是对相关方的社会环境变化趋势，可能变更的法律法规等进行深入分析，查找风险因素和潜在影响。

三、合同风险的防范

（一）建立和完善风险管理机制和制度

对于一个工程项目来说，如果在实施过程中存在合同风险，对建设单位和工程承包商都会造成损失。因此，无论是建设单位还是工程承包商，在企业内部都应完善合同风险管理机制，建立和健全合同风险管理制度，控制好合同中的关键控制点，并重视保险工作。

1. 完善合同风险管理机制

企业应建立起合作方评审机制，对曾经的和潜在的客户进行评审，分析其履约情况和资信情况，并建立相应档案，供企业管理人员和项目负责人参考。企业要重视事前的风险防范机制，做好对合同签订和履行全过程的分析与评审，并建立责任追究机制，树立牢固的风险意识和偿债意识。企业还应建立健全监督机制，借助于监督机构，对合同管理过程进行跟踪监督，降低企业风险。

2. 建立和健全合同风险管理制度

企业应建立、健全合同风险管理制度，风险管理制度应包括客户资信评估、合同评审、合同审计、合同项目负责制和合同过程控制方面的管理内容。

建立和健全合同管理制度应重视以下工作：一是合同管理制度的制定及落实情况；二是委托授权、市场准入、招标投标程序；三是合同标的审查；四是合同条款内容的真实性和准确性；五是合同履行的全面性和责任追究情况；六是合同管理的基础工作情况。

（二）控制好合同的关键条款

合同关键条款主要有以下几个方面内容：

（1）承包范围、工程量（或工作量）、合同价款、工期；

（2）质量标准、安全要求；

（3）合同双方的责权利；

（4）付款方式、工程变更和索赔的处理方法、不可抗力的范围、质保期及质保责任；

（5）违约责任；

（6）争议的处理方法。

在合同正式签订前应进行严格的审查把关，主要检查以下内容：

（1）施工合同是否合法，客户的审批手续是否完备健全，合同是否需要公证和批准；

（2）合同是否完整无误，包括合同文件的完备和合同条款的完备；

（3）合同是否采用了示范文本，与其对照有无差异；

（4）合同双方责任和权益是否失衡，确定如何制约；

（5）合同实施会带来什么后果，完不成的法律责任是什么以及如何补救；

（6）双方对合同的理解是否一致，发现歧义及时沟通。

在合同的签订和实施过程中，不要轻易相信任何口头承诺和保证，少说多定是一个必须养成的工作习惯。一字千金，而非一诺千金。双方商讨的结果，做出的决定，或对方的承诺，只有写入合同，或双方签署文字意见才算确定。

（三）重视担保和保险工作

为了转移企业在经营活动和履行合同过程中的风险，合同当事人应考虑投标担保、预付款担保、履约担保、支付担保等，另外还应考虑货物运输险、财产险、责任险、建筑工程一切险、安装工程一切险等。

另外，合理合法的索赔也是转移工程风险的很好手段。

【案例1L421071】

1. 背景

某省际干线传输网工程，主要工作为传输设备的安装与测试。建设单位（甲方）通过招标投标，确定采用某新型设备。工程由A、B两家施工单位实施，甲方指定施工单位A作为工程的施工、测试总协调单位。

2. 问题

请以A施工单位的角度，对本项目进行风险分析。

3. 分析与答案

本项目的风险利用流程法、测试表法、现场观察法和合同分析法等方法进行分析，主要来自于以下方面：

（1）外界环境风险

物价上涨、银行利率调整等；

合同所依据的法律环境的变化，如新的法律颁布、国家调整税率或增加税种等；

自然环境的变化，如地震、台风等。

（2）资信和能力风险

建设单位的工程资金不到位、资信不好、撤走资金、恶意拖欠工程款等；

建设单位为了达到不支付或少支付工程款的目的，在工程中苛刻刁难，滥用权力，施行罚款和扣款，对承包商的合理索赔要求不答复或拒不支付；

建设单位经常改变主意，如改变设计方案、施工方案，打乱工程施工秩序，发布错误指令，非正常地干预工程但又不愿意给予承包商合理补偿等；

建设单位不能完成合同责任，如不能及时供应设备、材料，不及时支付工程款；

建设单位的工作人员存在私心和其他不正之风等；

分包商的技术能力、施工力量、装备水平和管理能力不足，没有合适的技术专家和管理人员，不能积极地履行合同；

分包商财务状况恶化，企业处于破产境地，无力支付工资，工程被迫中止；

分包商信誉差，不诚实，在施工中有欺诈行为；

分包商对技术文件、工程说明和规范理解不准确或出错等；

分包商的工作人员不积极履行合同责任，罢工、抗议或软抵抗等；

供应商资信差，不能按期供应材料，材料质量不满足要求等；

本单位设备管理部门由于设备测试仪表数量有限，不能按时提供；

本项目工作量大、工期长，人员长期出差，因家庭原因造成人员撤离施工现场；

设备厂家不积极履行合同责任，配合不积极等。

（3）管理风险

合同条款不严密、错误、二义性，工程范围和标准存在不确定性。

投标策略错误，错误地理解招标文件，导致实施方案错误、报价失误等。

施工组织设计存在缺陷和漏洞，计划不周。

实施控制过程中，合作伙伴争执、责任不明，缺乏有效措施保证进度、安全和质量要求；工程参与单位较多，造成计划执行和调整、实施的困难等。

1L421072 合同变更的处理

一、合同变更的起因

合同内容频繁的变更是工程合同的特点之一。一个较为复杂的工程合同，实施中的变更可能有几百项。合同变更一般主要有如下几方面原因：

（1）建设单位新的变更指令，对工程新的要求。例如建设单位有新的方案，建设单位修改项目总计划，削减预算等。

（2）由于设计的错误，必须对设计图纸作修改。这可能是由于建设单位要求变化的，也可能是设计人员、监理工程师或承包商事先没能很好地理解建设单位的意图造成的。

（3）工程环境的变化，预定的工程条件不准确，要求实施方案或计划变更。

（4）由于产生新的技术和知识，有必要改变原设计、实施方案或实施计划，或由于建设单位指令，或由于建设单位的原因造成承包商施工方案的变更。

（5）政府部门对工程新的要求，如国家计划变化、环境保护要求或城市规划变动等。

（6）由于合同实施出现问题，必须调整合同目标，或修改合同条款。

（7）合同当事人由于倒闭或其他原因转让合同，造成合同当事人的变化。

二、合同变更的处理要求

1. 出现变更条件后，尽快做出变更指令。

在实际工作中，变更决策的时间过长和变更程序太慢都会造成很大的损失，常有下面两种现象：

（1）施工停止，承包商等待变更指令或变更会谈决议。

（2）变更指令不能迅速做出，而现场继续施工，造成更大的返工损失。

2. 合同变更必须经合同双方谈判，达成一致后方可进行合同变更。合同变更时，合同当事人双方必须签订变更协议。

3. 变更指令做出后，承包商应迅速、全面、系统地落实变更指令。

（1）全面修改相关文件，例如图纸、规范、施工计划、采购计划等。

（2）快速布置并监督落实变更指令，按调整的计划执行。

4. 认真分析合同变更的影响，在合同规定的索赔有效期内完成索赔处理。

合同变更可能会涉及费用和工期的变更，可能引起索赔，因此在合同变更过程中，应记录、收集、整理所涉及的各种文件，如图纸、各种计划、技术说明、规范和建设单位的变更指令，作为进一步分析的依据和索赔的证据。

三、合同变更中的注意事项

1. 对建设单位或工程师的口头变更指令，按施工合同规定，承包商也必须遵照执行，但应在7天内书面向工程师索取书面确认。如果工程师在7天内未予书面否决，则承包商的书面要求即可作为工程师对该工程变更的书面指令。工程师的书面变更指令是支付变更工程款的先决条件之一。

2. 建设单位或工程师的认可权必须限制。在国际工程中，建设单位常常通过工程师对材料的认可权提高材料的质量标准、对设计的认可权提高设计质量标准、对施工工艺的认可权提高施工质量标准。如果合同条文规定得比较含糊，或设计不详细，则容易产生争执。当认可超过合同明确规定的范围和标准时，它即为变更指令。对此，承包商应争取建设单位或工程师的书面确认，进而提出工期和费用的变更或索赔。

3. 在国际工程中，工程变更不能免去承包商的合同责任，而且对方应有变更的主观意图。所以对已收到的变更指令，特别对重大的变更指令或在图纸上做出的修改意见，应予以核实。对涉及双方责权利关系的重大变更，必须有双方签署的变更协议。

4. 工程变更不能超过合同规定的工程范围。如果超过这个范围，承包商有权不执行变更或坚持先商定价格后再进行变更。

5. 应注意工程变更的实施、价格谈判和建设单位批准三者之间在时间上的矛盾性。在国际工程中，合同通常都规定，承包商必须无条件执行建设单位代表或工程师的变更指令（即使是口头指令），工程变更已成为事实，工程师再发出价格和费率的调整通知，价格谈判常常迟迟达不成协议，或建设单位对承包商的补偿要求不批准，价格的最终决定权却在工程师。这样承包商会处于十分被动的地位。

【案例1L421072】

1. 背景

一施工单位承揽到某传输设备安装工程，工程开工后发生了以下事件：

（1）甲方由于紧急业务需要，临时增加了几个站点的设备配置。

（2）由于设计单位的疏忽，施工过程中发现设计中一站点的走线位置跟机房实际情况不符，因此修改设计，增加了部分工日。

（3）工程测试阶段，由于施工单位仪表租用问题，停工了2天，总工期超过施工合同中规定的期限。

2. 问题

请分析上述哪些事件需要进行合同变更。上述变更属于哪类变更？

3. 分析与答案

事件（1）：由于新增了工作量，设备安装、测试的费用将增加，所以需要进行合同变更。

事件（2）：由于新增了工日，所以需要进行合同变更。

事件（3）：由于施工单位自身原因出现了停工，所以不需要进行合同变更。

上述需要变更的部分均应考虑费用变更和工期变更两部分内容。

1L421073 合同争议的解决

一、合同违约责任的划分

合同在实施过程中，受各种因素影响，双方难免发生违约，产生争议。当事人违约责任包括下列情况：

1. 当事人一方不履行合同义务或履行合同义务不符合合同约定的，应当承担继续履行合同责任，以及采取补救措施或者赔偿损失等责任，而不论违约方是否有过错责任。

2. 当事人一方因不可抗力不能履行合同的，应对不可抗力的影响部分（或者全部）免除责任，但法律另有规定的除外。当事人延迟履行后发生不可抗力的，不能免除责任。不可抗力不是当然的免责条件。

《通信建设工程量清单计价规范》YD 5192—2009对于因不可抗力事件导致的费用，发、承包双方应按以下原则分别承担并调整工程价款：

（1）工程本身的损害、因工程损害导致第三方人员伤亡和财产损失以及运至施工现场用于施工的材料和待安装的设备的损害，由发包人承担；

（2）发包人、承包人人员伤亡由其所在单位负责，并承担相应费用；

（3）承包人的施工机械和仪表设备损坏及停工损失，由承包人承担；

（4）停工期间，承包人应发包人要求留在施工场地的必要的管理人员及保卫人员的费用，由发包人承担；

（5）工程所需清理、修复的费用，由发包人承担。

3. 当事人一方因第三方的原因造成违约的，应当向对方承担违约责任。

4. 当事人一方违约后，对方应当采取适当措施防止损失的扩大，否则不得就扩大的损失要求赔偿。

二、合同违约的解决方法

合同当事人一方认为另一方合同违约，可向对方提出索赔要求，另一方可能对此拒不接受，双方当事人因此可能发生争议。对于合同争议的解决，当事人应执行施工合同规定的争议解决的条款。合同争议的解决办法包括协商、调解、仲裁和诉讼。

【案例1L421073】

1. 背景

某施工单位承包了2km的通信管道建设工程，合同工期为6月1日至6月20日。合同约定施工过程中如遇暴雨等自然灾害，建设单位可就施工单位所受的损失向施工单位提供补偿。施工单位因施工人员不能按期到场使得开工时间推迟，于6月5日正式开工。6月21日施工现场突然下了一场大暴雨，使得已经挖好的尚未敷设管道的500m管道沟被冲塌，施工单位因此需要重新开挖此段管道沟。工程最终于6月27日完工，并通过了工程验收。

2. 问题

（1）施工单位是否可以就被冲塌的管道沟需重新开挖而向建设单位提出追加工程量的要求？为什么？

（2）如果施工单位坚持就管道沟被冲塌一事向建设单位提出索赔要求，而建设单位又拒绝支付索赔，施工单位可以采取哪些方法解决争议？

3．分析与答案

（1）施工单位不可以就管道沟被冲塌一事向建设单位提出工程量追加要求。因为此工程合同约定的工期是从6月1日至6月20日，由于施工单位自身的原因，工程未能按时开工，从而导致在施工过程中遇到大暴雨，使得施工单位未完成的工作量遭到破坏。如果施工单位按期开工，工程在合同规定的工期内应该可以完工。施工单位之所以在施工过程中遇到了大暴雨，完全是由于施工单位不能按期开工导致的。此种情况属于施工单位延迟履行而造成的损失，因此不应该提出追加工程量的要求。

（2）如果施工单位坚持就管道沟被冲塌一事向建设单位提出索赔要求，而建设单位又拒绝支付此索赔，施工单位可以按照合同中约定的解决争议的方法，采用协商、调解、仲裁或诉讼的方式解决此争议。

1L421074　建设工程索赔

一、承包人索赔成立的条件

1．施工单位可以提起索赔的事件

（1）发包人违反合同给承包人造成时间、费用的损失；

（2）因工程变更（包括设计变更、发包人提出的工程变更、监理工程师提出的工程变更，以及承包人提出并经监理工程师批准的变更）造成的时间、费用损失；

（3）由于监理工程师对合同文件的歧义解释、技术资料不确切，或由于不可抗力导致施工条件的改变，造成了时间、费用的增加；

（4）发包人提出提前完成项目或缩短工期而造成承包人的费用增加；

（5）发包人延误支付期限造成承包人的损失；

（6）合同规定以外的项目进行检验，且检验合格，或非承包人的原因导致项目缺陷的修复所发生的损失或费用；

（7）非承包人的原因导致工程暂时停工；

（8）物价上涨，法规变化及其他。

2．索赔成立的前提条件

（1）与合同对照，事件已经造成承包方工程项目成本的额外支出，或直接工期损失；

（2）造成费用增加或工期损失的原因按合同约定不属于承包人的行为或风险责任；

（3）承包人已按合同规定的程序提交索赔意向通知和索赔报告。

二、常见的建设工程施工索赔

1．因合同文件引起的索赔

因合同文件引起的索赔包括：有关合同文件的组成问题引起索赔；关于合同文件有效性引起的索赔；因图纸或工程量表中的错误引起的索赔。

2．有关工程施工的索赔

有关工程施工的索赔包括：地质条件变化引起的索赔；工程中人为障碍引起的索赔；增减工程量的索赔；各种额外的试验和检查费用偿付；工程质量要求的变更引起的索赔；关于变更命令有效期引起的索赔或拒绝；指定分包商违约或延误造成的索赔；其他有关施

工的索赔。

3. 关于价款方面的索赔

关于价款方面的索赔包括：关于价格调整方面的索赔；关于货币贬值和严重经济失调导致的索赔；拖延支付工程款的索赔。

4. 关于工期的索赔

关于工期的索赔包括：关于延展工期的索赔；由于延误产生损失的索赔；赶工费用的索赔。

5. 特殊风险和人力不可抗拒灾害的索赔

（1）特殊风险的索赔

特殊风险一般是指战争、敌对行动、入侵行为、核污染及冲击波破坏、叛乱、革命、暴动、军事政变或篡权、内战等。

（2）人力不可抗拒灾害的索赔

人力不可抗拒灾害主要是指自然灾害，由这类灾害造成的损失应向承保的保险公司索赔。在许多合同中承包人（或发包人）以发包人和承包人共同的名义投保工程一切险，这种索赔可同发包人（或承包人）一起进行。

6. 工程暂停、中止合同的索赔

（1）施工过程中，工程师有权下令暂停工程或任何部分工程，只要这种暂停命令并非承包人违约或其他意外风险造成的，承包人不仅可以得到要求工期延展的权利，而且可以就其停工损失获得合理的额外费用补偿。

（2）中止合同和暂停工程的意义是不同的。有些中止的合同是由于意外风险造成的损害十分严重，另一种中止合同是由"错误"引起的中止，例如发包人认为承包人不能履约而中止合同，甚至从工地驱逐该承包人。

7. 财务费用补偿的索赔

财务费用的损失要求补偿，是指因各种原因使承包人财务开支增大而导致的贷款利息等财务费用。

三、建设工程索赔的依据和索赔证据

总体而言，索赔的依据主要是合同文件、法律法规、工程建设惯例三个方面。针对具体的索赔要求（工期或费用），索赔的具体依据也不相同，例如，有关工期的索赔就要依据有关的进度计划、变更指令等。

可以作为证据使用的材料通常包括：书证；物证；证人证言；视听材料；被告人供述和有关当事人陈述；鉴定结论；勘验、检验笔录。

四、建设工程索赔的程序

当出现索赔事项时，承包人应以书面的索赔通知书形式，在索赔事项发生后的28天以内，向工程师正式提出索赔意向通知。

在索赔通知书发出后的28天内，应向工程师提出延长工期和（或）补偿经济损失的索赔报告及有关资料。

工程师在收到承包人送交的索赔报告的有关资料后，应于28天内给予答复，或要求承包人进一步补充索赔理由和证据。

工程师在收到承包人送交的索赔报告的有关资料后，28天未予答复或未对承包人作进一步要求，视为该项索赔已经认可。

当索赔事件持续进行时，承包人应当阶段性地向工程师发出索赔意向，在索赔事件终了后的28天内，向工程师送交索赔的有关资料和最终索赔报告，工程师应在28天内给予答复或要求承包人进一步补充索赔理由和证据。逾期未答复，视为该项索赔成立。

工程师对索赔的答复，承包人或发包人不能接受时，即执行合同中有关解决争议的条款。

五、索赔文件的编制方法

1. 总述部分

总述部分包括：概要论述索赔事项发生的日期和过程；承包人为该索赔事项付出的努力和附加的开支；承包人的具体索赔要求。

2. 论证部分

论证部分是索赔报告的关键部分，其目的是说明自己有索赔权，是索赔能否成立的关键。

3. 索赔款项（或工期）计算部分

如果说合同论证部分的任务是解决索赔权能否成立，款项（或工期）计算部分的任务则是确定能获得多少索赔款项。前者定性，后者定量。

4. 证据部分

证据部分应注意引用的每个证据的效力或可信程度，对重要的证据资料最好附以文字说明，或附以确认件。

六、建设工程反索赔

反索赔是相对索赔而言，是对提出索赔的一方的反驳。发包人可以针对承包人的索赔进行反索赔，承包人也可以针对发包人的索赔进行反索赔。通常的反索赔主要是指发包人向承包人的反索赔。

索赔与反索赔具有同时性，技巧性强，处理不当将会引起诉讼。在反索赔时，发包人出于主动的有利地位，发包人在经工程师证明承包人违约后，可直接从应付工程款中扣回款项，或从银行保函中得以补偿。

发包人相对于承包人反索赔的内容包括：工程质量缺陷反索赔、拖延工期反索赔、保留金的反索赔以及发包人其他损失的反索赔。

【案例1L421074】

1. 背景

某电信施工企业（乙方）与电信运营商（甲方）签订了开挖50km直埋光缆沟的施工合同，该工程挖沟工程量为50000延米，假设综合施工费用为10元/延米。合同约定，乙方采用租赁机械施工，机械租赁费为800元/台班，若增加工作量，按比例增加工期，费用单价不变。合同工期为30天，5月1日开工，5月30日完工，在实际工程中发生如下事件：

（1）租赁机械故障，晚开工5天，造成人员窝工25个工日。

（2）施工中路由发生改变，于5月7日停工，配合进行路由复查，配合用工为50工日。

（3）5月17日复工，光缆路由加长，设计增加挖沟5000延米。

（4）5月20日至26日因山洪暴发阻断交通，迫使停工，造成窝工40个工日。

2. 问题

（1）指出上述事件中，哪些乙方可以向甲方提出索赔或变更要求，哪些不可以，简要说明理由。

（2）可索赔和变更的工期为多少天？

（3）假设人工费单价50元/工日，增加用工所需管理费为增加人工的50%，则索赔和变更的费用是多少？

（4）乙方应向甲方提供的索赔文件有哪些？

3.分析与答案

（1）上述事件的索赔情况如下：

事件（1）不能索赔，因为租赁机械的故障属于乙方的责任。

事件（2）可以提出索赔，因为路由变更属于甲方的责任。

事件（3）可以提出工程变更，因为设计变更，增加了工程量。

事件（4）可以提出索赔，因为山洪属于不可抗力。

（2）事件（2）应索赔工期10天；事件（3）应变更的工期5000/（50000/30）=3天；事件（4）应索赔工期7天。

索赔和变更的总共工期为：10+3+7=20天

（3）事件（2）应索赔费用为：人工费为50工日×50元/工日×（1+50%）=3750元；

机械费为800元/台班×10天=8000元。

事件（3）设计变更增加的施工费为：5000延米×10元/延米=50000元；

索赔和变更的合计费用为：3750+8000+50000=61750元。

（4）乙方向甲方提供的索赔文件应包括：总述部分、论证部分、索赔报告（其中包括索赔款项及工期的计算）以及索赔款项的计算证据。

1L422000　通信与广电工程行业管理

1L422010　通信工程建设程序

1L422011　通信工程建设阶段划分

建设程序是指建设项目从设想、选择、评估、决策、设计、施工到竣工验收、投入生产整个建设过程中，各项工作必须遵循的先后顺序的法则。这个法则是在人们认识客观规律的基础上制定出来的，是建设项目科学决策和顺利进行的重要保证；是多年来建设管理经验的高度概括，也是取得较好投资效益必须遵循的工程建设管理方法。按照建设项目进展的内在联系和过程，建设程序分为若干阶段。这些进展阶段有严格的先后顺序，不能任意颠倒，违反它的规律就会使建设工作出现严重失误，甚至造成建设资金的重大损失。

通信行业基本建设项目和技术改造项目，尽管其投资管理、建设规模等有所不同，但建设过程中的主要程序基本相同。大中型和限额以上的建设项目，从建设前期的项目立项阶段到建设中的项目实施阶段，再到建设后期的验收投产阶段，整个过程要经过项目建议书、可行性研究、初步设计、年度计划安排、施工准备、施工图设计、施工招标投标、开工报告、施工、初步验收、试运转、竣工验收、投产使用等环节，如图1L422011所示。

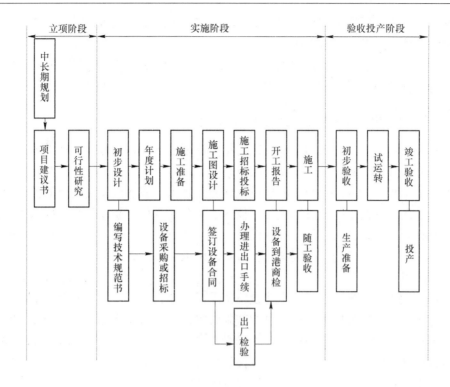

图1L422011　通信工程建设程序

【案例1L422011】

1. 背景

某通信运营商为了完善现有的通信网络，计划建设一条跨越多省的进入西藏的通信干线。为了加快建设速度，节省投资，建设单位通过招标选定了多家具有通信工程施工总承包资质的施工单位作为本项目的设计、施工总承包单位，各施工单位根据建设单位的中长期发展规划编制了施工图设计，并经建设单位审核后，由施工单位负责报建工作，并组织施工。各施工单位在施工过程中遇到了路由报建困难；施工现场环境被破坏；施工资金不到位；施工材料不能按时到货；光缆因技术指标不满足标准要求而更换；因气候原因出现停工、工期严重滞后等问题。经过三年的施工，工程初验后，建设单位即将该条干线光缆投入正式运营。

2. 问题

建设单位的建设程序存在哪些问题？

3. 分析与答案

单纯地从工程建设程序方面来说，建设单位的建设程序存在以下问题：

（1）由于西藏地处高海拔地区，地理环境使得施工难度较大。从"各施工单位根据建设单位的中长期发展规划编制了施工图设计"可以看出，建设单位省略了项目建议书、可行性研究、初步设计、年度计划、施工准备等工程建设程序，且建设单位在不具备条件的情况下通过招标选定了施工单位。

从"由施工单位负责报建工作"，"各施工单位在施工过程中遇到了路由报建困难；施工现场环境被破坏、施工资金不到位；施工材料不能按时到货；光缆因技术指标不满足标准要求而更换；因气候原因出现停工、工期严重滞后等问题"也可以看出，建设单位省略了年度计划、施工准备等建设程序。

（2）从"工程初验后，建设单位即将该条干线光缆投入正式运营"可以看出，建设单位未进行工程项目试运转和竣工验收工作。

1L422012 通信工程建设实施阶段的主要工作内容

通信建设项目的实施阶段由初步设计、年度计划安排、施工准备、施工图设计、施工招标投标、开工报告、施工等七个步骤组成。

根据通信工程建设的特点及工程建设管理的需要，一般通信建设项目的工程设计按初步设计和施工图设计两个阶段进行；对于技术上复杂的或采用新设备和新技术的项目，可增加技术设计阶段，按初步设计、技术设计、施工图设计三个阶段进行；对于规模较小，技术成熟，或套用标准的通信工程项目，可直接做施工图设计，称为"一阶段设计"。

一、初步设计

项目可行性研究报告批准后，由建设单位委托具备相应资质的勘察设计单位进行初步设计。设计单位通过实际勘察取得可靠的基础资料，经技术经济分析并进行多方案论证比较，确定项目的建设方案、设备选型及项目投资概算。

初步设计文件应符合项目可行性研究报告、有关的通信行业设计标准和规范的要求，同时应包含未采用方案的扼要情况及采用方案的选定理由。

二、年度计划安排

建设单位应根据批准的初步设计和投资概算，经过资金、物资、设计、施工能力等的综合平衡后，做出年度计划安排。年度计划中应包括通信基本建设拨款计划、设备和主要材料储备（采购）贷款计划、工期组织配合计划等内容，另外，还应包括单个工程项目的年度投资进度计划。

经批准的年度建设项目计划是进行基本建设拨款或贷款的主要依据，也是编制保证工程项目总进度要求的重要文件。

三、施工准备

在施工准备过程中，建设单位应根据通信建设项目或单项工程的技术特点，适时组建管理机构，做好工程实施的各项准备工作，特别应做好建设项目的各项报批手续和设备材料的订货工作。

施工准备是通信基本建设程序中的重要环节，是衔接基本建设和生产的桥梁。

四、施工图设计

建设单位委托设计单位进行施工图设计。设计人员在对现场进行详细勘察的基础上，根据批准的初步设计文件和主要通信设备订货合同对初步设计做必要的修正，绘制施工详图，标明通信线路和通信设备的结构尺寸、安装设备的配置关系和布线走向，明确施工工艺要求，编制施工图预算，以必要的文字说明表达设计意图，指导施工。

施工图设计文件是控制建筑安装工程造价的重要文件，也是办理价款结算和考核工程成本的主要依据。

五、施工招标投标

建设单位应依照《中华人民共和国招标投标法》和《通信工程建设项目招标投标管

理办法》（工信部〔2014〕第27号），进行公开或邀请形式的招标，选定技术和管理水平高、信誉可靠且报价合理、具有相应通信工程施工等级资质的通信工程施工企业。在明确拟建通信建设工程的技术、质量和工期要求的基础上，建设单位与中标单位签订施工承包合同，明确各自的责任、权利和义务，依法组成合作关系。

六、开工报告

建设单位应在落实了年度资金拨款、通信设备和通信专用的主要材料供货厂商及工程管理组织，与承包商签订施工承包合同后，在建设工程开工前一个月，向主管部门提出开工报告。

七、施工

施工承包单位应根据施工合同、批准的施工图设计文件和施工组织设计组织施工，工程项目应满足设计文件和验收规范的要求，确保通信工程施工质量、工期、成本、安全等目标实现。

在施工过程中，每一道工序完成后应由建设单位随工代表或委托的监理工程师进行随工验收，验收合格后才能进行下一道工序。工程项目完工并自检合格后，承包商方可向建设单位提交"交（完）工报告"。

【案例1L422012】

1. 背景

某通信工程建设单位计划建设的城市新型移动通信网络采用了新设备和新技术，新建的移动通信网络覆盖全城，建设单位请设计院根据可行性研究报告编制了施工图设计，并通过招标投标选定了多个施工单位。建设单位在工程开工后一周内，向主管部门提出了开工报告。施工过程中多次出现站址不具备施工条件、新建移动站点的技术指标不满足建设要求、建设单位无法按时向施工单位拨付工程进度款、建设单位内部互相推诿扯皮、工程材料延迟到货、到货设备的规格型号互不匹配等问题。经过施工单位与建设单位、设计单位的多次沟通，通过多次调换工程设备、材料，施工单位完成了全部工程量。

2. 问题

在该工程项目的建设实施阶段存在哪些问题？

3. 分析与答案

该工程建设项目的实施阶段存在问题较多，具体问题如下：

（1）本工程覆盖全城，规模较大，且工程中采用了新设备和新技术，因此应编制"三阶段"设计，而建设单位只是请设计院根据可行性研究报告编制施工图设计，所以，本项目的建设实施阶段缺少了初步设计和技术设计阶段。

（2）建设单位在工程开工后一周内，向主管部门提出了开工报告；且施工过程中多次出现建设单位无法按时向施工单位拨付工程进度款、建设单位内部互相推诿扯皮等问题，说明建设单位没有做好年度计划安排工作，报送开工报告的时间不正确。

（3）施工过程中多次出现站址不具备施工条件、新建移动站点的技术指标不满足建设要求、工程材料延迟到货、到货设备的规格型号互不匹配等问题，说明建设单位没有做好工程机房报建、设备订货、机房准备等工作，即没有做好施工准备工作。

1L422013　通信工程建设单位施工准备阶段的工作内容

为保证建设项目的顺利实施，建设单位应根据建设项目或单项工程的技术特点，适时组成建设项目的管理机构，并应做好以下工作：

1. 制定本项目的各项管理制度和标准，落实项目管理人员；
2. 根据批准的初步设计文件汇总拟采购的设备和专用主要材料的技术资料；
3. 选择项目的主要材料供货来源；
4. 落实项目施工所需的各项报批手续，此项工作常由施工单位配合完成；
5. 选择设计单位，准备编制施工图设计；
6. 完成机房、地网建设及市电引入工作，提供现场施工条件；
7. 落实工程特殊验收指标审定工作。

工程特殊验收指标包括：被应用在工程项目中的、没有技术标准的指标；由于工程项目的地理环境、设备状况的不同，需要进行讨论和审定的指标；由于工程项目的特殊要求需要重新审定验收标准的指标；由于建设单位或设计单位对工程提出特殊技术要求或高于规范标准要求，需要重新审定验收标准的指标。对于这些工程特殊验收指标，建设单位应在施工准备阶段认真审定指标的可行性，并从订货、施工、过程检验等多方面保证确定目标的实现。

【案例1L422013】

1. 背景

某通信运营商计划建设150km的本地网直埋光缆线路。为了保证传输质量，要求光缆接头的双向平均衰耗不大于0.03dB/个。光缆、接头盒及尾纤的采购工作由建设单位负责。为了节约投资，建设单位聘请了一位长期从事通信线路设计的人员对线路进行了设计。运营商在线路沿线报建时，沿线的相关部门都要求自己负责完成本段内的放缆工作。运营商不得已而只得请线路沿线的居民将光缆敷设完毕。为了保证光缆的接续质量，运营商聘请了几位光缆接续专家进行光缆接续工作。在光缆接续过程中，操作人员严格按照规范要求认真操作，但是发现有两芯光纤接头的衰耗很难降低到要求的指标。接续人员经与光缆厂家联系，光缆厂家也难以将损耗较大的光纤接头的衰耗降下来。接续人员在进行中继段全程总衰耗测试时发现衰耗值过大；在后向散射曲线中，多处非接头点都存在较大的台阶。

2. 问题

（1）运营商在此工程管理中存在哪些违规行为？

（2）光缆接头衰耗为什么难以降到要求的指标？

（3）在后向散射曲线中为什么会在非接头点出现多处较大的台阶？

3. 分析与答案

（1）运营商在此工程中的违规行为包括：未选定设计单位和施工单位。虽然运营商所选定的设计人员和光缆接续人员都有非常丰富的工作经验，但他们都没有相应的资质。擅自选定设计、施工人员的这种做法是不符合要求的。对于光缆敷设工作由线路沿线居民完成的做法也是不允许的。

（2）运营商要求的光缆接头衰耗指标高于验收规范规定的指标要求，应作特殊验收指标考虑。从此项目的具体情况来看，施工人员和光缆厂家都无法将两芯光纤接头衰耗值降低到要求的标准，说明运营商没有做好订货厂验工作。

（3）在后向散射信号曲线中，多处非接头点存在较大的台阶，说明施工前可能未进行光缆单盘测试，或光缆可能在敷设时出现结扣而受到损伤或光缆受到挤压等。由于运营商请线路沿线的居民进行光缆的敷设，光缆的敷设质量很难有保证。

1L422020　通信建设工程概预算

1L422021　通信工程概预算定额

在生产过程中，为了完成某一单位合格产品，需要消耗一定的人工、材料、机具设备、仪表和资金，由于这些消耗受技术水平、组织管理水平及其他客观条件的影响，所以其消耗水平是不相同的。因此，为了便于统一管理和核算，就必须制定一个统一考核的平均消耗标准。这个标准就是定额。

所谓定额，就是在一定的生产技术和劳动组织条件下，为完成单位合格产品所必需的人工、材料、机械和仪表消耗方面的数量标准。

一、概、预算定额的内容

概、预算定额包含劳动消耗定额、材料消耗定额、机械消耗定额和仪表消耗定额。

劳动消耗定额：也称人工定额，是指完成一定量的合格产品所必须消耗的劳动时间标准。

材料消耗定额：是指完成一定量的合格产品所必须消耗的材料数量标准。

机械（仪表）消耗定额：是指完成一定量的合格产品所必须消耗的机械（仪表）时间标准。

二、概、预算定额的特点

定额水平以符合社会必要劳动量为原则，即在正常施工条件下，多数企业经过努力可以达到的水平。定额具有科学性、系统性、统一性和时效性的特点。

1. 科学性：是从生产活动的客观实际出发，按照规律的要求，采用科学的方法在测定、计算的基础上制定的，它是随生产技术的发展而不断提高和完善起来的，反映了工程消耗的普遍规律。

2. 系统性：工程建设具有庞大的系统性，类别多，层次多，要求有与之相适应的多种类、多层次的定额。

3. 统一性：定额是由国家主管部门或由它授权的机关统一制定的，一经颁发即具有法规性，不得有随意性，也不得任意修改。这些定额在一定范围内是对工程规划、组织、调节、控制统一的尺度。

4. 时效性（实践性）：定额反映的是一定时期内的生产力水平，它需要保持相对稳定。但随着技术和管理水平的不断提高，需对原有定额进行必需的修订或制定新的定额。

三、概、预算定额的作用

（一）概算定额的作用

1. 概算定额是初步设计阶段编制建设项目概算和技术设计阶段编制修正概算的依据。

2. 概算定额是对设计方案进行比较的依据。所谓设计方案比较，目的是选择出技术先进可靠、经济合理的方案。在满足使用功能的条件下，达到降低造价和资源消耗的目的。

3. 概算定额是编制主要材料需要量的计算基础，是筹备和签订设备、材料订货合同的依据。

4. 概算定额是编制概算指标和投资估算，安排投资计划，控制施工图预算的依据。

5. 概算定额在招标中是确定标底的依据。

（二）预算定额的作用

1. 预算定额是编制概算定额和概算指标的基础。

2. 预算定额是编制施工图预算，合理确定和控制建筑安装工程造价的计价基础。

3. 预算定额是落实和调整年度建设计划，对设计方案进行技术经济比较、分析的依据。

4. 预算定额是编制标底、投标报价的基础和签订承包合同的依据。

5. 预算定额是工程结算的依据。

四、现行工程预算定额的构成

根据《工业和信息化部关于印发信息通信建设工程预算定额、工程费用——定额及工程概预算编制规程的通知》（工信部通信〔2016〕第451号）文件的规定，预算定额由总说明、册说明、章节说明、定额项目表、工作内容、项目注释和附录构成，在编制工程概、预算时，必须套用准确，综合考虑。

【案例1L422021】

1. 背景

2009 年 5 月，某通信运营商决定建设一条省际光缆传输设备安装工程，全长800km，需要安装16个终端站、分路站，安装80个10Gb/s波道的波分复用设备和光传输设备。本工程采用二阶段设计，由一设计院承担该工程的两阶段设计任务。

2. 问题

（1）初步设计阶段概算定额应包括哪些内容？

（2）编制施工图设计预算时，应采用概算定额还是预算定额？

3. 分析与答案

（1）初步设计阶段概算定额应包括劳动消耗定额、材料消耗定额、机械消耗定额和仪表消耗定额。

（2）编制施工图设计预算时，应使用预算定额。

1L422022　通信工程费用定额

费用定额是指工程建设中各项费用的计取标准，其表现形式主要是以人工费为基数，计取各项建设费用的发生额。通信建设工程费用定额依据工程的特点，对其费用的构成、定额及计算规则进行了相应的规定。

信息通信建设工程项目的总费用，是由各个单项工程的费用之和构成的。如果一个建设工程只含有一个单项工程，这个建设项目的总费用就等于这个单项工程的费用。

根据《工业和信息化部关于印发信息通信建设工程预算定额、工程费用定额及工程概预算编制规程的通知》（工信部通信〔2016〕第451号）和《信息通信建设工程费用定额、信息通信建设工程概预算编制规程》的规定，信息通信建设各单项工程项目的总费用由工程费、工程建设其他费、预备费和建设期利息四部分组成。

工程费由建筑安装工程费和设备、工器具购置费组成。其中建筑安装工程费由直接费、间接费、利润和销项税额组成。直接费又由直接工程费、措施项目费构成。具体费用项目的组成如图1L422022所示。

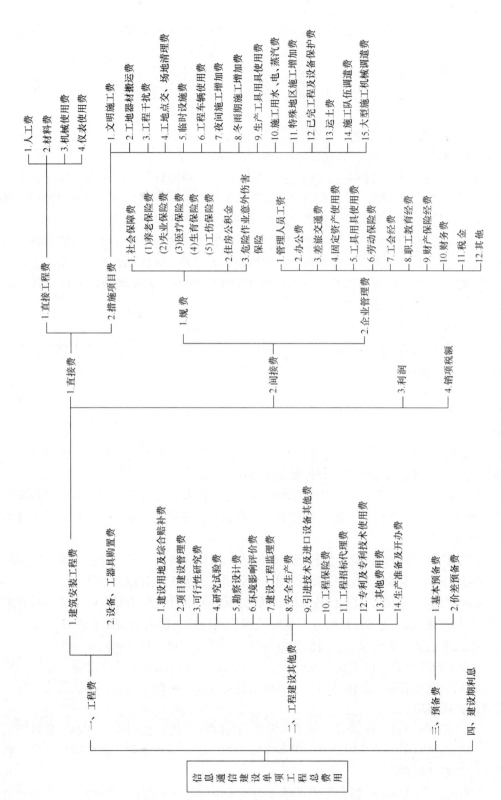

图 1L422022 信息通信建设单项工程总费用组成

一、直接费

直接费由直接工程费、措施项目费构成，各项费用均为不包括增值税可抵扣进项税额的税前造价。

（一）直接工程费

直接工程费是指施工过程耗用的构成工程实体和有助于工程实体形成的各项费用，其构成包括：

1. 人工费：指直接从事建筑安装施工的生产人员开支的各项费用（包括基本工资、工资性补贴、辅助工资、职工福利费、劳动保护费等）。

2. 材料费：指在施工过程中，实体消耗的原材料、辅助材料、构配件、零件、半成品的费用和周转性材料摊销，以及采购材料所发生的费用总和。其内容包括材料原价、材料运杂费、运输保险费、采购及保管费、采购代理服务费和辅助材料费。

3. 机械使用费：指在施工中使用机械作业所发生的机械使用费以及机械安拆费。其内容包括折旧费、大修理费、经常修理费、安拆费、人工费、燃料动力费、税费。

4. 仪表使用费：指施工作业所发生的属于固定资产的仪表使用费。内容包括折旧费、经常修理费、年检费及人工费。

（二）措施项目费

措施项目费是指为完成工程项目施工，发生于该工程前和施工过程中非工程实体项目的费用。其构成包括：

1. 文明施工费：指施工现场为达到环保要求及文明施工所需要的各项费用。无线通信设备安装、通信线路、通信管道、有线通信设备安装和电源设备安装等专业工程计取此项费用。

2. 工地器材搬运费：指由工地仓库至施工现场转运器材而发生的费用。通信设备安装、通信线路和通信管道等专业工程计取此项费用。

3. 工程干扰费：通信工程由于受市政管理、交通管制、人流密集、输配电设施等影响工效的补偿费用。通信线路工程、通信管道工程以及无线通信设备安装工程中受干扰的地区计取此项费用。

4. 工程点交、场地清理费：指按规定编制竣工图及资料、工程点交、施工场地清理等发生的费用。通信设备安装、通信线路和通信管道等专业工程计取此项费用。

5. 临时设施费：指施工企业为进行工程施工所必须设置的生活和生产用的临时建筑物、构筑物和其他临时设施的费用等。临时设施费用包括：临时设施的租用或搭设、维修、拆除费或摊销费。通信设备、通信线路和通信管道等专业工程计取此项费用。

6. 工程车辆使用费：指工程施工中接送施工人员、生活用车等（含过路、过桥）的费用。无线通信设备安装、通信线路、有线通信设备安装、电源设备安装和通信管道等专业工程计取此项费用。

7. 夜间施工增加费：指因夜间施工所发生的夜间补助费、夜间施工降效、夜间施工照明设备摊销及照明用电等费用。通信设备安装工程、通信线路工程（城区部分）以及通信管道工程计取此项费用。

8. 冬雨期施工增加费：指在冬雨期施工时所采取的防冻、保温、防雨、防滑等安全措施及工效降低所增加的费用。此项费用用于通信设备安装工程（室外部分）、通信线路工程（除综合布线工程）以及通信管道工程。不分施工所处季节，这些工程均应计取此项费用。

9. 生产工具用具使用费：指施工所需的不属于固定资产的工具、用具等的购置、摊销、维修费。通信设备安装、通信线路、通信管道等专业工程均计取此项费用。

10. 施工用水、电、蒸汽费：指施工生产过程中使用水、电、蒸汽所发生的费用。工程中依据施工工艺要求计取此项费用。

11. 特殊地区施工增加费：指在原始森林地区、海拔2000m以上高原地区、化工区、核工业区、沙漠地区、山区无人值守站等特殊地区施工所需增加的费用。

12. 已完工程及设备保护费：指竣工验收前，对已完工程及设备进行保护所需的费用。通信线路、通信管道、无线通信设备安装、有线通信及电源设备安装（室外部分）等专业工程计取此项费用。

13. 运土费：指工程施工中，需从远离施工地点取土或向外倒运出土方所发生的费用。

14. 施工队伍调遣费：指因建设工程的需要，应支付施工队伍的调遣费用。其内容包括调遣人员的差旅费、调遣期间的工资、施工工具与用具等的运费。

15. 大型施工机械调遣费：指大型施工机械调遣所发生的运输费用。

二、间接费

间接费由规费和企业管理费构成，各项费用均为不包括增值税可抵扣进项税额的税前造价。

（一）规费

指政府和有关部门规定必须缴纳的费用（简称规费）。包括：

1. 社会保障费：包括养老保险费、失业保险费、医疗保险费、生育保险费和工伤保险费。

2. 住房公积金：指企业按照规定标准为职工缴纳的住房公积金。

3. 危险作业意外伤害保险：指企业为从事危险作业的建筑安装施工人员支付的意外伤害保险费。

（二）企业管理费

企业管理费是指施工企业为组织施工生产、经营活动所发生的费用。包括管理人员工资、办公费、差旅交通费、固定资产使用费、工具用具使用费、劳动保险费、工会经费、职工教育经费、财产保险费、财务费、税金和其他费用。

三、利润

利润是指施工企业完成所承包工程获得的盈利。

四、销项税额

销项税额是指按照国家税法规定，应计入建筑安装工程造价的增值税销项税额。销项税额=（人工费+乙供主材费+辅材费+机械使用费+仪表使用费+措施费+规费+企业管理费+利润）×11%+甲供主材费×适用税率。其中，甲供主材适用税率为材料采购税率；乙供主材指建筑服务方采购的材料。

五、设备、工具购置费

设备、工具购置费是指根据设计提出的设备（包括必需的备品备件）、仪表、工器具清单,按设备原价、采购及保管费、运杂费、运输保险费和采购代理服务费计算的费用。

六、工程建设其他费

工程建设其他费是指应在建设项目的建设投资中开支的固定资产其他费用、无形资产费用和其他资产费用。其内容包括:

1. 建设用地及综合赔补费

建设用地及综合赔补费是指按照《中华人民共和国土地法》等规定,建设项目征用土地或租用土地应支付的土地征用及迁移补偿费、耕地占用税、租地费用、建筑设施及场地租用费、补偿受工程干扰的企事业单位或居民的费用等赔补费用。

此费用由设计单位根据所在地省级政府规定,并结合迁建补偿协议或新建同类工程造价情况计列。

2. 项目建设管理费

建设单位管理费是指建设单位从项目筹建之日起至办理竣工财务决算之日止发生的管理性质的支出。包括:不在原单位发工资的工作人员工资及相关费用、办公费、办公场地租用费、差旅交通费、劳动保护费、工具用具使用费、固定资产使用费、招募生产工人费、技术图书资料费(含软件)、业务招待费、施工现场津贴、竣工验收费和其他管理性质开支。

如果建设项目采用工程总承包方式,其总包管理费由建设单位与总包单位根据总包工作规范在合同中商定,从项目建设管理费中列支。

3. 可行性研究费

可行性研究费是指在建设项目前期工作中,编制和评估项目建议书(或预可行性研究报告)、可行性研究报告所需的费用。此项费用参照国家有关规定,实行市场调节价。

4. 研究试验费

研究试验费是指为本建设项目提供或验证设计数据、资料等进行必要的研究试验及按照设计规定,在建设过程中必须进行的试验、验证所需的费用。此项费用不包括以下费用:

(1)应由科技三项费用(即新产品试制费、中间试验费和重要科学研究辅助费)开支的项目;

(2)应在建筑安装费用中列支的施工企业对材料、构件进行一般鉴定、检查所发生的费用及技术革新的研究试验费;

(3)应由勘察设计费或工程费开支的项目。

在普通和常见的工程中,一般不会发生该项费用。

5. 勘察设计费

勘察设计费是指委托勘察设计单位进行工程勘察、工程设计所发生的各项费用。根据国家相关规定,该项费用收费实行市场调节价。

6. 环境影响评价费

环境影响评价费是指按照《中华人民共和国环境保护法》《中华人民共和国环境影响评价法》等规定,为全面、详细评价本建设项目对环境可能产生的污染或造成的重大影响所需的费用,包括编制环境影响报告书(含大纲)、环境影响报告表和评估环境影响报告书(含大纲)、评估环境影响报告表等所需的费用。

7. 建设工程监理费

建设工程监理费是指建设单位委托工程监理单位实施工程监理的费用。

8．安全生产费

安全生产费是指施工企业按照国家有关规定和建筑施工安全标准，购置施工防护用具、落实安全施工措施以及改善安全生产条件所需要的各项费用。

安全生产费按建筑安装工程费的1.5%计取。此项费用属于不可竞争的费用，在竞标时，不得删减，列入标外管理。

9．引进技术及进口设备其他费

引进技术及进口设备其他费的费用内容包括：

（1）引进项目图纸资料翻译复制费、备品备件测绘费；

（2）出国人员费用：包括买方人员出国设计联络、出国考察、联合设计、监造、培训等所发生的差旅费、生活费、制装费等；

（3）来华人员费用：包括卖方来华工程技术人员的现场办公费用、往返现场交通费用、工资、食宿费用、接待费用等；

（4）银行担保及承诺费：指引进项目由国内外金融机构出面承担风险和责任担保所发生的费用，以及支付贷款机构的承诺费。

10．工程保险费

工程保险费是指建设项目在建设期间根据需要对建筑工程、安装工程及机器设备进行投保而发生的保险费用。保险的险种包括建筑安装工程一切险、引进设备财产和人身意外伤害险等。

11．工程招标代理费

工程招标代理费是指招标人委托代理机构编制招标文件、编制标底、审查投标人资格、组织投标人踏勘现场并答疑，组织开标、评标、定标以及提供招标前期咨询、协调合同的签订等业务所收取的费用。

12．专利及专用技术使用费

专利及专用技术使用费的费用内容包括：

（1）国外设计及技术资料费、引进有效专利、专有技术使用费和技术保密费；

（2）国内有效专利、专有技术使用费用；

（3）商标使用费、特许经营权费等。

对于此项费用，其计取规定如下：

（1）按专利使用许可协议和专有技术使用合同的规定计取；

（2）专有技术的界定应以省、部级鉴定机构的批准为依据；

（3）项目投资中只计取需要在建设期支付的专利及专有技术使用费。协议或合同规定在生产期支付的使用费应在成本中核算。

13．其他费用

根据建设任务的需要，必须在建设项目中列支的其他费用，如中介机构审查费等。

14．生产准备及开办费

生产准备开办费是指建设项目为保证正常生产（或营业、使用）而发生的人员培训费、提前进场费以及投产使用初期必备的生产生活用具、工器具等购置费用。内容包括：

（1）人员培训费及提前进厂费：自行组织培训或委托其他单位培训的人员工资、工资性补贴、职工福利费、差旅交通费、劳动保护费、学习资料费等；

（2）为保证初期正常生产、生活（或营业、使用）所必需的生产办公、生活家具用具购置费；

（3）为保证初期正常生产（或营业、使用）必需的第一套不够固定资产标准的生产工具、器具、用具购置费（不包括备品备件费）。

生产准备及开办费指标由投资企业自行测算，此项费用应列入运营费。

七、预备费

预备费是指在初步设计阶段编制概算时，难以预料的工程费用。预备费包括基本预备费和价差预备费。

基本预备费是指进行技术设计、施工图设计和施工过程中，在批准的初步设计概算范围内所增加的工程费用；由一般自然灾害造成的损失和预防自然灾害所采取的措施项目费用；在工程竣工验收时为鉴定工程质量，必须开挖和修复隐蔽工程的费用。

价差预备费是指建设项目在建设期内设备、材料的价差。

八、建设期利息

建设期利息是指建设项目贷款在建设期内发生并应计入固定资产的贷款利息等财务费用。建设期利息按银行当期利率计算。

【案例1L422022】

1. 背景

2017年9月某通信工程公司在西部某省境内承担了一电源设备安装工程。施工单位按工信部通信〔2016〕451号文件规定的工程预算定额、费用定额编制了工程结算。建设单位在审查施工单位的工程结算时，把冬雨期施工增加费、夜间施工增加费、工程干扰费、特殊地区施工增加费、工程车辆使用费、工地器材搬运费都删除了。

2. 问题

建设单位把以上费用都删除掉是否正确？

3. 分析与答案

建设单位和施工单位在工作中都应全面理解、贯彻和执行工信部通信〔2016〕451号文件的要求。建设单位删除工程干扰费是正确的，因为工程干扰费只用于通信线路工程、通信管道工程和无线通信设备安装工程的受干扰地区。电源设备安装工程不属于上述工程，所以应该删除。

工地器材搬运费是指从工地仓库至施工现场转运工程器材的费用。通信设备安装工程应计取此项费用，因此不应该删除此项费用。

夜间施工增加费用是指因夜间施工所发生的夜间补助费、夜间施工降效、夜间施工照明设备摊销及照明用电等费用。电源设备安装工程属于通信设备安装工程，因此不应该删除此项费用。

工程车辆使用费用是指工程施工中接送施工人员、生活用车等（含过路、过桥）的费用，通信设备安装工程应计取此项费用，此项费用也不应该删除。

冬雨期施工费仅限于通信设备安装工程的室外部分，电源设备安装工程一般为室内施工。因此，电源设备的安装工程不应计取此项费用。

特殊地区施工增加费用是指在特殊地区施工时的费用。根据工信部通信〔2016〕451号文件规定，如果该工程的施工地点有文件规定的特殊地区，则该工程中应保留特殊地区施工增加费；否则不应计取此项费用。

1L422023　工程量的计算原则与清单计价

工程量是编制概、预算和工程量清单的基本依据，准确地统计、计算工程量是编制好概、预算文件和工程量清单的基础。编制初步设计概算、技术设计修正概算、施工图预算和工程量清单均需要计算工程量。

一、工程量的计算规则

在编制初步设计概算、技术设计修正概算、施工图设计预算时，工程项目中工程量的计取、计量单位的取定以及有关系数的调整换算等，都应严格按照各专业预算定额的工程量计算规则确定。

对于工程量清单计价项目的工程量计算，应根据《通信建设工程量清单计价规范》YD 5192—2009的要求，按照分部分项工程的项目名称、项目特征、计量单位计取工程量。

二、工程量的计算依据

在编制初步设计概算、技术设计修正概算、施工图设计预算时，工程量计算的主要依据是设计图纸以及现行的概、预算定额和有关文件。在编制投标文件、工程结算时，如采用工程量清单计价，应按照《通信建设工程量清单计价规范》YD 5192—2009规定，针对分部分项工程的项目特征、工程内容和计算规则计算工程量。

三、计量单位的取定要求

编制初步设计概算、技术设计修正概算和施工图预算时，计量单位的取定应和预算定额中的计量单位一致，否则无法套用预算定额。

对于按照工程量清单计价的工程项目，计量单位应与《通信建设工程量清单计价规范》YD 5192—2009规定的计量单位一致。

四、工程量的计算方法

（一）工程量计算的一般方法

无论是编制初步设计概算、技术设计修正概算、施工图设计预算，还是编制工程量清单，都应遵循以下要求计算工程量：

1. 计算工程量要按照图纸顺序由上而下，由左至右，依次进行统计，防止漏算、误算、重复计算，最后将同类项合并。

2. 通信系统中，每两个相邻系统之间的专业工程都有自己特定的分界点。工程量计算应以设计规定的所属范围和设计界线为准。

3. 工程量应以实际安装数量为准，所用材料数量不能作为安装工程量。

（二）初步设计概算、技术设计修正概算、施工图设计预算中的工程量计算方法

1. 汇总的工程量应编制在建筑安装工程量表（表三）中。

2. 对于新建工程中的工程量计算应按照预算定额中规定的工程量计取；扩容工程中的工程量计算应以预算定额中规定的工程量为基数，再乘以预算定额中规定的扩建系数。

3. 对于处于高海拔地区及一些特殊施工环境的工程项目，计算工程量时，从图纸上统计的工程量还应乘以相应的人工系数。

（三）工程量清单计价项目的工程量计算方法

对于采用工程量清单计价的项目，在计算工程量时，除应满足上述一般方法的要求以

外，还应按照《通信建设工程量清单计价规范》YD 5192—2009中所明确的项目名称、项目特征、工程量计算规则和每个项目名称中规定的工程内容计算工程量。

【案例1L422023-1】

1. 背景

2010年4月，某通信工程公司为A市一通信建设单位埋设一条光缆线路。地面全长50km，施工图设计要求光缆在接头两侧分别预留15m，光缆入局预留30m，光缆自然弯曲率为0.7%。该工程开挖普通土光缆沟48km，顶管2km，敷设24芯光缆52km，共26盘光缆。

2. 问题

编制工程结算时，该工程敷设光缆的工程量应如何计算？为什么？

3. 分析与答案

该工程开挖光缆沟48km，顶管2km，光缆在接头两侧分别预留15m。虽然敷设24芯光缆52km，但敷设光缆的工作量仍然应该按照（50+25×2×0.015+2×0.030）×（1+0.7%）＝51.17km计算。因为工程量的计取应以安装实际数量为准，所用材料数量不能作为安装工程量。

【案例1L422023-2】

1. 背景

2010年6月，某移动通信运营商拟增加移动通信基站50个，同时需在原有交换机房内加装移动电话程控交换机。运营商委托某通信施工单位施工。在设计图纸会审时，施工单位提出加装的移动电话程控交换机应按扩容工程计算，费用系数应进行调整。

2. 问题

施工单位提出的意见是否合理？

3. 分析与答案

关于此工程是否取扩建系数的问题应分两部分考虑。50个移动通信基站属于新建工程，不属扩建工程，应按预算定额规定的工程量计算。加装的移动电话交换机虽然是在原机房内安装，但其大部分工作仍然是属于新装，并未与原有设备连通，工作环境仍然是独立的，因此该部分工作量应该按照新建工程计算工程量；对于其与旧设备连接的部分，由于工作环境的非独立性，因此应按照定额的规定计取相应的扩建系数。

1L422024   通信工程概预算的编制

一、概、预算的定义

概、预算是设计文件的重要组成部分，它是根据各个不同设计阶段的深度和项目内容，按照国家和主管部门颁发的概、预算定额、设备及材料价格、编制方法、费用定额、机械（仪表）台班定额等有关规定，对建设项目或单项工程按实物工程量法，预先计算和确定工程全部造价费用的文件。

二、概、预算的编制原则和编制依据

1. 工程概、预算，必须由持有勘察设计证书的单位编制。

2. 通信工程概、预算的编制应按照工信部通信〔2016〕451号文件关于"信息通信建设工程概算预算编制规则及费用定额"的要求执行，费用定额为上限，编制概预算文件时

不得超过该文件的规定。

3．通信工程概、预算的编制，应按相应的设计阶段进行。当建设项目采用两阶段设计时，初步设计阶段应编制设计概算，施工图设计阶段应编制施工图预算。采用一阶段设计时，应编制施工图预算，并计列预备费、建设期利息等费用。建设项目按三阶段设计时，在技术设计阶段应编制修正概算。

4．一个建设项目如果有几个设计单位共同设计时，总体设计单位应负责统一概算、预算的编制原则，并汇总建设项目的总概算。分设计单位负责本设计单位所承担的单项工程概、预算的编制。

5．设计概算的编制依据主要有批准的可行性研究报告、初步设计图纸及有关资料等；施工图预算的编制依据主要有批准的初步设计概算或可行性研究报告及有关文件，施工图、标准图、通用图及其编制说明等。除此之外，概、预算的编制依据还包括国家相关部门发布的有关法律、法规、标准规范；《信息通信建设工程预算定额》《信息通信建设工程费用定额》及其有关文件；建设项目所在地政府发布的土地征用和补偿费用等有关规定；有关合同、协议等。

6．概算是初步设计的组成部分，要严格按照批准的可行性报告和其他有关文件编制。

7．预算是施工图设计文件的重要组成部分，编制时要在批准的初步设计文件概算范围内编制。

8．概算或预算应按单项工程编制。通信行业概算定额还没有颁布，暂由预算定额代替。

9．进口设备工程的概算、预算除应包括上述编制规程和费用定额规定外，还应包括关税等国家规定应计取的其他费用。

三、概、预算文件的组成

概、预算是设计文件的重要组成部分，主要由编制说明及概、预算表格两部分组成。

1．概、预算编制说明应包括：

（1）工程概况、规模、用途、生产能力和概、预算总价等。

（2）编制依据及采用的取费标准和计算方法的说明。

（3）工程技术经济指标分析，主要分析各项投资比例和费用构成，分析投资情况，分析设计的经济合理性及编制中存在的问题等情况。

（4）其他需要说明的问题。

2．概、预算表格统一使用六种十张表格来组成。

即：建设项目总概（预）算表（汇总表）、工程概（预）算总表（表一）、建筑安装工程费用概（预）算表（表二）、建筑安装工程量概（预）算表（表三）甲、建筑安装工程机械使用费概（预）算表（表三）乙、建筑安装工程仪器仪表使用费概（预）算表（表三）丙、国内器材概（预）算表（表四）甲、引进器材概（预）算表（表四）乙、工程建设其他费用概（预）算表（表五）甲、引进设备工程其他费用概（预）算表（表五）乙。

四、概、预算的编制程序

概、预算的编制程序为：收集资料→熟悉图纸→计算工程量→套用定额→选定材料价格→计算各项费用→复核→编写说明→审核出版。

编制概、预算前，要针对工程的具体情况，收集与本工程有关的资料，并对图纸全面检查和审核。

编制概、预算时，应准确统计和计算工程量，套用定额时要注意定额的标注和说明，计量单位要和定额一致。

审核概、预算时，应认真复核，要从所列项目、工程量的统计和计算结果、套用定额、器材选用单价、取费标准等逐一审核。

概、预算的编制说明要简明扼要，凡设计文件的图表中不能明确反映的事项，以及编写中必须说明的问题，如对施工工艺的要求，施工中注意的问题，工程验收技术指标等都应以文字表达出来。

凡是由企业运营费列支的费用不应计入工程总造价，其数字可以用符号加以区别，如生产准备费，按运营费处理。

要编制准确上述费用，必须掌握概、预算表格的编制要求。编制概、预算时，首先要编制（表三）甲，即工程量的计算。工程量是按每道施工工序的定额规定编写的。在工程预算定额中包括四部分内容，即人工工时、材料用量、机械使用台班和仪表使用台班。在编制（表三）甲时，要同时编制（表三）乙、（表三）丙、（表四）甲。（表三）乙、（表三）丙分别是施工机械使用费和仪表使用费，这两项费用的编制应以工信部规〔2008〕75号文件规定的机械、仪表台班使用单价为依据。（表四）甲为工程中材料用量及费用，其中材料单价应以国家公布价为依据，地方材料应以当地价格为依据。

在（表三）甲、乙、丙和（表四）甲编制完毕后，即可进行（表二）即建筑安装工程费的编制，然后再进行（表五）甲即工程建设其他费的编制，最后计算编制（表一），即各项总费用。如果一个建设项目由若干个单项工程构成，还应在编制（表一）后，再编制汇总表。

概、预算表格的编写及审查顺序为（表三）甲→（表三）乙→（表三）丙→（表四）甲→（表二）→（表五）甲→（表一）。

【案例1L422024】

1. 背景

2009年3月，某通信运营商委托一设计单位勘测设计一项光缆传输干线工程，工程规模约150km，采用48芯的G.652光缆，敷设方式为直埋。本工程采取一阶段设计。

2. 问题：

（1）在施工图设计阶段，预算表编制的次序是什么？

（2）生产准备费是否应列入工程建设其他费用？

3. 分析与答案

（1）施工图预算的编制，首先要编制（表三）甲，即工程量的计算。在编制（表三）甲时，要同时编制（表三）乙、（表三）丙、（表四）甲。在（表三）甲、乙、丙和（表四）甲编制完毕后，即可进行（表二）即建筑安装工程费的各项总费用组成的计算和编制；然后再编制（表五）甲，即工程其他费用的计算和编制；最后编制（表一），即各项总费用。

（2）生产准备费是指生产维护单位在工程施工中对维护人员培训、熟悉工艺流程、设备性能等在生产前作准备所发生的费用，应编制在工程建设其他费（表五）甲的生产准备及开办费中。

1L422025　通信工程价款结算

原信息产业部《通信建设工程价款结算暂行办法》（信部规〔2005〕418号）文件对通信建设工程的价款结算管理作出了明确规定。

一、工程价款结算的基本要求

1. 从事通信建设工程价款结算活动，必须遵循合法、平等、诚信的原则，并符合国家有关法律、法规和政策。

2. 招标工程的合同价款应当在规定时间内，依据招标文件、中标人的投标文件，由发包人与承包人订立书面合同约定；非招标工程的合同价款依据审定的工程预（概）算文件经由发报人与承包人在合同中约定。依法签订的合同价款在合同中约定后，任何一方不得擅自改变。

3. 发包人、承包人应当在合同条款中对涉及工程价款结算的下列事项进行约定：

（1）工程预付款的支付方式、数额、时限及抵扣方式；

（2）工程进度款的支付方式、数额及时限；

（3）工程施工中发生变更时，工程价款的调整方法、索赔方式、时限要求及金额支付方式；

（4）发生工程价款纠纷的解决方法；

（5）约定承担风险的范围及幅度以及超出约定范围和幅度的调整办法；

（6）工程竣工价款的结算与支付方式、数额及时限；

（7）工程质量保证（保修）金的数额、预扣方式及时限；

（8）安全措施和意外伤害保险费用；

（9）工期及工期提前或延后的奖惩办法；

（10）与履行合同、支付价款相关的担保事项。

4. 发包人、承包人在签订合同时，对于工程价款的约定，可选用固定总价、固定单价或可调价格等方式。

5. 工程价款结算应按合同约定办理，合同未作约定或约定不明的，发包方、承包双方应依照下列规定与文件协商处理：

（1）国家有关法律、法规和规章制度；

（2）工业和信息化部发布的工程造价计价标准、计价办法等有关规定；

（3）建设项目的合同、补充协议、变更签证和现场签证，以及经发、承包人认可的其他有效文件；

（4）其他可依据的材料。

二、合同价款的调整

（一）合同价款调整的一般要求

承包人应当在合同规定的调整情况发生后14天内（以合同签订日期为准），将调整原因、金额以书面形式通知发包人，发包人确认调整金额后将其作为追加合同价款，与工程进度款同期支付。发包人收到承包人通知后14天内（以签收日期为准）不予确认也不提出修改意见，视为已经同意该项调整。

当合同规定的调整合同价款的调整情况发生后，承包人未在规定时间内通知发包人，或者未在规定时间内提出调整报告，发包人可以根据有关资料，决定是否调整和调整的金额，并书面通知承包人。

（二）工程设计变更价款调整

1. 施工中发生工程变更，承包人按照经发包人以书面文件认可的变更设计文件，进行变更施工，其中，政府投资项目重大变更，需按基本建设程序报批后方可施工。

2. 在工程设计变更确定后14天内，设计变更涉及工程价款调整的，由承包人向发包人提出，经发包人审核同意后调整合同价款。变更合同价款按下列方法进行：

（1）合同中已有适用于变更工程的价格，按合同已有的价格变更合同价款。

（2）合同中只有类似于变更工程的价格，可以参照类似价格变更合同价款。

（3）合同中没有适用或类似于变更工程的价格，由承包人或发包人提出适当的变更价格，经对方确认后执行。如双方不能达成一致的，双方可按合同约定的争议或纠纷解决程序办理。

3. 工程设计变更确定14天内，如承包人未提出变更工程价款的报告，则发包人可根据所掌握的资料决定是否调整合同价款和调整的具体金额。重大工程变更涉及工程价款变更报告和确认的时限由发、承包双方协商确定。

收到变更工程价款报告一方，应在收到之日起14天内予以书面确认或提出协商意见，自变更工程价款报告送达之日起14天内，对方未确认也未提出协商意见时，视为变更工程价款报告已被确认。

确认增（减）的工程变更价款作为追加（减）合同价款与工程进度款同期支付。

三、工程预付款

通信工程一般采用包工包料、包工不包料（或部分包料）两种形式，工程预付款应按合同约定拨付。工程预付款方式如下：

1. 采用包工包料方式时，工程预付款比例原则上不低于合同总价的10%，不高于合同总价的30%。设备及材料投资比例较高的，可按不高于合同总价的60%支付。

2. 包工不包料（或部分包料）的工程，预付款应分别按通信管道、通信线路、通信设备工程合同总价的40%、30%、20%支付。

在具备施工条件的前提下，发包人应在双方签订合同后的一个月内或不迟于约定的开工日期前的7天内预付工程款。发包人不按约定预付，承包人应在预付时间到期后10天内向发包人发出要求预付的通知。发包人收到通知后仍不按要求预付时，承包人可在发出通知14天后停止施工。发包人应从约定应付之日起向承包人支付应付款的利息（利率按同期银行贷款利率计），并承担违约责任。

预付的工程款必须在施工合同中约定抵扣方式，并在工程进度款中进行抵扣。凡是没有签订合同或不具备施工条件的工程，发包人不得预付工程款，不得以预付款为名转移资金。

四、工程进度价款的结算

工程进度款应按工程进度，分时段进行结算与支付，即发包方应按工程进度支付进度款，分段交工后初验结算，竣工后清算。

（一）工程进度款的支付数量及扣回

根据合同双方确定的工程计量结果，承包人向发包人提出支付工程进度款申请书之日起14天内，发包人应按不低于工程价款的60%、不高于工程价款的90%向承包人支付工程进度款。按约定时间发包人应扣回的预付款，可与工程进度款同期结算抵扣。

（二）工程进度款的延期支付

发包人超过约定支付时限而不支付工程进度款，承包人应及时向发包人发出要求付款的通知。发包人收到承包人通知后仍不能按要求付款时，可与承包人协商签订延期付款协议，经承包人同意后可延期支付。协议应明确延期支付的时限，以及自工程计量结果确认后第15天起计算应付款的利息（利率按同期银行贷款利率计）。

（三）对拒付工程进度款的责任认定

发包人不按合同约定支付工程进度款，双方又未达成延期付款协议，导致施工无法进行时，承包人可停止施工，由发包人承担违约责任。

五、工程竣工价款的结算

工程初验后三个月内，双方应按照约定的工程合同价款、合同价款调整内容以及索赔事项，进行工程竣工结算。非施工原因造成不能竣工验收的工程，施工结算同样适用。

（一）工程竣工结算的编审

工程竣工结算分为单项工程竣工结算和建设项目竣工总结算。

1. 工程结算的编制人和审核人

单项工程竣工结算或建设项目竣工总结算由总（承）包人编制，发包人可直接进行审查；实行总承包的工程，由具体承包人编制，在总包人审查的基础上，发包人直接审查；政府投资项目，由同级财政部门审查。

2. 工程结算文件的内容

工程价款结算文件应包括工程价款结算编制说明和工程价款结算表格。工程价款编制说明的内容应包括：工程结算总价款，工程款结算的依据，因工程变更等使工程价款增减的主要原因。

单项工程竣工结算或建设项目竣工总结算经发包人、承包人签字盖章后有效。

3. 工程结算文件的编制时间

（1）承包人应在合同约定期限内完成项目竣工结算编制工作，未在规定期限内完成的且提不出正当理由延期的，发包人可依据合同约定提出索赔要求。

（2）承包人如未在规定时间内提供完整的工程竣工结算资料，经发包人书面通知到达14天内仍未提供或没有明确答复时，发包人有权根据已有资料进行审查，责任由承包人自负。

4. 索赔的要求

（1）索赔价款的结算：发承包双方未按合同约定履行自己的各项义务或发生错误，给另一方造成经济损失的，由受损失方按合同约定提出索赔，索赔金额按合同约定支付。

（2）发包人和承包人应及时对工程合同外的事项如实纪录并履行书面手续。凡由发包方、承包双方授权的现场代表签字的现场签证以及发包方、承包方协商确定的索赔等费用，应在工程竣工结算中如实办理，不得因发包方、承包方现场代表的中途变更改变其有效性。

5. "先签证后施工"要求

发包人要求承包人完成合同以外的项目，承包人应在接受发包人要求的7天内就用工数量和单价、机械及仪表台班数量和单价、使用材料和金额等向发包人提出施工签证，发包人签证后施工。如发包人未签证，承包人施工后发生争议的，责任由承包人自负。

（二）工程竣工结算的审查

单项工程竣工后，承包人应在提交竣工验收报告的同时，向发包人递交竣工结算报告及完整的结算资料，发包人应按以下规定的时限对工程结算资料进行核对（审查）并提出审查意见。

1. 工程竣工结算报告的审查时限要求

（1）500万元以下的工程，应从接到竣工结算报告和完整的竣工结算资料之日起开始20天内完成审查。

（2）500万元至2000万元的工程，应从接到竣工结算报告和完整的竣工结算资料之日起开始30天内完成审查。

（3）2000万元至5000万元的工程，应从接到竣工结算报告和完整的竣工结算资料之日起开始45天内完成审查。

（4）5000万元以上的工程，应从接到竣工结算报告和完整的竣工结算资料之日起开始60天内完成审查。

建设项目竣工总结算应在最后一个单项工程竣工结算审查确认后15天内汇总，送达发包人，发包人应在30天内审查完成。

2. 逾期审查的处罚

发包人收到承包人递交的竣工结算报告及完整的结算资料后，应按上述规定的期限（合同约定有期限的，从其约定）进行核实，给予确认或者提出修改意见。

发包人收到竣工结算报告及完整的结算资料后，在上述规定或合同约定期限内，对结算报告及资料没有提出意见，则视同认可。

（三）工程竣工价款结算

1. 结算款的支付

（1）根据双方确认的竣工结算报告，承包人向发包人申请支付工程竣工结算款。发包人应在收到申请后15天内支付结算款，到期没有支付的应承担违约责任。承包人可以催告发包人支付结算价款，如达成延期支付协议，发包人应按同期银行贷款利率支付拖欠工程价款的利息。如未达成延期支付协议，承包人可以申请通信行业主管部门协调解决，或依据法律程序解决。

（2）工程竣工后，发、承包双方应及时办理工程竣工结算。否则，工程不得交付使用，有关部门不予办理权属登记。

（3）凡实行监理的工程项目，工程价款结算过程中涉及监理工程师签证事项，应按工程监理合同约定执行。

2. 工程质量保证金的保留

《建设工程质量保证金管理办法》（建质〔2017〕138号）对工程质量保证金的保留比例作出了新的规定。

（1）发包人应根据确认的竣工结算报告向承包人支付工程竣工结算价款，并保留不高于工程价款结算总额3%的工程质量保证（保修）金，待工程质保期到期后清算（合同另有约定的，从其约定）。

（2）质保期内如有返修，发生费用应在工程质量保证（保修）金内扣除。

六、工程价款结算争议处理

1. 发、承包人双方自行结算工程价款时，就竣工结算问题发生争议的，双方可按合同约定的争议或纠纷解决程序办理。

2. 发包人对工程质量有异议的，已竣工验收或已竣工未验收但实际投入使用的工程，其质量争议按该工程保修合同执行；已竣工未验收也未投入使用的工程以及停工、停建工程的质量争议，应当就有争议的部分暂缓办理竣工结算。双方可就有争议的工程提请通信行业主管部门协调或申请仲裁，其余部分的竣工结算依照约定办理。

【案例1L422025】

1. 背景

2月初，某通信工程公司与C市通信运营公司签订了一项光缆传输设备安装工程的施工合同。合同金额为60万元，工程采用包工不包料的方式，工期为3个月，自3月1日开工至5月31日完工。合同按国家相关文件规定对工程价款的结算方式和支付时间、保修金、工程变更等事项进行了约定。施工单位按合同约定的工期和施工内容保质保量地完成了本工程，同时将竣工资料和工程结算文件送达建设单位。该工程于6月15日经过初验后开始试运行，至9月15日结束。9月25日该工程进行了终验，并正式投入运行。

2. 问题

（1）工程预付款应在什么时间支付？应支付多少？

（2）建设单位应在多少天内完成工程结算的审查工作？应何时支付工程结算款？建设单位应保留多少比例的保修金？

（3）施工单位应在何时开始向建设单位清算保修金？

3. 分析与答案

（1）工程预付款应在不迟于约定的开工日期前的7天内支付；应支付的预付款金额应为12万元。

（2）因工程结算额在500万元以下，建设单位应在20日内（6月20日前）完成结算资料的审查工作；并在初验后3个月内（9月15日前）结算工程价款；建设单位应保留3%的保修金。

（3）施工单位应待工程质保期满，即第二年的9月25日开始向建设单位清算保修金。

1L422030 通信建设工程竣工验收的有关管理规定

1L422031 通信工程竣工资料的收集和编制

工程竣工资料是记录和反映施工项目全过程工程技术与管理档案的总称。整理工程竣工资料是指建设工程承包人按照发包人工程档案管理规定的有关要求，在施工过程中按时收集、整理相关文件，待工程竣工验收后移交给发包人，由其汇总、归档、备案的管理过程。

一、竣工资料的收集和编制要求

（一）收集方法

1. 工程竣工资料的收集要依据施工程序，遵循其内在规律，保持资料的内在联系。

2. 竣工资料的收集、整理和形成应当从合同签订及施工准备阶段开始，直到竣工为止，其内容应贯穿于施工活动的全过程，必须完整，不得遗漏、丢失和损毁。

（二）内容要求

1. 建设项目的竣工资料，内容应齐全，真实可靠，并能如实反映工程和施工中的真实情况，不得擅自修改，更不得伪造。

2. 竣工资料必须符合设计文件、最新的技术标准、规程、规范、国家及行业发布的有关法律法规的要求，同时还应满足施工合同的要求和建设单位的相关规定。

（三）制作要求

1. 竣工资料应规格形式一致，数据准确，标记详细，缮写清楚，图样清晰，签字盖章手续完备。

2. 竣工资料应采用耐久性强的书写材料，如碳素墨水、蓝黑墨水，不得使用易褪色的书写工具，如红色墨水、纯蓝墨水、圆珠笔、复写纸、铅笔等。有条件时应用机器打印。

3. 竣工资料的整理应符合《建设工程文件归档规范》GB/T 50328—2014的要求。

二、建设项目竣工资料的编制内容

建设项目竣工资料分为竣工文件、竣工图、竣工测试记录三大部分。

（一）竣工文件部分

竣工文件部分应按照建设单位的要求编制，通常应包括工程说明、开工报告、建筑安装工程量总表、已安装设备明细表、工程设计变更单及洽商记录、重大工程质量事故报告、停（复）工报告、隐蔽工程/随工验收签证、交（完）工报告、验收证书和交接书。

1. 工程说明：是本项目的简要说明。其内容包括项目名称；项目所在地点；建设单位、设计单位、监理单位、承包商名称；实施时间；施工依据、工程经济技术指标；完成的主要工程量；施工过程的简述；存在的问题，运行中需要注意的问题。

2. 开工报告：指承包商向监理单位和建设单位报告项目准备情况，申请开工的报告。

3. 建筑安装工程量总表：应包括完成的主要工程量。

4. 已安装设备明细表：应写明已安装设备的数量和地点。

5. 工程设计变更单和洽商记录：应填写变更发生的原因、处理方案、对合同造价影响的程度。工程设计变更单及洽商记录应有设计单位、监理单位、建设单位和施工单位的签字和盖章。

6. 重大工程质量事故报告：应填写重大质量事故过程记录、发生原因、责任人、处理方案、造成的后果和遗留问题。

7. 停（复）工报告：指因故停工的停工报告及复工报告。应填写停（复）工原因、责任人和时间。

8. 隐蔽工程随工验收签证：是监理或随工人员对隐蔽工程质量的确认（对于可测量的项目，隐蔽工程随工验收签证应有测量数据支持）。

9. 交（完）工报告：承包商向建设单位报告项目完成情况，申请验收。

10. 验收证书：是建设单位对项目的评价，要有建设单位、监理单位和施工单位的签字和盖章。

11. 交接书：是施工单位向建设单位移交产品的证书。

上述文件在竣工资料中，无论工程中相关事件是否发生，必须全部附上。对于工程中未发生的事件，可在相关文件中注明"无"的字样。

（二）竣工图纸部分

1. 竣工图的内容必须真实、准确，与工程实际相符合。竣工图纸中反映的工程量应与建筑安装工程量总表、已安装设备明细表中的工程量相对应。图例应按标准图例绘制。通信线路工程竣工图应尽可能全面地反映路由两侧50m以内的地形、地貌及其他设施。

2. 利用施工图改绘竣工图，必须标明变更依据。凡变更部分超过图面1/3的，应重新绘制竣工图。

3. 所有竣工图纸均应加盖竣工图章。竣工图章的基本内容包括："竣工图"字样、施工单位、编制人、审核人、技术负责人、编制日期、监理单位、总监理工程师、监理工程师。竣工图章应使用不易褪色的红印泥，盖在图标栏上方空白处。竣工图章示例如图1L422031所示。

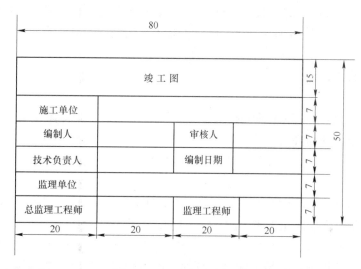

图1L422031　竣工图章示例

（三）竣工测试记录

竣工测试记录的内容应按照设计文件和行业规范规定的测试指标的要求进行测试、填写，测试项目、测试数量及测试时间都要满足设计文件的要求。测试数据要能真实地反映设备性能、系统性能以及施工工艺对电气性能的影响。建设单位无特殊要求时，竣工测试记录一般都要求打印。

【案例1L422031-1】

1. 背景

某通信管道工程于4月8日开始施工，7月7日完工。在施工过程中，原建设部颁布了《通信管道工程施工及验收规范》GB 50374—2006，并于5月1日开始实施。施工单位与建设单位签订的施工合同约定："施工期间如国家、行业或建设单位主管部门颁布新的法律法规、规范、规程，本项目将按新的法律法规、规范、规程执行"。施工单位在编制竣工资料时，标注的施工依据为《通信管道工程施工及验收技术规范》YD 5103—2003。但总监理工程师在审核竣工资料后认为工程说明存在问题，将竣工资料退还施工单位。对于管道的埋深问题，施工单位严格按照设计文件及施工技术要求施工，监理工程师对此也进行了现场确认，并在"隐蔽工程随工验收签证"中签署了"管道埋深合格"的字样。

2．问题

（1）总监理工程师的做法是否符合要求？为什么？

（2）管道埋深的"隐蔽工程随工验收签证"是否符合要求？为什么？

3．分析与答案

（1）总监理工程师的做法是符合要求的。因施工合同已经约定："施工期间如国家、行业或建设单位管部门颁布新的法律法规、规范、规程，本项目按新的法律法规、规范、规程执行"。因此，施工依据应按施工阶段分别注明5月1日前的施工依据为《通信管道工程施工及验收技术规范》YD 5103—2003，5月1日后的施工依据是《通信管道工程施工及验收规范》GB 50374—2006。

（2）监理工程师在隐蔽工程随工验收签证中只签署了"管道埋深合格"的字样不符合要求。因为管道沟的沟深是可以测量的，在"隐蔽工程随工验收签证"中应签署管道沟的实际埋深。因此，"管道埋深合格"的结论是不可信的，应有管道沟沟深测量的实际数据记录。

【案例1L422031-2】

1．背景

某施工单位在绘制直埋光缆线路工程竣工图时，在第一张图纸上直接绘制了竣工图章，其他图纸的图衔只绘制了图号；竣工图上只绘制了光缆走向及安装的配套装置（如标石、接头、保护装置等），装订成册后移交建设单位，建设单位审查后拒绝接收。

2．问题

（1）建设单位拒绝接收竣工图是否合理？为什么？

（2）施工单位应如何完善竣工图？

3．分析与答案

（1）建设单位拒绝接收竣工图是合理的。因为按照竣工资料的编制要求，所有竣工图均应加盖竣工图章，而施工单位提交的竣工图显然不符合规定。

（2）施工单位应按照竣工图纸编制要求完善竣工图，首先在竣工图上补充光缆沿线路由两侧50m以内的地形、地貌及其他设施，以便于日后的线路维护工作；在每张竣工图图衔上方空白处均应加盖竣工图章，并由相关人员签字。竣工图章应包括施工单位、编制人、审核人、技术负责人、编制日期、监理单位、总监理工程师、监理工程师等内容。

1L422032 通信工程随工验收和部分验收

工程随工验收和部分验收是通信建设工程中的一个关键步骤，是考核工程建设成果，检验工程设计和施工质量是否满足要求的重要环节，工程建设单位、监理单位、施工单位应坚持"百年大计，质量第一"的原则，认真做好随工验收和部分验收工作。

一、随工验收和部分验收的基本规定

1．随工验收的基本规定

随工验收应在施工过程中边施工、边进行验收、边签字确认。工程的隐蔽部分随工验收合格的，在竣工验收时一般不再进行复查。建设单位随工人员、监理工程师随工时应作好详细记录，随工验收签证记录应作为竣工资料的组成部分。

2．部分验收的基本规定

通信建设工程中的单位工程建设完成后，需要提前投产或交付使用时，经报请上级主管部门批准后，可按有关规定进行部分验收。部分验收工作由建设单位组织。部分验收工程的验收资料应作为竣工验收资料的组成部分。在竣工验收时，对已部分验收合格的工程一般不再进行复验。

二、通信建设工程中需进行隐蔽工程随工验收的内容

1．通信设备安装工程中需进行隐蔽工程随工验收的内容

（1）机房防雷接地系统施工中需进行隐蔽工程随工验收的内容包括：地线系统工程的沟槽开挖与回填质量、接地导线跨接安装质量、接地体安装质量、接地土壤电导性能处理情况、接地电阻测量值等。

（2）机房设备安装工程中需进行隐蔽工程随工验收的内容包括：馈线头制作质量、电池充放电测试过程和测试值、设备的单机测试过程和测试值、设备系统测试的测试过程和测试值、天馈线测试的测试过程和测试值等。

（3）移动基站铁塔工程中需进行隐蔽工程随工验收的内容包括：铁塔基础制作过程及其质量、铁塔防腐处理方法等。

2．通信线路工程中需进行隐蔽工程随工验收的内容

（1）直埋光（电）缆线路工程中需进行隐蔽工程随工验收的内容包括：路由位置、埋深及沟底处理、与其他设施的间距、缆线的布放质量、排流线的埋设质量、引上管及引上缆的安装质量、沟坎加固等保护措施的质量、保护和防护设施的规格数量和安装地点及安装质量、接头装置的安装位置及安装质量、回填土的质量等。

（2）管道光（电）缆线路工程中需进行隐蔽工程随工验收的内容包括：塑料子管的规格及质量、子管敷设安装质量、光（电）缆敷设安装质量、光（电）缆接头装置的安装质量等。

（3）架空光（电）缆线路工程中需进行隐蔽工程随工验收的内容包括：电杆洞深、拉线坑深度、拉线下把的制作、接头装置的安装及保护、防雷地线的埋设深度等。

3．通信管道工程中需进行隐蔽工程随工验收的内容

通信管道工程中需进行隐蔽工程随工验收的内容包括：管道沟及人（手）孔坑的深度、地基与基础的制作、结构各部位钢筋制作与绑扎、混凝土配比、管道铺管质量、人（手）孔砌筑质量、管道试通、障碍处理情况等。

三、通信工程隐蔽工程随工验收的程序

隐蔽工程随工验收是指将被后续工序所隐蔽的工作量，在被隐蔽前所进行的质量方面的检查、确认，是进入下一步工序施工的前提和后续各阶段验收的基础。认真履行隐蔽工程随工验收制度是防止质量隐患的重要措施，未经隐蔽工程随工验收或验收不合格的项目，不得进入下道工序施工，也不得进行后续各阶段的验收。隐蔽工程随工验收按以下程序实施：

1．项目部向建设单位、监理单位提出隐蔽工程随工验收申请，并提交隐蔽施工前和施工过程的所有技术资料。

2．建设单位、监理单位对隐蔽工程随工验收申请和隐蔽工程的技术资料进行审验，确认符合条件后，确定验收小组、验收时间及验收安排。

3．建设单位、监理单位、项目部共同进行隐蔽工程随工验收工作，并进行工程实施

结果与实施过程图文记录资料的比对分析，做出隐蔽工程随工验收记录。

4. 对验收中发现的质量问题提出处理意见，并在监理单位的监督下限期整改。完成后须提交整改结果并进行复检。

5. 隐蔽工程随工验收后，应办理隐蔽工程随工验收手续，存入施工技术档案。

这个验收程序虽然是针对隐蔽工程随工验收提出的，但其验收步骤同样适用于工程的部分验收和工程初验。

【案例1L422032】

1. 背景

2016年夏季，某施工单位承建一直埋光缆线路工程，光缆线路需穿越一条河流，河床为流沙。设计方案为人工截流穿越此河流，光缆在河底埋深为1.5m，并采用水泥砂浆袋保护。项目部原计划用两天时间完成此部分工作量，监理工程师按施工计划，在施工的第二天将到现场进行旁站监理。由于诸多因素的变化，施工进度加快，当天晚上8点即可施工完毕。如果当天不及时布放光缆并回填，缆沟将被水淹没；如果次日布放光缆及铺设水泥砂浆袋，将需要重新抽水，因此会增大施工成本，同时缆沟还有塌方的可能。因此，施工单位在缆沟深度达到设计标准后迅速布放光缆，并用没有碎石的水泥砂浆袋予以保护。当晚收工后，施工单位将填写了"工程质量符合要求"的隐蔽工程随工验收签证送交监理工程师签证，予以确认工程质量，监理工程师拒绝签证。

2. 问题

（1）监理工程师拒绝签证是否合理？为什么？

（2）隐蔽工程随工验收的规定是什么？

3. 分析与答案

（1）监理工程师拒绝在隐蔽工程随工验收签证上签字是合理的。按照隐蔽工程随工验收的程序要求，项目部应在隐蔽工程隐蔽前首先向建设单位、监理单位提出申请，相关单位才可以进行隐蔽工程随工验收的后续工作。在施工过程中，由于客观因素的变化，施工进度加快，但施工单位在将工程量隐蔽前并未及时提请监理工程师到现场进行验证，因此项目部的做法不符合隐蔽工程随工验收程序的要求。

（2）隐蔽工程随工验收制度是防止质量隐患的重要措施，未经隐蔽工程随工验收或验收不合格的项目，不得进入下道工序施工，也不得进行后续各阶段的验收。

1L422033 通信工程竣工验收的组织及备案工作要求

一、竣工验收的条件

通信建设工程竣工验收应满足下列条件要求：

1. 生产、辅助生产、生活用建筑已按设计和合同要求建成。

2. 工艺设备已按设计要求安装完毕，并经规定时间的试运转，各项技术性能符合规范要求。

3. 环境保护设施、劳动安全卫生设施、消防设施已按设计要求与主体工程同时建成投入使用。

4. 经工程监理检验合格。

5. 技术文件、工程技术档案和竣工资料齐全、完整。

6. 维护用主要仪表、工具、车辆和维护备件已按设计要求基本配齐。

7. 生产、维护、管理人员的数量和素质能适应投产初期的需要。

二、竣工验收的依据

1. 可行性研究报告。

2. 施工图设计及设计变更洽商记录。

3. 设备的技术说明书。

4. 现行的竣工验收规范。

5. 主管部门的有关审批、修改、调整文件。

6. 工程承包合同。

7. 建筑安装工程统计规定及主管部门关于工程竣工的文件。

三、竣工验收的组织工作要求

通信建设工程竣工验收的组织和备案工作要求应按《通信工程质量监督管理规定》的备案要求办理，竣工验收项目和内容应按工程设计的系统性能指标和相关规定进行。

根据工程建设项目的规模大小和复杂程度，整个工程建设项目的验收可分为初步验收和竣工验收两个阶段进行。规模较大、较复杂的工程建设项目，应先进行初步验收，然后进行全部工程建设项目的竣工验收。规模较小、较简单的工程项目，可以一次进行全部工程项目的竣工验收。

1. 初步验收

除小型建设项目以外，所有建设项目在竣工验收前，应先组织初步验收。初步验收由建设单位组织设计、施工、建设监理、工程质量监督机构、维护等部门参加。初步验收时，应严格检查工程质量，审查竣工资料，分析投资效益，对发现的问题提出处理意见，并组织相关责任单位落实解决。在初步验收后的半个月内向上级主管部门报送初步验收报告。

2. 试运转

初步验收合格后，按设计文件中规定的试运转周期立即组织工程的试运转。试运转由建设单位组织维护部门、设备厂家和设计、施工单位参加，对设备性能、设计和施工质量以及系统指标等方面进行全面考核。试运转时间一般为三个月。经试运转，如发现有质量问题，由责任单位负责免费返修。试运转结束后的半个月内，建设单位向上级主管部门报送竣工报告和初步决算，并请求组织竣工验收。

3. 竣工验收

上级主管部门在确认建设工程具备验收条件后，即可正式组织竣工验收。竣工验收由主管部门、建设、设计、施工、建设监理、维护使用、质量监督等相关单位组成验收委员会或验收小组，负责审查竣工报告和初步决算，工程质量监督单位宣读对工程质量的评定意见，讨论通过验收结论，颁发验收证书。

四、通信建设工程竣工验收的备案要求

1. 竣工验收备案

建设单位应当自通信建设工程竣工验收合格之日起15日内通过质监管理平台提交《通信工程竣工验收备案表》及通信建设工程竣工验收报告。

2. 质量监督报告

通信工程质量监督机构应在工程竣工验收合格后15日内向委托部门报送《通信工程质量监督报告》，并同时抄送建设单位。报告中应包括工程竣工验收和质量是否符合有关规定、历次抽查该工程发现的质量问题和处理情况、对该工程质量监督的结论意见以及该工程是否具备备案条件等内容。

3. 备案文件审查

工业和信息化部及省、自治区、直辖市通信管理局或受其委托的通信工程质量监督机构应依据通信工程竣工验收备案表，对报备材料进行审查，如发现建设单位在竣工验收过程中有违反国家建设工程质量管理规定行为的，应在收到备案材料15日内书面通知建设单位，责令停止使用，由建设单位组织整改后重新组织验收和办理备案手续。

4. 违规处罚

未办理质量监督申报手续或竣工验收备案手续的通信工程，不得投入使用。

【案例1L422033-1】

1. 背景

某项目部承担的本地网光缆线路工程，在合同工期内已完成设计及合同的所有工程量，并邀请了监理单位和维护单位一同对工程质量进行了自检。项目部对自检中发现的问题都进行了整改，并取得了所有的隐蔽工程随工验收签证记录。项目部因此认为工程质量符合设计及验收规范要求，遂向建设单位提交了交工报告，请求组织验收。鉴于工程规模不大，合同约定工程的初验与终验一并进行，一次进行全部项目验收。

建设单位在验收前组织相关人员对项目部提供的竣工资料进行预审时发现，项目的"建筑安装工程量总表"和"已安装设备明细表"与设计存在较大差异，且竣工图是未正式出版的草图。因此，建设单位拒绝了施工单位的验收请求。施工单位核实后，给予的解释是：某施工技术人员因紧急原因离开工地，其手中的资料无法汇总，从而导致竣工资料尚未完全汇总，此竣工资料只是其他人员参照设计整理成册；提供给建设单位的项目竣工图是草图，是因为施工现场不具备出图条件，待回到施工单位基地后再出版正式的竣工图。

2. 问题

（1）建设单位拒绝验收是否合理？为什么？

（2）此项目部应如何组织交工前的准备工作？

3. 分析与答案

（1）建设单位拒绝验收是合理的。因为通信工程验收的标准之一是竣工资料齐全、完整，符合归档要求。而该项目部的竣工资料尚未完全汇总，已汇总的数据可信度有限，而且竣工图也只是草图，并非正式竣工图，显然尚不具备竣工验收条件。

（2）对于此项目部来说，完成设计及合同规定的工程量，并达到设计及验收规范的质量要求固然重要，但也不能忽视施工技术资料的及时整理、归档工作。该项目部应组织力量，收集全部工程技术资料，按竣工资料的编制要求梳理、分类、归拢、装订成册，并按竣工图绘制要求绘制出版竣工图，使所有竣工资料都达到归档要求。所有这些工作完成后，才可以请建设单位组织竣工验收。

【案例1L422033-2】

1. 背景

某本地网架空光缆线路工程全程300km，于3月9日开工，7月10日完工。建设单位于7

月18日至7月25日组织工程初验，8月1日该工程投入试运行。建设单位于11月8日组织了竣工验收，并颁发了竣工验收证书，设备正式投入运营。省通信工程质量监督站由于到11月24日仍未收到竣工验收备案申请，遂向建设单位下达备案通知，否则将对其进行处罚。

2．问题

（1）省通信工程质量监督站的做法正确吗？为什么？

（2）建设单位应在什么时间向省通信工程质量监督站办理竣工验收备案手续？

3．分析与答案

（1）省通信工程质量监督站的做法是正确的。因为建设单位未按照《通信工程质量监督管理规定》的有关要求在规定的时间内向质量监督机构办理竣工验收备案手续，对于未办理质量监督申报手续或竣工验收备案手续的通信工程，不得投入使用。所以说，省通信质量监督站的做法是正确的。

（2）建设单位应在竣工验收后15天以内，即11月23日以前向省通信工程质量监督站办理竣工验收备案手续。并提交《通信工程竣工验收备案表》及工程验收证书。

1L422034　通信工程质量保修的服务和管理

一、工程质量的保修服务

1．保修责任范围

在保修期间，施工单位应对由于施工方原因而造成的质量问题负责无偿修复，并请建设单位按规定对修复部分进行验收。施工单位对由于非施工单位原因而造成的质量问题，应积极配合建设单位、运行维护单位分析原因，进行处理。工程保修期间的责任范围如下：

（1）由于施工单位的施工责任、施工质量不良或其他施工方原因造成的质量问题，施工单位负责修复并承担费用；

（2）由于多方的责任原因造成的质量问题，应协商解决，商定各自的经济责任，施工单位负责修复；

（3）由于设备材料供应单位提供的设备、材料等质量问题，由设备、材料提供方承担修复费用，施工单位协助修复；

（4）如果质量问题的发生是因为建设单位或用户的责任，修复费用应由建设单位或用户承担。

2．保修时间

根据原信息产业部的《通信建设工程价款结算暂行办法》（信部规〔2005〕418号）的有关规定，通信工程建设实行保修的期限为12个月。具体工程项目的保修期应在施工承包合同中约定。

3．保修程序

（1）发送保修证书。在工程竣工验收的同时，施工单位应向建设单位发送保修证书，其内容包括：工程简况；使用管理要求；保修范围和内容；保修期限；保修情况记录；保修说明；保修单位名称、地址、电话、联系人等。

（2）建设单位或用户检查和修复时发现质量问题，如是施工方的原因，可以口头或书面的方式通知施工单位，说明情况，要求施工单位予以修复。施工单位接到通知后，应尽快派人前往检查，并会同建设单位做出鉴定，提出修复方案，并尽快组织好人力、物力进行修复。

（3）验收。在发生问题的部位修复完毕后，在保修证书内作好保修记录，并经建设单位验收签认，以表示修理工作完成且符合要求。

4．投诉的处理

（1）施工单位对用户的投诉应迅速、及时处理，切勿拖延；

（2）施工单位应认真调查分析，尊重事实，做出适当处理；

（3）施工单位对所有投诉都应给予热情、友好的解释和答复。

二、工程交付后的管理

1．工程回访

工程回访属于工程交工后的管理范畴。施工单位在施工之前应为用户着想，施工过程中应对用户负责，竣工后应使建设单位满意，因此回访必须认真进行。

（1）回访内容：了解工程使用情况，使用或生产后工程质量的变异；听取各方面对工程质量和服务的意见；了解所采用的新技术、新材料、新工艺、新设备的使用效果；向建设单位提出保修后的维护和使用等方面的建议和注意事项；处理遗留问题；巩固良好的合作关系。

（2）参加人员及回访时间：一般由项目负责人以及技术、质量、经营等有关人员参加回访；工程回访一般在保修期内进行。回访可以是定期的，也可以根据需要随时进行回访。一般有季节性回访、技术性回访、保修期满前的回访。回访对象包括建设单位、运行维护单位和项目所在地的相关部门。

（3）回访方式：工程回访可由施工单位组织座谈会、听取意见会或现场拜访查看等方式进行，也可采用邮件、电话、传真等信息传递方式进行。

（4）回访要求：回访过程必须认真实施，应做好回访记录，必要时写出回访纪要。回访中发现的施工质量缺陷，如在保修期内要采取措施，迅速处理；如已过保修期，要协商处理。

2．已交付使用的项目如果发现非施工质量缺陷，承包商可配合建设单位、运行维护单位进行处理。

3．对已发生的质量故障进行分析，找出产生故障的原因，制定预防和改进措施，防止类似故障今后再次发生。

4．对在保修期内的工程，承包商应在人力、物力、财力上有所准备，随时应对保修。

【案例1L422034】

1．背景

某施工单位在对其承建的某直埋光缆通信线路工程进行保修期满前的回访时，建设单位提出了两个问题：

（1）通过对地绝缘监测发现，60%的直埋光缆对地绝缘不合格。

（2）交工后，天气未出现异常情况，但全程约有11%的护坎已坍塌。

施工单位对这两个问题进行了分析，并与建设单位、设计单位、维护单位、光缆接头盒生产厂家及对地绝缘监测装置生产厂家共同探讨，最后确认：绝缘问题是由于建设单位采购供应的对地绝缘监测装置密封头的密封材料的配制比例不符合工程所在地的气候条件要求，随着时间的变化，导致密封性能降低，使绝缘监测装置本身的对地绝缘不合格所致；护坎坍塌问题是由于施工单位的施工原因引起的。

2．问题

（1）对于绝缘问题，施工单位是否应该保修？施工单位应如何处理？

（2）对于护坎坍塌问题，施工单位是否应该保修？施工单位应如何保修？

（3）保修所发生的费用应如何承担？

3．分析与答案

（1）绝缘问题不属于施工单位保修范围，是建设单位采购供应的对地绝缘监测装置的原因引起的，不是施工单位的施工原因造成的质量缺陷。施工单位应积极配合建设单位、维护单位进行修复。

（2）护坎坍塌问题是由于施工原因造成的，施工单位应立即派施工人员，按照质量标准重新进行返修。返修过程中，除了对已坍塌的护坎重新施工以外，还应对其他部位进行检查，发现问题立即处理。

（3）处理绝缘问题所发生的费用，施工单位应根据施工合同中的约定向建设单位收取施工费；建设单位可依据采购合同及相关法律规定，追究对地绝缘监测装置生产厂家的经济责任。对于处理护坎坍塌问题，施工单位应承担全部费用。

1L422040　通信工程质量监督

1L422041　通信工程质量监督机构

工业和信息化部发布的《通信建设工程质量监督管理规定》（工业和信息化部47号令）对通信建设工程质量监督机构的有关事宜作出了明确规定。

一、通信工程质量监督机构设置

通信工程质量监督机构分为以下三级：

1．工业和信息化部；

2．省、自治区、直辖市通信管理局；

3．工业和信息化部和省、自治区、直辖市通信管理局设立的通信建设工程质量监督机构。

二、通信工程质量监督机构的工作范围

（一）工业和信息化部及通信管理局的工作范围

工业和信息化部负责全国通信建设工程质量的监督管理，省、自治区、直辖市通信管理局负责本行政区域内通信建设工程质量的监督管理。

（二）各级质量监督机构的工作范围

工业和信息化部和省、自治区、直辖市通信管理局设立的通信建设工程质量监督机构，依照规定具体实施通信建设工程质量监督工作。

工业和信息化部建立通信质量监督机构和质量监督人员名录库，统一向社会公布通信质量监督机构名录。

抢险救灾通信建设工程和涉密通信建设工程的质量行为，不受质量监督机构的监管。

三、通信工程质量监督机构的管理职责

（一）工业和信息化部通信工程质量监督机构的质量监督职责

工业和信息化部通信质量监督机构具体实施以下通信建设工程质量监督工作：

1. 对省、自治区、直辖市通信管理局设立的通信质量监督机构进行业务指导；

2. 对基础电信业务经营者集团公司管理的通信建设工程实施质量监督，协调省通信质量监督机构联合实施通信建设工程质量监督，对通信建设工程质量监督人员进行培训考核；

3. 受理通信建设工程质量的举报和投诉，参与调查处理通信建设工程质量事故；

4. 记录通信建设工程质量违法行为信息并录入通信建设工程质量违法行为信息库；

5. 工业和信息化部确定的其他工作。

（二）省、自治区、直辖市通信工程质量监督机构的质量监督职责

省、自治区、直辖市通信质量监督机构具体实施以下通信建设工程质量监督工作：

1. 实施本行政区域内通信建设工程质量监督；

2. 受理本行政区域内通信建设工程质量的举报和投诉，参与调查处理本行政区域内通信建设工程质量事故；

3. 记录通信建设工程质量违法行为信息并录入通信建设工程质量违法行为信息库；

4. 省、自治区、直辖市通信管理局确定的其他工作。

省通信质量监督机构可以根据本行政区域实际情况和工作需要，设立分支机构承担通信建设工程质量监督工作。

四、通信工程质量监督机构的工作要求

（一）工作权限

工业和信息化部和省、自治区、直辖市通信管理局及其设立的通信建设工程质量监督机构实施通信建设工程质量监督检查时，有权行使以下权限：

1. 要求被监督检查单位提供有关工程文件和资料；

2. 进入被监督检查单位的施工现场和有关场所进行检查，并采取检测、拍照、录像等方式进行取证；

3. 向有关单位和个人调查情况并取得证明材料。

通信建设工程的建设、勘察、设计、施工、监理等单位应当接受、配合电信管理机构及通信质量监督机构实施的监督检查，不得拒绝或者阻碍质量监督人员依法执行职务。

（二）工作要求

工业和信息化部和省、自治区、直辖市通信管理局及其设立的通信建设工程质量监督机构实施通信建设工程质量监督管理应当遵循客观、公开、公平、公正的原则。通信建设工程质量监督机构应当健全通信建设工程质量监督工作制度，加强对质量监督人员的管理，建立与通信建设工程质量监督工作相适应的信息化管理条件。

（三）工作方法

工业和信息化部建立通信建设工程质量监督管理信息平台，实行通信建设工程质量监督的信息化管理，并建立通信建设工程质量违法行为信息库，推进通信建设领域诚信体系建设。

【案例1L422041】

1. 背景

A省通信工程质量监督站接到了关于省内某通信施工单位在B省从事的直埋光缆线路工

程质量问题的举报。A省通信工程质量监督站遂委派两名工程师到现场作调查。工程师到现场后，根据举报的问题，对该工程影响质量的关键部位进行了抽查、检测和拍照，并对工程的成本开支、进度等问题进行了了解，同时询问了工地项目负责人及相关技术人员有关工程施工的其他情况。质量监督工程师对此都进行了详细的记录。在沿光缆路由检查时，发现部分沟坎护坡的构筑质量不符合要求，质量监督站随即向该施工单位发出了整改意见。

2．问题

（1）A省质量监督机构的做法对吗？为什么？

（2）A省质量监督机构在现场检查时，哪些工作不符合要求？

3．分析与答案

（1）A省质量监督机构的做法不对。因为省质量监督机构只负责本省区域内的工程质量监督工作，即使在其他省内出现问题的施工单位属于本省管辖，也无权到其他省去从事质量监督工作。

（2）质量监督机构在现场检查时只负责对现场的工程质量进行检查、监督，无权对施工单位的工程成本开支、工程进度等其他方面的情况进行检查。

1L422042　通信工程质量监督的内容

工业和信息化部发布的《通信建设工程质量监督管理规定》（工业和信息化部47号令）对通信工程质量监督的工作内容及处罚依据作出了明确规定。

一、通信质量监督机构的主要工作内容

通信质量监督机构实施通信建设工程质量监督的主要内容包括：

1．检查通信建设工程的建设、勘察、设计、施工、监理等单位执行建设工程质量法律、法规和通信建设工程强制性标准的情况；

2．检查通信建设工程的建设、勘察、设计、施工、监理等单位落实工程质量责任和义务、建立质量保证体系和质量责任制度情况；

3．检查影响工程质量、安全和主要使用功能的关键部位和环节；

4．检查工程使用的主要材料、设备的质量；

5．检查工程防雷、抗震等情况；

6．检查工程质量监督申报、工程竣工验收的组织形式及相关资料。

二、通信工程质量监督机构对违规行为的处罚

（一）受到处罚的行为

通信建设工程中的下列行为，应承担相应的法律责任。

1．通信建设工程的建设单位、勘察单位、设计单位、施工单位、监理单位的工程质量存在问题，接到通信质量监督机构要求限期整改通知时，整改不符合要求的。

2．不配合通信建设工程质量监督检查的。

3．通过质监管理平台提交虚假材料的。

4．建设单位未依法办理通信建设工程质量监督申报或竣工验收备案手续的。

（二）处罚方式

1．通信建设工程的建设单位、勘察单位、设计单位、施工单位、监理单位违反法律、法规或者不执行通信建设工程强制性标准，降低工程质量的，依据相关法律、法规处理，并在行业内进行通报。

2. 瞒报、谎报通信建设工程质量事故或者拖延报告期限的，对直接责任人和其他责任人员，依法给予处分，在行业内进行通报，并通报其他相关部门。

3. 通信建设工程的建设、勘察、设计、施工、监理等单位违反通信建设工程质量管理规定，受到行政处罚的，由电信管理机构记入信用记录，并依照有关法律、行政法规的规定予以公示。

4. 通信建设工程的建设单位、勘察单位、设计单位、施工单位、监理单位违反通信建设工程质量管理规定的，由工程所在地的省、自治区、直辖市通信管理局处罚；属于基础电信业务经营者集团公司管理通信建设工程的，由工业和信息化部处罚。

5. 电信管理机构和通信质量监督机构工作人员在通信建设工程质量监督管理工作中玩忽职守、滥用职权、徇私舞弊的，依法给予处分；构成犯罪的，依法追究刑事责任。

【案例1L422042】

1. 背景

某通信运营商计划在办公楼内新建通信机房。由于办公楼为框架式写字楼，因此对拟作机房的房间楼板进行了加固，并用防火板材将机房的房间进行了分割，以便于设备安装。设计完成后，运营商通过招标确定了施工单位，施工单位参加了设计会审。建设单位在申报质量监督以后工程开工，施工单位按照施工图设计开始安装设备。

质量监督机构在进行现场检查时发现，机房设备的侧加固只加固在防火板隔开的墙体上，无法承受地震时可能产生的晃动。质量监督机构认为施工单位的质量存在问题，违背了强制性标准的要求，因此对施工单位进行了处罚。施工单位对此处罚不服。

2. 问题

（1）质量监督机构所作出的处罚正确吗？为什么？

（2）质量监督机构对此问题应如何进行质量监督？

3. 分析与答案

（1）质量监督机构所作出的处罚不正确。因为施工单位是按照施工图设计施工，质量监督机构所发现的问题属于设计问题，设计单位在进行工程设计时就应注意到机房的侧加固问题。质量监督机构应对各参建单位执行强制性标准的情况进行监督，而不应仅监督施工单位。

（2）质量监督机构对此问题的质量监督，应在现场查阅楼层装修工程的施工图设计、机房设备安装工程的施工图设计等文件，对相关单位进行处罚。在侧加固问题中，建设单位没有把好楼层装修关、设计单位没有把好设计关、施工单位没有把好施工关，三方都应对此问题负责，都应受到相应的处罚。

1L422043 通信工程质量监督程序

根据工业和信息化部《通信建设工程质量监督管理规定》（工业和信息化部47号令）的要求，通信工程质量监督程序如下：

一、对建设单位申报质量监督的要求

（一）申报时间

1.建设单位应当在通信建设工程开工5个工作日前办理通信建设工程质量监督申报手续。

2.投资规模较小的通信建设工程项目可以集中办理通信建设工程质量监督申报手续。

（二）申报方法及申报内容

建设单位办理通信建设工程质量监督申报手续，应当通过质监管理平台提交《通信建设工程质量监督申报表》和以下文件材料：

1.项目立项批准文件；

2.施工图设计审查批准文件；

3.工程勘察、设计、施工、监理等单位的资质等级证书；

4.其他相关文件。

二、对质量监督机构的工作要求

（一）制定质量监督方案

通信质量监督机构收到通信建设工程质量监督申报后，应当根据通信建设工程的特点，制定通信建设工程质量监督工作方案，确定通信建设工程质量监督的具体内容、方式和监督工作计划，并通过质监管理平台将《通信建设工程质量监督通知书》通知建设单位。

（二）实施质量监督方案

工业和信息化部和省、自治区、直辖市通信管理局设立的通信建设工程质量监督机构采用抽查方式对通信建设工程实施质量监督，并填写《通信建设工程质量监督记录表》。

工业和信息化部和省、自治区、直辖市通信管理局组织通信建设工程质量专项检查，检查通信建设工程的建设、勘察、设计、施工、监理等单位建立工程质量管理制度情况、落实相关责任和义务等情况，并在《通信建设工程质量专项检查表》中如实记录专项检查情况。

工业和信息化部和省、自治区、直辖市通信管理局实施通信建设工程质量专项检查，应当随机抽取检查对象，通过质量监督人员名录库随机选派检查人员，并及时向社会公布检查情况及对违法行为的查处结果。

工业和信息化部和省、自治区、直辖市通信管理局应当建立通信建设工程质量监督通报制度，对建设单位办理通信建设工程质量监督申报手续、竣工验收备案手续，通信建设工程的建设、勘察、设计、施工、监理等单位落实工程质量责任和义务，违法行为查处，以及通信建设工程的建设、勘察、设计、施工、监理等单位对工程质量问题改正情况等进行通报。

任何单位和个人对通信建设工程质量事故、质量缺陷都有权举报和投诉。

（三）对质量监督中发现问题的处理要求

通信质量监督机构实施通信建设工程质量监督发现有影响通信建设工程质量的问题时，应当通知通信建设工程的建设、勘察、设计、施工、监理等单位，责令限期改正。通信建设工程的建设、勘察、设计、施工、监理等单位应当按要求改正，并通过质监管理平台提交《通信建设工程质量问题整改情况反馈表》。

（四）验收备案及备案后的质量监督

建设单位应当自通信建设工程竣工验收合格之日起15日内，通过质监管理平台提交

《通信建设工程竣工验收备案表》及通信建设工程竣工验收报告。

通信质量监督机构收到竣工验收报告后，应当重点对基本建设程序、竣工验收的组织形式、竣工验收资料是否符合有关规定进行监督，发现有违反有关规定的行为的，应当责令停止使用，限期改正。建设单位改正后，应当重新组织工程竣工验收。

通信质量监督机构应当建立通信建设工程质量监督档案，并按照有关规定妥善保存。

【案例1L422043】

1. 背景

某通信集团公司新建一条国家一级长途光缆干线，线路跨越5省，工程于9月1日开工。集团公司要求沿线各省分公司在9月7日前向所在省通信管理局的质量监督机构办理质量监督申报手续。

质量监督机构接到建设单位的质量监督申报以后，由于人力有限，遂委派工程监理单位对工程质量进行监督。通过监理单位的认真工作，工程质量完全符合强制性条文和相关文件的要求。

2. 问题

（1）建设单位的工作存在哪些问题？为什么？

（2）质量监督机构的工作存在什么问题？为什么？

3. 分析与答案

（1）首先，建设单位办理质量监督申报手续的时间不对，质量监督申报手续应在工程开工5个工作日前办理；其次，建设单位办理质量监督手续申报的部门不正确，由于本工程为跨省的一级干线工程，申报的受理部门应该是工业和信息化部。

（2）质量监督机构不应该委托工程的监理单位对工程进行质量监督。因为监理单位本身就应该接受质量监督；对于跨省的一级干线工程，质量监督机构不能以时间、人力等原因推托质量监督责任。

1L422044　通信工程质量事故处理

为了加强通信建设市场的行业管理，维护通信建设市场的正常秩序，确保通信工程建设质量，做好通信工程建设质量事故处理工作，根据国家有关法规规定，结合通信工程的建设特点，原邮电部于1996年发布了《通信工程质量事故处理暂行规定》。结合原文件的规定和目前的实际情况，跨省通信干线、通信枢纽、卫星地球站等通信工程质量事故处理的主管部门为工业和信息化部，省内各类通信工程质量事故处理的主管部门为所在省、自治区、直辖市通信管理局。

一、质量事故的等级划分

通信工程质量事故是指工程建设由于无证设计、施工或超规模、超业务范围设计、施工，勘察、设计、施工不符合规范要求，使用不合格的设备器材，建设单位、监理单位工程项目主管人员擅自修改设计文件、失职等，造成的工程设施倒塌、机线性能不良、工程不能按期竣工投产、发生人身伤亡或造成重大经济损失的通信工程事故。

工程质量事故按其严重程度不同，分为重大质量事故、严重质量事故和一般质量事故。

（一）重大质量事故

有下列情况之一者，为重大质量事故：

1. 由于工程质量低劣，引起人身死亡或重伤3人以上（含3人）；

2. 直接经济损失在50万元以上。

（二）严重质量事故

有下列情况之一者，为严重质量事故：

1. 由于工程质量低劣，造成重伤1至2人；

2. 直接经济损失在20万元至50万元者；

3. 大中型项目由于发生工程质量问题，不能按期竣工投产。

（三）一般质量事故

凡具备下列条件之一者，为一般质量事故：

1. 直接经济损失在20万元以下；

2. 小型项目由于发生工程质量问题，不能按期竣工投产。

二、质量事故的报告和现场保护

（一）质量事故的报告程序和报告内容

质量事故发生后，建设单位必须在24h内以最快方式将事故简要情况上报主管部门和通信工程质量监督站，遇有人身伤亡时应同时上报安全主管部门，并在48h内提交质量事故的书面报告。质量事故书面报告应包括以下内容：

1. 事故发生的时间、地点、工程项目名称，建设、维护、设计、施工、监理和质量监督单位名称；

2. 事故发生的简要过程、伤亡人数和直接经济损失的初步估算；

3. 事故发生原因的初步判断；

4. 事故发生后采取的措施及事故控制情况；

5. 事故报告单位。

（二）现场保护要求

事故发生后，事故发生单位必须严格保护事故现场，并采取有效措施抢救人员和财产，防止事故扩大。

三、质量事故的调查

重大工程质量事故由项目主管部门组织调查组，其他工程质量事故由通信工程质量监督部门负责组织调查组到事故发生现场调查。必要时可聘请有关方面的专家协助进行调查。

（一）质量事故调查的工作内容

质量事故调查时，调查组应根据质量事故的具体情况进行如下工作：

1. 收集相关资料，对事故现场进行分析，并对现场拍照或录像；

2. 对工程设计进行核对、复算；

3. 对材料进行化学性能及机械强度等检验；

4. 对设备进行详细检查测试；

5. 对施工方法、手段进行分析；

6. 分析原因，进行技术鉴定。

（二）质量事故调查人员的主要责任

质量事故调查人员在调查过程中，应坚持做好以下工作：

1. 查明事故发生的原因、过程、事故的严重程度和经济损失情况；

2. 查明事故的性质、责任单位和主要责任者；

3. 组织技术鉴定；

4. 提出事故处理意见，明确事故主要责任单位和次要责任单位承担经济损失的划分原则；

5. 提出技术处理意见及防止类似事故再次发生所应采取措施的建议；

6. 提出对事故责任者的处理建议；

7. 写出事故调查报告。

（三）质量事故调查人员的权力

调查人员有权向事故发生单位、涉及单位和个人了解事故的有关情况，索取有关资料，任何单位和个人不得以任何方式阻碍、干扰调查人员的正常工作。

四、质量事故的处理

（一）处理质量问题的单位

建设工程在竣工验收前，由于勘察、设计、施工、监理、建设管理、使用不合格器材等原因造成的质量事故，应由施工单位负责修复。所发生的费用由事故的责任方承担。

（二）对责任单位及责任人的处罚要求

1. 对于无证或超范围设计、施工造成质量事故的，除追究设计、施工单位的责任外，还要追究建设单位的责任。

2. 对于事故发生后隐瞒不报、谎报、故意拖延报告期限的，或拒绝提供与事故有关情况资料的，由其所在单位或上级主管部门给予行政处分；情节严重构成犯罪的，由司法机关依法追究刑事责任。

3. 对于造成事故的直接责任单位，视情节轻重，分别给予通报批评、警告、罚款，并由发证机关降低资质等级直至吊销资质证书等处罚。

4. 对造成质量事故的直接责任人，根据不同的质量事故等级，由其所在单位或上级主管部门给予批评、记过处分，或分别给予不同数量的罚款；构成犯罪的，由司法机关依法追究刑事责任。

（三）罚款要求

1. 被处罚的单位或个人自收到处罚决定书之日起15日内，到指定银行缴纳罚款。

2. 质量监督机构现场收缴罚款，必须向当事人出具财政部门统一制发的罚款收据。否则，当事人有权拒绝罚款。

3. 被罚款单位或个人逾期不履行处罚决定的，作出处罚决定的行政机关或组织可根据《中华人民共和国行政处罚法》的规定加罚滞纳金或申请人民法院强制执行。

【案例1L422044】

1. 背景

某通信工程公司于7月份中标一市内通信管道建设工程，需敷设12孔波纹塑料管2km，管道沿人行道建设，波纹塑料管由建设单位负责采购，其他材料由施工单位购置，本工程由一监理单位负责监理。施工过程中，监理人员提出波纹管应送检验机构进行强度性能的检验，建设单位现场代表认为送检的检验费用高，设计中没有计列检验费用；同时，产品已在波纹管厂进行过抽样技术鉴定，质量符合要求，不需再送检验机构检验。监理、施工单位同意了建设单位现场代表的意见。该工程完工后在进行试通时，发现有个别地段管孔不通。经开挖后检查，发现是由于波纹塑料管强度不够，回填土后产生变形，从而导致管孔不通。工程最终未能按期完工。

2. 问题

（1）该工程的质量事故属于哪一级质量事故？

（2）该质量事故的主要责任应由谁承担？为什么？

（3）应怎样处理该质量事故？

3. 分析与答案

（1）由于本工程项目规模较小，而且只是个别地段管孔不通。由于处理这些质量问题使得工程不能按期完工，因此，此质量事故属于一般质量事故。

（2）该质量事故应由施工单位负责，监理单位和建设单位联合承担责任。按照施工单位质量行为规范中的规定，施工单位应对到场的材料进行检验；监理单位和建设单位应按照质量控制的要求进行材料进货检验的管理。这些单位的工作均未满足要求，因此，应共同承担相应的责任。

（3）该质量事故应由工程所在地的通信管理局负责处理，由施工单位将不合格的波纹塑料管挖出，重新更换经现场检验合格的波纹塑料管。对相关责任单位的处罚，由通信管理局进一步作出决定；对相关责任人的处罚，应由各单位作出决定。

1L422050 通信工程建设监理

1L422051 通信工程监理单位的业务范围及要求

为加强通信建设工程监理的管理工作，规范通信建设工程监理活动，促进建设监理工作的健康有序发展，住房和城乡建设部颁布了《工程监理企业资质管理规定》（建设部〔2006〕158号），原信息产业部颁布了《通信建设工程监理管理规定》（信部规〔2007〕168号），对在中华人民共和国境内从事通信建设监理活动、实施对通信建设工程监理的监督管理，作出了具体规定。

一、通信建设监理企业的资质等级和业务范围

通信工程监理企业资质及其承担监理业务的范围按照住房和城乡建设部颁布的《工程监理企业资质管理规定》执行。

（一）工程监理企业资质等级

工程监理企业资质分为综合资质和专业资质。其中，专业资质按照工程性质和技术特点划分为若干工程类别。综合资质不分级别；专业资质分为甲级、乙级。

（二）可以承担的工程监理业务

1. 综合资质

具有综合资质的监理企业，可以承担所有专业工程类别建设工程项目的工程监理业务。

2. 通信工程专业资质

（1）具有通信工程专业甲级资质的监理企业，可以承担通信工程专业各种规模施工项目的工程监理业务。

（2）具有通信工程专业乙级资质的监理企业，可以承担通信工程专业以下施工项目的工程监理业务：省内通信、信息网络工程的有线及无线传输通信工程、卫星及综合布线通信工程；地级市城市邮政、电信枢纽的邮政、电信、广播枢纽及交换工程；总发射功率500kW以下短波或600kW以下中波发射台、高度200m以下广播电视发射塔的发射台工程。

二、通信建设工程监理工作的实施要求

通信建设工程监理是指监理企业受建设单位委托，依据国家和部有关工程建设的法律、法规、规章和标准规范，对通信建设工程项目进行监督管理的活动。

（一）监理原则及监理标准

1. 实施通信建设工程监理活动，应当遵循依法、独立、公正、诚信、科学的原则。

2. 通信建设监理企业应当依照法律、法规以及有关规范标准、设计文件和建设工程承包合同，代表建设单位对工程实施监理。

3. 监理企业和监理工程师应当按照法律、法规和工程建设强制性标准实施监理，并对建设工程安全生产承担监理责任。

（二）监理企业及监理工程师的行为准则

1. 通信建设监理企业与被监理工程的施工承包单位以及材料和设备供应单位有隶属关系或者其他利害关系的，不得承担该项建设工程的监理业务。

2. 通信建设监理企业不得超越本企业资质等级许可的范围或者以其他监理企业的名义承担工程监理业务，不得允许其他单位或者个人以本单位的名义承担工程监理业务。

3. 通信建设监理企业不得转让工程监理业务，不得泄露建设单位和被监理单位的商业秘密和技术秘密。

4. 通信建设监理工程师不得同时在两个以上的监理企业任职，不得以个人名义承接监理业务，不得泄露建设单位和被监理单位的商业秘密和技术秘密。

（三）监理信息的提供

1. 建设单位在监理企业实施监理前，应将监理企业的名称、监理工作的范围和内容、项目总监理工程师的姓名以及所授予的权限，书面通知被监理企业。

2. 被监理企业应当接受监理企业的监理，按照要求提供完整的原始记录、检测记录等技术、经济资料，并为其开展工作提供方便。

（四）监理机构的设置及监理权限

1. 监理企业应当根据所承担的业务，成立项目监理机构。项目监理机构的组织形式和规模，应根据委托监理合同规定的服务内容、服务期限、工程类别、规模、技术复杂程度、工程环境等因素确定。项目监理机构监理的人员应专业配套，人员数量应当满足工作的需要。

2. 承担施工阶段的监理，监理企业应当选派具备相应资格的总监理工程师和监理工程师进驻现场。

3. 未经监理工程师签字的材料和设备不得在工程上使用或者安装；未经监理工程师签字，施工单位不得进行下一道工序的施工。未经总监理工程师签字，建设单位不拨付工程款，不进行竣工验收。

（五）监理程序

通信建设工程监理工作应当按照下列程序实施：

1. 编制工程建设监理规划。按照工程建设强制性标准及相关监理规范的要求编写监

理规划，同时还应编制安全监理的范围、内容、工作程序和制度措施以及人员配备计划和职责。

2. 按工程建设进度、分专业编制工程建设监理实施细则。中型以上项目和危险性较大的分部分项工程应当编制监理实施细则，实施细则应当明确安全监理的方法、措施和控制点，以及对施工单位安全技术措施的检查方案。

3. 按照建设监理实施细则实施监理。

4. 参与工程竣工验收，签署建设监理意见。

通信建设工程监理业务完成后，监理企业应当按照合同约定向建设单位提交工程建设监理档案资料。

（六）监理的工程协调工作要求

1. 在监理工作实施过程中，总监理工程师应定期向建设单位报告工程情况。由于不可预见或不可抗拒的因素，总监理工程师认为需要变更承包合同时，应当及时向建设单位提出建议，协助建设单位与被监理企业协商变更工程承包合同。

2. 在监理工作实施过程中，建设单位与被监理企业在执行工程承包合同中发生的任何争议，可以约定首先由总监理工程师调解。总监理工程师接到调解请求后，应当在约定的期限内将调解意见书面通知双方。争议双方或任何一方不同意总监理工程师的调解意见的，可以依据合同申请仲裁或者向法院提起诉讼。

（七）建设工程安全监理的工作程序

1. 监理单位应按照编制含有安全监理内容的监理规划和监理实施细则进行监理工作。

2. 在施工准备阶段，审查施工单位编制的施工组织设计中的安全技术措施和危险性较大的分部分项工程安全专项施工方案是否符合工程建设强制性编制要求；审查核验施工单位提交的有关技术文件及资料，并由项目总监在技术文件报审表上签署意见；审查未通过的，安全技术措施及专项施工方案不得实施。

3. 在施工阶段，监理单位应对施工现场安全生产情况进行巡视检查，对发现的各类安全事故隐患，应书面通知施工单位，并督促其立即整改；情节严重的，监理单位应及时下达工程暂停令，要求施工单位停工整改，并及时报告建设单位。安全事故隐患消除后，监理单位应检查整改结果，签署复查或者复工意见。施工单位拒不整改或不停止施工的，监理单位应当及时向建设单位或当地省通信管理局报告，以电话形式报告的，应当有通话记录，并及时补充书面报告。检查、整改、复查、报告等情况应记载在监理日志、监理月报中。

4. 工程竣工后，监理单位应将有关安全生产的技术文件、监理规划、监理实施细则、验收记录、相关书面通知等按规定立卷归档。

【案例1L422051】

1. 背景

某年3月，B市通信运营公司决定增建40个移动通信基站。该工程通过招标，由某通信工程公司中标施工。建设单位决定委托一家监理单位对该工程实施监理，并已正式通知相关单位。施工单位为了在5月底完工，在没有做好各种准备和监理单位未同意的情况下，就向建设单位报送开工报告，宣布开工。监理机构发现后，发出《监理工程师通知单》，要求施工单位递交开工申请报告，接受监理工程师的审查，然后再决定是否开工。

2. 问题

（1）施工单位向建设单位报送开工报告，宣布开工的做法是否正确？为什么？

（2）监理单位是否有权决定工程的开工？

3．分析与答案

（1）施工单位的做法不正确。因为建设单位委托监理单位对工程实施监理，监理单位可以在建设单位授权的情况下，代表建设单位开展项目的管理工作。施工单位应向监理机构递交开工申请报告，由监理单位审批工程的开工申请报告后向建设单位汇报，并向建设单位提出监理的意见。

（2）监理单位根据建设单位的授权，有权决定工程的开工日期，并由总监理工程师签署开工令。

1L422052　通信工程监理的工作内容和监理方法

2007年3月，原信息产业部发布了《通信建设工程监理管理规定》（信部规〔2007〕168号），对通信工程监理工作提出了明确要求。

一、通信建设工程监理的工作内容

通信监理企业在工程监理工作中，主要完成工程建设的质量控制、进度控制、造价控制、安全管理、合同管理和信息管理，并要协调好工程建设单位与施工等单位之间的工作关系。

二、通信工程建设监理的阶段划分及其监理工作内容

监理企业可以和建设单位约定对通信工程建设全过程（包括设计阶段、施工阶段和保修期阶段）实施监理，也可以约定对其中某个阶段实施监理。具体监理范围和内容，由建设单位和监理企业在委托合同中约定。

（一）设计阶段的监理内容

1．协助建设单位选定设计单位，商签设计合同，并监督管理设计合同的实施；

2．协助建设单位提出设计要求，参与设计方案的选定；

3．协助建设单位审查设计和概（预）算，参与施工图设计阶段的会审；

4．协助建设单位组织设备、材料的招标和订货。

（二）施工阶段的监理内容

1．协助建设单位审核施工单位编写的开工报告。

2．审查施工单位的资质，审查施工单位选择的分包单位的资质。

3．协助建设单位审查批准施工单位提出的施工组织设计、安全技术措施、施工技术方案和施工进度计划，并监督检查实施情况。

4．审查施工单位提供的材料和设备清单及其所列的规格和质量证明资料。

5．检查施工单位严格执行工程施工合同和规范标准。

6．检查工程使用的材料、构件和设备的质量。

7．检查施工单位在工程项目上建立、健全安全生产规章制度和安全监管机构的情况及专职安全生产管理人员的配备情况，督促施工单位检查各分包单位的安全生产规章制度的建立情况。审查项目负责人和专职安全生产管理人员是否具备工业和信息化部或通信管理局颁发的《安全生产考核合格证书》，是否与投标文件相一致；审核施工单位应急救援预案和安全防护措施费用的使用计划。

8. 监督施工单位按照施工组织设计中的安全技术措施和专项施工组织方案组织施工，及时制止违规施工作业；旁站检查施工过程中的危险性较大工程作业情况；检查施工现场各种安全标志和安全防护措施是否符合强制性标准要求，并检查安全生产费用的使用情况；督促施工单位进行安全自查工作，并对施工单位资产情况进行抽查；参加建设单位组织的安全生产专项检查。

9. 检查工程进度和施工质量，验收分部分项工程，签署工程付款凭证，做好隐蔽工程的签证。

10. 审查工程结算。

11. 协助建设单位组织设计单位和施工单位进行竣工初步验收，并提出竣工验收报告。

12. 审查施工单位提交的交工文件，督促施工单位整理合同文件和工程档案资料。

（三）工程保修阶段的监理内容

1. 监理企业应依据委托监理合同确定质量保修期的监理工作范围。

2. 负责对建设单位提出的工程质量缺陷进行检查和记录，对施工单位进行修复的工程质量进行验收。

3. 协助建设单位对工程质量缺陷原因进行调查分析并确定责任归属，对非施工单位原因造成的工程质量缺陷，核实修复工程的费用和签发支付证明，并报建设单位。

4. 保修期结束后协助建设单位结算工程保修金。

三、通信工程建设项目监理的常用方法

监理工程师应当按照工程监理规范的要求采取旁站、巡视和平行检验等形式，对建设工程实施监理。在工程实施中，监理工程师应经常对承包单位的技术操作工序进行旁站或巡视控制。

（一）旁站

旁站是指在关键部位或关键工序的施工过程中，监理人员在施工现场所采取的监督活动。

（二）巡视

巡视是指监理人员在现场对正在施工的部位或工序定期或不定期的监督检查活动。

旁站和巡视的目的不同，巡视是以了解情况和发现问题为主，巡视的方法以目视和记录为主。旁站是以确保关键工序或关键操作符合规范要求为目的。除了目视以外，必要时还要辅以常用的检测工具。实施旁站的监理人员主要以监理员为主，而巡视则是所有监理人员都应进行的一项日常工作。

（三）平行检验

项目监理机构利用一定的检查或检测手段在承包单位自检的基础上，按照一定的比例独立进行检查或检测的活动。

【案例1L422052】

1. 背景

2009年7月，在东南地区某直埋光缆工程的施工中，根据天气预报，强台风就要来临，项目部在没有通知监理工程师的情况下，决定赶在台风来临前，把光缆布放到还在开挖的光缆沟里，并立即回填土，以免缆沟被洪水冲毁。监理工程师发现后，认为项目部的做法不合乎要求，拒绝为沟深和放缆等隐蔽工序签字确认。施工单位认为，施工中的每道工序都是按照质量管理体系的要求进行操作的，并由专职质量检查员检查过。光缆是在沟深符合要求的情况下敷设的；同时，也是为了减小自然灾害的影响而采取的行动，监理工程师应该确认。

2. 问题

（1）根据工地的实际情况，施工单位应如何处理？

（2）监理工程师的做法是否正确？为什么？

3. 分析与答案

（1）在强台风就要来临情况下，项目部为了减少自然灾害给工程带来的损失，应及时通知监理单位增加现场监理人员，加强现场旁站和巡回检查，逐段为沟深和放缆等隐蔽工序签字确认。

（2）监理工程师的做法是正确的。根据相关规定，监理工程师在关键部位或关键工序的施工过程中应进行旁站检查，确认合格后才能签字。在本案中，监理工程师不签字是履行职责的表现，因此监理工程师的做法是正确的。

1L430000 通信与广电工程项目施工相关法规与标准

1L431000 通信与广电工程项目施工相关法规

1L431010 通信建设管理的有关规定

1L431011 通信设施建设的有关规定

为了规范电信市场秩序，加强电信建设的统筹规划和行业管理，合理配置电信资源，维护电信用户和电信业务经营者的合法权益，促进电信业的健康发展，国务院和通信主管部委先后发布了多项通信建设管理规定，对保证通信设施建设做出了要求。

一、城市建设和村镇、集镇建设配套设置电信设施的规定

国务院于2016年修订的《中华人民共和国电信条例》和原信息产业部于2002年2月1日开始施行的《电信建设管理办法》（20号令），对城市建设和村镇、集镇建设配套设置电信设施做出了规定。

（一）在民用建筑物上进行电信建设的要求

1. 建筑物内的电信管线和配线设施以及建设项目用地范围内的电信管道，应当纳入建设项目的设计文件，并随建设项目同时施工与验收。所需经费应当纳入建设项目概算。

2. 民用建筑的开发者和管理者应当为各电信运营商使用民用建筑内的通信管线等公共电信配套设施提供平等的接入和使用条件，保证电信业务在民用建筑区域内的接入、开通和使用。

3. 民用建筑的开发方、投资方以外的主体投资建设的公共电信配套设施，该设施的所有人和合法占有人利用该设施提供网络接入服务时，应获得相关电信业务经营许可证，并为电信业务经营者提供平等的接入和使用条件。

4. 民用建筑内的公共电信配套设施的建设应当执行国家、行业通信工程建设强制性标准，原则上应统一维护。

5. 基础电信业务经营者可以在民用建筑物上附挂电信线路或者设置小型天线、移动通信基站等公用电信设施，但是应当事先通知建筑物产权人或者使用人，并按照省、自治区、直辖市人民政府规定的标准向该建筑物的产权人或者其他权利人支付使用费。

（二）在其他条件下进行电信建设的要求

1. 公共场所的经营者或管理者有义务协助基础电信业务经营者依法在该场所内从事电信设施建设，不得阻止或者妨碍基础电信业务经营者向电信用户提供公共电信服务。

2. 有关单位或者部门规划、建设道路、桥梁、隧道或者地下铁道等，应当事先通知省、自治区、直辖市电信管理机构和电信业务经营者，协商预留电信管线等事宜。

（三）电信设施的共建共享要求

1. 电信业务经营者投资改造已建电信业务经营者的电信设施时，应当按照多家电信运营商共同进入该民用建筑的标准进行电信设施建设，并向有需求的电信运营商出租。

2. 电信配套设施出租、出售资费由当事双方协商解决，双方难以协商一致的，可以由电信管理机关协调解决。电信管理机关可以结合本地区实际情况制定电信配套设施出租、出售资费标准。

二、对电信管道、电信杆路、通信铁塔等设施的建设管理要求

2005年7月，原信息产业部下发的330号文件《关于对电信管道和驻地网建设等问题加强管理的通知》中规定，各基础电信业务运营商可以在电信业务经营许可的范围内投资建设电信管道、电信杆路、通信铁塔等电信设施。任何组织不得阻碍电信业务经营者依法进行的电信设施建设活动。

（一）电信管道、电信杆路、通信铁塔联合建设的程序和原则

在电信通行权有限的区域新建、扩建、改建电信管道、电信杆路、通信铁塔等电信设施应当统一规划、联合建设。建设各方应按照以下程序组织电信管道、电信杆路、通信铁塔等电信设施联合建设活动：

1. 首先提出建设意向的电信运营商应向当地的电信管理机关或电信管理机关授权的社会中介组织提出书面申请，并将拟建项目的基本情况向电信管理机关或指定的社会中介组织报告。

2. 电信管理机关或指定的社会中介组织在接到申请后应及时将有关建设信息通知其他电信运营商，其他运营商应及时回复是否参加联合建设，逾期未书面答复视为主动放弃联合建设。

3. 首先提出建设意向的电信业务经营者召集各参建电信运营商，共同商定建设维护方案、投资分摊方式、资产分割原则和牵头单位，并签订联合建设协议。

4. 联合建设的牵头单位将商定的并经电信管理机关盖章同意的建设方案报城市规划、市政管理部门审批，履行建设手续。项目竣工验收后，工程相关文件应及时向当地电信管理机关备案。

不参与联合建设的电信业务经营者，原则上在3年之内，不得在同路由或同位置建设相同功能的电信设施。

（二）电信管道、电信杆路、通信铁塔等电信设施共用问题

1. 本着有效利用、节约资源、技术可行、合理负担的原则，电信运营商应实现电信管道、电信杆路、通信铁塔等电信设施的共用。已建成的电信管道、电信杆路、通信铁塔等电信设施的电信业务经营者应当将空余资源以出租、出售或资源互换等方式向有需求的其他电信业务经营者开放，出租、出售资费由当事双方协商解决，双方难以协商一致的，可以由电信管理机关协调解决。电信管理机关可以结合本地区实际情况制定电信管道、电信杆路、通信铁塔等电信设施租售资费标准。

2. 在空闲资源满足需求的路由和地点，原则上不得再新建电信管道、电信杆路、通信铁塔等电信设施。对于已建成的电信设施无空闲资源可利用的路由和地点，应当尽量通过技术改造、扩建等技术手段，提高资源利用率，以满足需求。

三、加强城市通信基础设施规划的规定

2015年9月，住房和城乡建设部、工业和信息化部联合发布了《关于加强城市通信基础设施规划的通知》（建规〔2015〕132号），明确了城市通信基础设施的规划要求。

（一）完善城市总体规划相关内容

在城市总体规划编制时，通信行业主管部门应根据宽带网络、4G（第四代移动通信）、光纤到户、"三网融合"等发展需要，及时提出通信光缆、机房、基站、管线等通信基础设施的发展目标、建设需求。城市人民政府城乡规划主管部门应结合城市工程管线规划，统筹规划通信基础设施建设用地，合理确定相关通信基础设施的布局原则，推进集约化建设和升级改造，确保通信基础设施适应新型城镇化建设和信息通信技术发展要求。

（二）开展通信基础设施专项规划编制

各地通信行业主管部门要会同城乡规划主管部门，组织开展通信基础设施专项规划编制工作。通信基础设施专项规划应以城市总体规划、通信行业发展规划和有关标准规范为依据，科学预测各类通信用户规模，并根据城市发展布局、人口分布和信息化发展规划等，统筹各类通信管线、宽带网络建设和建设时序，充分考虑与地下综合管廊建设的衔接，合理布局通信光缆、通信局房、基站等各类通信设施。

（三）做好相关规划的衔接和协调

各地在开展道路交通、地下管线综合规划、绿地建设等规划时，应按国家要求，将通信管线、基站、铁塔建设一并纳入规划，统筹考虑，充分衔接，同步建设。对地下综合管廊建设区域内的通信设施，在地下综合管廊工程规划时，应同步考虑通信设施建设需要，及时预留布线空间。在轨道交通、客运场站、风景区和交通枢纽等公共设施规划建设时，要同步规划和建设各类通信基础设施；在市政道路及其防护绿带，以及路灯等其他市政设施规划时，要按国家有关规定，为基站、铁塔预留位置和空间，同时统筹考虑基站配套电力引入、通信管线等需求，做好通信基础设施规划与电力设施规划的衔接。

（四）严格控制性详细规划的相关要求

各地城乡规划主管部门在编制控制性详细规划时，要根据法律法规规定，深化城市总体规划和通信基础设施专项规划确定的通信基础设施用地布局，明确用地位置和规模以及建设项目基站、铁塔配建要求，提出通信管线控制要求，并将通信基础设施纳入城市黄线管理。可综合利用路灯杆、广告宣传杆（塔）等市政公用设施，集约建设混合型基站；优先利用行政办公、地铁站点、商业楼宇等公共建筑附建基站。

各地城乡规划主管部门应根据控制性详细规划，将通信基础设施规划有关内容列入土地出让的规划设计条件中。建设单位应根据规划设计条件，同步规划建设用地红线内的通信管道、设备间和楼内通信暗管，预留基站的设备机房和天线位置。

（五）严格通信基础设施相关规划审批

城乡规划主管部门审查审批老旧城区改造规划，以及新建住宅小区、商业区、地下综合管廊等建设项目的规划方案时，要将建设通信基础设施的有关规划设计和预留安装条件作为审查的重要内容，确保建设项目充分预留通信设备机房、天线位置以及建设项目用地红线内的通信管道、设备间和建筑内配线管网。

进一步规范基站建设程序。对需要纳入城乡规划的新建通信局房、基站、铁塔的建设，要坚持"先规划，后建设"；对于需要独立占地型基站、铁塔，要及时办理规划审批

手续。附建型基站、铁塔的建设应当符合市容环卫标准和相关主管部门的有关规定。

（六）加强通信基础设施的公示宣传

各级城乡规划和通信行业主管部门、各基础电信企业、中国铁塔股份有限公司、新闻媒体要加大宣传力度，强化舆论引导，开展通信知识科普活动，特别是普及基站的科学知识，消除群众误解。按照国家要求，开展控制性详细规划的公示公开。

1L431012　保证通信网络及信息安全的规定

为了保障网络安全，维护网络空间主权和国家安全、社会公共利益，保护公民、法人和其他组织的合法权益，加强对通信网络安全的管理，提高通信网络安全防护能力，全国人大、国务院和相关部委发布了多个文件，要求重点保证通信网络安全畅通，保证网络使用者传输信息的保密性，防止通信网络阻塞、中断、瘫痪或者被非法控制，防止通信网络中传输、存储、处理的数据信息丢失、泄露或者被篡改，避免工程施工人员破坏网络安全及损害他人利益，人为地阻碍运营商之间的互联互通。

一、通信网络安全防护规定

公用通信网和互联网统称为"通信网络"。《通信网络安全防护管理办法》（工信部〔2010〕11号）要求通信网络安全防护工作应坚持积极防御、综合防范、分级保护的原则。

（一）通信网络的建设及运行要求

1. 通信网络运行单位的概念

通信网络运行单位，是指中华人民共和国境内的电信业务经营者和互联网域名服务提供者。互联网域名服务，是指设置域名数据库或者域名解析服务器，为域名持有者提供域名注册或者权威解析服务的行为。

2. 通信网络级别划分

通信网络运行单位应当对本单位已正式投入运行的通信网络进行单元划分，并按照各通信网络单元遭到破坏后可能对国家安全、经济运行、社会秩序、公众利益的危害程度，由低到高分别划分为一级、二级、三级、四级、五级。通信网络运行单位应当根据实际情况适时调整通信网络单元的划分和级别，并按照规定进行评审。

通信网络运行单位应当在通信网络定级评审通过后30日内，将通信网络单元的划分和定级情况按照以下规定向电信管理机构备案：

（1）基础电信业务经营者的集团公司向工业和信息化部申请办理其直接管理的通信网络单元的备案；基础电信业务经营者的各省（自治区、直辖市）子公司、分公司向当地通信管理局申请办理其负责管理的通信网络单元的备案；

（2）增值电信业务经营者向作出电信业务经营许可决定的电信管理机构备案；

（3）互联网域名服务提供者向工业和信息化部备案。

3. 通信网络建设和运行的安全管理要求

（1）通信网络运行单位新建、改建、扩建通信网络工程项目，应当同步建设通信网络安全保障设施，并与主体工程同时进行验收和投入运行。

（2）通信网络安全保障设施的新建、改建、扩建费用，应当纳入本单位建设项目概算。

（3）通信网络运行单位应当按照电信管理机构的规定和通信行业标准开展通信网络安全防护工作，对本单位通信网络安全负责。

（二）通信网络单元的安全管理要求

1. 办理通信网络单元的备案要求

通信网络运行单位办理通信网络单元备案，应当提交以下信息：

（1）通信网络单元的名称、级别和主要功能；

（2）通信网络单元责任单位的名称和联系方式；

（3）通信网络单元主要负责人的姓名和联系方式；

（4）通信网络单元的拓扑架构、网络边界、主要软硬件及型号和关键设施位置；

（5）电信管理机构要求提交的涉及通信网络安全的其他信息。

备案信息发生变化的，通信网络运行单位应当自信息变化之日起30日内向电信管理机构变更备案。通信网络运行单位报备的信息应当真实、完整。

2. 通信网络单元安全防护措施的评测规定

通信网络运行单位应当落实与通信网络单元级别相适应的安全防护措施，并按照以下规定进行符合性评测：

（1）三级及三级以上通信网络单元应当每年进行一次符合性评测；

（2）二级通信网络单元应当每两年进行一次符合性评测；

（3）通信网络单元划分和级别调整的，应当自调整完成之日起90日内重新进行符合性评测；

（4）通信网络运行单位应当在评测结束后30日内，将通信网络单元的符合性评测结果、整改情况或者整改计划报送通信网络单元的备案机构。

3. 通信网络单元安全风险评估规定

通信网络运行单位应当按照以下规定组织对通信网络单元进行安全风险评估，及时消除重大网络安全隐患：

（1）三级及三级以上通信网络单元应当每年进行一次安全风险评估；

（2）二级通信网络单元应当每两年进行一次安全风险评估；

（3）国家重大活动举办前，通信网络单元应当按照电信管理机构的要求进行安全风险评估。

通信网络运行单位应当在安全风险评估结束后30日内，将安全风险评估结果、隐患处理情况或者处理计划报送通信网络单元的备案机构。

4. 保证通信网络安全运行的要求

（1）通信网络运行单位应当对通信网络单元的重要线路、设备、系统和数据等进行备份，并组织演练，检验通信网络安全防护措施的有效性；同时，还应当参加电信管理机构组织开展的演练。

（2）通信网络运行单位应当建设和运行通信网络安全监测系统，对本单位通信网络的安全状况进行监测。

（3）通信网络运行单位可以委托专业机构开展通信网络安全评测、评估、监测等工作。

（4）通信网络运行单位应当配合电信管理机构及其委托的专业机构开展检查活动，

对于检查中发现的重大网络安全隐患，应当及时整改。

（三）电信管理机构对通信网络的管理职责

1．电信管理机构概念

中华人民共和国工业和信息化部，各省、自治区、直辖市通信管理局统称为电信管理机构。工业和信息化部以及通信管理局统称为"电信管理机构"。

2．工业和信息化部的管理职责

（1）负责全国通信网络安全防护工作的统一指导、协调和检查，组织建立健全通信网络安全防护体系，制定通信行业相关标准。

（2）根据通信网络安全防护工作的需要，加强对受委托专业机构的安全评测、评估、监测能力指导。

3．通信管理局的管理职责

对本行政区域内的通信网络安全防护工作进行指导、协调和检查。

4．电信管理机构的管理内容

（1）组织专家对通信网络单元的分级情况进行评审。

（2）对备案信息的真实性、完整性进行核查，发现备案信息不真实、不完整的，通知备案单位予以补正。

（3）对通信网络运行单位开展通信网络安全防护工作的情况进行检查，检查内容包括：

● 查阅通信网络运行单位的符合性评测报告和风险评估报告；

● 查阅通信网络运行单位有关网络安全防护的文档和工作记录；

● 向通信网络运行单位工作人员询问了解有关情况；

● 查验通信网络运行单位的有关设施；

● 对通信网络进行技术性分析和测试；

● 法律、行政法规规定的其他检查措施。

（4）委托专业机构开展通信网络安全检查活动。

（5）对通信网络安全防护工作进行检查，不得影响通信网络的正常运行，不得收取任何费用，不得要求接受检查的单位购买指定品牌或者指定单位的安全软件、设备或者其他产品。

电信管理机构及其委托的专业机构的工作人员对于检查工作中获悉的国家秘密、商业秘密和个人隐私，有保密的义务。

二、保护网络及信息安全的规定

（一）网络的建设、运营和使用规定

2016年11月公布的《中华人民共和国网络安全法》对网络的建设、运营和使用要求如下：

1．网络的建设和运营要求

（1）建设、运营网络或者通过网络提供服务，应当依照法律、行政法规的规定和国家标准的强制性要求，采取技术措施和其他必要措施，保障网络安全、稳定运行，有效应对网络安全事件，防范网络违法犯罪活动，维护网络数据的完整性、保密性和可用性。

（2）网络关键设备和网络安全专用产品应当按照相关国家标准的强制性要求，由具备资格的机构安全认证合格或者安全检测符合要求后，方可销售或者提供。国家网信部门会同国务院有关部门制定、公布网络关键设备和网络安全专用产品目录，并推动安全认证和安全检测结果互认，避免重复认证、检测。

2. 网络的使用要求

（1）任何个人和组织使用网络应当遵守宪法法律，遵守公共秩序，尊重社会公德，不得危害网络安全，不得利用网络从事危害国家安全、荣誉和利益，煽动颠覆国家政权、推翻社会主义制度，煽动分裂国家、破坏国家统一，宣扬恐怖主义、极端主义，宣扬民族仇恨、民族歧视，传播暴力、淫秽色情信息，编造、传播虚假信息扰乱经济秩序和社会秩序，以及侵害他人名誉、隐私、知识产权和其他合法权益等活动。

（2）任何个人和组织不得从事非法侵入他人网络、干扰他人网络正常功能、窃取网络数据等危害网络安全的活动；不得提供专门用于从事侵入网络、干扰网络正常功能及防护措施、窃取网络数据等危害网络安全活动的程序、工具；明知他人从事危害网络安全的活动的，不得为其提供技术支持、广告推广、支付结算等帮助。

（3）任何个人和组织不得窃取或者以其他非法方式获取个人信息，不得非法出售或者非法向他人提供个人信息。个人信息，是指以电子或者其他方式记录的能够单独或者与其他信息结合识别自然人个人身份的各种信息，包括但不限于自然人的姓名、出生日期、身份证件号码、个人生物识别信息、住址、电话号码等。

（4）任何个人和组织应当对其使用网络的行为负责，不得设立用于实施诈骗，传授犯罪方法，制作或者销售违禁物品、管制物品等违法犯罪活动的网站、通信群组，不得利用网络发布涉及实施诈骗，制作或者销售违禁物品、管制物品以及其他违法犯罪活动的信息。

3. 对网络信息的监督要求

任何个人和组织有权对危害网络安全的行为向网信、电信、公安等部门举报。收到举报的部门应当及时依法作出处理；不属于本部门职责的，应当及时移送有权处理的部门。

（二）危害电信网络安全和信息安全的行为

2016年2月修订的《中华人民共和国电信条例》规定，任何组织或者个人不得有危害电信网络安全和信息安全的行为，下列行为属于危害网络安全和信息安全的行为，应严格禁止。

1. 对电信网的功能或者存储、处理、传输的数据和应用程序进行删除或者修改。对于此问题，《最高人民法院关于审理破坏公用电信设施刑事案件具体应用法律若干问题的解释》（法释〔2004〕21号）中提到，下列行为属于破坏公共电信设施罪，将受到刑法处罚：

（1）采用截断通信线路、损毁通信设备或者删除、修改、增加电信网计算机信息系统中存储、处理或者传输的数据和应用程序等手段，故意破坏正在使用的公用电信设施，造成以下情况的：①火警、匪警、医疗急救、交通事故报警、救灾、抢险、防汛等通信中断或者严重障碍，并因此贻误救助、救治、救灾、抢险等，致使人员伤亡的；②造成财产损失达到规定数额的；③造成通信中断超过规定时间的；④造成其他严重后果的。

（2）故意破坏正在使用的公用电信设施尚未危害公共安全，或者故意毁坏尚未投入使用的公用电信设施，造成财物损失，构成犯罪的。

（3）盗窃公用电信设施的。

（4）指使、组织、教唆他人实施本解释规定的故意犯罪行为的。

2．利用电信网从事窃取或者破坏他人信息、损害他人合法权益的活动。

3．故意制作、复制、传播计算机病毒或者以其他方式攻击他人电信网络等电信设施。

4．危害电信网络安全和信息安全的其他行为。

（三）禁止扰乱电信市场秩序的行为

2016年2月修订的《中华人民共和国电信条例》规定，任何组织或者个人不得有下列扰乱电信市场秩序的行为，此类行为主要有：

1．盗接他人电信线路，复制他人电信码号，使用明知是盗接、复制的电信设施或者码号；

2．伪造、变造电话卡及其他各种电信服务有价凭证；

3．以虚假、冒用的身份证件办理入网手续并使用移动电话。

三、电信网络互联互通的要求

（一）运营商之间电信网互联互通的要求

《国务院办公厅转发信息产业部等部门关于进一步加强电信市场监管工作意见的通知》（国办发〔2003〕第75号）和原信息产业部颁布的《关于加强依法治理电信市场的若干规定》，明确规定了通信网络的互联互通要求。

1．禁止中断或阻碍网间通信的行为

运营商之间应为各自的用户通信提供保障，应保证自己的用户能够顺利地与其他运营商的用户进行通信。运营商之间如果存在下列擅自中断或阻碍网间通信的行为，将受到相应的处罚：

（1）擅自中断或限制网间通信；

（2）影响网间通信质量；

（3）擅自启用电信码号资源，拖延开放网间业务、拖延开通新业务号码；

（4）违反网间结算规定；

（5）其他引发互联争议的行为。

2．运营商之间中止互联互通的条件

各通信运营商之间由于通信设施存在隐患等原因，根据原信息产业部第31号令《信息产业部负责实施的行政许可项目及其条件、程序、期限规定》，可申请暂停网间互联或业务互通。运营商之间中止互联互通应满足以下条件要求：

（1）经互联双方总部同时认可，互联一方的通信设施存在重大安全隐患或对人身安全造成威胁。

（2）经互联双方总部同时认可，互联一方的系统对另一方的系统的正常运行有严重影响。

（3）有详细的实施计划、恢复通信和用户告知宣传方案等，能够使暂停网间互联或业务互通所造成的影响降至最低。

（二）主导的电信业务经营者与非主导的电信业务经营者之间的网络互联互通要求

2001年5月，由原信息产业部发布了《公用电信网间互联管理规定》，2014年9月，工业和信息化部对该文件进行了修订。《公用电信网间互联管理规定》对主导的电信业务经营者与非主导的电信业务经营者之间的网络互联互通提出了要求。

1. 主导的电信业务经营者与非主导的电信业务经营者的概念

（1）主导的电信业务经营者，是指控制必要的基础电信设施，并且所经营的固定本地电话业务占本地网范围内同类业务市场50%以上的市场份额，能够对其他电信业务经营者进入电信业务市场构成实质性影响的经营者。

（2）非主导的电信业务经营者，是指主导的电信业务经营者以外的电信业务经营者。

2. 主导的电信业务经营者与非主导的电信业务经营者之间的网络互联互通要求

（1）主导的电信业务经营者有义务向非主导的电信业务经营者提供与互联有关的网络功能（含网络组织、信令方式、计费方式、同步方式等）、设备配置（光端机、交换机等）的信息，以及与互联有关的管道（孔）、杆路、线缆引入口及槽道、光缆（纤）、带宽、电路等通信设施的使用信息。非主导的电信业务经营者有义务向主导的电信业务经营者提供与互联有关的网络功能、设备配置的计划和规划信息。双方应当对对方提供的信息保密，并不得利用该信息从事与互联无关的活动。

（2）非主导的电信业务经营者的电信网与主导的电信业务经营者的电信网网间互联，互联传输线路必须经由主导的电信业务经营者的管道（孔）、杆路、线缆引入口及槽道等通信设施的，主导的电信业务经营者应当予以配合提供使用，并不得附加任何不合理的条件。主导的电信业务经营者的通信设施经省、自治区、直辖市通信管理局确认无法提供使用的，非主导的电信业务经营者可以通过架空、直埋等其他方式解决互联传输线路问题。

两个非主导的电信业务经营者的电信网网间直接相联，互联传输线路必须经由主导的电信业务经营者的楼层院落、管道（孔）、杆路、线缆引入口及槽道等通信设施的，主导的电信业务经营者应当予以配合提供使用，并不得附加任何不合理的条件。

1L431013　保证电信设施安全的规定

为了保证电信设施的安全运行，全国人大公布了《中华人民共和国网络安全法》，国务院修订了《中华人民共和国电信条例》，原信息产业部颁布了《电信建设管理办法》，对电信工程建设项目施工等活动提出了具体要求。

一、电信设施的建设及运营要求

（一）电信设施的建设及运营规定

《中华人民共和国网络安全法》和《中华人民共和国电信条例》对网络建设、运营工作的规定如下：

1. 建设关键信息基础设施应当确保其具有支持业务稳定、持续运行的性能，并保证安全技术措施同步规划、同步建设、同步使用。

2. 执行特殊通信、应急通信和抢修、抢险任务的电信车辆，经公安交通管理机关批准，在保障交通安全畅通的前提下可以不受各种禁止机动车通行标志的限制。

（二）电信设施建设中受到处罚的行为

原信息产业部颁布的《关于加强依法治理电信市场的若干规定》（信部政〔2003〕

453号）对下列行为提出了处罚要求。

1. 电信运营企业明示或者暗示设计单位或施工单位违反通信工程建设强制性标准，降低工程质量或发生工程质量事故的行为；

2. 设计、施工、监理等单位不执行工程建设强制性标准，造成通信中断或者其他工程质量事故的行为。

二、保证已建电信设施安全的规定

原信息产业部颁布的《电信建设管理办法》和《关于加强依法治理电信市场的若干规定》（信部政〔2003〕453号）对电信设施安全做出了规定，要求电信运营商已经建设完成、投入使用的电信设施应受到法律法规的保护。电信建设参与单位在电信建设过程中，应严格遵守《工程建设标准强制性条文》。对于运营商先期建设的电信设施，任何单位或个人的下列行为将受到严厉处罚。

（一）对已建通信设施的保护规定

1. 建设微波通信设施、移动通信基站等无线通信设施不得妨碍已建通信设施的通信畅通。妨碍已建无线通信设施的通信畅通的，由当地省、自治区、直辖市无线电管理机构责令其改正。

2. 建设地下、水底等隐蔽电信设施和高空电信设施，应当设置标志并注明产权人。其中光缆线路建设应当按照通信工程建设标准的有关规定设置光缆线路标石和水线标志牌；海缆登陆点处应设置明显的海缆登陆标志，海缆路由应向国家海洋管理部门和港监部门备案。在已设置标志或备案的情况下，电信设施损坏所造成的损失由责任方承担；因无标志或未备案而发生的电信设施损坏造成的损失由产权人自行承担。

3. 任何单位或者个人不得擅自改动、迁移、使用或拆除他人的电信线路（管线）及其他电信设施，或者擅自将电信线路及设施引入或附挂在其他电信运营企业的机房、管道、杆路等；遇有特殊情况必须改动或者迁移的，应当征得该电信设施产权人同意，并签订协议。在迁改过程中，双方应采取措施尽量保证通信不中断。迁改费用、保证通信不中断所发生的费用以及中断通信造成的损失，由提出迁改要求的单位或者个人承担或赔偿，割接期间的中断除外。

4. 从事施工、生产、种植树木等活动，应与电信线路或者其他电信设施保持一定的安全距离，不得危及电信线路或者其他电信设施的安全或者妨碍线路畅通；可能危及电信安全时，应当事先通知有关电信业务经营者，并由从事该活动的单位或者个人负责采取必要的安全防护措施。建筑物、其他设施、树木等与电信线路及其他电信设施的最小安全距离应根据通信工程建设标准的有关规定确定。

5. 从事电信线路建设，在路由选择时应尽量避开已建电信线路，并根据通信工程建设标准的有关规定与已建的电信线路保持必要的安全距离，避免同路由、近距离敷设。受地形限制必须近距离甚至同沟敷设或者线路必须交越的，电信线路建设项目的建设单位应当与已建电信线路的产权人协商并签订协议，制定安全措施，在双方监督下进行施工，确保已建电信线路的畅通。经协商不能达成协议的，根据电信线路建设情况，跨省线路由工业和信息化部协调解决，省内线路由相关省、自治区、直辖市通信管理局协调解决。

（二）对民用建筑物的保护要求

民用建筑物上设置小型天线、移动通信基站等公用电信设施时，必须满足建筑物荷载等条件，不得破坏建筑物的安全性。

（三）违规处罚规定

1. 故意破坏电信线路及其他电信设施，阻止或者妨碍电信运营企业依法提供公共电信服务。构成犯罪的，依法追究刑事责任。

2. 危及电信线路等电信设施的安全或者妨碍线路畅通的下列行为，由省、自治区、直辖市通信管理局责令恢复原状或者予以修复，并赔偿造成的经济损失。

（1）擅自改动或者迁移他人的电信线路及其他电信设施的；

（2）从事施工、生产、种植树木等活动时，危及电信线路或者其他电信设施的安全或妨碍线路畅通的；

（3）与已建电信线路近距离敷设或交越时，未与原线路的产权单位签订协议而擅自交越的。

3. 过失损坏电信线路及其他电信设施，造成《电信运营业重大事故报告规定（试行）》规定的重大通信事故的行为，以及导致发生通信事故但尚未构成重大通信事故的行为，均应受到处罚。《电信运营业重大事故报告规定（试行）》所包括的电信运营业重大事故包括：

（1）在生产过程中发生的人员伤亡、财产损失事故：死亡3人/次以上、重伤5人/次以上、造成直接经济损失在500万元以上；

（2）一条或多条国际陆海光（电）缆中断事故；

（3）一个或多个卫星转发器通信连续中断超过60min；

（4）不同电信运营者的网间通信全阻60min；

（5）长途通信一个方向全阻60min；

（6）固定电话通信阻断超过10万户·h；

（7）移动电话通信阻断超过10万户·h；

（8）互联网业务中电话拨号业务阻断影响超过1万户·h，专线业务阻断超过500端口·h；

（9）党政军重要机关、与国计民生和社会安定直接有关的重要企事业单位及具有重大影响的会议、活动等相关通信阻断；

（10）其他需及时报告的重大事故。

4. 中断电信业务给电信业务经营者造成的经济损失包括：

（1）直接经济损失。

（2）电信企业采取临时措施疏通电信业务的费用。

（3）因中断电信业务而向用户支付的损失赔偿费。

三、对通信线路的保护要求

为了保证通信线路及其配套设施的安全，《国务院、中央军委关于保护通信线路的规定》要求如下：

（一）保护要求

1. 不准在危及通信线路安全的范围内进行爆破、堆放易爆易燃品或设置易爆易燃品仓库。

2. 不准在埋有地下电缆的地面上进行钻探、堆放笨重物品、垃圾、矿渣或倾倒含有酸、碱、盐的液体。在埋有地下电缆的地面上开沟、挖渠，应与通信部门协商解决。

3. 不准在设有过江河电缆标志的水域内抛锚、拖锚、挖沙、炸鱼及进行其他危及电缆安全的作业。

4. 不准在海图上标明的海底电缆位置两侧各2海里（港内为两侧各100m）水域内抛锚、拖锚、拖网捕鱼或进行其他危及海底电缆安全的作业。

5. 不准在地下电缆两侧各1m范围内建屋搭棚，不准在各3m的范围内挖沙取土和设置厕所、粪池、牲畜圈、沼气池等能引起电缆腐蚀的建筑。在市区外电缆两侧各2m、在市区内电缆两侧各0.75m的范围内，不准植树、种竹。

6. 不准移动或损坏电杆、拉线、天线、天线馈线杆塔及无人值守的载波增音站、微波站。

7. 不准在危及电杆、拉线安全的范围内取土和架空线路两侧或天线区域内建屋搭棚。

8. 不准攀登电杆、天线杆塔、拉线及其他附属设备。

9. 不准在电杆、拉线、天线、天线馈线杆塔、支架及其他附属设备上拴牲口和搭挂电灯线、电力线、广播线。

10. 不准在通信电线上搭挂广播喇叭和收音机、电视机的天线。

11. 不准向电杆、电线、隔电子、电缆、天线、天线馈线及线路附属设备射击、抛掷杂物或进行其他危害线路安全的活动。

（二）违规处罚规定

1. 造成损坏线路、阻断通信的，应责令其承担修复线路的费用并赔偿阻断通信所造成的经济损失，直至依法追究刑事责任。

2. 虽未损坏通信线路，但已危及通信线路安全的，通信部门应进行劝阻或制止；必要时，公安机关应配合通信部门进行劝阻或制止。

3. 通信工作人员玩忽职守，使设备造成损坏、阻断通信的，应视情节轻重严肃处理。

1L431014 电信建设工程违规处罚的规定

电信建设各方主体包括电信建设的设计、施工、监理等单位以及招标投标代理机构。上述单位在工作过程中应当严格遵守原信息产业部的信产部20号令《电信建设管理办法》，对于违反此管理办法的，将受到以下处罚：

一、对电信建设各方主体违反工程质量管理规定的处罚

参与电信建设的各方主体违反国家有关电信建设工程质量管理规定的，由工业和信息化部或省、自治区、直辖市通信管理局对其进行处罚，处罚办法包括：

1. 依据《建设工程质量管理条例》的规定责令其改正；

2. 已竣工验收的须在整改后重新组织竣工验收。

二、对建设单位委托不具备相应资质的单位参与工程项目的处罚

电信建设项目投资业主单位委托未经通信主管部门审查同意或未取得相应电信建设资质证书的单位承担电信建设项目设计、施工、监理的，由工业和信息化部或省、自治区、直辖市通信管理局予以处罚。处罚办法包括：

1. 责令其改正；

2. 已竣工的不得投入使用；

3. 造成重大经济损失的，电信建设单位和相关设计、施工、监理等单位领导应承担相应法律责任。

三、对工程参与单位违规、违纪行为的处罚

设计、施工、监理等单位发生违规、违纪行为，或出现质量、安全事故的，除按《建设工程质量管理条例》的规定予以相应处罚外，工业和信息化部或省、自治区、直辖市通信管理局应视情节轻重给予下列处罚：

1. 发生一般质量事故的，给予通报批评；

2. 转包、违法分包、越级承揽电信建设项目或者发生重大质量、安全事故的，取消责任单位1～2年参与电信建设活动的资格。

1L431015　通信建设工程安全生产管理的规定

为加强通信建设工程安全生产监督管理，保障人民群众生命和财产安全，明确安全生产责任，防止和减少生产安全事故，根据《中华人民共和国安全生产法》以及《建设工程安全生产管理条例》《生产安全事故报告和调查处理条例》等法律、法规，结合通信建设工程的特点，2015年11月，工业和信息化部发布了《通信建设工程安全生产管理规定》（工信部通信〔2015〕第406号）。

一、安全生产管理方针及管理范围

1. 通信建设工程安全生产管理，坚持安全第一、预防为主、综合治理的方针，强化和落实单位主体责任，建立单位负责、职工参与、政府监管、行业自律和社会监督的机制。

2. 在国内从事公用电信网新建、改建、扩建及其配套设施建设等活动，以及实施对通信建设工程安全生产的监督管理，须遵守本规定。

3. 通信工程建设、勘察、设计、施工、监理等单位，必须遵守安全生产法律、法规和本规定，执行保障生产安全的国家标准、行业标准，推进安全生产标准化建设，确保通信工程建设安全生产，依法承担安全生产责任。

二、安全生产责任

通信工程建设、勘察、设计、施工、监理等单位应建立安全生产责任制，明确各岗位的责任人员、责任范围和考核标准等内容，确保安全生产责任制的落实。

（一）建设单位的安全生产责任

1. 建立健全通信工程安全生产管理制度，制定生产安全事故应急救援预案并定期组织演练。

2. 工程概预算应当明确建设工程安全生产费，不得打折，工程合同中应明确支付方式、数额及时限。对安全防护、安全施工有特殊要求需增加安全生产费用的，应结合工程实际单独列出增加项目及费用清单。

3. 工程开工前，应当就落实保证生产安全的措施进行全面系统的布置，明确相关单位的安全生产责任。

4. 不得对勘察、设计、施工及监理等单位提出不符合工程安全生产法律、法规和工

程建设强制性标准规定的要求，不得压缩合同约定的工期。

5．不得明示或者暗示施工单位购买、租赁、使用不符合安全施工要求的安全防护用具、机械设备、施工机具及配件、消防设施和器材。

（二）勘察、设计单位的安全生产责任

1．勘察单位应当按照法律、法规和工程建设强制性标准进行勘察，提供的勘察文件应当真实、准确，满足通信建设工程安全生产的需要。在勘察作业时，应当严格执行操作规程，采取措施保证各类管线、设施和周边建筑物、构筑物的安全。对有可能引发通信工程安全隐患的灾害提出防治措施。

2．设计单位应当按照法律、法规和工程建设强制性标准进行设计，防止因设计不合理导致生产安全事故的发生。

设计单位应当考虑施工安全操作和防护的需要，对涉及施工安全的重点部位和环节在设计文件中注明，对防范生产安全事故提出指导意见，并在设计交底环节就安全风险防范措施向施工单位进行详细说明。

采用新结构、新材料、新工艺的建设工程和特殊结构的建设工程，设计单位应当在设计中提出保障施工作业人员安全和预防生产安全事故的措施建议。

3．设计单位编制工程概预算时，必须按照相关规定全额列出安全生产费用。

（三）施工单位的安全生产责任

1．施工单位应当设置安全生产管理机构，配备专职安全生产管理人员，建立健全安全生产责任制，制定安全生产规章制度和各通信专业操作规程，建立生产安全事故应急救援预案并定期组织演练。

2．建立健全安全生产教育培训制度。单位主要负责人、项目负责人和专职安全生产管理人员必须具备与本单位所从事的生产经营活动相应的安全生产知识和管理能力，并应当由通信主管部门对其安全生产知识和管理能力考核合格。

对本单位所有管理人员和作业人员每年至少进行一次安全生产教育培训，保证相关人员具备必要的安全生产知识，熟悉有关的安全生产规章制度和操作规程，掌握本岗位的安全操作技能，了解事故应急处理措施，知悉自身在安全生产方面的权利和义务。未经安全生产教育培训合格的人员不得上岗作业。同时，建立教育和培训情况档案，如实记录安全生产教育培训的时间、内容、参加人员以及考核结果等情况。

使用被派遣劳动者的，应当将被派遣劳动者纳入本单位从业人员统一管理，应对被派遣劳动者进行岗位安全操作规程和安全操作技能的教育和培训。

3．严格按照工程建设强制性标准和安全生产操作规范进行施工作业。按照国家规定配备安全生产管理人员，施工现场应由安全生产考核合格的人员对安全生产进行监督。工程施工前，项目负责人应组织施工安全技术交底，对施工安全重点部位和环节以及安全施工技术要求和措施向施工作业班组、作业人员进行详细说明，并形成交底记录，由双方签字确认。

4．建立健全内部安全生产费用管理制度，明确安全费用提取和使用的程序、职责及权限，保证本单位安全生产条件所需资金的投入。

5．作业人员进入新的岗位或者新的施工现场前，应当接受安全生产教育培训，未经教育培训或者教育培训考核不合格的人员，不得上岗作业。采用新技术、新工艺、新设备、新材料时，应当对作业人员进行相应的安全生产教育培训。登高架设作业人员、电工作业人员等特种作业人员，必须按照国家有关规定经过专门的安全作业培训，并取得特种作业操作资格证书后，方可上岗作业。

6. 应当向作业人员提供安全防护用具和安全防护服装，并书面告知危险岗位的操作规程和违章操作的危害。井下、高空、用电作业时必须配备有害气体探测仪、防护绳、防触电等用具。

7. 在施工现场入口处、施工起重机械、临时用电设施、出入通道口、孔洞口、人井口、铁塔底部、有害气体和液体存放处等部位，设置明显的安全警示标识。安全警示标识必须符合国家规定。

8. 在有限空间安全作业，必须严格实行作业审批制度，严禁擅自进入有限空间作业；必须做到"先通风、再检测、后作业"，严禁通风、检测不合格作业；必须配备个人防中毒窒息等防护装备，设置安全警示标识，严禁无防护监护措施作业；必须对作业人员进行培训，严禁教育培训不合格上岗作业；必须制定应急措施，现场配备应急装备，严禁盲目施救。

9. 建立健全生产安全事故隐患排查治理制度，采取技术、管理措施，及时发现并消除事故隐患。事故隐患排查治理情况应当如实记录，并向从业人员通报。

10. 依法参加工伤社会保险，为从业人员缴纳保险费，为施工现场从事危险作业的人员办理意外伤害保险。国家鼓励投保安全生产责任保险。

（四）监理单位的安全生产责任

1. 监理单位和监理人员应当按照法律、法规、规章制度、工程建设强制性标准及监理规范实施监理，并对建设工程安全生产承担监理责任。

2. 监理单位应完善安全生产管理制度，建立监理人员安全生产教育培训制度；单位主要负责人、总监理工程师和安全监理人员须具备与本单位所从事的生产经营活动相应的安全生产知识和管理能力，未经安全生产教育和培训合格不得上岗作业。

3. 监理单位应当按照工程建设强制性标准及相关监理规范的要求编制含有安全监理内容的监理规划和监理实施细则，项目监理机构应配置安全监理人员。

4. 监理单位应当审查施工组织设计中的安全技术措施和危险性较大的分部分项工程安全专项施工方案，是否符合工程建设强制性标准和安全生产操作规范，并对施工现场安全生产情况进行巡视检查。

5. 监理单位在实施监理过程中，发现存在安全事故隐患的，应当要求施工单位整改；对情况严重的，应当要求施工单位暂时停止施工，并及时向建设单位报告。施工单位拒不整改或者不停止施工的，工程监理单位应当及时向有关主管部门报告。

三、安全生产费用

通信建设工程安全生产费用是指施工单位按照规定标准提取在成本中列支，专门用于完善和改进单位或者项目安全生产条件的资金。

（一）管理要求

1. 安全生产费应当按照"企业提取、政府监管、确保需要、规范使用"的原则进行管理。通信建设工程安全生产费用提取和使用管理执行财政部、安全监管总局相关规定。

2. 通信工程建设项目进行招标时，招标文件应当单列安全生产费清单，并明确安全生产费不得作为竞争性报价。

3. 施工单位提取的安全生产费用列入工程造价，在竞标时不得删减，应列入标外管理。

4. 工程总承包单位应当将安全生产费用按比例直接支付分包单位并监督使用，分包单位不再重复提取。

5. 施工单位提取的安全生产费用应当专户核算，按规定范围安排使用，不得挤占、挪用。年度结余资金结转下年度使用，当年计提安全费用不足的，超出部分按正常成本费用渠道列支。

（二）使用范围

施工单位提取的安全生产费用应当在以下范围内使用：

1. 完善、改造和维护安全防护设施设备支出（不含"三同时"要求初期投入的安全设施），包括施工现场临时用电系统、洞口、临边、机械设备、高处作业防护、交叉作业防护、防火、防爆、防尘、防毒、防雷、防台风、防地质灾害、地下工程有害气体监测、通风、临时安全防护等设施设备支出；

2. 配备、维护、保养应急救援器材、设备支出和应急演练支出；

3. 开展重大危险源和事故隐患评估、监控和整改支出；

4. 安全生产检查、评价（不包括新建、改建、扩建项目安全评价）、咨询和标准化建设支出；

5. 配备和更新现场作业人员安全防护用品支出；

6. 安全生产宣传、教育、培训支出；

7. 安全生产适用的新技术、新标准、新工艺、新装备的推广应用支出；

8. 安全设施及特种设备检测检验支出；

9. 其他与安全生产直接相关的支出。

四、生产安全事故报告和调查处理

（一）安全事故的等级划分

根据生产安全事故造成的人员伤亡或者直接经济损失，安全事故一般分为以下等级：

1. 特别重大安全事故，是指造成30人以上死亡，或者100人以上重伤（包括急性工业中毒，下同），或者1亿元以上直接经济损失的安全事故；

2. 重大安全事故，是指造成10人以上30人以下死亡，或者50人以上100人以下重伤，或者5000万元以上1亿元以下直接经济损失的安全事故；

3. 较大安全事故，是指造成3人以上10人以下死亡，或者10人以上50人以下重伤，或者1000万元以上5000万元以下直接经济损失的安全事故；

4. 一般安全事故，是指造成3人以下死亡，或者10人以下重伤，或者1000万元以下直接经济损失的安全事故。

此处所称的"以上"包括本数，所称的"以下"不包括本数。

（二）安全事故的报告

1. 发生通信建设工程生产安全事故后，事故现场有关人员应立即向本单位负责人报告，单位负责人接到事故报告后，应当于1小时内向事故发生地县级以上人民政府安全生产监督管理部门和所在地省级通信管理局报告。

2. 事故发生单位负责人接到事故报告后，应当立即启动事故处理应急预案，或采取有效措施，组织抢救，防止事故扩大，减少人员伤亡和财产损失。

3. 对于特别重大事故、重大事故、较大事故，通信管理局应于收到报告后2小时内向工业和信息化部报送通信工程生产安全事故报表。

五、监督管理

工业和信息化部和各省、自治区、直辖市通信管理局为通信行政监督部门，负责公用电信网通信建设工程安全生产的监督管理工作。通信行政监督部门可以委托通信工程质量监督机构，依法对通信工程安全生产情况进行检查。

（一）工业和信息化部的监督管理职责

工业和信息化部负责全国公用电信网通信建设工程安全生产的监督管理工作，其主要职责是：

1. 贯彻、执行国家有关安全生产的法律、法规和政策，制定通信建设工程安全生产的规章制度和标准规范。

2. 监督、指导全国通信建设工程安全生产工作，依法对安全生产责任主体生产安全情况进行监督检查。

3. 依法对单位安全生产费用提取、使用和管理进行监督检查。

4. 建立全国通信建设工程安全生产通报制度，及时通报通信建设工程的安全生产情况。

5. 对全国通信建设工程相关企业的主要负责人、项目负责人和专职安全生产管理人员的安全生产工作进行监督管理。

6. 建立安全生产违法违规行为信息库，记录相关单位的安全生产违法违规行为信息。

7. 协助有关部门对较大以上生产安全事故进行调查处理。

（二）省、自治区、直辖市通信管理局的监督管理职责

各省、自治区、直辖市通信管理局负责本行政区域内通信建设工程安全生产的监督管理工作，主要职责是：

1. 贯彻、执行国家有关安全生产的法律、法规、规章、政策和标准规范，制定地方性通信建设工程安全生产管理制度。

2. 监督、指导本行政区域内通信建设工程安全生产工作，依法对安全生产责任主体生产安全情况进行监督检查。

3. 对本行政区域内通信建设工程相关企业的安管人员的安全生产工作进行监督管理。

4. 建立省内通信建设工程安全生产通报制度，并定期向部报送省内通信建设工程安全生产情况。

5. 记录相关单位的安全生产违法违规行为信息并负责入库工作。

6. 协助有关部门对生产安全事故进行调查处理。

（三）安全生产检查的主要内容

通信建设工程安全生产检查的主要内容包括：

1. 工程建设项目是否严格按照相关标准规范组织落实，施工过程中安全生产检查、

隐患排查治理是否到位，安全生产费用是否足额支付。

2．相关单位的安全生产组织机构、安全生产规章制度、安全生产责任制是否建立健全并落实；相关单位是否制定生产安全应急救援预案并演练。

3．施工单位是否购置足够的安全生产防护用具及设施，安全生产费是否专款专用；安全生产培训、教育是否落实，安管人员是否经考核合格，特种作业人员是否持证上岗。

（四）行政监督部门的检查权限

通信行政监督部门依法履行安全生产检查职责时，有权采取下列措施：

1．要求被检查单位提供有关安全生产的文件和资料。

2．进入被检查单位施工现场进行检查、拍照、录像，向有关单位和人员了解情况。

3．对检查中发现的安全事故隐患，应当责令立即排除；重大安全事故隐患排除前或者排除过程中无法保证安全的，应当责令从危险区域内撤出作业人员，责令暂时停产停业或者停止使用相关设施、设备；重大安全事故隐患排除后，经审查同意，方可恢复生产经营和使用。

4．对检查中发现的安全生产违法行为，当场予以纠正或者要求限期改正；对依法应当给予行政处罚的行为，依照有关法律、行政法规作出行政处罚决定。

（五）受处罚的行为

相关单位有下列行为之一，通信行政监督部门应责令其限期改正；逾期未改正的，在行业内予以通报；违反其他法律行政法规的从其规定：

1．不配合有关部门对安全生产工作的监督检查及对安全生产事故的调查处理的。

2．发生生产安全事故，未及时上报或对事故调查处理不力的。

3．未制订生产安全事故应急救援预案的。

4．施工单位未按规定每年对从业人员进行一次安全生产教育和培训的。

5．未保证安全生产所必需的资金投入，致使单位不具备安全生产条件的。

1L431016　施工企业安全生产相关人员管理的规定

为了提高通信工程施工企业主要负责人、项目负责人和专职安全生产管理人员的安全生产管理能力，保证通信建设工程安全生产，根据《中华人民共和国安全生产法》《建设工程安全生产管理条例》《安全生产许可证条例》等法律法规，工业和信息化部发布了《通信工程施工企业主要负责人项目负责人和专职安全生产管理人员安全生产考核管理规定》（工信部通信〔2016〕255号），制定了通信建设施工企业安全生产相关人员考核管理办法。

一、安全生产管理人员的界定

1．企业主要负责人，是指对本企业生产经营活动和安全生产工作具有决策权的领导人员。包括法定代表人、总经理（总裁）、分管安全生产的副总经理（副总裁）、分管生产经营的副总经理（副总裁）、技术负责人、安全总监等。

2．项目负责人，是指由企业法定代表人授权，负责具体通信建设工程项目管理的人员。

3．专职安全生产管理人员，是指在企业专职从事安全生产管理工作的人员，包括企业安全生产管理机构的人员和工程项目专职从事安全生产管理工作的人员。

二、管理要求

（一）主管部门

工业和信息化部和各省、自治区、直辖市通信管理局统称为通信主管部门。工业和信息化部建立"通信行业规划建设管理信息系统——安全生产人员管理模块"，用于安全生产管理人员的考核管理、信息查询等。

1. 工业和信息化部负责对全国的安全生产管理人员安全生产工作进行监督管理。

2. 各省、自治区、直辖市通信管理局负责对本行政区域内的安全生产管理人员安全生产工作进行监督管理。

（二）考核管理规定

1. 申请安全生产考核的人员，应当具备下列基本条件：

（1）具有完全民事行为能力，年龄在60岁以内（企业主要负责人除外），身体健康。

（2）与企业有正式劳动关系。

（3）申请人的学历、职称和工作经历应满足相关要求。

（4）掌握相应的安全生产知识和具备相应的管理能力，并经企业年度安全生产教育培训合格。

（5）在申请考核之日前1年内，申请人没有在一般及以上等级安全责任事故中负有责任的记录。

2. 由通信主管部门根据考核要点对安全生产管理人员的安全生产知识和管理能力进行考核。

3. 安全生产考核合格证书有效期为3年，证书采用统一式样集中制作，在全国范围内有效，并通过通信行业规划建设管理信息系统统一编号。

4. 符合下列条件的，通信管理局应准予证书延续：

（1）在证书有效期内未因生产安全事故或者安全生产违法行为受到行政处罚；

（2）信用档案中无安全生产不良行为记录；

（3）经企业年度安全生产教育培训合格，且在证书有效期内通过由核发证书的通信管理局组织的继续教育学习质量测试（质量测试合格结果有效期为1年）。

5. 安全生产管理人员不得涂改、倒卖、出租、出借或者以其他形式非法转让安全生产考核合格证书。

三、安全责任

（一）企业的安全生产责任

1. 做好安全生产培训工作

通信工程施工企业应当建立安全生产教育培训制度和安全生产管理人员教育培训档案。制定年度培训计划，每年对安全生产管理人员进行安全生产教育和培训，未经安全生产教育和培训合格的，不得上岗作业。教育培训情况应当如实记入企业及安全生产管理人员安全生产教育培训档案。

2. 做好安全生产人员的配备工作

通信工程施工企业安全生产管理机构和工程项目应当按规定配备相应数量和相关专业的专职安全生产管理人员。在通信建设工程的重点部位和关键环节进行施工时，应当安排专职安全生产管理人员现场监督。

（二）主要负责人的安全生产责任

1. 组织责任

主要负责人对本企业安全生产工作全面负责，应当建立健全企业安全生产管理体系，设置安全生产管理机构，配备专职安全生产管理人员，保证安全生产投入，督促检查本企业安全生产工作，及时消除安全事故隐患，落实安全生产责任。

2. 安全生产责任分解

主要负责人应当与项目负责人签订安全生产责任书，确定项目安全生产考核目标、奖惩措施，以及企业为项目提供的安全管理和技术保障措施。

工程项目实行总承包的，总承包企业应当与分包企业签订安全生产协议，明确双方安全生产责任。

3. 检查考核

主要负责人应当按规定检查企业所承担的工程项目，考核项目负责人安全生产管理能力。发现项目负责人履职不到位的，应当责令其改正；必要时，调整项目负责人。检查情况应当记入企业和项目安全管理档案。

（三）项目负责人的安全生产责任

1. 组织责任

项目负责人对本项目安全生产管理全面负责，应当建立项目安全生产管理体系，明确项目管理人员安全职责，落实安全生产管理制度，确保项目安全生产费用有效使用。

2. 施工过程中的安全生产管理责任

项目负责人应当按规定实施项目安全生产管理，监控危险性较大分部分项工程，及时排查处理施工现场安全事故隐患，隐患排查处理情况应当记入项目安全管理档案；发生事故时，应当按规定及时报告并开展现场救援。

工程项目实行总承包的，总承包企业项目负责人应当定期考核分包企业安全生产管理情况。

（四）专职安全生产管理人员的安全生产责任

1. 企业安全生产管理机构的专职安全生产管理人员的安全生产责任

企业安全生产管理机构的专职安全生产管理人员应当检查在建项目安全生产管理情况，重点检查项目负责人、项目专职安全生产管理人员履责情况，处理在建项目违规违章行为，并记入企业安全管理档案。

2. 工程项目的专职安全生产管理人员的安全生产责任

工程项目的专职安全生产管理人员应当每天在施工现场开展安全检查，现场监督危险性较大的分部分项工程安全专项施工方案实施。对检查中发现的安全事故隐患，应当立即处理；不能处理的，应当及时报告项目负责人和企业安全生产管理机构。项目负责人应当及时处理。检查及处理情况应当记入项目安全管理档案。

四、监督管理

通信工程施工企业有下列情形之一的，通信主管部门应责令其限期改正；逾期未改正的，在行业内予以通报；违反其他法律、行政法规的，从其规定处理：

（1）未按规定开展安全生产管理人员安全生产教育和培训，或者未如实将教育和培训情况记入安全生产管理人员安全生产教育培训档案的；

（2）未按规定设立安全生产管理机构的；

（3）未按规定配备专职安全生产管理人员的；

（4）危险性较大的施工现场未安排专职安全生产管理人员现场监督的；

（5）安全生产管理人员未按照规定经安全生产考核合格的，或者未按规定办理证书变更的。

五、安全生产考核要点

（一）通信工程施工企业主要负责人（A类）的考核要点

1. 安全生产知识考核要点

（1）国家有关安全生产的方针政策、法律法规以及部门规章、标准规范等。

（2）通信工程施工安全生产管理的基本理论和基础知识。

（3）工程建设各方主体的安全生产法律义务与法律责任。

（4）企业安全生产责任制和安全生产管理制度。

（5）安全生产保证体系、资质资格、费用保险、教育培训、机械设备、防护用品、评价考核等管理。

（6）危险性较大的分部分项工程、危险源辨识、安全技术交底和安全技术资料等安全技术管理。

（7）安全检查、隐患排查与安全生产标准化。

（8）场地管理与文明施工。

（9）施工起重机械、临时用电设施、出入通道口、孔洞口、人井口、铁塔底部、有害气体和液体存放处、高处作业和现场防火等安全技术要点。

（10）事故应急预案、事故救援和事故报告、调查与处理。

（11）国内外安全生产管理经验。

（12）通信工程典型事故案例分析。

2. 安全生产管理能力考核要点

（1）贯彻执行国家有关安全生产的方针政策、法律法规、部门规章、标准规范等情况。

（2）建立健全本单位安全管理体系，设置安全生产管理机构与配备专职安全生产管理人员，以及领导带班值班情况。

（3）建立健全本单位安全生产责任制，组织制定本单位安全生产管理制度和贯彻执行情况。

（4）保证本单位安全生产所需资金投入情况。

（5）制定本单位操作规程情况和开展施工安全标准化情况。

（6）组织本单位开展安全检查、隐患排查，及时消除生产安全事故隐患情况。

（7）与项目负责人签订安全生产责任书与目标考核情况，对工程项目负责人安全生产管理能力考核情况。

（8）组织本单位开展安全生产教育培训工作情况，通信工程施工企业主要负责人、项目负责人和专职安全生产管理人员和特种作业人员持证上岗情况，本人参加企业年度安全生产教育培训情况。

（9）组织制定本单位生产安全事故应急救援预案，组织、指挥预案演练情况。

（10）发生事故后，组织救援、保护现场、报告事故和配合事故调查、处理情况。

（11）安全生产业绩：至考核之日，是否存在下列情形之一：

1）未履行安全生产职责，对所发生的通信工程施工一般或较大级别生产安全事故负有责任，受到刑事处罚和撤职处分，刑事处罚执行完毕不满五年或者受处分之日起不满五年的；

2）未履行安全生产职责，对发生的通信工程施工重大或特别重大级别生产安全事故负有责任，受到刑事处罚和撤职处分的；

3）三年内，因未履行安全生产职责，受到行政处罚的；

4）一年内，因未履行安全生产职责，信用档案中被记入不良行为记录或仍未撤销的。

（二）通信工程施工企业项目负责人（B类）的考核要点

1. 安全生产知识考核要点

（1）国家有关安全生产的方针政策、法律法规以及部门规章、标准规范等。

（2）通信工程施工安全生产管理、工程项目施工安全生产管理的基本理论和基础知识。

（3）工程建设各方主体的安全生产法律义务与法律责任。

（4）企业、工程项目安全生产责任制和安全生产管理制度。

（5）安全生产保证体系、资质资格、费用保险、教育培训、机械设备、防护用品、评价考核等管理。

（6）危险性较大的分部分项工程、危险源辨识、安全技术交底和安全技术资料等安全技术管理。

（7）安全检查、隐患排查与安全生产标准化。

（8）场地管理与文明施工。

（9）施工起重机械、临时用电设施、出入通道口、孔洞口、人井口、铁塔底部、有害气体和液体存放处、高处作业、电气焊（割）作业、现场防火和季节性施工等安全技术要点。

（10）事故应急救援和事故报告、调查与处理。

（11）国内外安全生产管理经验。

（12）通信工程典型事故案例分析。

2. 安全生产管理能力考核要点

（1）贯彻执行国家有关安全生产的方针政策、法律法规以及部门规章、标准规范等情况。

（2）组织和督促本工程项目安全生产工作，落实本单位安全生产责任制和安全生产管理制度情况。

（3）保证工程项目安全防护和文明施工资金投入，以及为作业人员提供劳动保护用具和生产、生活环境情况。

（4）建立工程项目安全生产保证体系、明确项目管理人员安全职责，明确建设、承包等各方安全生产责任，以及领导带班值班情况。

（5）根据工程的特点和施工进度，组织制定安全施工措施和落实安全技术交底情况。

（6）落实本单位的安全培训教育制度，组织岗前和班前安全生产教育情况。

（7）组织工程项目开展安全检查、隐患排查，及时消除生产安全事故隐患情况。

（8）检查施工现场安全生产达标情况。

（9）落实施工现场消防安全制度，配备消防器材、设施情况。

（10）按照本单位或总承包单位制订的施工现场生产安全事故应急救援预案，建立应急救援组织或者配备应急救援人员、器材、设备并组织演练等情况。

（11）发生事故后，组织救援、保护现场、报告事故和配合事故调查、处理情况。

（12）安全生产业绩：至考核之日，是否存在下列情形之一：

1）未履行安全生产职责，对所发生的通信工程施工一般或较大级别生产安全事故负有责任，受到刑事处罚和撤职处分，刑事处罚执行完毕不满五年或者受处分之日起不满五年的；

2）未履行安全生产职责，对发生的通信工程施工重大或特别重大级别生产安全事故负有责任，受到刑事处罚和撤职处分的；

3）三年内，因未履行安全生产职责，受到行政处罚的；

4）一年内，因未履行安全生产职责，信用档案中被记入不良行为记录或仍未撤销的。

（三）通信工程施工企业专职安全生产管理人员（C类）的考核要点

1. 安全生产知识考核要点

（1）国家有关安全生产的方针政策、法律法规以及部门规章、标准规范等。

（2）通信工程施工安全生产管理、工程项目施工安全生产管理的基本理论和基础知识。

（3）工程建设各方主体的安全生产法律义务与法律责任。

（4）企业、工程项目安全生产责任制和安全生产管理制度。

（5）安全生产保证体系、资质资格、费用保险、教育培训、机械设备、防护用品、评价考核等管理。

（6）危险性较大的分部分项工程、危险源辨识、安全技术交底和安全技术资料等安全技术管理。

（7）施工现场安全检查、隐患排查与安全生产标准化。

（8）场地管理与文明施工。

（9）事故应急救援和事故报告、调查与处理。

（10）施工起重机械、临时用电设施、出入通道口、孔洞口、人井口、铁塔底部、有害气体和液体存放处、高处作业、电气焊（割）作业、现场防火和季节性施工等安全技术要点。

（11）国内外安全生产管理经验。

（12）通信工程类典型事故案例分析。

2. 安全生产管理能力考核要点

（1）贯彻执行国家有关安全生产的方针政策、法律法规以及部门规章、标准规范等情况。

（2）对施工现场进行检查、巡查，查处施工起重机械、临时用电设施、出入通道口、孔洞口、人井口、铁塔底部、有害气体和液体存放处、高处作业、电气焊（割）作业、现场防火和季节性施工，以及施工现场生产生活设施、现场消防和文明施工等方面违反安全生产规范标准、规章制度行为，监督落实安全隐患的整改情况。

（3）发现生产安全事故隐患，及时向项目负责人和安全生产管理机构报告以及消除情况。

（4）制止现场违章指挥、违章操作、违反劳动纪律等行为情况。

（5）监督相关专业施工方案、技术措施和技术交底的执行情况，督促安全技术资料的整理、归档情况。

（6）检查相关专业作业人员安全教育培训和持证上岗情况。

（7）发生事故后，参加救援、救护和及时如实报告事故、积极配合事故的调查处理情况。

（8）安全生产业绩：至考核之日，是否存在下列情形之一：

1）未履行安全生产职责，对所发生的通信工程施工生产安全事故负有责任，受到刑事处罚和撤职处分，刑事处罚执行完毕不满三年或者受处分之日起不满三年的；

2）三年内，因未履行安全生产职责，受到行政处罚的；

3）一年内，因未履行安全生产职责，信用档案中被记入不良行为记录或仍未撤销的。

1L431020　通信建设工程有关违规行为的处罚规定

1L431021　通信行政处罚原则

为了规范通信行政处罚行为，保障和监督各级通信主管部门有效实施行政管理，依法进行行政处罚，保护公民、法人和其他组织的合法权益，根据《中华人民共和国行政处罚法》及相关法律、行政法规的规定，原信息产业部于2001年颁布了10号令《通信行政处罚程序规定》。

一、通信行政处罚的要求

1. 行政处罚的主管部门

公民、法人或者其他组织实施违反通信行政管理秩序的行为，依照法律、法规或者规章的规定，应当给予行政处罚的，由通信主管部门按照《中华人民共和国行政处罚法》和原信息产业部10号令《通信行政处罚程序规定》的程序实施。在目前情况下，通信主管部门主要有：

（1）工业和信息化部；

（2）省、自治区、直辖市通信管理局；

（3）法规授权的具有通信行政管理职能的组织。

2. 行政处罚的原则

各级通信主管部门实施行政处罚时，应当遵循公正、公开的原则。

3. 行政处罚的管辖权

通信行政处罚应依据管辖权进行。管辖权的分工如下：

（1）通信行政处罚由违法行为发生地的通信主管部门依照职权管辖。法律、行政法规另有规定的，从其规定。

（2）上级通信主管部门可以办理下级通信主管部门管辖的行政处罚案件；下级通信主管部门对其管辖的行政处罚案件，认为需要由上级通信主管部门办理时，可以报请上一级通信主管部门决定。

（3）两个以上同级通信主管部门都有管辖权的行政处罚案件，由最初受理的通信主管部门管辖；主要违法行为发生地的通信主管部门管辖更为适宜的，可以移送主要违法行为发生地的通信主管部门管辖。

（4）两个以上同级通信主管部门对管辖发生争议的，报请共同的上一级通信主管部门指定管辖。

（5）通信主管部门发现查处的案件不属于自己管辖时，应当及时将案件移送有管辖权的通信主管部门或者其他行政机关管辖。受移送的通信主管部门对管辖有异议的，应当报请共同的上一级通信主管部门指定管辖。

（6）违法行为构成犯罪的，移送司法机关管辖。

4．对行政执法的要求

（1）通信行政执法人员依法进行调查、检查或者当场做出行政处罚决定时，应当向当事人或者有关人员出示行政执法证件。

（2）当事人进行口头陈述和申辩的，执法人员应当制作笔录。通信主管部门不得因当事人申辩而加重处罚。

（3）通信主管部门对当事人提出的事实、理由和证据应当进行复核，经复核能够成立的，应当采纳。

（4）在行政处罚案件办理过程中，与案件当事人有亲属关系或其他关系、与案件本身有利害关系的执法人员和听证主持人，应在主管部门负责人审查同意后回避。

二、行政处罚决定的送达

1．行政处罚决定书应当在宣告后当场交付当事人，由当事人在送达回证上记明收到日期，签名或者盖章。

2．当事人不在场的，应当在7日内依照民事诉讼法的有关规定，将行政处罚决定书送达当事人。

3．当事人拒绝接收行政处罚决定书的，送达人应当邀请第三方单位的代表到场见证，并说明情况，将行政处罚决定书留其单位或者住所，在送达回证上记明拒收事由、送达日期，由送达人、见证人签名或者盖章，即视为送达。

三、行政处罚决定的执行

1．行政处罚决定依法做出后，当事人应当按照行政处罚决定书规定的内容、方式和期限，履行行政处罚决定。

2．当事人对行政处罚决定不服，申请行政复议或者提起行政诉讼的，行政处罚不停止执行，法律另有规定的除外。

3．对生效的行政处罚决定，当事人逾期不履行的，做出行政处罚的通信主管部门可以依法申请人民法院强制执行。申请执行书应当自当事人的法定起诉期限届满之日起180日内向人民法院提出。

四、罚款应注意的问题

1. 执法人员当场收缴罚款的，应当向当事人出具省级财政部门统一制发的罚款收据。通信主管部门应当在法定期限内将罚款交付指定银行。

2. 对当事人做出罚款决定的，当事人到期不缴纳罚款，做出行政处罚的通信主管部门可以依法从到期之次日起，每日按罚款数额的3%加处罚款。

3. 当事人确有经济困难，需要延期或者分期缴纳罚款的，当事人应当书面申请，经作出行政处罚决定的通信主管部门批准，可以暂缓或者分期缴纳。

4. 罚款、没收的违法所得或者拍卖非法财物的款项，必须全部上缴国库，任何单位和个人不得以任何形式截留、私分或者变相私分。

1L431022　通信行政处罚程序

在原信息产业部10号令《通信行政处罚程序规定》中，通信行政处罚案件的办理，应根据案件的具体情况确定使用简易程序、一般程序或听证程序。三个程序的使用条件和使用要求各不相同。

一、简易程序

执行简易程序的行政处罚案件，执法人员可以向违法的公民或其他组织当场开具《行政处罚（当场）决定书》。一个行政处罚案件在满足下列条件时，可以使用简易程序：

1. 当事人的违法事实确凿，并有法定依据；

2. 对公民处以50元以下、对法人或者其他组织处以1000元以下罚款或者警告的。

执法人员当场做出行政处罚决定时，应当填写具有统一编号的《行政处罚（当场）决定书》，并当场交付当事人，告知当事人，如不服行政处罚决定，可以依法申请行政复议或者提起行政诉讼。

二、一般程序

使用一般程序时，执法人员发现公民、法人或其他组织有违法行为，应依法给予通信行政处罚的，应当填写《行政处罚立案呈批表》报本机关负责人批准。

（一）立案的条件

一个行政处罚案件，在符合下列条件要求时，应当在7日内立案，按照一般程序办理：

1. 有违法行为发生；

2. 违法行为依照法律、法规和规章应受通信行政处罚；

3. 违法行为属于本级通信主管部门管辖。

（二）收集证据的要求

1. 通信主管部门立案后，应当对案件进行全面、客观、公正地调查，收集证据，必要时应依照法律、法规和规章的规定进行检查。通信主管部门收集的证据包括书证、物证、证人证言、视听资料、鉴定结论、勘验笔录和现场笔录。证据必须查证属实，才能作为认定事实的依据。

2. 执法人员调查收集证据或者进行检查时不得少于二人。执法人员在调查案件询问证人或当事人时，应当制作《询问笔录》。笔录经被询问人阅核后，由询问人和被询问人签名或盖章。

3．当调查案件需要时，通信主管部门有权依法进行现场勘验，对重要的书证，有权进行复制。执法人员对与案件有关的物品或者场所进行勘验检查时，应当通知当事人到场，并制作《勘验检查笔录》；当事人拒不到场的，执法人员可以请在场的其他人作证。

4．通信主管部门在调查案件时，对专门性问题，交由法定鉴定部门进行鉴定；没有法定鉴定部门的，应当提交公认的鉴定机构进行鉴定。鉴定人进行鉴定后，应当制作《鉴定意见书》。

5．通信主管部门收集证据时，可以采用抽样取证的方法。在证据可能灭失或者以后难以取得的情况下，经本通信主管部门负责人批准，可以先行登记保存。对证据进行抽样取证或者登记保存时，应当有当事人在场。当事人不在场或者拒绝到场的，执法人员可以请有关人员见证并注明。对抽样取证或者登记保存的物品，应当制作《抽样取证凭证》或《证据登记保存清单》。

（三）结案的工作内容

执法人员在调查结束后，认为案件基本事实清楚、主要证据充分时，应当制作《案件处理意见报告》，报本通信主管部门负责人审查。通信主管部门负责人对《案件处理意见报告》审核后，认为应当给予行政处罚的，通信主管部门应当制作《行政处罚意见告知书》。

《行政处罚意见告知书》送达当事人时，应告知当事人拟给予的行政处罚内容及事实、理由和依据，并告知当事人可以在收到该告知书之日起3日内，向通信主管部门进行陈述和申辩。对于符合听证条件的，当事人可以要求该通信主管部门按照规定举行听证。

案件调查完毕后，通信主管部门负责人应当及时审查有关案件的调查材料、当事人陈述和申辩材料、听证会笔录和听证会报告书，根据情况分别作出予以行政处罚、不予行政处罚或者移送其他有关机关处理的决定。

通信主管部门做出给予行政处罚决定的案件，主管部门应当制作《行政处罚决定书》。行政处罚决定书应当载明下列事项：

1．当事人的姓名或者名称、地址；

2．违反法律、法规或者规章的事实和证据；

3．行政处罚的种类和依据；

4．行政处罚的履行方式和期限；

5．不服行政处罚决定，申请行政复议或者提起行政诉讼的途径和期限；

6．做出行政处罚决定的通信主管部门的名称、印章和日期。

（四）案件办理的时间要求

通信行政处罚案件应当自立案之日起60日内办理完毕；经通信主管部门负责人批准可以延长，但不得超过90日；特殊情况下90日内不能办理完毕的，报经上一级通信主管部门批准，可以延长至180日。

三、听证程序

（一）适用范围

一个行政处罚案件，在满足下列条件时，通信主管部门可以使用听证程序：

1. 通信主管部门拟作出责令停产停业（关闭网站）、吊销许可证或者执照、较大数额罚款等行政处罚决定之前；

2. 当事人有举行听证的要求。

这里所称较大数额，是指对公民罚款1万元以上、对法人或其他组织罚款10万元以上。

（二）听证的组织

当事人有听证要求时，应当在收到《行政处罚意见告知书》之日起3日内以书面或口头形式提出。口头形式提出的，案件调查人员应当记录在案，并由当事人签字。

听证由拟作出行政处罚的通信主管部门组织。具体实施工作由通信主管部门的法制工作机构或者承担法制工作的机构负责。当事人提出听证要求后，法制工作机构或者承担法制工作的机构应当在举行听证7日前送达《行政处罚听证会通知书》，告知当事人举行听证的时间、地点、听证会主持人名单及可以申请回避和可以委托代理人等事项，并通知案件调查人员。

（三）对当事人的要求

当事人在收到《行政处罚听证会通知书》后，应当按期参加听证。当事人有正当理由要求延期时，经批准可以延期一次。当事人未按期参加听证并且未事先说明理由时，则视为放弃听证权利。当事人委托代理人参加听证时，应当提交委托书。

当事人在听证活动中具有以下权利和义务：

1. 有权对案件涉及的事实、适用法律及相关情况进行陈述和申辩；

2. 有权对案件调查人员提出的证据质证并提出新的证据；

3. 如实回答主持人的提问；

4. 遵守听证程序。

（四）听证过程

通信主管部门在进行听证时，应按照以下步骤实施：

1. 听证记录员宣布听证会纪律、当事人权利和义务。听证主持人宣布案由，核实听证参加人名单，宣布听证开始。

2. 案件调查人员提出当事人违法的事实、证据，说明拟作出的行政处罚的内容及法律依据。

3. 当事人或者其委托代理人对案件的事实、证据、适用的法律等进行陈述和申辩，可以向听证会提交新的证据。

4. 听证主持人就案件的有关问题向当事人、案件调查人员、证人询问。

5. 案件调查人员、当事人或者其委托代理人经听证主持人允许，可以就有关证据进行质问，也可以向到场的证人发问。

6. 当事人或者其委托代理人作最后陈述。

7. 听证主持人宣布听证结束，听证笔录交当事人审核无误后签字或者盖章。

8. 听证结束后，听证主持人应当依据听证情况，制作《行政处罚听证会报告书》并提出处理意见，连同听证笔录，报本通信主管部门负责人审查。

1L431023　通信建设工程质量事故的处罚规定

参与通信工程建设的建设单位以及勘测设计、施工、监理等单位，在工程建设过程中，如果有违反《通信工程质量监督管理规定》的行为，发生重大质量事故，将受到相应的处罚。

一、对建设单位违规行为的处罚

根据《通信工程质量监督管理规定》中有关处罚的基本规定，通信工程的建设单位有下列行为之一的，工业和信息化部或省、自治区、直辖市通信管理局将责令其改正，并将依据《建设工程质量管理条例》的规定予以处罚。

1. 选择不具有相应资质等级的勘测设计、施工、监理等单位承担通信建设项目的。
2. 明示或暗示设计、施工单位违反工程建设强制性标准，降低工程质量的。
3. 建设项目必须实行工程监理而未实行监理的。
4. 未按照《通信工程质量监督管理规定》办理工程质量监督手续的。
5. 未按照规定办理竣工验收备案手续的。
6. 未组织竣工验收或验收不合格而擅自交付使用的。
7. 对不合格的建设工程按照合格工程验收的。

二、对其他工程参建单位违规行为的处罚

参与工程建设的勘测设计、施工、监理等单位有下列行为之一的，工业和信息化部或省、自治区、直辖市通信管理局将责令其改正，并将依据《建设工程质量管理条例》的规定予以处罚。

1. 超越本单位资质承揽通信工程或允许其他单位或个人以本单位名义承揽通信工程的。
2. 通信工程承包单位将承包的工程转包或违法分包的；监理单位转让工程监理业务的。
3. 勘测设计单位未按照工程建设强制性标准进行设计的。
4. 施工单位在施工中偷工减料，使用不合格材料、设备或有不按照工程设计文件和通信工程建设强制性标准进行施工的其他行为的。

另外，对于通信工程监理单位与建设单位或者施工单位串通，弄虚作假、降低工程质量或将不合格的建设工程按照合格工程签字的，工业和信息化部或省、自治区、直辖市通信管理局将责令其改正，并予以处罚。

对于上述有违规行为的单位，颁发资质证书的部门将降低其资质等级或吊销其资质证书。造成损失的，将承担连带赔偿责任。

三、对质量事故的处理要求

通信工程质量事故发生后，建设单位必须在24小时内以最快的方式将事故的简要情况向工业和信息化部或省、自治区、直辖市通信管理局及相应的通信工程质量监督机构报告。发生重大通信工程质量事故隐瞒不报、谎报或拖延报告期限的，有关单位将依据规定，对直接负责的主管人员和其他责任人依法给予行政处分。

通信工程建设、勘测设计、施工、监理等单位违反国家规定，降低工程质量标准，造成重大安全事故，构成犯罪的，由有关部门对直接责任人依法追究刑事责任。

1L431030   广播电视工程建设管理规定

1L431031   广播电视工程项目建设管理机构的资格条件

《国家广播电影电视总局建设项目管理办法》（广计发字〔2000〕113号）对于工程项目建设管理机构的资格条件做了如下规定：

第三十七条   工程项目建设管理机构的主要负责人和技术负责人，应掌握和熟悉国家有关工程建设的方针、政策、法规和建设程序，应有工程建设实践经验和组织、协调、指挥能力，负责管理过一个相应等级的工程建设项目；参加过基本建设管理法规和业务培训。

第三十八条   工程项目建设管理机构的资格条件：

（一）具备管理一等工程的项目建设管理机构的资格条件：

1．主要负责人符合第三十七条的规定。

2．有在职的高级工程师作技术负责人。

3．建筑结构、建筑设备、工艺、建筑智能化等工程管理及经济管理人员必须配套，有专业技术职称的在职人员不少于20人。其中主要专业的在职高级工程师不少于4人，高级经济师2人，其他中级以上专业技术职称的不得少于10人，并具有较强的审查设计、审核概（预）算以及工程质量检查监督能力。

（二）具备管理二等工程的项目建设管理机构的资格条件：

1．主要负责人符合第三十七条的规定。

2．有在职的高级工程师作技术负责人。

3．建筑结构、建筑设备、工艺、建筑智能化等工程管理及经济管理人员必须配套，有专业技术职称的在职人员不少于15人。其中主要专业的在职高级工程师不少于3人，高级经济师1人，其他中级以上专业技术职称的不得少于8人，并具有较强的审查设计、审核概（预）算以及工程质量检查监督能力。

（三）具备管理三等工程的项目建设管理机构的资格条件：

1．主要负责人符合第三十七条的规定。

2．有在职的高级工程师作技术负责人。

3．建筑结构、建筑设备、工艺、建筑智能化等工程管理及经济管理人员必须配套，有专业技术职称的在职人员不少于8人。其中主要专业的在职高级工程师不少于1人，高级经济师1人，其他中级以上专业技术职称的不得少于5人，并具有较强的审查设计、审核概（预）算以及工程质量检查监督能力。

（四）对于小型工程项目及其他具有特殊情况的工程，可参照以上标准，经申报批准后执行。

1L431032   广播电视工程建设行业管理规范

《广播电影电视工程建设项目管理规范》GY/T 5091—2015是广播电影电视工程建设项目管理行为和活动的基本依据，包含以项目法人为责任主体，以其委托的项目管理者为行为主体的项目管理全过程，用于新建、改建和扩建的广播电影电视工程建设项目管理。

（一）一般规定

1. 广播电影电视工程建设项目应实行项目法人责任制。

2. 项目法人应依法组建项目管理机构负责项目的具体管理，并对项目管理机构职责履行进行考核。当项目法人不具备相关专业管理人能力时，宜委托专业的项目管理组织进行项目管理。

3. 应明确项目法人和项目管理者的职责划分。

4. 重大问题决策、重要干部任免、重要项目投资决策、大额资金使用需经领导集体决策。

（二）项目管理的内容

广播电影电视工程建设项目管理包括项目决策、项目实施准备、项目施工、项目验收与后评价四个阶段的管理。

1. 项目决策阶段的管理内容应包括：项目策划、项目建议书、项目可行性研究、项目审批（或项目核准、备案）等。

2. 实施准备阶段的管理内容应包括：项目勘察测量设计管理、项目采购管理、项目监理管理、项目合同管理、开工前各项准备工作和手续等。

3. 项目施工阶段的管理内容应包括：项目质量、进度、投资管理，项目安全文明施工和环境保护管理，项目的信息沟通与信息管理，项目风险管理等。

4. 项目验收与后评价阶段的管理内容应包括：单项工程验收、项目整体竣工验收、项目后评价等。

（三）项目管理的要求

1. 在项目立项批复后，项目法人应组织项目管理者编制项目管理办法。项目管理办法包括对项目各参建方的管理和内部控制管理。

2. 项目管理者应明确项目各参建方的责任、权利与义务，制定详细的职责范围、协调程序和管理规定，建立健全项目管理各项工作程序。

3. 项目全过程的内部控制管理主要包括以下内容：

明确各项目标，建立各项管理制度，协调管理职能，实现项目高效管理控制；

制定各项计划和工程流程，进行程序化管理和动态管理；

建立监督、制约机制和批准授权机制，保证项目资金和财务的安全、及时、准确的财务控制。

4. 项目管理者应对管理活动进行事前控制、事中控制、事后控制。

5. 项目管理者应结合广播电影电视工程工艺的特点，对不同项目在不同阶段有所侧重。

1L431040　通信工程项目建设和试运行阶段环境保护规定

1L431041　通信工程项目建设和试运行阶段环境保护的要求

为了贯彻执行《中华人民共和国环境保护法》，消除或减少通信工程建设对环境的影响，严格控制环境污染，保护和改善生态环境，更好地发挥通信工程建设项目的效益，工业和信息化部颁布了《通信工程建设环境保护技术暂行规定》YD 5039—

2009；对于设备试运行期间通信局（站）内部的环境要求，应按照《通信中心机房环境条件要求》YD/T 1821—2008和《中小型电信机房环境要求》YD/T 1712—2007的规定执行。本条目所涉及的内容仅限于通信工程项目建设和试运行阶段对外部环境的保护规定。

通信建设工程项目建设和试运行过程中，除应遵守《通信工程建设环境保护技术暂行规定》YD 5039—2009的规定以外，还应遵守相关的国家标准和规范。通信建设工程项目的环境保护要求主要涉及电磁辐射防护、生态环境保护、噪声控制和废旧物品回收及处置等几个方面。

一、一般要求

1. 环保设施"三同时"建设制度

对于产生环境污染的通信工程建设项目，建设单位必须把环境保护工作纳入建设计划，并执行"三同时制度"，即与主体工程同时设计、同时施工、同时验收投产使用。

2. 对自然环境和居住环境的保护要求

建设单位应采取有效措施预防和治理项目建设及运营过程中产生的环境污染和危害。通信工程建设项目在建设和运行过程中，应注意对生态环境的影响，保护好植被、水源、海洋环境、特殊生态环境，防止水土流失，保护好自然和城市景观。通信工程建设项目应优先采用节能、节水、废物再生利用等有利于环境与资源保护的产品。

3. 影响环境的通信建设项目的环保要求

建设对环境有影响的通信工程项目时，应依照《中华人民共和国环境影响评价法》对其进行环境影响评价。从事环境影响评价工作的单位，必须取得环境保护行政主管部门颁发的资格证书，按照资格证书规定的等级和范围，从事建设项目环境影响评价工作，并对评价结论负责。

二、电磁辐射保护要求

（一）电磁辐射限值规定

无线通信局（站）通过天线发射电磁波的电磁辐射防护限值，应符合《电磁环境控制限值》GB 8702—2014的相关要求。

通过天线发射电磁波的单项无线通信系统工程项目，其电磁辐射评估限值均应满足相关要求。不同电信业务经营者、不同频段或不同制式的无线通信局（站），如CDMA800MHz、GSM 900MHz、GSM1800MHz移动通信基站，均应按不同的单项考虑。

（二）电磁辐射强度的计算

1. 电磁辐射强度的计算步骤

无线通信局（站）产生的电磁辐射强度，应按以下基本步骤进行预测计算：

（1）了解电磁辐射体的位置、发射频率和发射功率等信息；

（2）确定电磁辐射体是否可免于管理，是否需要做电磁辐射影响评估；

（3）如果需要评估，应先明确电磁辐射防护限值、评估限值和评估范围；

（4）进行电磁辐射强度预测计算或现场测量，划定公众辐射安全区、职业辐射安全区和电磁辐射超标区边界。

2. 可免于管理的电磁辐射体

对于下列电磁辐射体，可免于管理：

（1）100kV以下电压等级的交流输变电设施；

（2）向没有屏蔽的空间发射0.1MHz～300GHz电磁场的，且等效辐射功率小于表1L431041中数值的辐射体。

可免于管理的电磁辐射体的等效辐射功率

表1L431041

频率范围（MHz）	等效辐射功率（W）
0.1～3	300
3～300000	100

3. 电磁辐射的计算范围

对于不满足上面条件要求的电磁辐射体，其电磁辐射计算范围可按下列要求确定：

（1）对于大中型固定卫星地球站上行站，应以天线为中心，在天线辐射主瓣方向、半功率角500m范围内；

（2）对于干线微波站，应以天线为中心，在天线辐射主瓣方向、半功率角100m范围内；

（3）对于移动通信基站（含站内微波传输设备），定向发射天线应以发射天线为中心，在天线辐射主瓣方向、半功率角50m范围内；全向发射天线应以发射天线为中心，半径50m范围内。

在电磁辐射计算范围内，应对人体可能暴露在电磁辐射下的场所，特别是电磁辐射敏感建筑物进行评估，评估后应划分为公众辐射安全区、职业辐射安全区和电磁辐射超标区三个区域。

4. 电磁辐射预测计算应考虑的问题

在无线通信局（站）的电磁辐射预测计算时，应考虑以下几方面内容：

（1）通信设备的发射功率按网络设计最大值考虑。

（2）天线输入功率应为通信设备发射功率减去馈线、合路器等器件的损耗。

（3）对于卫星地球站上行站、微波站和宽带无线接入站，其天线具有很强的方向性，应重点考虑天线的垂直方向性参数。

（4）对于移动通信基站，应考虑天线垂直和水平方向性影响。在没有天线方向性参数的情况下，预测计算时按最大方向考虑。

（5）单项无线通信系统有多个载频，应考虑多个载频的共同影响。

（6）计算观测点的综合电磁辐射是否超标，应考虑背景电磁辐射的影响。

（三）电磁辐射防护措施

1. 通过调整无线通信局（站）站址的位置控制电磁辐射超过限值区域的电磁辐射

对于电磁辐射超过限值的区域，可采取调整无线通信局（站）站址的措施控制辐射超过限值标准：

（1）移动通信基站选址应避开电磁辐射敏感建筑物。在无法避开时，移动通信基站的发射天线水平方向30m范围内，不应有高于发射天线的电磁敏感建筑物。

（2）在居民楼上设立移动通信基站，天线应尽可能建在楼顶较高的构筑物上（如楼梯间）或专设的天线塔上。

（3）在移动通信基站选址时，应避开电磁环境背景值超标的地区。超标区域较大而无法避开时，应向环保主管部门提出申请进行协调。

（4）卫星地球站的站址应保证天线工作范围避开人口密集的城镇和村庄，天线正前方的地势应开阔，天线前方净空区内不应有建筑物。

2．通过调整设备的技术参数控制电磁辐射超过限值区域的电磁辐射

对于电磁辐射超过限值的区域，可采取以下调整设备技术参数的措施控制电磁辐射超过限值标准：

（1）调整设备的发射功率。

（2）调整天线的型号。

（3）调整天线的高度。

（4）调整天线的俯仰角。

（5）调整天线的水平方向角。

3．通过加强管理控制电磁辐射超过限值区域的电磁辐射

对于电磁辐射超过限值的区域，可采取以下加强现场管理的措施控制电磁辐射超过限值标准：

（1）可设置栅栏、警告标志、标线或上锁等，控制人员进入超标区域。

（2）在职业辐射安全区，应严格限制公众进入，且在该区域不应设置长久的工作场所。

（3）工作人员必须进入电磁辐射超标区时，可采取以下措施：

① 暂时降低发射功率；

② 控制暴露时间；

③ 穿防护服装。

（4）定期检查无线通信设施，发现隐患及时采取措施。

三、生态环境保护要求

（一）对植物、动物的保护要求

1．通信线路建设中应注意保护沿线植被，尽量减少林木砍伐和对天然植被的破坏。在地表植被难以自然恢复的生态脆弱区，施工前应将作业面的自然植被与表土层一起整块移走，并妥善养护，施工后再移回原处。

2．通信设施不得危害国家和地方保护动物的栖息、繁衍；在建设期也应采取措施减少对相关野生动物的影响。

3．通信工程建设中，不得砍伐或危及国家重点保护的野生植物。未经主管部门批准，严禁砍伐名胜古迹和革命纪念地的林木。

（二）对文物的保护要求

1．在工程建设中发现地下文物，应立即停止施工，并负责保护好现场，同时应报告当地文化行政管理部门。

2．在文物保护单位的保护范围内不得进行与保护文物无关的建设工程。如有特殊需要，必须经原公布（文物保护单位）的人民政府和上一级文化行政管理部门同意。

3．在文物保护单位周围的建设控制地带内的建设工程，不得破坏文物保护单位的环境风貌。其设计方案应征得文化行政管理部门同意。

（三）对土地的保护要求

1．通信局（站）选址和通信线路路由选取应尽量减少占用耕地、林地和草地。

2．选择通信线路路由时，应尽量减少对沙化土地、水土流失地区、饮用水源保护区和其他生态敏感与脆弱区的影响。

3．严禁在崩塌滑坡危险区、泥石流易发区和易导致自然景观破坏的区域采石、采砂、取土。

4．工程建设中废弃的砂、石、土必须运至规定的专门存放地堆放，不得向江河、湖泊、水库和专门存放地以外的沟渠倾倒；工程竣工后，取土场、开挖面和废弃的砂、石、土存放地的裸露土地，应植树种草，防止水土流失。

5．通信工程中严禁使用持久性有机污染物作杀虫剂。

6．在项目施工期，为施工人员搭建的临时生活设施宜避免占用耕地，产生的生活污水和生活垃圾不得随意排放或丢弃，应按环保部门要求妥善处置。

（四）对河流、水源的保护要求

1．在饮用水源保护区、江河湖泊沿岸及野生动物保护区不得使用化学杀虫剂。

2．建设跨河、穿河、穿堤的管道、缆线等工程设施，应符合防洪标准、岸线规划、航运要求，不得危害堤防安全，影响河道稳定、妨碍行洪畅通；工程建设方案应经有关水行政主管部门审查同意。

3．在蓄滞洪区内建设的电信设施和管道，建设单位应制定相应的防洪避洪方案，在蓄滞洪区内建造的房屋应采用平顶式结构。建设项目投入使用时，防洪工程设施应当经水行政主管部门验收。

（五）对大气的保护

1．通信局（站）使用的柴油发电机、油汽轮机的废气排放应符合环保要求。

2．通信设备的清洗，应使用对人体无毒无害溶剂，且不得含有全氯氟烃、全溴氟烃、四氯化碳等消耗臭氧层的物质（ODS）。

四、噪声控制要求

通信建设项目在城市市区范围内向周围生活环境排放的建筑施工噪声，应当符合《建筑施工场界环境噪声排放标准》GB 12523—2011的规定，并符合当地环保部门的相关要求。

必须保持防治环境噪声污染的设施正常使用；拆除或闲置环境噪声污染防治设施应报环境保护行政主管部门批准。

五、废旧物品回收及处置要求

通信工程建设单位和施工单位应采取措施，防止或减少固体废物对环境的污染。施工单位应及时清运施工过程中产生的固体废弃物，并按照环境卫生行政主管部门的规定进行利用或处置。

严禁向江河、湖泊、运河、渠道、水库及其最高水位线以下的滩地和岸坡倾倒、堆放固体废弃物。

1L431042　通信工程项目建设和试运行阶段相关环境保护标准

电磁环境监测工作应按照《环境监测管理办法》和HT/T10.2、HT681等国务院环境保护主管部门制定的国家环境监测规范进行。

一、《建筑施工场界环境噪声排放标准》GB 12523—2011的相关规定

《建筑施工场界环境噪声排放标准》GB 12523—2011适用于城市建筑施工期间，施工场地产生噪声的控制标准。不同施工阶段的作业噪声限值应控制在表1L431042范围之内。

二、《声环境质量标准》GB 3096—2008的相关规定

《声环境质量标准》GB 3096—2008是对《城市区域环境噪声标准》GB 3096—93和《城市区域环境噪声测量方法》GB/T 14623—93的修订，与原标准相比，新标准扩大了标准适用区域，将乡村地区纳入标准适用范围；将环境质量标准与测量方法标准合并为一项标准；明确了交通干线的定义，对交通干线两侧4类区环境噪声限值作了调整；提出了声环境功能区监测和噪声敏感建筑物监测的要求。

建筑施工场界环境噪声限值

表1L431042

单位：dB（A）

昼间	夜间
70	55

（一）声环境功能区分类

按区域的使用功能特点和环境质量要求划分，声环境功能区分为五种类型：

1. 0类声环境功能区：指康复疗养区等特别需要安静的区域。

2. 1类声环境功能区：指以居民住宅、医疗卫生、文化教育、科研设计、行政办公为主要功能，需要保持安静的区域。

3. 2类声环境功能区：指以商业金融、集市贸易为主要功能，或者居住、商业、工业混杂，需要维护住宅安静的区域。

4. 3类声环境功能区：指以工业生产、仓储物流为主要功能，需要防止工业噪声对周围环境产生严重影响的区域。

5. 4类声环境功能区：指交通干线两侧一定距离之内，需要防止交通噪声对周围环境产生严重影响的区域，包括 4a 类和 4b 类两种类型。4a 类为高速公路、一级公路、二级公路、城市快速路、城市主干路、城市次干路、城市轨道交通（地面段）、内河航道两侧区域；4b类为铁路干线两侧区域。

（二）乡村声环境功能的确定

乡村区域一般不划分声环境功能区。根据环境管理的需要，县级以上人民政府环境保护行政主管部门可按以下要求确定乡村区域适用的声环境质量要求：

1. 位于乡村的康复疗养区执行0类声环境功能区要求；

2. 村庄原则上执行1类声环境功能区要求，工业活动较多的村庄以及有交通干线经过的村庄（指执行4类声环境功能区要求以外的地区）可局部或全部执行2类声环境功能区要求；

3. 集镇执行2类声环境功能区要求；

4. 独立于村庄、集镇之外的工业、仓储集中区执行3类声环境功能区要求；

5. 位于交通干线两侧一定距离（参考GB/T 15190第8.3条规定）内的噪声敏感建筑物执行4类声环境功能区要求。

1L432000　通信与广电工程建设标准相关要求

1L432010　通信工程建设标准

1L432011　通信工程防雷接地及强电防护要求

雷击是通信系统常见的自然灾害，它会危及人身安全、造成设备损坏，防雷接地保护

是确保通信系统安全正常运行的重要措施。另外，随着城乡经济的发展，电力线路的分布密度加大，为确保通信系统免受强电的干扰和危险影响，通信工程建设中必须采取相应的强电防护措施，确保系统安全。

一、防雷接地系统的设计要求

《通信建筑工程设计规范》YD 5003—2014、《通信局（站）防雷与接地工程设计规范》GB 50689—2011和《通信局（站）防雷与接地工程验收规范》GB 51120—2015对防雷接地系统的设计要求作出了强制性规定。

（一）基本规定

1. 综合通信大楼应采用联合接地方式，将围绕建筑物的环形接地体、建筑物基础地网及变压器地网相互连通，共同组成联合地网。局内设有地面铁塔时，铁塔地网必须与联合地网在地下多点连通。

2. 通信局（站）的接地系统必须采用联合接地的方式，接地线中严禁加装开关或熔断器。接地线布放时应尽量短直，多余的线缆应截断，严禁盘绕。

3. 大（中）型通信局（站）必须采用TN-S或TN-C-S供电方式。市话接入网站的供电系统采用的TT供电方式时，单相供电时应选择"1+1型"SPD，三相供电时应选择"3+1型"SPD。

4. 浪涌保护器使用中，严禁将C级40kA模块型SPD进行并联组合作为80kA或120kA的SPD使用。

5. 接地线与设备或接地排连接时必须加装铜接线端子，且应压（焊）接牢固。

6. 局站机房内配电设备的正常不带电部分均应接地，严禁作接零保护。室内的走线架及各类金属构件必须接地，各段走线架之间必须采用电气连接。

7. 计算机控制中心或控制单元必须设置在建筑物的中部位置，并必须避开雷电浪涌集中的雷电流分布通道，且计算机严禁直接使用建筑物外墙体的电源插孔。

8. 通信局（站）范围内，室外严禁采用架空走线。

9. 缆线严禁系挂在避雷网、避雷带或引下线上。

（二）各类通信系统的防雷要求

1. 综合通信大楼楼顶的各种金属设施，必须分别与楼顶避雷带或接地预留端子就近连通。

2. 宽带接入点用户单元的设备必须接地；出入建筑物的网络线必须在网络交换机接口处加装网络数据SPD。

3. 移动通信基站的接地排严禁连接到铁塔塔角。GPS天线设在楼顶时，GPS馈线在楼顶布线严禁与避雷带缠绕。

4. 可插拔防雷模块严禁简单并联作为80kA或120kA的SPD使用。

二、通信线路防雷与防强电

《通信线路工程设计规范》GB 51158—2015、《通信线路工程验收规范》GB 51171—2016、《通信线路工程施工监理规范》YD 5123—2010对通信线路防雷、防强电接地的施工工艺要求作出了强制性规定。

（一）防雷要求

1. 年平均雷暴日数大于20的地区及有雷击历史的地段，光（电）缆线路应采取防雷保护措施。

2．局站内或交接箱处的光（电）缆内的金属构件应接防雷地线。电缆进局时，电缆成端应按相应的线序接保安接线排。

3．光（电）缆线路在郊区、空旷地区或强雷击区敷设时，应根据设计规定采取防雷措施。

4．在雷害特别严重的郊外、空旷地区敷设架空光（电）缆时，应装设架空地线。

5．在雷击区，架空光（电）缆的分线设备及用户终端应有保安装置。

6．郊区、空旷地区埋式光（电）缆线路与孤立大树的净距及光（电）缆与接地体根部的净距应符合设计要求。

7．光（电）缆防雷保护接地装置的接地电阻应符合设计要求。

8．在雷暴严重地区，应按照设计要求的规格程式和安装位置在相应段落安装防雷排流线。防雷排流线应位于光（电）缆上方300mm处，接头处应连接牢固。

（二）防强电要求

1．光（电）缆线路与强电线路平行、交越或与地下电气设备平行、交越时，其间隔距离应符合设计要求。

2．光（电）缆线路的防强电措施应符合设计要求。

3．若强电线路对光（电）缆线路的感应纵电动势以及对电缆和含铜芯线的光缆线路干扰影响超过允许值时，应按设计要求，采取防护等措施。

三、其他要求

《通信电源设备安装工程验收规范》YD 5079—2005对出入局（站）电缆的接地与防雷做出了强制性规定。

1．高压或380V交流电出入局（站）时，应选用具有金属铠装层的电力电缆，并将电缆线埋入地下，埋入地下的电力电缆长度应符合工程设计要求，其金属护套两端应就近接地。

2．出入局（站）通信电缆线应采取由地下出、入局（站）的方式，埋入地下的通信电缆长度应满足工程设计要求，所采用的电缆，其金属护套应在进线室作保护接地。

3．由楼顶引入机房的电缆应选用具有金属护套的电缆，并应在采取了相应的防雷措施后方可进入机房。

1L432012 通信工程安全操作要求

通信工程相关专业要求包括通信管道和光（电）缆通道、通信光缆线路、综合布线系统、通信钢塔桅、公用计算机互联网、通信电源设备等专业工程的设计、验收、监理规定。

一、通信工程安全施工要求

（一）施工驻地的安全防护要求

1．临时搭建的员工宿舍、办公室等设施必须安全、牢固、符合消防安全规定，严禁使用易燃材料搭建临时设施。临时设施严禁靠近电力设施，与高压架空电线的水平距离必须符合相关规定。

2．严禁在有塌方、山洪、泥石流危害的地方搭建住房或搭设帐篷。

（二）有限空间作业的安全防护要求

1. 进入地下室、地下通道、管道人孔前，必须使用专用气体检测仪器进行气体检测，确认无易燃、易爆、有毒、有害气体并通风后方可进入。

2. 进入人孔的人员必须正确佩戴全身式安全带、安全帽，并系好安全绳。在人孔内作业时，人孔上面必须有人监护。

3. 上下人孔时必须使用梯子，严禁把梯子搭在人孔内的线缆上，严禁踩踏线缆或线缆托架。

4. 在地下室、地下通道、管道人孔内作业期间，必须保证通风良好，并使用专用气体检测仪器进行气体监测。若感觉呼吸困难或身体不适，或发现易燃、易爆或有毒、有害气体或其他异常情况时，必须立即呼救并迅速撤离，待查明原因并处理后方可恢复作业。人孔内人员无法自行撤离时，井上监护人员应使用安全绳将人员拉出，未查明原因严禁下井施救。

5. 严禁将易燃、易爆物品带入地下室、地下通道、管道人孔。严禁在地下室、地下通道、管道人孔吸烟、生火取暖、点燃喷灯。严禁在密闭环境下使用发电机。

6. 在地下室、地下通道、管道人孔内作业时，使用的照明灯具及用电工具必须是防爆灯具及用电工具，必须使用安全电压。

（三）高处作业的安全防护要求

从事高处作业的施工人员，必须正确使用安全带、安全帽。

（四）公路上作业的安全防护要求

在公路、高速公路、铁路、桥梁、通航的河道等特殊地段和城镇交通繁忙、人员密集处施工时，必须设置有关部门规定的警示标志，必要时派专人警戒看守。

（五）防雷的要求

雷雨天气严禁进行防雷设施拆除作业。

（六）防触电的要求

1. 架空线路工程防触电要求

（1）严禁在电力线路正下方（尤其是高压线路下）立杆作业。

（2）在供电线路附近架空作业时，作业人员必须戴安全帽、绝缘手套，穿绝缘鞋和使用绝缘工具。

（3）伸缩梯伸缩长度严禁超过其规定值。在电力线、电力设备下方或危险范围内，严禁使用金属伸缩梯。

（4）如钢绞线在低压电力线之上，必须设专人用绝缘棒托住钢绞线，严禁在电力线上拖拉。

（5）光、电缆通过供电线路上方时，必须事先通知供电部门停止送电，确认停电后方可作业，在作业结束前严禁恢复送电。确不能停电时，必须采取安全架设通过措施，严禁抛掷线缆通过供电线上方。

（6）在高压线附近架空作业时，离开高压线最小距离必须保证：35 kV以下为2.5 m，35 kV以上为4 m。

（7）当通信线与电力线接触或电力线落在地面上时，必须立即停止一切有关作业活动，保护现场，立即报告施工项目负责人和指定专业人员排除事故，事故未排除前严禁行人步入危险地带，严禁擅自恢复作业。

（8）在地下输电线路的地面或在高压输电线下测量时，严禁使用金属标杆、塔尺。

2. 在强电输电线路及设施附近进行通信线路拆除作业，必须采取防护措施，保持安全隔距，在确保人身及通信线路安全的同时，尚应确保输电线路不因通信线路拆除施工发生故障。

3. 潜水泵保护接地及漏电保护装置必须完好。

（七）防火的要求

1. 电缆等各种贯穿物穿越墙壁或楼板时，必须按要求用防火封堵材料封堵洞口。

2. 电气设备着火时，必须首先切断电源。

3. 严禁发电机的排气口直对易燃物品。严禁在发电机周围吸烟或使用明火。

4. 在光（电）缆进线室、水线房、机房、无（有）人站、木工场地、仓库、林区、草原等处施工时，严禁烟火。施工车辆进入禁火区必须加装排气管防火装置。

（八）工机具及施工机械的安全使用要求

1. 配发的安全带必须符合国家标准。严禁用一般绳索、电线等代替安全带。

2. 吊板的使用要求：

（1）在跨越铁路、公路杆档安装光（电）缆挂钩和拆除吊线滑轮时严禁使用吊板。

（2）跨越街巷、居民区院内通道地段时，严禁使用吊线坐板方式在墙壁间的吊线上作业。

（3）在电力线下面，严禁使用吊板作业。

3. 使用砂轮切割机时，严禁在砂轮切割片侧面磨削。

4. 施工机械的使用要求：

（1）严禁用挖掘机运输器材。

（2）推土机在行驶和作业过程中严禁上下人，停车或在坡道上熄火时必须将刀铲落地。

（3）使用吊车吊装物件时，严禁有人在吊臂下停留或走动，严禁在吊具上或被吊物上站人，严禁用人在吊装物上配重、找平衡。严禁用吊车拖拉物件或车辆。严禁吊拉固定在地面或设备上的物件。

（4）搅拌机检修或清洗时，必须先切断电源，并把料斗固定好。进入滚筒内检查、清洗，必须设专人监护。

（九）焊接的安全要求

1. 一般要求

（1）焊接现场必须有防火措施，严禁存放易燃、易爆物品及其他杂物。禁火区内严禁焊接、切割作业，需要焊接、切割时，必须把工件移到指定的安全区内进行。当必须在禁火区内焊接、切割作业时，必须报请有关部门批准，办理许可证，采取可靠防护措施后，方可作业。

（2）焊接带电的设备时必须先断电。焊接贮存过易燃、易爆、有毒物质的容器或管道，必须清洗干净，并将所有孔口打开。严禁在带压力的容器或管道上施焊。

2. 氧气瓶的使用要求

（1）氧气瓶严禁接触或靠近油脂物和其他易燃品。严禁氧气瓶的瓶阀及其附件沾附油脂。手臂或手套上沾附油污后，严禁操作氧气瓶。

（2）氧气瓶严禁与乙炔等可燃气体的气瓶放在一起或同车运输。

（3）氧气瓶的瓶体必须安装防震圈，轻装轻卸，严禁剧烈震动和撞击；储运时，瓶阀必须戴安全帽。

（4）严禁手掌满握手柄开启瓶阀，且开启速度应缓慢。开启瓶阀时，人应在瓶体一侧且人体和面部应避开出气口及减压器的表盘。

（5）严禁使用气压表指示不正常的氧气瓶。严禁氧气瓶内气体用尽。

（6）氧气瓶必须直立存放和使用。

（7）检查压缩气瓶有无漏气时，应用肥皂水，严禁使用明火。

（8）氧气瓶严禁靠近热源或在阳光下长时间曝晒。

3．乙炔瓶的使用要求

（1）检查有无漏气应用浓肥皂水，严禁使用明火。

（2）乙炔瓶必须直立存放和使用。

（3）焊接时，乙炔瓶5m内严禁存放易燃、易爆物质。

（十）其他安全防护要求

1．架空线路工程安全施工要求

（1）人行道上宜被行人碰触到的拉线应设置拉线标志。在距地面高2.0m以下的拉线部位应采用绝缘材料进行保护。绝缘材料应埋入地下200mm，包裹绝缘材料物表面应为红白色相间。

（2）更换拉线前，必须制作不低于原拉线规格程式的临时拉线。

（3）拆除吊线前，必须将杆路上的吊线夹板松开。拆除时，如遇角杆，操作人员必须站在电杆转向角的背面。

2．直埋线路工程安全施工要求

（1）对地下管线进行开挖验证时，严禁损坏管线。严禁使用金属杆直接钎插探测地下输电线和光缆。

（2）在桥梁侧体施工必须得到相关管理部门批准，并按指定的位置安装铁架、钢管、塑料管或光（电）缆。严禁擅自改变安装位置损伤桥体主钢筋。

（3）在江河、湖泊及水库等水面上作业时，必须携带必要的救生用具，作业人员必须穿好救生衣，听从统一指挥。

3．通信电源设备工程安全施工要求

（1）电源线中间严禁有接头。严禁在接地线、交流中性线中加装开关或熔断器。严禁在接闪器、引下线及其支持件上悬挂信号线及电力线。

（2）油机室和油库内必须有完善的消防设施，严禁烟火。

4．通信铁塔工程安全施工要求

（1）塔上作业时，必须将安全带固定在铁塔的主体结构上。

（2）经医生检查身体有病不适宜上塔的人员，严禁上塔作业。酒后严禁上塔作业。

（3）未经现场指挥人员同意，严禁非施工人员进入施工区。在起吊和塔上有人作业时，塔下严禁有人。

5．防爆的要求

（1）易燃、易爆化学危险品和压缩可燃气体容器等必须按其性质分类放置并保持安全距离。易燃、易爆物必须远离火源和高温。严禁将危险品存放在职工宿舍或办公室内。废弃的易燃、易爆化学危险品必须按照相关部门的有关规定及时清除。

（2）在易燃、易爆场所，必须使用防爆式用电工具。

（3）严禁使用汽油、煤油洗刷空气压缩机曲轴箱、滤清器或空气通路的零部件。严禁曝晒、烧烤储气罐。

6．其他安全施工要求

（1）作业人员必须远离发电机排出的热废气。

（2）机房设备工程施工，严禁擅自关断运行设备的电源开关。

二、通信管道和光（电）缆通道工程

《通信管道和光（电）缆通道工程施工监理规范》YD 5072—2005对通信管道和通道工程的施工要求作出了强制性规定。

（一）危险作业的施工方案

承包单位应当在施工组织设计中编制安全技术措施和施工现场临时用电方案，对下列分项工程应编制专项施工方案，并附安全验算结果，经承包单位技术负责人批准，报总监理工程师签认后实施，由专职安全生产管理员进行现场监督：

1．土方开挖工程；

2．起重吊装工程；

3．拆除、爆破工程；

4．国务院建设行政主管部门确定的或者其他危险性较大的工程。

（二）自升式设施的装拆要求

1．在施工现场安装、拆卸施工起重机械等自升式架设设施，必须由具有相应资质的单位承担，并应符合以下规定：

（1）安装、拆卸施工起重机械等自升式架设设施，应当编制拆装方案、制定安全施工措施，并由专业技术人员现场监督。

（2）施工起重机械等自升式架设设施安装完毕，安装单位应当自检，出具自检合格证明，并向施工单位进行安全使用说明，办理验收手续并签字。

2．施工起重机械等自升式架设设施的使用达到国家规定的检验检测期限的，必须经具有专业资质的检验检测机构检测。经检测不合格的，不得继续使用。

三、综合布线系统工程

《综合布线工程设计规范》GB 50311—2016、《综合布线工程验收规范》GB 50312—2016对综合布线系统工程的设备间、交接间的面积和施工作业要求作出了强制性规定。

1．设备间内应有足够的设备安装空间，其面积最低不应小于10m²。

2．交接间的面积不应小于5m²，如覆盖的信息插座超过200个时，应适当增加面积。

3．当施工作业可能对既有和运行设备、管线等造成损害时，应采取防护措施。

四、通信钢塔桅

《移动通信工程钢塔桅结构设计规范》YD/T 5131—2019、《移动通信工程钢塔桅结构验收规范》YD/T 5132—2005对移动通信工程钢塔桅结构的设计、施工要求作出了强制性规定。

（一）移动通信工程钢塔桅结构设计要求

1．在移动通信工程钢塔桅结构设计文件中，应注明结构的设计使用年限、使用条件、钢材牌号、连接材料的型号（或钢号）和对钢材所要求的力学性能、化学成分及其他的附加保证项目。此外，还应注明所要求的焊缝形式、焊缝质量等级、端部刨平顶紧部位及对施工的要求。

2．在已有建筑物上加建移动通信工程钢塔桅结构时，应经技术鉴定或设计许可，确保建筑物的安全。未经技术鉴定或设计许可，不得改变移动通信工程钢塔桅结构的用途和使用环境。

3．移动通信工程钢塔桅结构的设计基准期为50年。移动通信工程钢塔桅结构的安全等级应为二级。

4．移动通信工程钢塔桅结构应按承载能力极限状态和正常使用极限状态进行设计：

（1）承载能力极限状态：这种极限状态对应于结构或结构构件达到最大承载能力，或达到不适于继续承载的变形；

（2）正常使用极限状态：这种极限状态对应于结构或结构构件达到变形或耐久性能的有关规定限值。

5．荷载要求

（1）风荷载：钢塔桅结构所承受的风荷载计算应按现行国家标准《建筑结构荷载规范》GB 50009—2012的规定执行，基本风压按50年一遇采用，但基本风压不得小于$0.35kN/m^2$。

（2）雪荷载：平台雪荷载的计算应按现行国家标准《建筑结构荷载规范》GB 50009—2012的规定执行，基本雪压按50年一遇采用。

6．移动通信工程钢塔桅结构采用的钢材应具有抗拉强度、伸长率、屈服强度和硫、磷含量的合格保证，对焊接结构还应具有碳含量的合格保证。

焊接结构以及重要的非焊接承重结构采用的钢材还应具有冷弯试验的合格保证。

7．钢塔桅结构常用材料设计指标应满足表1L432012-1～表1L432012-5要求。

钢材的强度设计值（N/mm^2）　　　　　表1L432012-1

类　别		抗拉、抗压和抗弯f	抗剪f_v	端面承压（刨平顶紧）f_{ce}
牌　号	厚度或直径（mm）			
Q235钢	≤16	215	125	
	17～40	205	120	325
Q345钢	≤16	310	180	
	17～35	295	170	400
Q390钢	≤16	350	205	
	17～35	335	190	415

注：1．表中厚度系指计算点的钢材厚度，对轴心受拉和轴心受压构件系指截面中较厚板件的厚度；
　　2．20号优质碳素钢（无缝钢管）的强度设计值同Q235钢。

螺栓和锚栓连接的强度设计值（N/mm²）　　　　**表1L432012-2**

螺栓的性能等级、锚栓和构件钢材的牌号		普通螺栓						锚栓	承压型连接高强度螺栓		
		C级螺栓			A级、B级螺栓						
		抗拉f_t^b	抗剪f_v^b	承压f_c^b	抗拉f_t^b	抗剪f_v^b	承压f_c^b	抗拉f_t^a	抗拉f_t^b	抗剪f_v^b	承压f_c^b
普通螺栓	4.6级、4.8级	170	140	—	—	—	—	—	—	—	—
	6.8级	300	240	—	—	—	—	—	—	—	—
	8.8级	400	300	—	400	320	—	—	—	—	—
地脚锚栓	Q235	—	—	—	—	—	—	140	—	—	—
	Q345	—	—	—	—	—	—	180	—	—	—
	35号钢	—	—	—	—	—	—	200	—	—	—
	45号钢	—	—	—	—	—	—	228	—	—	—
承压型连接高强度螺栓	8.8级	—	—	—	—	—	—	—	400	250	—
	10.9级	—	—	—	—	—	—	—	500	310	—
构件	Q235	—	—	305	—	—	405	—	—	—	470
	Q345	—	—	385	—	—	510	—	—	—	590
	Q390	—	—	400	—	—	530	—	—	—	615

注：1. A级螺栓用于$d\leqslant24$mm和$l\leqslant10d$或$l\leqslant150$mm（按较小值）的螺栓；B级螺栓用于$d>24$mm或$l>10d$或$l>150$mm（按较小值）的螺栓；d为公称直径，l为螺杆公称长度。

2. A、B级螺栓孔的精度和孔壁表面粗糙度、C级螺栓孔的允许偏差和孔壁表面粗糙度均应符合《移动通信工程钢塔桅结构验收规范》YD/T 5132—2005的要求。

焊缝的强度设计值（N/mm²）　　　　**表1L432012-3**

焊接方法和焊条型号	构件钢材		对接焊缝				角焊缝
	牌号	厚度或直径（mm）	抗压f_c^w	焊缝质量为下列等级时，抗拉f_t^w		抗剪f_v^w	抗拉、抗压和抗剪f_f^w
				一级、二级	三级		
自动焊、半自动焊和E43型焊条的手工焊	Q235钢	≤16	215	215	185	125	160
		17~40	205	205	175	120	
自动焊、半自动焊和E50型焊条的手工焊	Q345钢	≤16	310	310	265	180	200
		17~35	295	295	250	170	
自动焊、半自动焊和E55型焊条的手工焊	Q390钢	≤16	350	350	300	205	220
		17~35	335	335	285	190	

注：1. 自动焊和半自动焊所采用的焊丝和焊剂，应保证其熔敷金属的力学性能不低于现行国家标准《埋弧焊用碳钢焊丝和焊剂》GB/T 5293和《低合金钢埋弧焊用焊剂》GB/T 12470中相关的规定。

2. 焊缝质量等级应符合现行国家标准《钢结构工程施工质量验收规范》GB 50205的规定。其中厚度小于8mm钢材的对接焊缝，不应采用超声波探伤确定焊缝质量等级。

3. 对接焊缝在受压区的抗弯强度设计值取f_c^w，在受拉区的抗弯强度设计值取f_t^w。

4. 表中厚度系指计算点的钢材厚度，对轴心受拉和轴心受压构件系指截面中较厚板件的厚度。

5. 构件为20号优质碳素钢的焊缝强度设计值同Q235钢。

拉线用镀锌钢绞线强度设计值（N/mm²）　　**表1L432012-4**

股数	热镀锌钢丝抗拉强度标准值				备注
	1270	1370	1470	1570	
	整根钢绞线抗拉强度设计值f_g				
7股	745	800	860	920	1. 整根钢绞线拉力设计值等于总截面与f_g的积； 2. 强度设计值f_g中已计入了换算系数：7股0.92，19股0.90； 3. 拉线金具的强度设计值由国家标准的金具强度标准值或试验破坏值定，$\gamma_R=1.8$
19股	720	780	840	900	

拉线用钢丝绳强度设计值（N/mm²）　　**表1L432012-5**

钢丝绳公称抗拉强度	1470	1570	1670	1770	1870
钢丝绳抗拉强度设计值	735	785	835	885	935

8. 钢塔桅结构地基基础设计前应进行岩土工程勘察。

9. 地基基础设计时，所采用的荷载效应最不利组合与相应的抗力限值应按下列规定：

（1）按地基承载力确定基础底面积及埋深或按单桩承载力确定桩数时，传至基础或承台底面上的荷载应按正常使用极限状态下荷载效应标准组合，相应的抗力应采用地基承载力特征值或单桩承载力特征值。

（2）计算地基变形时，传至基础底面上的荷载应按准永久效应组合，相应的限值应为地基变形允许值；当风玫瑰图严重偏心时，应取风荷载的频遇值组合。

（3）钢塔桅基础的抗拔计算采用安全系数法，荷载效应应按承载能力极限状态下荷载效应的基本组合，但分项系数为1.0，且不考虑平台活荷载。

（4）在确定基础或桩台高度、计算基础内力、确定配筋和验算材料强度时，上部结构传来的荷载效应组合和相应的基底反力，应按承载能力极限状态下荷载效应的基本组合，采用相应的分项系数。

（5）当需要验算裂缝宽度时，应按正常使用极限状态荷载效应标准组合。

10. 钢塔桅结构的地基变形允许值可按表1L432012-6的规定采用。

移动通信工程钢塔桅结构的地基变形允许值　　**表1L432012-6**

塔桅高度H（m）	沉降量允许值（mm）	倾斜允许值$\tan\theta$	相邻基础间的沉降差允许值
$H\leqslant20$	400	$\leqslant0.008$	
$20<H\leqslant50$	400	$\leqslant0.006$	$\leqslant0.005l$
$50<H\leqslant100$	400	$\leqslant0.005$	

注：l为相邻基础中心间的距离。

（二）移动通信工程钢塔桅结构验收要求

1. 移动通信工程钢塔桅结构应按下列要求进行验收：

（1）移动通信工程钢塔桅结构施工质量应符合本标准及其他相关专业验收规范的规定；

（2）符合工程勘察、设计文件的要求；

（3）参加验收的人员应具备相应的资格；

（4）验收均应在施工单位自行检查评定的基础上进行；

（5）隐蔽工程隐蔽前应由施工单位通知监理人员进行验收，并应形成验收文件；

（6）对有疑义的钢材、标准件等应按规定进行见证取样检测；

（7）检验批的质量应按主控项目和一般项目验收；

（8）对涉及结构安全和使用功能的重要项目进行抽样检测；

（9）承担见证取样检测及有关结构安全检测的单位应具有相应资质；

（10）工程的观感质量应由验收人员通过现场检查，并应共同确认。

2. 钢材的品种、规格、性能等应符合现行国家产品标准和设计要求。进口钢材产品的质量应符合设计和合同规定标准的要求。

3. 焊接材料的品种、规格、性能等应符合现行国家产品标准和设计要求。

4. 移动通信工程钢塔桅结构连接用高强度螺栓、普通螺栓、锚栓（机械型和化学试剂型）、地脚锚栓等紧固标准件及螺母、垫圈等标准配件，其品种、规格、性能等应符合现行国家产品标准和设计要求。

5. 桅杆用的钢绞线、钢丝绳、线夹、花篮螺栓、拉线棒采用的原材料，其品种、规格、性能等应符合现行国家产品标准和设计要求。

6. 焊工必须经考试合格并取得合格证书。持证焊工必须在其考试合格项目及其认可范围内施焊。

7. 设计要求全焊透的二级焊缝应采用超声波探伤进行内部缺陷的检验，超声波探伤不能对缺陷作出判断时，应采用射线探伤，其内部缺陷分级及探伤方法应符合国家标准《钢焊缝手工超声波探伤方法和探伤结果分级》GB/T 11345—2013或《焊缝无损检测 射线检测》GB/T 3323—2019的规定。

二级焊缝的质量等级及缺陷分级应符合表1L432012-7的规定。

二级焊缝质量等级及缺陷分级　　　　　　表1L432012-7

焊 缝 等 级 质 量		二级
内部缺陷超声波探伤	评定等级	Ⅲ
	检验等级	B级
	探伤比例	20%
内部缺陷射线探伤	评定等级	Ⅲ
	检验等级	B级
	探伤比例	20%

注：探伤比例的计数方法应按以下原则确定：

1. 对工厂制作焊缝，应按每条焊缝计算百分比，且探伤长度应不小于200mm，当焊缝长度不足200mm时，应对整条焊缝进行探伤；

2. 对现场安装焊缝，应按统一类型、同一施焊条件的焊缝条数计算百分比，探伤长度应不小于200mm，并应不少于1条焊缝。

五、公用计算机互联网工程

《公用计算机互联网工程验收规范》YD/T 5070—2005强制性地规定：机房内不同电压的电源设备、电源插座应有明显区别标志。

六、通信电源设备安装工程

《通信电源设备安装工程设计规范》GB 51194—2016、《通信电源设备安装工程验收规范》GB 51199—2016对通信电源工程的设计、施工的部分工艺作出了强制性规定。

（一）设计要求

1. 低压交流供电系统应采用TN-S接线方式。

2. 低压市电间、市电与油机之间采用自动切换方式时必须采用具有电气和机械连锁的切换装置；采用手动切换方式时，应采用带灭弧装置的双掷刀闸。

3. 自动运行的变配电系统应具备手动操作功能。

4. 不同厂家、不同容量、不同型号、不同时期的蓄电池组严禁并联使用。

（二）施工要求

1. 在抗震设防地区，母线与蓄电池输出端必须采用母线软连接条进行连接。穿过同层房屋抗震缝的母线两侧，也必须采用母线软连接条连接。"软连接"两侧的母线应与对应的墙壁用绝缘支撑架固定。

2. 直流电源线、交流电源线、信号线必须分开布放，应避免在同一线束内。其中直流电源线正极外皮颜色应为红色，负极外皮颜色应为蓝色。

3. 电源线、信号线必须是整条线料，外皮完整，中间严禁有接头和急弯处。

4. 电源线和信号线穿越上、下楼层或水平穿墙时，应预留"S"弯，孔洞应加装口框保护，完工后应用非延燃和绝缘板材料盖封洞口。

1L432013　通信网络及设施安全要求

通信设施作为国家基础设施，为国家社会、政治、经济各方面提供公共通信服务。通信设施的安全既涉及电信企业的利益，也涉及国家安全和社会公众的利益。

通信设施安全包括：通信网络的安全，电信设施之间及电信设施与其他设施之间的安全间距，通信线路的埋深、通信线路的其他安全以及电信生产楼的安全。

通信设施建设时，必须保证新建电信设施的安全以及已建通信设施和其他设施的安全。新建通信设施与已建的通信设施、其他设施应保持必要的安全距离，这样不仅可以避免新建的通信设施在施工和运营、维护过程中，对已建通信设施和其他设施的安全造成影响，同时也有利于新建通信设施的安全，避免已建通信设施和其他设施在运营、维护过程中对新建通信设施造成影响。

一、通信网络的安全要求

（一）《固定软交换工程设计暂行规定》YD 5153—2007对软交换网应采取的安全措施做出了规定。

1. 防止合法用户超越权限地访问软交换网设备。

2. 防止非法用户的IP包流入、流出软交换网设备所在局域网。

3. 防止非法用户对软交换网设备所需的IP承载网资源的大量占用，导致软交换网设备因无法使用IP承载网资源而退出服务。

4. 防止软交换网元设备之间的IP包的非法监听。

5. 防止病毒感染和扩散。

（二）《互联网网络安全设计暂行规定》YD/T 5177—2009对互联网网络的安全要求

做出了规定。

1．核心汇接节点之间必须设置2个或2个以上不同局向的中继电路，不同局向的中继电路必须由不同的传输系统开通。

2．必须保证路由协议自身的安全性，在OFPF、IS-IS、BGP等协议中启用校验和认证功能，保证路由信息的完整性和已授权性。

3．核心汇接节点设备必须实现主控板卡、交换板卡、电源模块、风扇模块等关键部件的冗余配置。

二、设施安全间距的规定

《通信管道与通道工程设计标准》GB 50373—2019、《通信线路工程设计规范》GB 51158—2015、《通信线路工程验收规范》GB 51171—2016、《海底光缆数字传输系统工程设计规范》YD 5018—2005、《长途通信光缆塑料管道工程施工监理暂行规定》YD 5189—2010等设计、施工、验收规范，对通信管道及通道、通信线路与其他设施之间的距离做出了强制性的规定。

（一）架空线路与其他建筑设施间的最小净距

架空电缆线路与其他设施交越时，其水平净距应符合表1L432013-1的规定，架设高度应符合表1L432013-2的规定，垂直净距应符合表1L432013-3的规定。

杆路与其他设施的最小水平净距 表1L432013-1

其他设施名称	最小水平净距（m）	备　注
消火栓	1.0	指消火栓与电杆距离
地下管、缆线	0.5～1.0	包括通信管、缆线与电杆间的距离
火车铁轨	地面杆高的4/3倍	
人行道边石	0.5	
地面上已有其他杆路	地面杆高的4/3	以较长标高为基准
市区树木	0.5	缆线到树干的水平距离
郊区树木	2.0	缆线到树干的水平距离
房屋建筑	2.0	缆线到房屋建筑的水平距离

注：在地域狭窄地段，拟建架空光缆与已有架空线路平行敷设时，若间距不能满足以上要求，可以杆路共享或改用其他方式敷设光缆线路，并满足隔距要求。

架空光（电）缆架设高度 表1L432013-2

名　称	与线路方向平行时		与线路方向交越时	
	架设高度（m）	备　注	架设高度（m）	备　注
市内街道	4.5	最低缆线到地面	5.5	最低缆线到地面
市内里弄（胡同）	4.0	最低缆线到地面	5.0	最低缆线到地面
铁路	3.0	最低缆线到地面	7.5	最低缆线到轨面
公路	3.0	最低缆线到地面	5.5	最低缆线到路面
土路	3.0	最低缆线到地面	5.0	最低缆线到路面

续表

名　　称	与线路方向平行时		与线路方向交越时	
	架设高度（m）	备　注	架设高度（m）	备　注
房屋建筑物			0.6	最低缆线到屋脊
			1.5	最低缆线到房屋平顶
河流			1.0	最低缆线到最高水位时的船桅顶
市区树木			1.5	最低缆线到树枝的垂直距离
郊区树木			1.5	最低缆线到树枝的垂直距离
其他通信导线			0.6	一方最低缆线到另一方最高线条
与同杆已有缆线间隔	0.4	缆线到缆线		

架空光（电）缆交越其他电气设施的最小垂直净距　　　　表1L432013-3

其他电气设备名称	最小垂直净距（m）		备　注
	架空电力线路有防雷保护设备	架空电力线路无防雷保护设备	
10kV以下电力线	2.0	4.0	最高缆线到电力线条
35kV至110kV电力线（含110kV）	3.0	5.0	最高缆线到电力线条
110kV至220kV电力线（含220kV）	4.0	6.0	最高缆线到电力线条
220kV至330kV电力线（含330kV）	5.0	—	最高缆线到电力线条
330kV至500kV电力线（含500kV）	8.5	—	最高缆线到电力线条
500kV至750kV电力线（含750kV）	12.0	—	最高缆线到电力线条
750kV至1000kV电力线（含1000kV）	18.0	—	最高缆线到电力线条
供电线接户线（注1）	0.6		—
霓虹灯及其铁架	1.6		—
电气铁道及电车滑接线（注2）	1.25		—

注：1. 供电线为被覆线时，光（电）缆也可以在供电线上方交越；

　　2. 光（电）缆必须在上方交越时，跨越档两侧电杆及吊线安装应做加强保护装置；

　　3. 通信线应架设在电力线路的下方位置，应架设在电车滑接线和接触网的上方位置。

（二）直埋光（电）缆、硅芯塑料管道与其他建筑设施间的间距要求

直埋光（电）缆、硅芯塑料管道与其他建筑设施间的最小净距应符合表1L432013-4的规定。

直埋光（电）缆、硅芯塑料管道与其他建筑设施间的最小净距（m）　　表1L432013-4

名　　称	平　行　时	交　越　时
通信管道边线（不包括人手孔）	0.75	0.25
非同沟的直埋通信光（电）缆	0.5	0.25

续表

名　　称	平　行　时	交　越　时
埋式电力电缆（交流35kV以下）	0.5	0.5
埋式电力电缆（交流35kV及以上）	2.0	0.5
给水管（管径小于300mm）	0.5	0.5
给水管（管径300～500mm）	1.0	0.5
给水管（管径大于500mm）	1.5	0.5
高压油管、天然气管	10.0	0.5
热力、排水管	1.0	0.5
燃气管（压力小于300kPa）	1.0	0.5
燃气管（压力300kPa及以上）	2.0	0.5
其他通信线路	0.5	—
排水沟	0.8	0.5
房屋建筑红线或基础	1.0	—
树木（市内、村镇大树、果树、行道树）	0.75	—
树木（市外大树）	2.0	—
水井、坟墓	3.0	—
粪坑、积肥池、沼气池、氨水池等	3.0	—
架空杆路及拉线	1.5	—

注：1. 直埋光（电）缆采用钢管保护时，与水管、燃气管、输油管交越时的净距不得小于0.15m；
　　2. 对于杆路、拉线、孤立大树和高耸建筑，还应符合防雷要求；
　　3. 大树指胸径0.3m及以上的树木；
　　4. 穿越埋深与光（电）缆相近的各种地线管线时，光（电）缆应在管线下方通过并采取保护措施；
　　5. 最小净距达不到表中要求时，应按设计要求采取行之有效的保护措施。

（三）海底光缆之间的间距要求

1. 所选择的海底光缆线路路由与其他海缆路由平行时，两条平行海缆之间的距离应不小于2海里（3.704km）。

2. 海底光缆登陆点处必须设置明显的海缆登陆标志。

三、电信生产楼的安全规定

《通信建筑工程设计规范》YD 5003—2014对电信生产楼的安全做出了如下强制性规定。

1. 通信建筑的结构安全等级应符合下列规定：

（1）特别重要的及重要的通信建筑结构的安全等级为一级；

（2）其他通信建筑结构的安全等级为二级。

2. 局址内禁止设置公众停车场。

3. 直辖市和省会城市的综合电信营业厅不应设置在电信生产楼内。地（市）级城市的综合电信营业厅不宜设置在电信生产楼内。

1L432014 通信局站选址及节能要求

在通信局（站）选址时，必须保证与其他设施、周围环境的安全间距，以确保通信局（站）的通信安全。对其他设施、周围环境的影响，应控制在国家环保法规允许的范围内。

可能危及通信局（站）安全与其他设施、周围环境的因素，包括不良的地质条件，易燃、易爆或产生污染的设施，强电磁辐射源、高压输电线路以及民航机场等。当通信局（站）选址不当或与其他设施、不良环境的间隔距离较近时，将会对通信局（站）安全带来危险，影响局、站内通信设备的使用寿命和正常运行，影响局、站内工作人员的人身安全。通信局（站）也可能对周围环境造成不良影响。

一、环境安全要求

《通信建筑工程设计规范》YD 5003—2014对通信局站的环境安全要求如下：

1. 局、站址应有安全的环境，不应选择在生产及储存易燃、易爆、有毒物质的建筑物和堆积场附近。

2. 局、站址应避开断层、土坡边缘、古河道、有可能塌方、滑坡、泥石流及含氡壤的威胁和有开采价值的地下矿藏或古遗迹、遗址的地段；在不利地段应采取可靠措施。

3. 局、站址不应选择在易受洪水淹灌的地区。如无法避开时，可选在基地高程高于要求的计算洪水水位0.5m以上的地方，如仍达不到上述要求时，应符合《防洪标准》GB 50201—2014的要求。

（1）城市已有防洪设施，并能保证建筑物的安全时，可不采取防洪措施，但应防止内涝对生产的影响。

（2）当城市没有设防时，通信建筑物应采取防洪措施，洪水计算水位应将浪高及其他原因的壅水增高考虑在内。

（3）洪水频率应按通信建筑的等级确定。特别重要和重要的通信建筑防洪标准等级为Ⅰ级，重现期（年）为100年；其余通信建筑为Ⅱ级，重现期（年）为50年。

二、通信安全的保密、国防、人防、消防等要求

《通信建筑工程设计规范》YD 5003—2014、《国内卫星通信地球站工程设计规范》YD 5050—2018对通信站址选择的安全要求如下：

1. 局、站址选择时应满足通信安全的保密、国防、人防、消防等要求。

2. 站址选择应有较安静的环境，避免在飞机场、火车站以及发生较大震动和较强噪声的工业企业附近设站。

三、环境干扰要求

《移动通信直放站工程设计规范》YD/T 5115—2015、《国内卫星通信地球站工程设计规范》YD 5050—2018对通信站址防干扰的安全要求如下：

1. 移动通信直放站站址应选择在人为噪声和其他无线电干扰环境较小的地方，不宜在大功率无线电发射台、大功率电视发射台、大功率雷达站和具有电焊设备、X光设备或生产强脉冲干扰的热合机、高频炉的企业附近设站，与其他移动通信系统局站距离较近或共用建筑物时，应满足系统间干扰隔离的相关要求。

2. 地球站不应设在无线电发射台、变电站、电气化铁道以及具有电焊设备、X光设

备等其他电气干扰源附近，地球站周围的电场强度应执行《工业、科学和医疗（ISM）射频设备电磁骚扰特性限值和测量方法》GB 4824—2013的规定。

四、与其他设施的隔距要求

《国内卫星通信地球站工程设计规范》YD 5050—2018对通信站与其他设施的安全隔距要求如下：

1. 地球站天线波束与飞机航线（特别是起飞和降落航线）应避免交叉，地球站与机场边沿的距离不宜小于2km。

2. 高压输电线不应穿越地球站场地，距35kV及以上的高压电力线应大于100m。

五、保证通信卫星地球站天线电气特性的要求

站址选择应保证天线前方的树木、烟囱、塔杆、建筑物、堆积物、金属物等不影响地球站天线的电气特性。

六、对通信局（站）节能的规定

《通信局（站）节能设计规范》YD 5184—2009要求：严寒、寒冷地区通信局（站）的体形系数应小于或等于0.40。

1L432015 通信工程抗震防灾要求

我国是一个多地震国家，地震活动分布广、强度高、危害大，通信工程作为生命线不仅在平时要保证正常通信需要，还要在震时传递震情和灾情，它的畅通可以为加速救灾工作，稳定社会秩序发挥重要作用。电信建筑、电信设备在地震中的安全可靠运行则是确保通信畅通的重要因素。通信工程抗震的相关规定包括电信建筑设防分类标准、电信设备安装的抗震要求和电信设备抗震性能检测三个部分。

一、通信建筑抗震设防

（一）通信建筑的抗震设防类别划分和抗震要求

《通信建筑抗震设防分类标准》YD 5054—2010对通信建筑的抗震设防作出了强制性规定。

1. 通信建筑工程应分为以下三个抗震设防类别：

（1）特殊设防类，指使用上有特殊设施，涉及国家公共安全的重大通信建筑工程和地震时使用功能不能中断，可能发生严重次生灾害等特别重大灾害后果，需要进行特殊设防的通信建筑。简称甲类。

（2）重点设防类，指地震时使用功能不能中断或需尽快恢复的通信建筑，以及地震时可能导致大量人员伤亡等重大灾害后果，需要提高设防标准的通信建筑。简称乙类。

（3）标准设防类，指除1、2款以外按标准要求进行设防的通信建筑。简称丙类。

2. 通信建筑的抗震设防类别，应符合表1L432015-1的规定。

通信建筑抗震设防类别 表1L432015-1

类　　别	建　筑　名　称
特殊设防类（甲类）	国际出入口局、国际无线电台 国际卫星通信地球站 国际海缆登陆站

续表

类　　别	建 筑 名 称
重点设防类（乙类）	省中心及省中心以上通信枢纽楼 长途传输干线局站 国内卫星通信地球站 本地网通信枢纽楼及通信生产楼 应急通信用房 承担特殊重要任务的通信局 客户服务中心
标准设防类（丙类）	甲、乙类以外的通信生产用房

3. 通信建筑的辅助生产用房，应与生产用房的抗震设防类别相同。

4. 各抗震设防类别通信建筑的抗震设防标准，应符合下列要求：

（1）标准设防类，应按本地区抗震设防烈度确定其抗震措施和地震作用，达到在遭遇高于当地抗震设防烈度的预估罕遇地震影响时不致倒塌或发生危及生命安全的严重破坏的抗震设防目标。

（2）重点设防类，应按高于本地区抗震设防烈度一度的要求加强其抗震措施；抗震设防烈度为9度时应按比9度更高的要求采取抗震措施；地基基础的抗震措施，应符合有关规定，同时，应按本地区抗震设防烈度确定其地震作用。对于划为重点设防类而规模很小的通信建筑，当改用抗震性能较好的材料且符合抗震设计规范对结构体系的要求时，允许按标准设防类设防。

（3）特殊设防类，应按高于本地区抗震设防烈度提高一度的要求加强其抗震措施；抗震设防烈度为9度时应按比9度更高的要求采取抗震措施。同时，应按批准的地震安全性评价的结果且高于本地区抗震设防烈度的要求确定其地震作用。

（二）卫星通信地球站的抗震要求

《国内卫星通信地球站工程设计规范》YD 5050—2018的抗震要求：安装在地面上的天线基础宜采用整体式钢筋混凝土结构，并宜按照一级基础考虑，对于一、二类地球站天线基础的设计地震烈度按当地地震烈度提高一度计算，对于8度以上地区不再提高。

二、通信设备安装的抗震要求

《电信设备安装抗震设计规范》YD 5059—2005、《电信机房铁件安装设计规范》YD/T 5026—2005、《通信电源设备安装工程验收规范》YD 5079—2005等规范均对通信设备安装的抗震要求做出了强制性规定。

（一）列架式通信设备安装抗震要求

1. 列架式电信设备顶部安装应采取由上梁、立柱、连固铁、列间撑铁、旁侧撑铁和斜撑组成的加固联结架。构件之间应按有关规定联结牢固，使之成为一个整体，并应与建筑物地面、承重墙、楼顶板及房柱加固。

2. 电信设备顶部应与列架上梁加固。对于8度及8度以上的抗震设防，必须用抗震夹板或螺栓加固。

3. 电信设备底部应与地面加固。对于8度及8度以上的抗震设防，设备应与楼板可靠联结。

4．列架应通过连固铁及旁侧撑铁与柱进行加固，其加固件应加固在柱上。

5．对于8度及8度以上的抗震设防，小型台式设备应安装在抗震组合柜内。6～9度抗震设防时，自立式设备底部应与地面加固。

6．6～9度抗震设防时，计算的螺栓直径超过M12时，设备顶部应采用联结构件支撑加固。

（二）通信电源设备安装的抗震要求

1．8度和9度抗震设防时，蓄电池组必须用钢抗震架（柜）安装，钢抗震架（柜）底部应与地面加固。加固用的螺栓规格应符合表1L432015-2和表1L432015-3的要求。

双层双列蓄电池组螺栓规格　　　　表1L432015-2

设防烈度	8度			9度		
楼层	上层	下层	一层	上层	下层	一层
蓄电池容量（Ah）	≤200			≤200		
规格	≥M10	≥M10	≥M10	≥M12	≥M12	≥M10

注：上层指建筑物地上楼层的上半部分，下层指建筑物地上楼层的下半部分。单层房屋按表内一层考虑。

蓄电池组螺栓规格　　　　表1L432015-3

设防烈度	8度			9度		
楼层	上层	下层	一层	上层	下层	一层
蓄电池容量（Ah）						
300						
400				M12	M10	M10
500						
600						
700	M12	M10	M8			
800						
900						
1000				M12	M12	M10
1200						
1400						
1600						
1800						
2000						
2400	M14	M12	M10	M14	M14	M12
2600						
2800						
3000						

注：上层指建筑物地上楼层的上半部分，下层指建筑物地上楼层的下半部分。单层房屋按表内一层考虑。

2．在抗震设防地区，母线与蓄电池输出端必须采用母线软连接条进行连接。穿过同层房屋防震缝的母线两侧，也必须采用母线软连接条连接。"软连接"两侧的母线应与对应的墙壁用绝缘支撑架固定。

（三）馈线的安装抗震要求

微波站的馈线采用硬波导时，应在以下几处使用软波导：

1. 在机房内，馈线的分路系统与矩形波导馈线的连接处；波导馈线有上、下或左、右的移位处。

2. 在圆波导长馈线系统中，天线与圆波导馈线的连接处。

3. 在极化分离器与矩形波导的连接处。

三、通信设备的抗地震性能检测

《电信设备抗地震性能检测规范》YD 5083—2005对通信设备的抗地震性能检测做出了如下要求：

1. 在我国抗震设防烈度7度以上（含7度）地区公用电信网上使用的交换、传输、移动基站、通信电源等主要电信设备应取得电信设备抗地震性能检测合格证，未取得工业和信息化部颁发的电信设备抗地震性能检测合格证的电信设备，不得在抗震设防烈度7度以上（含7度）地区的公用电信网上使用。

2. 被测设备抗地震性能检测的通信技术性能项目应符合相关电信设备的抗地震性能检测规范。

3. 被测设备的抗地震性能检测按送检烈度进行考核，其起始送检烈度不得高于8度。

4. 被测设备在进行抗地震性能考核后，在7、8、9度地震烈度作用下，都不得出现设备组件的脱离、脱落和分离等情况并应达到以下要求：

（1）在7度烈度抗地震考核后，被测设备结构不得有变形和破坏。

（2）在8度烈度抗地震考核后，被测设备应保证其结构完整性，主体结构允许出现轻微变形，连接部分允许出现轻微损伤，但任何焊接部分不得发生破坏。

（3）在9度烈度抗地震考核后，被测设备主体结构允许出现部分变形和破坏，但设备不得倾倒。

被测设备满足以上相应的地震烈度要求，则其结构在相应的地震烈度下的抗地震性能评为合格。

5. 被测设备按送检地震烈度考核后，各项通信技术性能指标符合相关电信设备抗地震性能检测标准的具体规定，则其在抗地震性能考核中的通信技术性能指标评为合格。

6. 被测设备按送检地震烈度考核后，符合第4及第5条的规定，被测设备抗地震性能评为合格。

1L432016　通信工程环境保护要求

环境保护是我国的一项基本国策。为了贯彻《中华人民共和国环境保护法》和《中华人民共和国环境评价法》等相关的法律法规和标准，保证通信工程建设项目符合国家环境保护的要求，消除或减少其对环境产生的有害影响，原信息产业部及工业和信息化部根据国家有关的法律、法规，对通信工程建设中可能对人及环境造成危害和污染的内容做出了强制规定。参与通信工程建设的各方在建设过程中必须严格执行，并按照有关法律、法规的要求，做好建设项目的环境影响评价，采取有效措施，确保通信建设项目的环境安全，同时也有利于为项目创造一个安全和谐的施工、运营环境。

一、通用要求

《通信工程建设环境保护技术暂行规定》YD 5039—2009以强制性条文的形式对通信工程各专业的建设环境保护工作要求如下：

1. 对于产生环境污染的通信工程建设项目，建设单位必须把环境保护工作纳入建设计划，并执行"三同时制度"，即与主体工程同时设计、同时施工、同时投产使用。

2. 严禁在崩塌滑坡危险区、泥石流易发区和易导致自然景观破坏的区域采石、采砂、取土。

3. 工程建设中废弃的砂、石、土必须运至规定的专门存放地堆放，不得向河流、湖泊、水库和专门存放地以外的沟渠倾倒；工程竣工后，取土场、开挖面和废弃的砂、石、土存放地的裸露土地，应植树种草，防止水土流失。

4. 通信工程建设中不得砍伐或危害国家重点保护的野生植物。未经主管部门批准，严禁砍伐名胜古迹和革命纪念地的林木。

5. 通信工程中严禁使用持久性有机污染物做杀虫剂。

6. 严禁向江河、湖泊、运河、渠道、水库及其高水位线以下的滩地和岸坡倾倒、堆放固体废弃物。

二、对噪声及其他污染源的防控要求

《综合布线系统工程施工监理暂行规定》YD 5124—2005、《数字移动通信（TDMA）工程施工监理规范》YD 5086—2005以强制性条文的形式要求：对施工时产生的噪声、粉尘、废物、振动及照明等对人和环境可能造成危害和污染时，要采取环境保护措施。必须保护防治环境噪声污染的设施正常使用；拆除或闲置环境噪声污染防治设施应报环境保护行政主管部门批准。

1. 发电机房设计除应满足工艺要求外，还应采取隔声、隔震措施，其噪声对周围建筑物的影响不得超过《声环境质量标准》GB 3096—2008的规定。机组由于消噪声工程所引起的功率损失应小于机组额定功率的5%。

2. 在局、站址选择时应考虑对周围环境影响的防护对策。通过天线发射产生电磁波辐射的通信工程项目选址对周围环境的影响应符合《电磁环境控制限值》GB 8702—2014限值的要求。

3. 电信专用房屋的微波和超短波通信设备对周围环境产生电磁辐射的应符合《电磁环境控制限值》GB 8702—2014限值的规定。对周围一定距离内职业暴露人员、周围居民的辐射安全，应符合《微波和超短波通信设备辐射安全要求》GB 12638—1990的规定。

1L432017 通信网互联互通及基础设施共建共享要求

目前，我国已基本具备进一步开展三网融合的技术条件、网络基础和市场空间，加快推进三网融合已进入关键时期。在通信工程建设标准中，涉及电信网间互联互通的强制性条文规定共有以下几条。

一、通信设备入网及业务互通的规定

1. 《26GHz本地多点分配系统（LMDS）工程设计规范》YD/T 5143—2005以强制性

条文的形式规定：工程设计中采用的设备应取得工业和信息化部电信设备入网许可证，未取得工业和信息化部颁发的电信设备入网许可证的设备不得在工程中使用。

2. 《数字蜂窝移动通信网WCDMA工程设计规范》YD/T 5111—2015以强制性条文的形式规定：根据业务需求，电信业务经营者提供的各种业务应实现互通。互通时应参照相关规范的要求，在要求不明确时可进行协商，保证业务的互通。

3. 《固定电话交换设备安装工程设计规范》YD/T 5076—2014以强制性条文的形式规定：固定电话网与其他电信业务运营者的固定电话网或其他电话业务网间的互通，应通过关口局疏通。

二、共建共享要求

《电信基础设施共建共享工程技术暂行规定》YD 5191—2009对电信基础设施的共建共享做出了以下强制性规定：

1. 共建共享电信基础设施时，应满足《通信工程建设环境保护技术暂行规定》YD 5039—2009的要求和国家对环境保护的其他相关要求。

2. 基站站址选择时应尽量共用已有的站址，新建站址应采用和其他电信业务经营者联合建设的方式。

3. 基站机房共享时，必须根据所有设备的重量、尺寸、排列方式及楼面结构布置等对机房楼面结构进行安全评估，必要时采取加固措施，保证结构安全。

4. 在已有建筑物里共建基站机房时，必须根据所有设备的重量、尺寸、排列方式及楼面结构布置等对机房楼面结构进行安全评估，必要时采取加固措施，保证结构安全。

5. 基站机房共建时，应根据各电信业务经营者通信设备布置情况、电缆和馈线的布放、维护需求，合理建设机房内走线架。机房走线架宜独立设置，在房屋高度允许的情况下，宜采用多层走线架形式。

6. 基站天面共建共享时，必须根据各电信业务经营者的天线及其支撑设施的尺寸、重量和安装方式等情况对支撑设施及屋面结构进行安全评估，必要时采取加固措施，保证结构安全。

7. 基站天面、室内分布系统共建共享时，电磁辐射应满足《电磁环境控制限值》GB 8702—2014的要求。

8. 防雷及接地系统应共享，并检查原有系统是否满足《通信局（站）防雷与接地工程设计规范》YD 5098—2005的要求，必要时进行扩建或改造。

1L432018　邮电建筑防火要求

《邮电建筑设计防火规范》YD 5002—2005对电信建筑的防火要求做出了以下强制性规定，其他各工程专业的设计规范、验收规范也根据专业特点对此提出了具体要求。

一、耐火等级和防火分区划分

1. 建筑高度超过50m或任一层建筑面积超过1000㎡的高层电信建筑属于一类高层建筑，其余的高层电信建筑属于二类高层建筑。一类高层电信建筑的耐火等级应为一级，二类高层电信建筑以及单层、多层电信建筑的耐火等级均不应低于二级。裙房的耐火等级不应低于二级。电信建筑地下室的耐火等级应为一级。

2. 电信建筑防火分区的允许最大建筑面积不应超过表1L432018的规定。

3．一类高层电信建筑与建筑高度超过32m的二类高层电信建筑均应设防烟楼梯间，其余电信建筑应设封闭楼梯间。

每个防火分区的允许最大建筑面积　　　　　　　表1L432018

建筑类别	每个防火分区建筑面积（m²）
一、二类高层电信建筑	1500
单层、多层电信建筑	2500
电信建筑地下室	750

注：设有自动灭火系统的防火分区，其允许最大建筑面积可按本表增加一倍；当局部设置自动灭火系统时，增加面积可按该局部面积的一倍计算。

二、建筑构造和平面布置

1．电信建筑内的管道井、电缆井应在每层楼板处用相当于楼板耐火极限的不燃烧体做防火分隔，楼板或墙上的预留孔洞应用相当于该处楼板或墙体耐火极限的不燃烧材料临时封堵，电信电缆与动力电缆不应在同一井道内布放。

2．电信机房的内墙及顶棚装修材料的燃烧性能等级应为A级，地面装修材料的燃烧性能等级不应低于B1级。

3．敞开式电信机房内任何一点至最近的安全出口的直线距离不应大于40m。

三、消防给水和灭火设备

1．下列电信机房应设气体灭火系统：

（1）国际局、省级中心及以上局的长途交换机房（包括控制室、信令转接点室）及移动汇接局交换机房；

（2）10000路及以上地区中心的长途交换机房（包括控制室、信令转接点室）及移动汇接局交换机房；

（3）20000线及以上市话汇接局、关口局的交换机房（包括控制室、信令转接点室）及移动关口局交换机房；

（4）60000门及以上市内交换局的交换机房（包括控制室、信令转接点室）及移动本地网交换机房；

（5）为上述交换机房服务的传输机房及重要的数据机房等。

2．电信建筑应按现行国家《建筑灭火器配置设计规范》GB 50140—2005的规定配置手提式或移动式灭火器。电信机房应按独立单元配置手提式或移动式灭火器。

四、电信枢纽楼的消防要求

1．长途电信枢纽楼、省会级电信综合楼的消防用电设备应按一级负荷要求供电，并应由自备发电设备作为应急电源。其他电信建筑的消防用电设备应按该建筑的最高负荷等级要求供电。

2．电信建筑内的配电线路暗敷设时，应穿管并应敷设在不燃烧体结构内且保护层厚度不应小于30mm；明敷设时，应穿有防火保护的金属管或有防火保护的封闭式金属线槽；当采用阻燃或耐火电缆时，敷设在电缆井、电缆沟内可不采取防火保护措施；当采用矿物绝缘类不燃性电缆时可直接敷设。电信建筑内的动力、照明、控制等线路应采用阻燃铜芯电线（缆）。电信建筑内的消防配电线路，应采用耐火型或矿物绝缘类不燃性铜芯电线（缆）。消防报警等线路穿金属管时，可采用阻燃铜芯电线（缆）。

3. 电源线、信号线穿越上、下楼层或水平穿墙时，应预留"S"弯，孔洞应加装口框保护，完工后应用非延燃和绝缘板材料盖封洞口。

4. 电信建筑内除小于5m²卫生间外，应设置火灾自动报警装置。

5. 电信专用房屋内火灾事故照明和疏散指示标志应设置在醒目位置，指示标志应清晰易懂。机房内远程环境监测系统、火灾报警系统和火灾灭火系统工作正常。

6. 机房内及其附近严禁存放易燃易爆等危险品。

1L432020　广播电视项目建设标准

1L432021　广播电视建设项目场地选择要求

一、广播电视中心

广播电视中心场地的选择应符合以下要求：

（1）符合城市建设规划。

（2）社会服务条件较好、生活管理及交通方便，应尽量靠近县委、县政府。

（3）场地环境噪声用精密声级计慢档测量，在125～4000Hz（1/1倍频程）频率范围内，在各测量频率声压级的平均值均宜低于80dB。

（4）录、播房间外墙至某些强噪声设施的最小距离应符合《县级广播电视工程技术规范》GY 5058—96的要求。

（5）应避开地震断裂带及水文地质条件恶劣的地区。

（6）应远离易燃易爆设施，如弹药库、大型油库、大型煤气罐等。

（7）广播电视节目收转机房距电磁干扰源的允许最小距离要求如表1L432021-1所示。

广播电视节目收转机房距电磁干扰源的最小距离要求　　　表1L432021-1

干扰源	相隔距离（m）	干扰源	相隔距离（m）
电气化铁道	1000	架空电力线路35kV以下	100
X光设备、高频电疗设备	300	架空电力线路35kV以上	300
高频电炉和高频热合机	1000	架空电力线路63～110kV	400
		架空电力线路550kV	500

（8）录音室和演播室外墙至某些设施的允许最小距离要求如表1L432021-2所示。

录音室和演播室外墙至某些设施的允许最小距离　　　表1L432021-2

干扰源	相隔距离（m）	干扰源	相隔距离（m）
火车站、铁道（非电气化）	500	架空电力线路35kV以下	50
柴油发电机	20～30	架空电力线路35kV以上	300

二、中、短波广播发射台

（一）相关文件

《中、短波广播发射台场地选择标准》GY/T 5069—2020。

（二）场地的选择应符合以下要求

1. 中波、短波广播发射台场地选择要以发射台任务为依据，按初勘和复勘两阶段进行。

2．中波、短波广播发射台场地选择应做天线电波计算，依据服务区人口分布状况，充分考虑对周围居民、单位的影响，以获得最佳的电波有效覆盖服务区。天波服务的中波、短波广播发射台，其天线发射方向前方有障碍（包括近处的和远处的）时，从天线在地面上的投影中心到障碍物上界的仰角，应不大于该天线在全部工作波段中任何波段中任何波长上的垂直面方向主瓣辐射仰角的四分之一。对于为中、远地区（超过2000km）服务的中波、短波广播发射台，障碍物的仰角应不大于1.5°～2°。

3．在中波、短波广播发射台场地及其外围500m范围内，地形应该是平坦的，总坡度不宜超过5%。对于向中、远地区（超过2000km）广播的短波发射台，天线发射前方1km以内，总坡度一般不应超过3%。在地形复杂的地区建台，应论证地形对电波发射的影响。

三、调频广播、电视发射台

（一）相关文件

1．《调频广播、电视发射台场地选择标准》GY 5068—2001。

2．《架空电力线路、变电站（所）对电视差转台、转播台无线电干扰防护间距标准》GB 50143—2018。

（二）场地的选择应符合以下要求

1．调频广播、电视发射台（塔）场地选择要以发射台任务为依据，要按初勘和复勘两阶段进行。

2．调频广播、电视发射台（塔）场地位置，应有利于增加覆盖服务区的人口，获得最佳的覆盖效果。场地选择前，应按发射台任务要求作为场地选择的依据，方案中应包括天线形式、天线副数、各天线在塔上的中心高度和塔总高度等。为了有利于电磁波传播，天线塔周围1km范围内天线辐射方向宜避开高大的建筑物和其他障碍物，高度不宜高于最下层天线高度的三分之二。

3．在有落冰情况的地区作平面布置方案时，应考虑落冰的危害。落冰危险区，以塔的中心为圆心，以0.3h（h为塔高）为半径来控制范围。

4．不同电压等级的架空电力线路与各频段电视差转台、转播台间的防护间距，不应小于表1L432021-3的规定。

架空电力线路对电视差转台、转播台无线电干扰的防护间距　　表1L432021-3

频段 电压	110kV	220～330kV	500kV
VHF（Ⅰ）	300m	400m	500m
VHF（Ⅲ）	150m	250m	350m

5．不同电压等级的变电所与各频段电视差转台、转播台间的防护间距，不应小于表1L432021-4的规定。

变电所对电视差转台、转播台无线电干扰的防护间距　　表1L432021-4

频段 电压	110kV	220～330kV	500kV
VHF（Ⅰ、Ⅲ）	1000m	1300m	1800m

四、地面无线广播遥控监测站

（一）相关文件

1. 《无线广播电视遥控监测站工程技术标准》GY/T 5072—2019。
2. 《调幅收音台和调频电视转播台与公路防护间距标准》GB 50285—1998。
3. 《架空电力线路与调幅广播收音台的防护间距》GB 7495—1987。

（二）场地的选择应符合以下要求

1. 环境要求

机房应位于开阔地带，并有利于信号接收，周围无大的工业干扰和电子发射设备，50m内无高大建筑物，无遮挡，距离交通繁忙的街道大于50m，距离高压线路、大型医院、电气化铁路、大型工厂、大型金属构件、发电厂、广播电视和通信发射塔等应大于200m。

2. 应具有可满足架设接收天线要求条件的场地，具备架设高质量、高可靠性的通信线路的条件。

3. 房间应有足够面积，具有良好的通风、防潮、防火和防尘措施，机房门窗应设置防盗装置，避免阳光直射监测设备。

4. 与公路的防护间距应符合表1L432021-5的要求。

接收台与公路的防护间距（m）　　　　　　　表1L432021-5

公路级别 ＼ 接收台类别	调幅收音台	调频转播台	电视转播台
高速公路	120	250	350
一、二级汽车专用公路	120	300	400

（三）架空电力线路对频率526.5kHz～26.1MHz调幅广播收音台的无线电干扰与其他影响的防护

（1）防护间距是指架空电力线路靠近调幅广播收音台一侧边导线到调幅广播收音台天线的距离，110kV级以下架空电力线路还应包括到天线馈线入口处的距离。调幅广播收音台分三级：中央、省、自治区和直辖市收音台为一级，地区和省辖市收音台为二级，县级收音台为三级，防护间距符合表1L432021-6的要求。

（2）监测台根据监测范围、监测项目、监测精度、工作时间以及技术设备的不同要求，分为三级：广电总局所属监测台为一级，省、自治区和直辖市监测台为二级，地区和省辖市监测台为三级。防护间距应符合表1L432021-7的要求。

广播收音台与架空电力线路的防护间距（m）　　　　　表1L432021-6

收音台等级 ＼ 电压等级（kV）　防护间距（m）	35	63～110	220～330	500
一级台	600	800	1000	1200
二级台	300	500	700	900
三级台	100	300	400	500

监测台与架空电力线路的防护间距（m）　　　　表1L432021-7

电压等级（kV） 防护间距（m） 监测台等级	35	63~110	220~330	500
一级台	1000	1400	1600	2000
二级台	600	600	800	1000
三级台	100	300	400	500

（3）35kV以下架空电力线路与一级调幅广播收音台和一、二级监测台的防护距离按表1L432021-6中的35kV规定，二、三级调幅广播收音台和三级监测台的防护距离按表1L432021-7中的35kV规定。

五、广播电视地球站

1. 相关文件

《广播电视卫星地球站场地要求》GY/T 5039—2011。

《广播电视卫星地球站设计规范》GY/T 5041—2012。

2. 基准天线

广播电视卫星地球站的基准天线是指具备上行发射功能，且满足表1L432021-8中规定的天线口径尺寸要求的卫星天线。

基准天线口径　　　　表1L432021-8

序号	工作频段	天线口径（m）
1	C	≥7.3
2	Ku	≥5.5

3. 地球站规模等级

根据基准天线数量的不同，广播电视卫星地球站的建设规模划分为一级站、二级站和三级站，规模等级见表1L432021-9。

广播电视卫星地球站规模等级　　　　表1L432021-9

地球站建设规模等级	站内基准天线数量
一级站	5副及以上
二级站	4副
三级站	2副或3副

4. 场地选择

（1）广播电视卫星地球站应在电磁环境良好的地方单独建站，来自地面和空中的干扰源所产生的电磁干扰应满足《地球站电磁环境保护要求》GB 13615—2009中的相关规定。

（2）广播电视卫星地球站基准天线前方的近场区内，其近场保护体内不得存在任何障碍物。在近场保护区以外，基准天线电磁波管状波束范围内不得存在任何障碍物，且其前方可用弧段内的工作仰角与天际线仰角之间的保护角不宜小于10°。

（3）广播电视卫星地球站应避开变电站、电气化铁道以及具有电焊设备、X 射线设备等其他电气干扰源，广播电视卫星地球站周围的电场强度应符合《工业、科学和医疗设备射频骚扰特性限值和测量方法》GB 4824—2019的规定。

（4）广播电视卫星地球站天线波束应避免与飞机航线的交叉，广播电视卫星地球站与机场边沿的距离不宜小于2km。

（5）广播电视卫星地球站应避开高压输电线，场址红线与35kV 及以上高压输电设备的距离不应小于100m。

（6）广播电视卫星地球站应远离强噪声源、强震动源。

（7）广播电视卫星地球站应避开烟雾源、粉尘源和有害气体源，避开生产或储存具有腐蚀性、易燃、易爆物质的场所。

（8）广播电视卫星地球站应避开地震带、洪涝区、地质灾害多发区和强风区域。

（9）广播电视卫星地球站应具有从附近变（配）电站架设可靠的专用输电线路的便利性。

（10）广播电视卫星地球站应具有敷设（或架设）可靠的信源引接传输线路的便利性。

1L432022　广播电视建设项目设计防火要求

执行《广播电影电视建筑设计防火标准》GY 5067—2017。

一、建筑分类及其耐火等级

1. 广播电视建筑应按其建筑规模、服务范围、火灾危险性、疏散和扑救难度等因素，分为一、二两类，并应符合表1L432022-1的规定。

广播电视建筑分类　　　　　　　　　　　　　表1L432022-1

名　称	一　类	二　类
广播电视中心和传输网络中心	中央级、省级和计划单列市的广播电视中心、传输网络中心 建筑高度>50m的广播电视中心、传输网络中心	除一类以外的广播电视中心和传输网络中心
中波和短波广播发射台	中央级发射台 总发射功率≥100kW的中短波发射台 建筑高度>50m的中短波发射台	除一类以外中波和短波广播发射台
电视和调频广播发射台	总发射功率≥10kW的电视和调频广播发射台 建筑高度>50m的电视和调频广播发射台	除一类以外电视和调频广播发射台
广播电视发射塔	主塔楼屋顶室外地坪高度≥100m 塔下建筑高度≥50m	主塔楼屋顶室外地坪高度<100m且塔下建筑高度<50m
其他	广播电视地球站	收音台和微波站

2. 一类建筑物的耐火等级应为一级，二类建筑物的耐火等级不应低于二级，建筑构件的燃烧性能和耐火极限符合表1L432022-2的规定。

<table>
</table>

建筑构件的燃烧性能和耐火极限　　　　　　　　表1L432022-2

构件名称	燃烧性能和耐火极限	耐火等级	
		一　级	二　级
墙	防火墙	不燃烧体3.00	不燃烧体3.00
	楼梯间墙、电梯井墙	不燃烧体2.00	不燃烧体2.00
	非承重外墙、疏散走道两侧的隔墙、电缆井、管道井墙、钢结构电梯井臂板	不燃烧体1.00	不燃烧体1.00
	房间隔墙	不燃烧体0.75	不燃烧体0.50
	承重墙	不燃烧体3.00	不燃烧体2.50
金属承重构件、钢结构梁、柱		不燃烧体3.00	不燃烧体2.50
梁		不燃烧体2.00	不燃烧体1.50
楼板、疏散楼梯、屋顶承重构件		不燃烧体1.50	不燃烧体1.00
吊顶		不燃烧体0.25	不燃烧体0.25

二、建筑和构件

1. 消防控制室应设在广播电视建筑的首层或地下一层，采用耐火极限不低于2.00h的隔墙、1.50h的楼板和甲级防火门与其他部位隔开，并设有通向室外的安全出口，严禁与消防控制室无关的电气线缆和管道穿过。

2. 建筑承重构件采用金属承重构件时，下列金属承重构件必须采取隔热防火措施：

（1）广播电视发射塔塔楼内部的金属承重构件。

（2）广播电视中心内部的电视演播室的金属承重构件。

（3）除露天钢结构外的其他钢结构的梁和柱。

3. 建筑设备、管道和电线电缆等，穿越防火墙、墙壁、楼板和平台等处时，其缝隙应采用防火材料封堵严密。

4. 广播电视中心内与录音室和演播室等房间相通的配套房间，应设在同一防火分区。

5. 广播电视发射塔

（1）钢结构广播电视发射塔塔体与塔下建筑毗连时，塔下建筑屋顶板和承重构件的耐火极限不低于1.5h，除电视、调频、微波发射机馈线穿孔外，与塔体钢结构承重塔架相邻的塔下建筑外墙应为防火墙，且距承重塔架4m范围内不应开设任何门窗洞孔。

（2）当钢结构广播电视发射塔塔体承重塔架被塔下建筑包围时，屋顶板的耐火极限应大于1.5h，承重塔架应采取措施，使其耐火极限不低于表1L432022-2中的规定。

（3）钢结构广播电视发射塔建于建筑屋顶时，屋顶板的耐火极限应大于1.5h。

（4）钢结构广播电视发射塔的塔下建筑屋顶设有建筑物时，该建筑物距承重塔架的距离不应小于4m，朝向承重塔架的墙应是没有门窗洞口的防火墙。

三、规范中其他防火要求

1. 安全疏散和消防电梯。

2. 消防给水和灭火设备

（1）室内消火栓；

（2）自动喷水灭火系统；

（3）气体灭火系统；

（4）灭火器。

3．防烟、排烟和通风、空气调节。

4．电气

（1）配电线路的选择与敷设；

（2）火灾应急照明和疏散指示标志；

（3）火灾自动报警系统、火灾应急广播和消防控制室。

5．建筑内部装修。

四、广播电视中心的防火要求

以广播电视中心为例对规范要求进行说明。

1．电视演播室内的灯栅架、中间天桥和天桥通道板应采用不燃烧材料。

2．电视演播室和工艺技术用房的顶棚声学构造等装修材料燃烧性能应为A级，地面及其他装修材料燃烧性能不低于B级。

3．演播室和录音室门的数量和净宽应符合表1L432022-3的规定。

演播室和录音室门的数量和净宽要求表

表1L432022-3

房间名称	建筑面积（m²）	门的总净宽（m）	门的总数（樘）
语言录音室	12，16	≥0.9	1
	24	≥1.1	1
	36	≥1.4	1
	35，50	≥1.41	1
文艺录音室	75	≥1.4	1
	150，200	≥1.8	2
	300	≥2.4	2
电视演播室	50，75	≥1.4	1
	120，160	≥1.8	2
	250	≥2.4	2
	400	≥3.6	2
	600	≥5.2	3
	800	≥5.8	3
	1000	≥6.8	≥3
	1500	≥10.0	≥4
	2000	≥14.0	≥6
效果室和消音室	50	≥1.5	1

4．建筑面积400m²以上的演播室，应设雨喷淋水灭火系统。

5. 建筑面积120m²以上已记录的磁、纸介质库和重要的设备机房,应设置固定的气体灭火系统。

6. 建筑内的变压器和开关,应采用干式变压器和非充油开关。

7. 消防和配电的电线电缆,应采用铜芯铜套矿物绝缘电线(缆)或绝缘保护套为不易燃型电线(缆)。

8. 建筑面积120m²以上的演播室和录音室以及疏散走廊、楼梯间、自备发电机、配电室、工艺设备控制室和消防控制室等,应设置事故照明。

9. 建筑面积100m²以上演播室、录音室、候播厅以及安全出口、疏散走廊和休息厅等,应设置灯光疏散指示标志。

10. 除面积小于5m²的卫生间以外,均应设置火灾自动报警系统。

1L432023　广播电视建设项目抗震和环境保护要求

广播电影电视工程建筑抗震分级的相关标准是《广播电影电视工程建筑抗震设防分类标准》GY 5060—2008,环境保护行业标准是《广播电视天线电磁辐射防护规范》GY 5054—1995。

一、抗震的基本规定

1. 广播电影电视工程建筑设防类别划分的依据因素:

(1)建筑使用功能失效后所造成后果的严重程度、影响范围大小、对抗震救灾的影响及使用功能恢复的难易程度。

(2)建筑所在城市的大小和地位、在广播电影电视行业中的重要性、工程建设规模和建筑技术特点。

(3)建筑破坏造成的人员伤亡、直接和间接经济损失、社会影响的大小。

(4)建筑各区段的重要性有显著不同且在结构上可以分割时,可按区段划分抗震设防类别。

2. 广播电影电视建筑工程依据《建筑工程抗震设防分类标准》GB 50223—2008并结合广播电影电视行业的特点,分为以下四个抗震设防类别:

(1)特殊设防类:指地震破坏后对社会有严重影响或造成巨大经济损失,并要求地震时不能中断其使用功能,需要进行特殊设防的建筑。简称甲类。

(2)重点设防类:指地震时使用功能不能中断或需尽快恢复,且地震破坏后会造成重大社会影响、经济损失、人员伤亡,需要提高设防标准的建筑。简称乙类。

(3)标准设防类:指除(1)、(2)、(4)款以外按标准要求进行设防的建筑。简称丙类。

(4)适度设防类:指使用上人员稀少且震损不致产生次生灾害,允许在一定条件下适度降低要求的建筑。简称丁类。

3. 各抗震设防类建筑的抗震设防标准,应符合以下要求:

(1)特殊设防类,应按批准的地震安全性评价的结果且高于本地区抗震设防烈度的要求确定其地震作用,按高于本地区抗震设防烈度提高一度的要求加强其抗震措施;但抗震设防烈度为9度时应按比9度更高的要求采取抗震措施。

（2）重点设防类，应按本地区抗震设防烈度确定其地震作用，按高于本地区抗震设防烈度1度的要求加强其抗震措施；但抗震设防烈度为9度时应按比9度更高的要求采取抗震措施。地基基础的抗震措施，应符合有关规定。

（3）标准设防类，应按本地区抗震设防烈度确定其地震作用和抗震措施，达到在遭遇高于当地抗震设防烈度的预估罕遇地震影响时，不致倒塌或发生危及生命安全的严重破坏的抗震设防目标。

（4）适度设防类，允许比本地区抗震设防烈度的要求适当降低其抗震措施，但抗震设防烈度为6度时不应降低。一般情况下，仍应按本地区抗震设防烈度确定其地震作用。

二、设防类别规定

1. 广播电影电视建筑工程，应根据抗震的基本规定划分抗震设防类别。当建筑各区段的重要性有显著不同且在结构上可以分割时，可按区段划分抗震设防类别。与使用功能直接相关的配套建筑的抗震设防类别应与主体建筑的抗震设防类别相同，但甲类建筑中配套的供电、供水建筑为单独建筑时，可划分为乙类建筑。与使用功能非直接相关的单独配套建筑宜划分为丙类建筑。

2. 广播电影电视建筑抗震类别设防划分，应符合表1L432023-1的规定。

广播电影电视建筑设防类别　　　　　表1L432023-1

类　　别	建筑名称
特殊设防类	国家级广播电视卫星地球站的上行站
重点设防类	国家级、省级、省会城市的广播电台、电视台的主体建筑 发射总功率≥200kW的中、短波广播发射台的机房建筑及其天线支持物 国家级、省级、省会城市的电视、调频广播发射台机房建筑 国家级、省级的广播电视监测台机房建筑及其天线支持物 国家级广播电视卫星地球站的单收站、省级广播电视卫星地球站及其天线基础 国家级、省级的有线广播电视网络管理中心、传输中心、音像资料馆
标准设防类	地级、地级市及其以下的广播电台、电视台、有线广播电视网络管理中心、节目传送 中心、电视发射台、中短波广播发射台、微波站、有线广播电视站等 电影制片厂、唱片厂、磁带厂、电影摄影棚等 其他不属于甲、乙、丁类的建筑
适度设防类	临时性的广播电影电视建筑工程

三、广播电视发射台电磁辐射防护规范

行业标准《广播电视天线电磁辐射防护规范》GY 5054—1995中有关规定要点。

（一）电磁辐射职业照射导出限值

在每天8h工作时间内，电磁辐射场的场量参数，在任意连续6min内的平均值，应符合表1L432023-2的规定。

（二）电磁辐射公众照射导出限值

在每天24h工作时间内，环境电磁辐射场的场量参数，在任意连续6min内的平均值，应符合表1L432023-3的规定。

电磁辐射职业照射导出限值   表1L432023-2

频率范围f（MHz）	电场强度A（V/m）	磁场强度（A/m）	功率密度（W/m²）
0.1 ~ 3	87	0.25	20
3 ~ 30	$150/f^{1/2}$	$0.40f^{1/2}$	$60/f$
30 ~ 3000	28	0.075	2
3000 ~ 15000	$0.5f^{1/2}$	$0.0015f^{1/2}$	$f/1500$
15000 ~ 300000	61	0.16	10

电磁辐射公众照射导出限值   表1L432023-3

频率范围f（MHz）	电场强度A（V/m）	磁场强度（A/m）	功率密度（W/m²）
0.1 ~ 3	40	0.10	4
3 ~ 30	$167/f^{1/2}$	$0.17f^{1/2}$	$12/f$
30 ~ 3000	12	0.032	0.4
3000 ~ 15000	$0.22f^{1/2}$	$0.001f^{1/2}$	$f/1500$
15000 ~ 300000	27	0.073	2

四、广播电视卫星地球站电磁辐射防护

（一）行业建设标准《广播电视卫星地球站建设标准》建标131—2010

广播电视卫星地球站的建设应执行国家有关环境保护规定，对地球站前方高频辐射和高功放高频泄露应符合国家标准《电磁环境控制限值》GB 8702—2014的相关规定。

（二）行业建设标准《广播电视卫星地球站工程设计规范》GY/T 5041—2012

广播电视卫星地球站不得对周围环境带来污染危害，地球站对附近居民产生的辐射值应符合《电磁环境控制限值》GB 8702—2014的相关规定。

1L432024 广播电视建设项目接地和防雷要求

一、中短波发射台

执行《中、短波广播发射台设计规范》GY/T 5034—2015。

1. 调配室内各元件的地线应用专用接地线与室外地网线、馈线地线连接；短波天线的支持物应接地，接地电阻不应超过10Ω。

2. 机房设备接地包括工艺设备保安接地和发射机高频接地两个部分，其中工艺设备保安接地按电气设计规范要求执行，发射机高频接地按《广播电视工程工艺接地技术规范》GY/T 5084—2011要求执行。

3. 发射机接地应符合下列要求：

（1）高频接地是发射台的特殊接地系统，目的是使整机有一个良好的高频地电位，以减少发射机相互之间的干扰。每部发射机应采用专用接地引线。从高频放大末级槽路附近地线端引至接地极；

（2）机房馈筒外皮及机房馈线出口处，应用铜带和高频接地干线相接；

（3）凡有高频大电流的接地回路均应敷设专用地线；

（4）激励器高频输出电缆应加强屏蔽措施；

（5）发射机每个机箱都应有保护接地，需要放电的设备附近应设置接地钩；

（6）音频系统均应采用屏蔽线。屏蔽线隔离导体应良好接地。如屏蔽线穿金属套管，套管也应接地。

4. 与电器设备带电部分相绝缘的金属部分应与保安接地母线连接。

5. 防雷接地：发射台电气设备较多并且有高塔，必须加强防雷措施。

6. 接地电阻：发射台各种接地（除发射机高频接地外）宜采用联合接地，接地电阻不大于1Ω。在土壤电阻率较高的环境，接地电阻可适度放宽到4Ω。

7. 接地极：接地极可采用混合式、水平式（土层薄时）、垂直式（水位高时）；保安和防雷接地极与建筑物的水平距离不得小于2m，上部埋深不小于0.8m，四周土质加以处理。

二、调频、电视发射台

1. 防雷接地、工作接地、保护接地的接地体应根据具体情况决定共用或分设。

2. 技术用房在天线塔避雷保护范围内时，与天线塔共用防雷接地系统；否则单设。

3. 天线塔或高层建筑内的机房台站，工作接地、防雷接地、保护接地应合用一个接地装置；严禁防雷接地线穿越机房；要用多于两根专用防雷接地引线将接闪器直接和接地体相连。

4. 一个接地系统的接地装置不应少于两组，两组接地装置之间的距离不应小于40m。

5. 接地网应做成围绕天线塔的环行并增加辐射状接地体；高山台机房基础设计中应有均压地网；接地体埋深不小于1m；土壤电阻率高时须进行降阻处理。

6. 天线塔、技术用房、辅助技术用房接地电阻应分别不大于4Ω，若地层结构复杂，不应大于6Ω，工作、保护、防雷接地合用接地系统时，接地电阻不应大于1Ω，困难时，可放宽到4Ω以下。

7. 天线塔顶应设置雷电接收装置，有塔楼时应在塔楼部位敷设人工避雷带。

三、有线电视系统

系统防雷设计应有防止直击雷、感应雷、雷电侵入波的措施。

四、民用建筑闭路（监视）电视系统

1. 系统接地宜采用一点接地方式。接地母线应采用铜质线。接地线不得形成封闭回路，不得与强电的电网零线短接或混接。

2. 系统采用专用接地装置时，其接地电阻不得大于4Ω；采用综合接地网时，不得大于1Ω。

3. 光缆传输系统中，各监控点的光端机外壳应接地；光缆加强芯和架空光缆接续护套应接地。

4. 架空电缆吊线的两端和线路中的金属管道应接地。

5. 进入监控室的架空电缆入室端和摄像机装于旷野、塔顶或高于附近建筑物的电缆端，应设置避雷保护装置。

6. 防雷接地装置宜与电气设备接地装置和埋地金属管道相连；当不相连时，距离不宜小于20m。

五、微波工程

1. 微波天线、技术用房、设备接地系统接地电阻应分别小于4Ω；若地层复杂，不应大于6Ω。

2．微波天线塔顶应安装避雷针，保护半径应覆盖塔体上安装的所有天线。

3．微波站的工作接地、保护接地和防雷接地系统应分设接地体，并且将三个接地体汇接为一个总接地系统。

4．一个接地系统的接地装置不应少于两组，其直线距离不应少于40m。

5．设置在塔楼或高层建筑上的微波机站，工作、保护及防雷接地应共用一个接地系统，接地电阻应小于1Ω。

6．进入机房的供电线路，必须在两端装设低压阀型避雷器。电缆两端铅护套、钢带应焊在一起并与机房接地母线连接，作为防雷二次保护。

7．在多雷地区，每面微波天线两侧应有避雷针。

8．天线铁塔顶应设置避雷针。避雷针高度应做到有效保护各面天线。

六、广播电视地球站

1．地球站的工作接地、保护接地、防雷接地合用一个接地系统，接地电阻不应超过1Ω。

2．有微波天线塔的地球站，可将防直击雷的避雷针固定在微波塔顶，使地球站天线、技术用房等位于避雷针的保护范围内；如大型天线及技术用房不在微波塔避雷针保护范围内，应单设防雷系统。

3．不含微波塔的地球站，应设避雷针或在大型天线的反射体顶端或抛物面边沿制高点设避雷针，并使技术区位于保护范围内。

1L432025 广播电视工程建设项目竣工验收要求

执行《广播电影电视工程建设项目竣工验收工作规程》GY 5006—2010。

一、项目竣工验收条件

1．单项工程验收条件：

（1）按批准的设计文件规定的内容全部完成；

（2）工程完成分部分项验收；

（3）各专业单项工程完成且通过各类调试、检测、试运行，符合合同要求和相关技术标准，并有完整的测试记录；

（4）具有完整的技术档案、施工管理资料和图像记录资料；

（5）具备主要材料、构配件、仪器设备出厂合格证和进场检测或试验报告，进口设备、材料应同时具备完整的入关商检报告；

（6）工程初验阶段对质量问题的处理意见和处理结果报告。

2．项目整体竣工验收条件：

（1）按照批准的建设规模和建设标准完成全部建设内容，达到设计标准，各单项工程均已通过竣工验收，具备正常使用功能；

（2）工艺设备通过各项系统测试、验收，联运负荷试运转正常、安全、稳定，符合广播电影电视有关技术标准和技术规范要求；

（3）广播电影电视工艺设备系统达到设计要求，并通过技术主管部门组织的技术验收；

（4）环境保护、消防、人防、节能和设施已按照规定与主体工程同时建成，符合国家要求，达到设计标准，并已通过竣工验收；

（5）征地、规划、建设等行政许可证与勘察评估、设计审查、质量监督、环境评估、人防、消防验收等有关手续、竣工资料齐全；

（6）工程建设项目竣工验收归档资料全面、完整和准确，能全面反映工程项目从前期规划到竣工交付整个建设过程的情况；

（7）单项工程验收阶段对整改事项、遗留问题已基本处理完毕；

（8）竣工清理已完成，竣工财务决算通过审计并获得批准；

（9）维护或生产人员、维护仪器和设备等运行管理条件已初步具备。

3. 由于特殊原因致使较少量尾工工程（不超过投资总额的5%）尚未完成，但不影响整体工程正常安全运行，且已具备规定的其他条件时，可申请竣工验收。

4. 整体竣工验收准备工作由项目法人负责统一组织实施或委托建设单位组织实施。

二、项目竣工验收程序

1. 单项工程验收程序

（1）施工单位提交工程竣工报告和全部工程竣工资料，请求组织竣工验收；

（2）建设单位对施工单位提交的竣工报告审查确认符合条件后，上报主管部门申请单项工程验收；

（3）主管部门审核通过单项工程竣工验收申请后，组织或委托建设单位组织相关单位共同验收；

（4）单项工程竣工验收完成后，应及时办理单项工程保修、交接手续，并进行单项工程竣工结算工作。

2. 整体竣工验收程序

（1）工程建设项目具备竣工验收条件后，建设单位负责提出整体竣工验收申请；

（2）预验收完成且符合竣工验收条件后，由建设单位提出竣工验收申请报告，并上报竣工验收资料；

（3）上级主管部门审核通过整体竣工验收申请后，在两个月内组建验收委员会进行整体验收工作。

3. 整体竣工验收一般工作程序

（1）项目主管部门召开预备会，听取相关验收准备情况汇报，审核竣工验收资料，审查竣工验收条件，提出验收委员会名单。

（2）验收：宣布竣工验收委员会名单，由主任委员主持验收；听取工程建设报告；现场检查工程建设与试运行情况，核查工程建设档案资料；主任委员主持讨论工程建设项目验收意见书；意见书通过后，验收委员（组员）签字；宣读工程建设项目验收意见书。

4. 在验收过程中发现重大质量、技术、规模、投资等问题，验收委员会可以停止验收，并及时报上级主管部门。

5. 重大工程建设项目应组织预验收，预验收工作程序参照3执行。

三、项目整体竣工验收组织

（一）项目验收委员会（小组）组成

1. 验收工作由批准项目的主管部门或委托项目法人负责组织，并组建验收委员会

（小组）。验收委员会（小组）成员应包括：上级有关业务部门、勘察设计单位、建设单位、使用单位等有关部门代表和有关专家。

2. 验收委员会（小组）设主任委员（组长）一名，副主任委员（副组长）若干名，委员（组员）若干名。

（二）项目验收委员会（小组）职责

1. 验收委员会（小组）履行以下职责：制定竣工验收工作计划；对工程进行现场复查；核查工程竣工报告、各阶段工作竣工验收报告、设备性能测试验收报告、各单位工程（交工验收报告书）以及隐蔽工程等各阶段工程验收竣工验收记录和结论、各类许可证、竣工图、同意设计变更的文件及停工返工的记录、重大的安全事故和工程质量事故的处理报告等；检查项目运行情况；讨论工程建设项目整体竣工验收意见书，通过后由主任委员（组长）以及各委员（组员）签字；对于工程遗留问题及验收中发现的问题提出具体处理意见；对尾工工程进行审核并责成有关单位限期完成。

2. 建设项目整体竣工验收意见书，必须经验收委员会三分之二以上的成员同意方可通过验收。

3. 竣工验收遗留问题由竣工验收委员会责成建设单位提出具体处理意见。项目法人应负责和检查遗留问题的处理，及时将处理结果报告项目主管部门。

4. 验收过程中发现重大问题，验收委员难以形成一致意见时，可采取暂停验收或部分验收移交等措施，并及时报上级主管部门。

5. 对于未能通过整体竣工验收的建设工程，验收委员会应明确原因并提出整改要求，建设单位在规定期限内整改完毕达到要求后，应重新申请竣工验收。

四、其他事项

1. 工程文件、资料等按照有关工程档案管理规定，移交使用单位及档案管理部门。

2. 由项目主管部门委托建设单位验收的建设工程，应在两个月内将建设项目整体竣工验收意见书和验收委员会名单报主管部门备案。

缩略词中英文对照表

2G	The 2nd–generation	第二代移动通信系统
3G	The 3rd–generation	第三代移动通信系统
3GPP	3rd Generation Partnership Project	第三代合作伙伴计划
3R	3R regeneration（Re–timing、Re–shaping、Re–amplification）	一种再生技术
4G	The 4th–generation	第四代移动通信系统
5G	The 5th–generation	第五代移动通信系统
AAA	Authentication，Authorization and Accounting	鉴权、授权和计费
AC	Alternating Current	交流电
ADM	Add/Drop Multiplexer	分插复用器
ADSL	Asymmetric Digital Subscriber Line	不对称数字用户线
AGC	Automatic Gain Control	自动增益控制
AGCH	Access Grant Channel	接入许可信道
A–GPS	Assisted GPS	辅助GPS技术
AIS	Alarm Indication Signal	告警指示信号
ALU	Asynchronous line unit；arithmetic logic unit；application layer user	异步线路部件；运算器；应用层用户
AMPS	Advanced Mobile Phone Service	高级移动电话业务
AMR	Adaptive Multi–Rate	可变速率技术
AN	Access Network	接入网
AON	Active Optical Network	有源光网络
API	Application Programming Interface	应用程序接口
APON	ATM Passive Optical Network	一基于信元的传输协议
ATM	Asynchronous Transfer Mode	异步转移模式
ATPC	Automatic Transfer Power Control	自动发信功率控制
ATSC	Advanced Television Systems Committee	美国数字电视标准
AUC	Authentication Center	鉴权中心
ASON	Automatically Switched Optical Network	自动交换光网络
ATPC	Automatic Transfer Power Control	自动发信功率控制
B2B	Business to Business	企业到企业的电子商务模式
B2C	Business to Customer	企业到用户的电子商务模式
BCCH	Broadcast Control Channel	广播控制信道
BCH	Broadcast Channel	广播信道
BER	Bit Error Rate	误码率
BGP	Border Gateway Protocol	边界网关协议
B–ISDN	Broadband Integrated Service Digital Network	宽带综合业务数字网
BITS	Building Integrated Timing（Supply）System	大楼综合定时供给系统

续表

BLER	Block Error Rat	误码块
BSS	Base Station Subsystem	基站子系统
BTS	Base Transceiver Station	无线基站
BWG	Beam Wave Guide	波束波导
C2C	Consumer To Consumer	用户到用户的电子商务模式
CAC	Connection Admission Control	连接接纳控制
CATV	Cable Television	有线电视
CCCH	Common Control Channel	公共控制信道
CCD	Charge-coupled Device	图像传感器
Cell ID	Cell Identity	蜂窝小区识别码
CDMA	Code Division Multiplexing Access	码分多址
CF	Core Function	核心功能
CG	Charging Gateway	计费网关
CIR	Committed Information Rate	承诺信息速率
CMMB	China Mobile Multimedia Broadcasting	中国移动多媒体广播
CQI	Channel Quality Indicato	信道质量指示符
CQT	Call Quality Test	拨打测试
CRT	Cathode Ray Tube	阴极射线管
CS	Circuit Switched	电路域
CSFB	Circuit Switched Fallback	电路域回落
DC	Direct Current	直流电
DCCH	Dedicated Control CHannel	随路控制信道
DCE	Data Communications Equipment	数据通信设备
DCS	Digital Cross Connect System	数字交叉连接系统
DDF	Digital Distribution Frame	数字配线架
DDN	Digital Data Network	数字数据网
DLC	Digital Loop Carrier	数字环路载波
DNS	Domain Name Server	域名服务器
DMB	Digital Multimedia Broadcasting	数字多媒体广播
DNS	Domain Name Server	域名服务器
DPI	Deep Packet Inspection	深度报文检测
DRA	Diameter Routing Agent	Diameter信令中继代理
DS	Direct Sequence Spread Spectrum	直接序列扩频
DSL	Digital Subscriber Line	数字用户线
DT	Driver Test	路测
DTE	Data Terminal Equipment	数据终端设备
DVB	Digital Video Broadcasting	数字视频广播

DWDM	Dense Wavelength Division Multiplexing	密集波分复用
DXC	Digital Cross Connect	交叉连接设备
E1/E2	European Trunk 1/2（2Mbit/s/34Mbit/s）	欧洲数字集群1/2（2M /34M）
EFP	Electronic Field Production	电子现场制作
EIRP	Effective Isotropic Radiated Power	等效全向辐射功率
ELU	Existing Carrier Line Up	存在载波调整
ENG	Electronic News Gathering	电子新闻采集
EPC	Evolved Packet domain Core	增强分组核心网
E-NNI	External Network to Network Interface	外部网络–网络接口
eNodeB	Evolved Node B	演进型Node B（基站设备）
EPON	Ethernet Passive Optical Network	以太网无源光网络
ESP	Electronic Studio Production	电子演播室录制
Eth-SD	Ethernet Signal Degrade	以太网信号劣化
E-UTRAN	Evolved UTRAN	增强无线接入网
FACCH	Fast Associated Control Channel	快速随路控制信道
FCCH	Frequency Correction Channel	频率校正信道
FDD	Frequency Division Duplexing	频分双工
FDM	Frequency-division Multiplexing	频分多路复用
FDMA	Frequency Division Multiplexing Access	频分多址
FE	Fast Ethernet	快速以太网
FH	Frequency Hopping Spread Spectrum	跳频扩频
FLU	Fault Locating Unit	故障定位设备
FLPC	Forward Line Power Control	前向链路功率控制
FR	Frame Relay	帧中继
FWM	Four-wave Mixing	四波混频
FTP	File Transfer Protocol	文件传输协议
FTTB	Fiber To The Building	光纤到大楼
FTTC	Fiber To The Curb	光纤到路边
FTTH	Fiber To The Home	光纤到户
FTTO	Fiber To The Office	光纤到办公室
FTTZ	Fiber To The Zone	光纤到小区
GE	Gigabit Ethernet	吉比特/千兆以太网
GEO	Geostationary Earth Orbit	静止轨道卫星
GFP	General Frame Procedure	通用成帧规程
GIS	Geography Information System	地理信息系统
GPON	Gigabit Capable PON	宽带无源光网络
GPRS	General Packet Radio Service	通用分组无线服务技术

续表

GPS	Global Positioning System	全球定位系统
HDSL	High-speed Digital Subscriber Line	高速率数字用户线
HDTV	High Definition Television	高清晰度电视
HFC	Hybrid Fiber–Coaxial	同轴电缆
HLR	Home Location Register	归属位置寄存器
HPA	High performance addressing; High power amplifier	高性能寻址；大功率放大器
HUB STATION	Hub Station	枢纽站
HRPD	High Level Diameter Routing Agent	高级Diameter路由代理
HSGW	HRPD Serving Gateway	H RP D 服务网关
HSS	Home Subscriber Server	归属签约用户服务器
LCD	Liquid Crystal Display	液晶显示器
ICT	Information & Communication Technology	信息与通信技术
IDC	Internet Data Center	互联网数据中心
IDR	Intermediate Data Rate Intergrated Receiver Decoder	中间数据速率 数字卫星电视接收机
LDTV	Low Definition Television	低清晰度电视
LER	Label Edge Router	标记边缘路由器
IEEE	Institute of Electrical and Electronics Engineers	国际电子电器工程联合会
IMA	Inverse Multiplexing over ATM	ATM反向复用技术
IMS	IP Multimedia Subsystem	IP多媒体子系统
IN	Intelligent Network	智能网
I–NNI	Internal Network to Network Interface	内部网络–网络接口
IoT	Internet of Things	物联网
IP	Internet Protocol	互联网协议
IPv4	Internet Protocol version 4	互联网协议第4版
IPv6	Internet Protocol version 6	互联网协议第6版
IS–IS	Intermediate System to Intermediate System Routing Protocol	中间系统到中间系统的路由选择协议
LAN	Local Area Network	局域网
LEO	Low Earth Orbit	低地球轨道卫星
LMDS	Local Multipoint Distribution Services	区域多点传输服务
LOC	Local Operating Controller	本地操作控制台
LOS	Loss Of Signal	信号丢失
LPR	Local Primary Reference	区域基准时钟
ISDB	Integrated Services Digital Broadcasting	综合业务数字广播
ISDN	Integrated Services Digital Network	综合业务数字网
LSP	Label Switched Path	标记交换通道
LSR	Label Switching Router	标记交换路由器

续表

LTE	Long Term Evolution	3.9G；长期演进
MAI	Multiple Access Interference	多址干扰
MCS	Modulation and Coding Scheme	调制编码方式
ME	The Mobile Equipment	移动设备
MEO	Moderate-altitude Earth Orbit	中地球轨道卫星
MEPG	Motion Picture Experts Group	一种视频压缩方式
MIMO	Multiple-Input Multiple-Out-put	多入多出技术
MMDS	Multichannel Microwave Distribution System	无多路微波分配系统
MME	Mobility Management Entity	移动管理实体
MPLS	Multi Protocol Label Switching	多协议标签交换
MPLS-TE	MPLS Traffic Engineering	MPLS流量工程
MPLS-TP	MPLS Transport Profile	一种面向连接的分组交换网络技术
MS	Mobile Station	移动台
MSC	Mobile Switching Center	移动交换中心
MST	Multiplex Section Termination	复用段终端
MSTP	Multi Service Transport Platform	多业务传送平台
MTP	Media Transfer Protocol	媒体传输协议
NE	Network Element	网络单元
NFV	Network Function Virtualization	网络功能虚拟化
NGN	Next Generation Network	下一代网络
NNI	Network Node Interface	网络节点接口
Node B	node B（base station）	节点B（基站设备）
NSS	Network Switching Subsystem	移动交换子系统
NTSC	National Television Standards Committee	美国电视制式
O2O	Online to Offline	线上到线下的电子商务模式
OA	Optical Amplifier	光纤放大器
OAM	Operation，Administration，Maintenance	运行维护管理
OADM	Optical Add-Drop Multiplexer	光分插复用器
OAM&P	Operation，Administration，Maintenance and Planning	运行、管理、维护和规划
OCh	Optical Channel Layer	光信道层
ODF	Optical Distribution Frame	光纤配线架
ODU	Optical Demultiplexing Unit	分波器
ODS	Ozone Depleting Substances	消耗臭氧层物质
OFDM	Orthogonal Frequency Division Multiplexing	正交频分复用技术
OFPF	Open Shortest Path First	开放最短路径优先协议
OMC	Operations & Maintenance Center	操作维护中心
OMCR	Operations and Maintenance Center-Radio	无线操作维护中心

OMP	Operations and Maintenance Processor	操作和维护处理机
OMS	Optical Multiplex Section	光复用段层
OMU	Optical Multiplex Unit	合波器
ONU	Optical Network Unit	光网络单元
OPENAPI	Open Application Programming Interface	开放的应用程序接口
OSC	Optical Supervisory Channel	光监测信道
OSI	Open System Interconnect	开放式系统互联
OSS	Operation Support System	操作维护子系统
OTDM	Optical Time Division Multiplexing	光时分复用
OTDR	Optical Time Domain Reflectometer	光时域反射仪
OTN	Optical Transport Network	光传送网
OTS	Optical Transmission Section	光传输段层
OTM	Optical Terminal Multiplexer	光终端复用器
OTM-n	Optical Transport Module-n	光传输模式n
OTU	Optical Channel Transport Unit	波长转换器
OXC	Optical Cross Connect	光交叉连接器
PAL	Phase Alternating Line	逐行倒相（制式）
PBB-TE	Provider Backbone Bridge-Traffic Engineering	支持流量工程的桥接技术
PBX	Private Branch Exchange	专用交换机
PCH	Paging Channel	寻呼信道
PCI	Peripheral Component Interconnect	外设部件互连标准
PCM	Pulse Code Modulation	脉冲编码调制
PCRF	Policy and Charging Rules Function	策略及计费规则功能
PDH	Plesiochronous Digital Hierarchy	准同步数字系列
PDP	Plasma Display Panel	等离子显示板
PDSN	Packet Data Serving Node	分组数据业务节点
P-GW	PDN Gateway	分组数据网网关
PLMN	Public Land Mobile-communication Network	公共陆地移动网
PMD	Physical Media Dependent	偏振模色散
POH	Path Overhead	通道开销
PON	Passive Optical Network	无源光网络
POS	Packet-over-SDH/SONET	在SDH/SONET上传送分组数据
PPP	Point to Point Protocol	点对点联机协议
PRC	Principal Reference Clock	基准时钟
PS	Packet Switched	分组域
PSK	Phase Shift Keying	相移键控
PSTN	Public Switched Telephone Network	公共交换电话网

PT	Path Terminal	通道终端
PTN	Packet Transport Network	分组传送网
PTS	Packet Transport Section	分组传送段
PVC	Permanent Virtual Circuit	永久虚电路
PWE3	Pseudo Wire Emulation Edge-to-Edge	端到端伪线仿真
QAM	Quadrature Amplitude Modulation	正交调幅
QPSK	Quaternary Phase Shift Keying	四相相移键控
QoS	Quality of Service	服务质量
RACH	Random Access Channel	随机接入信道
RB	Resource Block	资源模块
RDI	Remote Defect Indication	远端缺陷指示
REG	Regenerator	再生中继器
RFID	Radio Frequency Identification	射频识别
RNC	Radio Network Controller	无线网络控制器
RNS	Radio Network control System	无线网络控制系统
RS	Reference Signal	参考信号
RSRP	Reference Signal Receiving Power	参考信号接收功率
RS-SINR	Reference Signal -Signal to Interference plus Noise Ratio	参考信号-信号与干扰加噪声比
RST	Regenerator Section Termination	再生段终端
SAC	Service Area Code	服务区域码
SAR	Specific Absorption Rate	比吸收率
SACCH	Slow Associated Control Channel	慢速随路控制信道
SADM	SONET Add/Drop Multiplexer SONET（Synchronous Optical Network）	同步数字网络分叉复用器
SCH	Synchronization Channel	同步信道
SCP	Service Control Point	业务控制节点
SDCCH	Stand-Alone Dedicated Control Channel	独立专用控制信道
SDH	Synchronous Digital Hierarchy	同步数字序列
SDN	Software Defined Network	基于软件定于网络
SDMA	Space Division Multiple Access	空分多址
SDTV	Standard-Definition TV	标准清晰度电视
SDXC	Synchronous Digital Cross Connector Equipment	同步数字交叉连接设备
SECAM	法文Sequentiel Couleur A Memoire	按顺序传送彩色与存储（一种电视制式）
SG	Signaling Gateway	信令网关
S-GW	Serving Gateway	服务网关
SIM	Subscriber Identity Module	客户识别卡
SIP	Session Initiation Protocol	应用层信令控制协议

SMF	System Management Function	系统管理功能
SN	Service Node	业务节点
SNI	Service Node Interface	业务节点接口
SOH	Section Overhead	段开销
SP	Signalling Point	信令点
SPC	Soft Permanent Connection	软永久连接
SPD	Surge Protective Device	浪涌保护器
SPF	Service Port Function	业务口功能
SRLTE	Single Radio LTE	单待 LTE终端
SSM	Synchronization Status Message	同步状态信息
SSU	Synchronous Supply Unit	同步供给单元
STM	Synchronous Transfer Mode	同步转移模式
STM–N	Synchronous Transport Module N	同步传送模式N
STP	Signaling Transfer Point	信令转接点
SVC	Switching Virtual Circuit	交换虚电路
SVLTE	Simultaneous Voice and LTE	LTE与语音网同步支持
TACS	Total Access Communications System	全接入移动通信系统
TCH	Traffic Channel	业务信道
TDD	Time Division Duplexing	时分数字双工
TDM	Time Division Multiplex	时分多路复用
TDMA	Time Division Multiplexing Access	时分多址
TD–SCDMA	Time Division–Synchronous Code Division Multiple Access	时分同步码分多址
TF	Transfer Function	传送功能
TH	Time Hopping	跳时（扩频）
TOP	Time Over Packet	时钟在分组上传送
TM	Terminal	终端局，终端复用器
TMC	T–MPLS Circuit	T–MPLS电路层
TMN	Telecommunications Management Network Model	电信管理网
TMP	T–MPLS Path	T–MPLS通路层
T–MPLS	Transport Multi–protocol Label Switch	传送多协议标签交换
TMS	T–MPLS Section	T–MPLS段层
TPON	Telephony Over Passive Optical Network	PON上的电话技术
UE	User Equipment	用户设备
UHF	Ultrahigh Frequency	超高频
UMTS	Universal Mobile Telecommunications System	通用移动通信系统
UNI	User–to–Network Interface	用户–网络接口
UPC	Usage Parameter Control	应用参数控制

UPF	User Port Function	用户口功能
UPS	Uninterruptible Power System	不间断电源系统
USIM	The UMTS Subscriber Module	用户识别卡
USSD	Unstructured Supplementary Service Data	非结构化补充数据业务
UTRAN	UMTS Terrestrial Radio Access Network	UMTS无线陆地接入网
UWB	Ultra Wideband	一种无载波通信技术
VC	Virtual Circuit/Channel	虚电路/虚通道
VHF	Very High Frequency	甚高频
VLAN	Virtual Local Area Network	虚拟局域网
VLR	Visitor Location Register	拜访位置寄存器
VP	Virtual Path	虚通路
VOD	Video On Demand	视频点播
VoIP	Voice over Internet Protocol	在IP上传送声音
VoLTE	Voice over LTE	LTE承载语音
VPN	Virtual Private Network	虚拟专用网络
VS	Virtual Section	虚段
VSAT	Vary Small Aperture Terminals	小型卫星地球站
VSM	Video Service Module	语音服务模块
WAP	Wireless Application Protocol	无线应用协议
WAN	Wide Area Network	广域网
WBS	Work Breakdown Structure	工作分解结构
WCDMA	Wideband Code Division Multiple Access	宽带码分多址
WDM	Wavelength Division Multiplexing	波分多路复用
Wifi	Wireless Fidelity	一种无线联网技术
WSN	Wireless Sensor Network	无线传感网络
WWW	World Wide Web	万维网
xDSL	x Digital Subscriber Line	某类数字用户线
XML	Extensible Markup Language	可扩展标记语言
XPIC	Cross-polarisation Interference Counteracter	交叉极化干扰抵消器
XPD	Cross Polarization Discrimination	交叉极化鉴别率